JDBC API를 이용한

Java DataBase Connectivity
Application Programming Interface

데이터베이스 프로그래밍

JDBC API를 이용한

Java DataBase Connectivity
Application Programming Interface

데이터베이스 프로그래밍

김미혜 지음

머리말

오늘날 데이터베이스는 모든 기업에서 기업의 업무와 관련된 데이터를 관리하고 처리하기 위해 없어서는 안 될 필수도구가 되었다. 또한 현재 기업의 대부분의 응용 소프트웨어 개발은 웹을 기반으로 하고 있으며, 자바는 플랫폼의 독립적인 특성으로 인하여 웹 기반 응용 프로그램 개발의 중추적인 역할을 차지하고 있다.

따라서 자바를 이용한 데이터베이스 프로그래밍의 습득 및 능력 배양은 대학생들이 졸업 후 소프트웨어 관련 업계로의 취업을 위해 필수적으로 갖추어야 할 조건이라 여긴다. 이러한 이유로 취업을 준비하고 있는 대학생들에게 도움이 될 수 있는 교재를 고민하다 JDBC(Java DataBase Connectivity) API(Application Programming Interface)를 이용한 데이터베이스 프로그래밍에 대해 생각하게 되었다. JDBC API는 다양한 형태의 관계형 데이터베이스 또는 테이블 형태의 데이터에 접속하여 자바 프로그래밍 언어와 데이터베이스 사이에 데이터를 주고받을 수 있도록 지원하는 표준이므로 JDBC API 프로그래밍을 습득하면 학생들이 자바와 데이터베이스 두 마리 토끼를 다 잡지 않을까 여기게 된 것이다.

그러나 막상 교재를 쓰다 보니 책을 쓴다는 것이 얼마나 어려운 작업인지, 교재 개발 연구를 목적으로 시작한 작업인데다 연구 기한은 다가오고, 충분하지 않은 시간 속에서 부족한 마음으로 책을 마무리하면서 여러 생각이 들었다. 그래도 본 저서가 취업을 준비하는 학생들에게 적게나마 도움이 되고 대학교육 현장에서 데이터베이스 실습 교과목으로 활용될 수 있으리라는 희망으로 책을 내놓게 되었다.

이 책이 나오기까지 함께해준 모든 분들께 감사의 말을 표하고 싶다. 특히 11장에 소개된 수강관리 시스템 개발 프로젝트에 참여하여 시스템 설계 및 개발에 심혈을 기울이며 함께해준 정진욱 교사, 12장에 소개한 JDBC API 인터페이스 정리에 함께해준 선영, 교정을 도와준 심수미 조교에게 큰 감사의 말을 전하고 싶다. 또한 이 책의 출판을 허락해준 한국학술정보㈜에도 감사를 드리고 싶다. 마지막으로 이 책을 끝까지 마무리할 수 있도록 이끌어주신 하느님께 깊은 감사를 드리고 싶다.

2012년 8월
하양 캠퍼스에서 김미혜

목차

3 PART

웹 기반 JDBC 응용 프로그램 개발

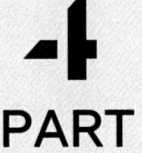

JDBC API

12장 JDBC API의 기본 구성 • 382

13장 JDBC API의 클래스와 메소드 설명 • 385

부록: 수강관리 시스템 소스 코드 • 455

PART 1

기초 지식 익히기

1장 JDBC API의 이해

1.1 JDBC API란?

JDBC(Java DataBase Connectivity) API(Application Programming Interface)는 자바 프로그래밍 언어와 다양한 데이터베이스 SQL(Standard Query Language) 또는 테이블 형태의 데이터(tabular data) 사이에 독립적인 연결을 지원하는 표준이다. 즉 다양한 형태의 관계형 데이터베이스(또는 테이블 형태의 데이터)에 접속하여 자바 프로그래밍 언어와 데이터베이스 사이에 데이터를 주고받을 수 있도록 지원하는 표준 자바 응용 프로그래밍 인터페이스이다. JDBC API는 자바 프로그래밍 언어로 작성된 인터페이스(Interfaces), 클래스(Classes) 및 예외(Exceptions) 클래스들의 집합으로 구성되어 있으며, SQL을 이용해 자바 프로그래밍 언어로 데이터베이스 응용 프로그래밍을 작성할 수 있도록 지원한다. 또한 JDBC API는 관계형 데이터베이스 관리 시스템(RDBMS)에 SQL문을 쉽게 보낼 수 있도록 지원한다.

JDBC API의 가장 큰 장점은 자바 응용 프로그램이 거의 모든 데이터에 접근할 수 있도록 지원하는 것이며, 자바 가상 머신(Java Virtual Machine)이 설치된 모든 종류의 데이터베이스 플랫폼에서 실행될 수 있다는 것이다. 기존 방식으로는 데이터베이스의 플랫폼에 따라 해당 플랫폼에 맞는 응용 프로그램을 각각 별도로 작성하여야만 하였다. 즉 DBMS에 따라 데이터베이스의 구조, 데이터베이스에 연결하는 모듈이나 데이터를 조작하는 방법 등이 다르기 때문에 여러 종류의 DBMS를 처리해야 할 경우에는 그에 맞는 별도의 프로그램을 작성하여야 했다. 예를 들면 Oracle 데이터베이스에 접근하기 위해서는 Oracle 데이터베이스에 맞는 프로그램을, IBM DB2 데이터베이스에 접근하기 위해서는 IBM DB2 데이터베이스에 맞는 별도의 다른 프로그램을 작성하여야만 했다. 그러나 JDBC API를 이용하게 되면 하나의 응용프로그램만으로 어떠한 종류의 DBMS에도 접근이 가능하다. 즉 JDBC API가 바로 기존의 문제점을 해결하는 표준 인터페이스를 제공하는 것이다. 또한 플랫폼에 독립적(platform independent)인 자바 프로그래밍 언어의 특징으로 컴퓨터 플랫폼의 특성을 고려할 필요가 없다. 다시 말해 자바 프로그래밍 언어는 특정 컴퓨터 환경에서 개발된 자바 응용 프로그램이 어떠한 컴퓨터 환경에서도 실행될 수 있도록 지원한다(write once and run everywhere). JDBC API와 관련된 정보는 2009년 썬 마이크로시스템즈를 인수한 오라클(Oracle)사의 다음 사이트에서 찾을 수 있다(http://www.oracle.com/technetwork/java/javase/jdbc/index.html).

1.2 JDBC API의 역할

JDBC API는 표준 응용 프로그래밍의 인터페이스만을 제공해주는 것이고, 실질적인 인터페이스의 메소드 기능들에 대한 실제 구현은 DBMS 제조사들이 자신들의 데이터베이스에 맞게 구현하여 제공하며, 이를 JDBC 드라이버(driver)라고 한다. 즉 JDBC 드라이버란 DBMS 회사들이 자신들의 데이터베이스 시스템에 접근할 수 있도록 표준 JDBC 인터페이스에 명시된 메소드들(methods)을 구현한 것이다. 따라서 JDBC API를 사용할 경우 하나의 자바 응용 프로그램만으로 JDBC 드라이버를 제공하는 어떤 종류의 관계형 DBMS에도 접근이 가능한 것이며, 사용자들은 특정 회사의 데이터베이스의 정확한 사용 방법을 몰라도 JDBC API만 배우면 데이터베이스 응용 프로그램을 구현할 수 있는 것이다. [그림 1-1]은 자바 응용 프로그램과 DBMS 사이의 JDBC의 역할을 도표로 표현한 것이다.

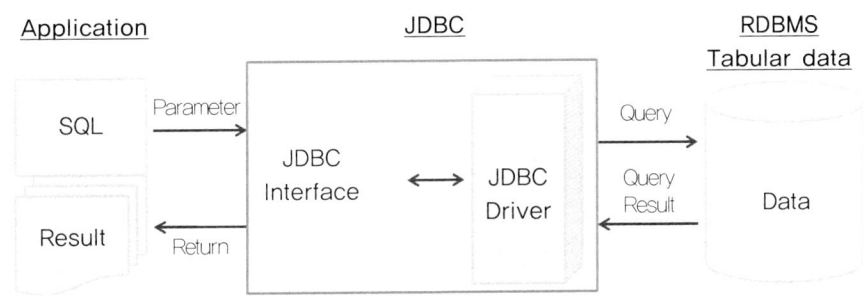

[그림 1-1] 자바 응용프로그램과 RDBMS 사이에서의 JDBC 역할

1.3 JDBC 드라이버의 유형 및 구성

JDBC 드라이버는 크게 세 가지의 기능을 수행한다. 첫째 DBMS에 연결을 설정한다. 둘째 DBMS에 SQL문을 전송한다. 셋째 SQL문에 대한 결과를 처리한다. JDBC 드라이버의 유형은 크게 네 가지로 분류된다.

1) Type 1: JDBC-ODBC 브리지 드라이버 + ODBC 드라이버

이 유형의 드라이버(JDBC-ODBC Bridge Driver + ODBC Driver)는 ODBC(Open DataBase Connectivity) 드라이버를 통해 JDBC 접근을 제공한다. ODBC 바이트 코드가 모든 클라이언트 컴퓨터에 반드시 설치되어 있어야 한다. 이는 DBMS 회사가 JDBC 드라이버를 지원하지 않는 경우이거나 실험 목적인 경우에 적합한 유형이다. 이 드라이버는 JDK1.2 이상에서는 기본으로 제공해주기 때문에 별도로 설치할 필요가 없다. [그림 1-2]의 왼쪽 부분이 Type 1 유형에 대한 구성을 보인 것이다.

2) Type 2: 네이티브 API에 일부 자바 기술이 활성화된 드라이버

이 유형의 드라이브(Native API partly Java Technology-enabled Driver)는 JDBC 메소드 호출을 Oracle, Sybase, Informix, DB2와 같은 특정 DBMS를 위한 클라이언트 API상의 호출로 변환한다. 따라서 이 드라이버 형태는 클라이언트 컴퓨터상에 각각의 데이터베이스에 맞는 데이터베이스 클라이언트 모듈이 설치되어 있어야 한다. [그림 1-2]의 오른쪽 부분이 Type 2 유형에 대한 구성을 보인 것이다.

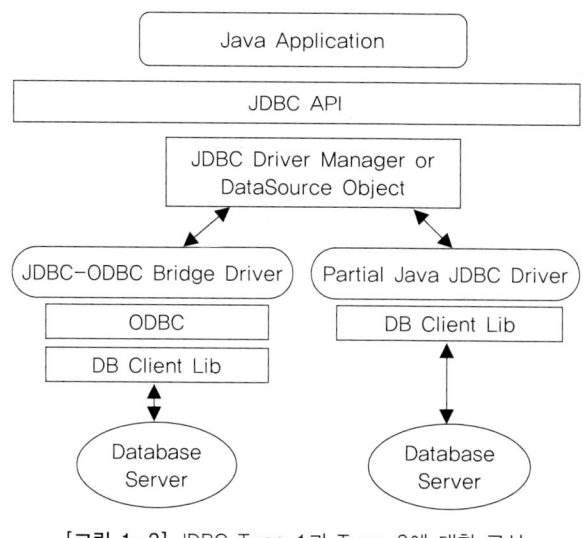

[그림 1-2] JDBC Type 1과 Type 2에 대한 구성

3) Type 3: 데이터베이스 미들웨어를 위한 자바 드라이버

이 유형(Pure Java Driver for Database Middleware)은 JDBC 호출을 미들웨어 벤더 프로토콜로 변환하고, 이를 다시 미들웨어 서버에 의해서 DBMS 프로토콜로 변환한다. 즉 데이터베이스 미들웨어가 자바 클라이언트가 서로 다른 여러 유형의 데이터베이스로 연결할 수 있도록 지원한다. 따라서 이 유형은 가장 유연한 JDBC의 대안이라 볼 수 있다. 이 드라이버 유형은 데이터베이스 공급업체가 인터넷 사용에 적합한 제품을 제공할 수 있으나, 인터넷 사용을 위해 필요한 보안이나 방화벽을 통한 접근 등과 같은 부가적인 요구사항을 처리해 주어야 한다. 또한 Type 3 유형은 데이터베이스 미들웨어를 별도로 구입해야 하는 부담이 있다. [그림 1-3]의 왼쪽 부분이 이에 대한 구성을 보인 것이다.

4) Type 4: 데이터베이스에 직접 접근하는 순수 자바 드라이버

이 유형의 드라이버(Direct-to-Database Pure Java Driver)는 JDBC 호출을 DBMS에서 사용할 네트워크 프로토콜로 직접적으로 변환한다. 즉 클라이언트 컴퓨터에서 DBMS 서버로 직접 호출을 허용한다. 또

한 이 드라이버는 가장 많이 사용되는 유형이며, 확장 배포가 용이하고 인터넷 접속에 대한 뛰어난 솔루션을 제공한다. [그림 1-3]의 오른쪽 부분이 Type 4 유형에 대한 구성을 나타낸 것이다.

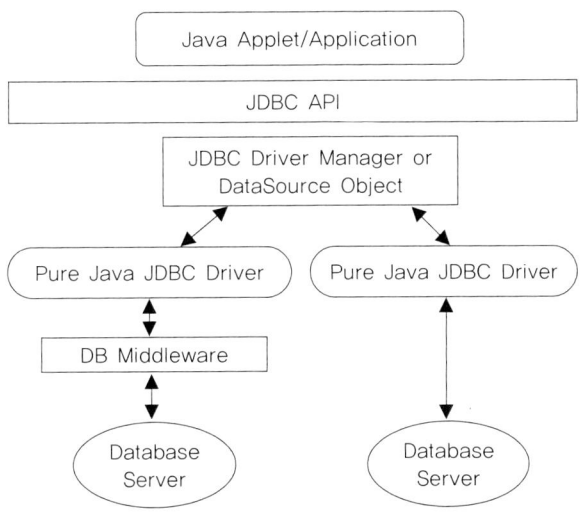

[그림 1-3] JDBC Type 3과 Type 4에 대한 구성

현재 어떠한 종류의 JDBC 드라이버가 존재하는지, 제공되는 드라이버의 유형은 무엇이며 어떠한 기능들을 제공하는지 등에 관한 JDBC 드라이버에 대한 정보는 다음 웹사이트에서 관리하여 제공하고 있다. 현재 220개가 넘는 드라이버들이 존재하며, 이중 개발환경에 맞는 것을 찾아 다운로드하여 설치하여 사용하면 된다.

http://devapp.sun.com/product/jdbc/drivers

http://devapp.sun.com/product/jdbc/drivers/browse_all.jsp

1.4 JDBC API와 자바 플랫폼

1.4.1 JDBC API와 자바 SE 플랫폼

데이터베이스 애플리케이션은 비즈니스, 과학, 정부 기관 등의 업무 처리 및 다양한 종류의 컴퓨터 프로그램에서 오랜 기간 동안 중요한 역할을 담당해 오고 있다. 응용 프로그램 개발에 있어 데이터를 안전하게 저장하고 검색할 수 있는 기능의 중요성은 두말할 나위가 없다. 실제로 데이터베이스 접근은 응용 프로그램의 기초가 되고 있다. 따라서 JDBC는 자바 표준 버전(SE: Standard Edition)을 위한 필수 API 중의 하나이며, 이는 자바 SE 플랫폼의 일부로 포함되어 있다. JDK 1.4에서부터 JDBC API를 SE 플랫폼에 포함하여 배포하고 있으며, 현재 SE 플랫폼 버전에 포함되어 배포되는 버전은 JDBC 4.0 API이다.

1.4.2 JDBC API와 자바 EE 플랫폼

기업용 응용 프로그램은 거의 항상 데이터베이스에 의존하고 있으며, 하나 이상의 데이터베이스 서버로부터 데이터를 주고받아야 하고 대용량의 트랜잭션을 처리해야 하는 상황에 있다. 자바 엔터 프라이즈(EE: Enterprise Edition) 플랫폼은 이러한 기업용 애플리케이션의 특성을 고려하여 보안, 분산 처리 및 커넥션 폴링(connection pooling) 등과 같은 서비스에 대해 "배관(plumbing)"을 제공함으로써 복 잡한 분산 응용 프로그램의 개발을 단순화하였다. 자바 엔터프라이즈 응용 프로그램 서버는 분산 처 리와 커넥션 폴링에서 요구되는 인프라를 제공하기 위해 JDBC DataSource 구현과 함께 작동한다. 이 러한 역할을 수행할 수 있도록 개발된 것이 JDBC Connector이다. Connector 1.0과 1.5 규격을 기반으로 한 JDBC Connector는 JDBC 드라이버가 커넥터 규격을 준수하는 모든 자바 엔터프라이즈 응용 프로그 램 서버에 연결될 수 있도록 지원한다. 자바 SE 플랫폼과 마찬가지로 자바 EE 플랫폼도 JDBC API를 포함하고 있다.

1.4.3 JDBC API와 자바 ME 플랫폼

자바 프로그래밍 언어는 소형 디바이스가 급성장하고 있는 시장에도 이상적이다. 휴대폰, PDA, TV 셋톱박스와 같은 광범위한 소형 모바일 디바이스의 자바 프로그래밍 언어에서 데이터베이스 접근을 가능도록 하기 위해 JDBC는 java.sql 패키지의 서브셋(subset)을 제공하고 있다.

1.5 JDBC API 명세서

JDK 1.4로부터 시작해서 JDBC API는 자바 JDK의 패키지 중의 하나로 포함되어 배포되고 있다. 패 키지명은 "java.sql"와 "javax.sql"이다. [그림 1-4]와 [그림 1-5]는 JDK에 패키지로 포함되어 있는 JDBC 4.0 API의 명세서의 예를 보인 것이다. 이들 명세서에 포함되어 있는 기능들 중의 일부는 DBMS 제조 사에서 제공하는 JDBC 드라이버에서 지원되지 않을 수도 있다. 따라서 해당 DBMS의 JDBC 드라이버 에서 지원하는 기능들을 확인한 후 응용 프로그램을 개발하여야 한다

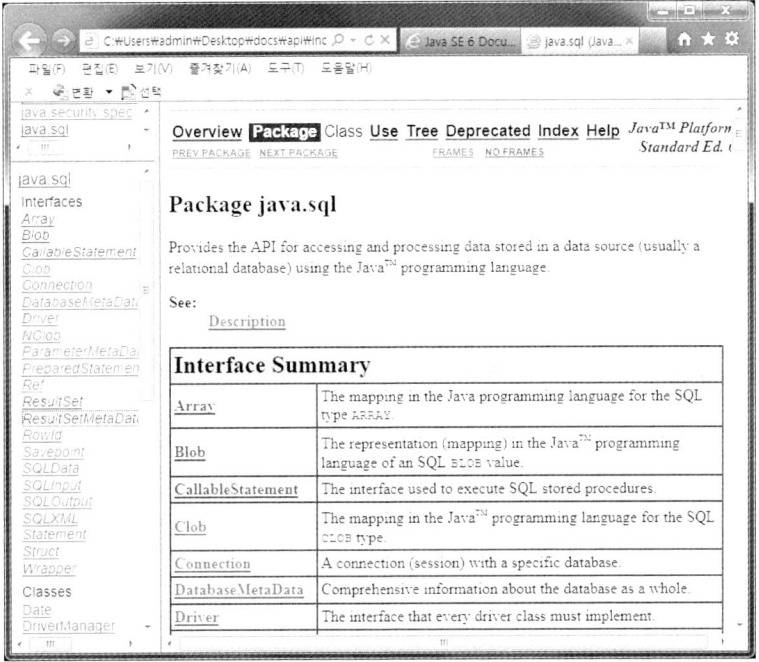

[그림 1-4] java.sql 패키지

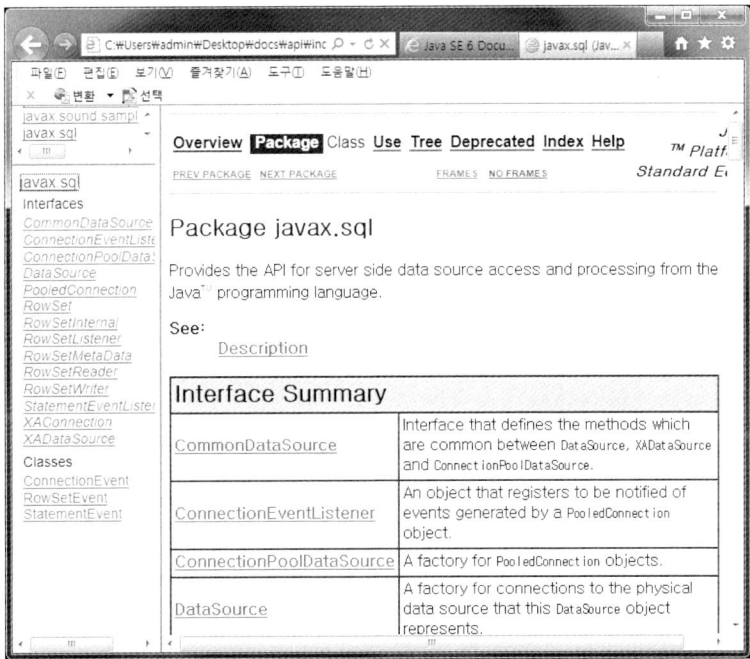

[그림 1-5] javax.sql 패키지

2장 자바의 이해

2.1 자바의 등장

1991년 미국의 썬 마이크로시스템즈(Sun Microsystems)는 제임스 고슬링(James Gosling)과 패트릭 노튼(Patrick Naughton)을 중심으로 지능형 텔레비전의 셋탑 박스(set-top-box)와 가정 보완 시스템(home security systems)의 가전제품의 제어를 위한 그린(Green)이라는 내부 프로젝트를 시작하게 된다. 제품의 경쟁력을 위해 C와 C++를 기본으로 프로젝트를 추진하였으나, C 언어의 복잡한 포인터 개념으로 디버깅(debugging)의 부담이 커지자, C 언어의 포인터 연산을 제거하고 메모리 관리를 위한 자동 가비지 수집(automatic garbage collection) 기능을 추가하여 이를 Oak라는 언어로 명명하게 된다. 그러나 지능형 가전제품 프로젝트는 성공을 이루지 못하였고 새로운 돌파구를 찾던 중 1993년 인터넷과 월드 와이드 웹(World Wide Web)이 폭발적으로 인기를 끌기 시작한다. 이때 썬사는 월드 와이드 웹의 잠재적인 가능성을 보게 되었고 동적인 콘텐츠로 웹 페이지를 만들 수 있다는 사실을 인지하였으며, 이를 위해 자바(Java)라는 언어를 1995년 5월에 발표하고 웹 브라우저(Web Browser) 개발 프로젝트를 시작하게 된다.

자바를 기반으로 개발된 웹 브라우저는 그전의 웹 브라우저들과는 달리, 동적으로 웹 페이지를 보여주게 됨으로써 전 세계적 관심을 불러일으키게 된다. 이후 자바는 인터넷의 발달과 함께 성장하며, 기존 응용 프로그램 개발 패러다임에 큰 변화를 가져오게 된다. 1998년 2월에 "자바 2 플랫폼"이 발표된 이래, 자바는 현재 유비쿼터스(ubiquitous) 사회의 도래 및 휴대용 기기 등의 발전으로 폭발적인 성장을 하고 있다.

2.2 자바의 특징

1995년 후반에 소개된 자바(Java)는 현재 웹 프로그래밍 언어의 근간을 이루며 다음과 같은 특징을 지닌다.

• 자바는 객체 지향 프로그래밍 언어이다

자바는 객체 지향(object-oriented) 언어로서 높은 생산성(high productivity), 재사용성(reusability) 및 유지보수성(maintainability)을 지닌다. 자바 프로그램의 기본 단위는 클래스(class)이며, 프로그램은 클래스의 객체(object)들로 구성된다. 기존 객체지향 언어인 C++는 구조적 언어인 C와 Pascal에 객체지향의 개념을 추가하여 개발한 반면, 자바는 설계 당시부터 객체지향으로 개발하였기 때문에 객체지향의 특징을 명확하고 쉽게 구현할 수 있다. 객체 지향 프로그래밍 언어는 추상화(abstraction), 상속성 (inheritance) 및 다형성(polymorphism)의 특징을 지닌다.

• 자바는 단순한 언어이다

자바는 매우 간단(simple)하다. 또한 자바는 프로그래머들이 쉽게 배우고 쉽게 코딩할 수 있도록 한다. 자바의 기본 문법은 C와 C++와 동일하지만, 자바는 연산자 오버로딩(overloading)을 지원하지 않으며, 단일 클래스 상속만 지원하여 프로그램의 구현 시에 발생할 수 있는 혼란을 축소시켰다.

• 자바는 인터프리터 언어이다

자바는 컴파일 언어이면서 인터프리티드(interpreted) 언어이다. 즉 자바는 먼저 자바 소스 코드를 컴파일하여 이진 코드(binary code)를 생성한다. 그 다음, 자바 가상 머신(Java Virtual Machine: JVM)이라 불리는 자바 실행 환경이 생성된 이진 코드를 인터프리터 방식으로 읽어 실행시킨다. 컴파일된 이진 코드는 바이트 코드(byte code)라 부르며 이는 시스템과 무관하게 생성된다. 시스템과 관련된 부분은 자바 가상 머신이 담당하도록 설계되어 있고, 이러한 특징은 바로 자바가 개발 플랫폼에 독립적인 언어가 되도록 한다. 즉 특정 컴퓨터 시스템에서 개발되고 컴파일된 바이트 코드는 다른 컴퓨터에서 다시 컴파일할 필요 없이 꼭 바로 실행할 수 있는 것이다.

• 자바는 분산 환경을 지원하는 언어이다

자바는 TCP/IP 라이브러리를 기본적으로 포함하고 있으며, HTTP나 FTP 프로토콜을 지원한다. 이 외에도 RMI와 EJB와 같은 분산 환경(distributed)을 지원하며, 보다 적은 비용으로 응용프로그램을 개발할 수 있도록 한다.

• 자바는 동적이다

자바는 동적인 웹 페이지 콘텐츠(dynamic web page content)를 만들 목적으로 설계되었다. 즉 자바는 응용 프로그램 개발자가 응용 프로그램이 수정될 때마다 수정된 응용프로그램을 사용자에게 수작업으로 직접 배포하여 설치하도록 하지 않고, 사용자가 웹으로부터 직접 다운로드 받아 웹 브라우저에서 실행할 수 있도록 설계하였다. 따라서 자바의 라이브러리는 클라이언트에 영향을 주지 않고 새로운 인스턴스 변수(instance variables)나 메소드(methods)를 자유롭게 추가할 수 있다.

● 자바는 견고하다

자바는 높은 신뢰성과 견고(robust)한 소프트웨어를 개발하기 위한 목적으로 설계되었다. 따라서 자바는 C와 C++의 자동형 변환(auto casting)을 없애고 포인터 개념을 없앰으로써 잘못된 주소로 인한 메모리 충돌 가능성을 사전에 제거하였다. 또한 예외처리 기능을 도입하고 메모리 접근을 자바 시스템이 직접 관리하여 심각한 메모리 오류의 발생 가능성을 사전에 없앤다. 즉 자바는 가비지 컬렉션(garbage collection)을 자동으로 수행하며, 이는 메모리 누수 및 메모리 할당과 관련된 악성 오류의 발생 가능성을 방지할 수 있도록 한다.

● 자바는 안전하다

자바의 가장 큰 특징 중의 하나는 안정성(secure)이다. 분산 환경을 지원하는 자바에서 사용자가 인터넷상에서 안전하게 자바 코드를 다운로드하고 실행할 수 있도록 지원하는 것은 매우 중요하다. 이를 위해 자바는 악성 코드나 바이러스의 침입으로부터 사용자를 안전하게 보호하기 위해 여러 층(layer)의 보안 컨트롤을 제공하며, 사용자가 신뢰할 수 없는 애플릿과 같은 프로그램을 안전하게 실행할 수 있도록 한다.

● 자바는 플랫폼에 독립적이며 이식성이 높다

무엇보다도 자바는 이식성(portability)이 뛰어난 플랫폼에 독립적인(platform independent)인 언어이다. 즉 특정 컴퓨터 환경에서 개발하여 컴파일된 자바 프로그램의 바이트 코드는 자바 가상 머신을 통해 하드웨어나 운영체제가 다른 컴퓨터에서 자바 소스 코드를 수정하거나 재컴파일(re-compile)할 필요 없이 곧바로 수행할 수 있는 특징을 지닌다.

● 자바는 멀티 스레드를 지원한다

자바는 멀티 프로세스대신 멀티 스레드(multi-thread) 기능을 지원한다. 따라서 하나의 프로세스를 여러 개의 스레드로 구성하여 동시에 여러 작업을 처리할 수 있기 때문에 효율적으로 프로그램을 수행할 수 있을 뿐만 아니라, 실시간 환경에도 적합하다. 웹 브라우저에서 여러 가지 일들을 동시에 수행할 수 있는 것도 이러한 멀티 스레드 방법을 사용하기 때문이다. 예를 들면 웹 브라우저에서 음악을 들으면서 웹 페이지를 스크롤링하면서 동시에 필요한 파일들을 다운로드할 수 있는 것도 바로 이러한 멀티 스레드 방법을 사용하기 때문이다.

2.3 자바 플랫폼

2.3.1 플랫폼

자바는 (1) 자바 프로그래밍 언어, (2) 클래스와 인터페이스로 구성된 자바 라이브러리 및 (3) 자바 가상 머신으로 구성된다. 이외에도 응용 프로그램 개발에 필요한 여러 도구들로 구성되어 있다. 다시 말해 자바 플랫폼(Java Platform)이란 자바 프로그램을 실행할 수 있는 환경을 의미한다. 오라클사는 용도에 따라 서로 다른 자바 플랫폼의 배포판을 제공하고 있으며, 하나의 자바 배포판은 컴파일러, 디버거 등 응용 프로그램 개발에 필요한 도구(Tools), 자바 가상 머신으로 알려진 자바 실행 환경인 JRE(Java Run-time Environment), 웹 응용 자바 프로그램을 개발하는 데 필요한 다양한 응용 프로그램 인터페이스(Application Program Interfaces: APIs) 등을 제공한다. 이를 총체적으로 자바 개발 키트(Java Development Kit: JDK)라 부르며, 현재 오라클사에서 제공하는 자바 배포판은 크게 다음과 같은 세 가지 종류가 있다.

- Java SE(Standard Edition): 자바 표준 배포판으로 데스크톱(desktops)과 서버(servers)에서뿐만 아니라 임베디드 환경에서 자바 응용 프로그램을 개발할 수 있도록 지원하는 자바 플랫폼이다. [그림 2-1]은 자바 SE 플랫폼의 모든 구성 요소 기술들을 보여주고 있다.

- Java EE(Enterprise Edition): 엔터프라이즈 자바 컴퓨팅을 위한 업계 표준 배포판으로 기업용 응용 프로그램 개발을 위한 플랫폼이다.

- Java ME(Micro Edition): 휴대폰, PDA(Personal Digital Assistant), TV 셋탑 박스 또는 프린터와 같은 모바일 및 기타 임베디드 디바이스에서 실행되는 응용 프로그램 개발을 지원하는 자바 플랫폼이다.

자바 플랫폼에서 제공되는 클래스와 인터페이스들은 유사한 것들끼리 모아 패키지(package)로 제공된다. JDK 1.6에 포함되어 있는 패키지들은 다음과 같다.

- java.applet: 애플릿(applet)을 생성하기 위해 필요한 클래스들과 애플릿과 애플릿 내용과의 통신에 사용되는 클래스를 제공하는 패키지이다.
- java.awt: 사용자 인터페이스를 생성하고 그래픽과 이미지를 처리하기 위한, 즉 GUI(Graphic User

Interface) 구축을 위한 클래스를 제공하는 패키지이다.

- java.beans: 자바빈즈에 기반을 둔 컴포넌트 개발과 관련된 클래스를 제공하는 패키지이다.
- java.io: 데이터 스트림, 직렬화(serialization) 및 파일 시스템을 통한 시스템 입출력과 관련된 클래스를 제공하는 패키지이다.
- java.lang: 자바 프로그래밍 언어의 설계에 기초가 되는 클래스를 제공하는 패키지로 자바 프로그램에서 import하지 않아도 자동으로 포함되는 패키지이다.
- java.math: 수학 연산을 수행하기 위한 클래스를 제공하는 패키지이다.
- java.net: 네트워크 관련 응용 프로그램 구현에 필요한 클래스를 제공하는 패키지이다.
- java..nio: 버퍼관리, 확장된 네트워크 및 파일 입출력 등을 지원하는 패키지이다.
- java.rmi: RMI(Remote Method Invocation)의 패키지를 제공하는 패키지이다.
- java.security: 보안과 관련된 클래스와 인터페이스를 제공하는 패키지이다.
- java.sql: 자바 프로그래밍 언어를 사용해 데이터 저장소에 저장되어 있는 데이터를 액세스하고 처리하기 위한 API를 제공하는 패키지이다.
- java.text: 자연 언어에 의존하지 않는 방법으로 텍스트, 날짜, 숫자 및 메시지를 처리하기 위한 클래스와 인터페이스를 제공하는 패키지이다.
- java.util: 컬렉션의 프레임 워크(collections framework), 레거시 컬렉션 클래스(legacy collection classes), 이벤트 모델, 날짜 및 시간 기구, 국제화 및 다양한 유틸리티 클래스를 포함하고 있는 패키지이다.
- javax.*: javax로 시작되는 패키지는 추후 자바 SE에 포함된 패키지로 여러 종류의 javax 패키지가 존재한다.

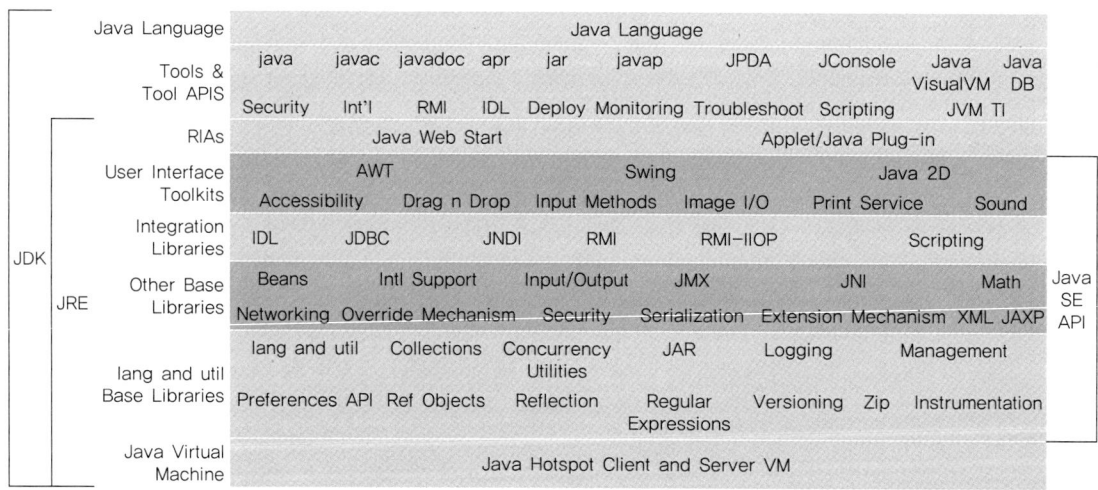

[그림 2-1] 자바 SE 플랫폼의 모든 구성요소 기술들

2.3.2 자바 가상 머신

자바 가상 머신(Java Virtual Machine: JVM)은 자바 실행 환경(Java Run-time Environment: JRE)을 의미한다. 즉 자바 실행 환경은 자바 가상 머신이라고 불리며, 이는 자바 소스 코드를 컴파일하여 생성된 바이트 코드를 인터프리터 방식으로 읽어 실행시키는 역할을 수행한다. 자바 가상 머신이 바로 자바 응용프로그램이 하드웨어나 운영체제 플랫폼에 독립적으로 실행될 수 있도록 하는 근원적 개념이다. 기존 프로그래밍 언어들은 하드웨어나 운영체제에 종속성을 가지고 있었다. 그 결과 특정 컴퓨터에서 개발된 응용프로그램을 다른 컴퓨터 기종에서 실행하기 위해서는 하드웨어에 종속적인 부분을 수정하고 프로그램을 다시 컴파일하여 실행파일을 재생성해야 실행될 수 있었다. 그러나 자바에서는 이러한 부분을 자바 가상 머신에서 처리할 수 있도록 설계하여 특정 컴퓨터 환경에서 개발된 자바 응용프로그램이 어떠한 컴퓨터 환경에서도 실행될 수 있도록 하였다(write once and run everywhere). 다시 말해 데스크톱 Windows에서 개발한 자바 응용프로그램을 자바 실행 환경이 설치된 애플사의 MacOS에서, 오라클사의 Solaris에서 또는 노트북이나 태블릿 컴퓨터에서 다시 컴파일할 필요 없이 바로 실행이 가능하다.

2.3.3 바이트 코드

자바의 실행 파일은 바이트 코드(byte code)로 구성된다. 즉 바이트 코드는 자바 컴파일러가 자바 소스 코드를 컴파일한 기계어로서, 플랫폼에 비종속적인 자바 가상 머신에서 실행되는 이진 코드(binary code)이다. 바이트 코드는 다른 프로그래밍 언어와는 달리 컴퓨터의 중앙처리장치에 의해 처리되지 않고, 자바 가상 머신이 이를 인터프리터(interpreter) 방식으로 해당 플랫폼의 기계어로 변환하여 실행시킨다.

2.4 자바 프로그램 예제

다음은 객체 지향 프로그래밍 언어의 특징을 보이는 자바 프로그램의 예제이며, 네 개의 클래스(Person, Student, Professor, JavaExample)로 구성되어 있다. Student와 Professor 클래스는 Student 클래스로부터 상속받아 구현되어 있다. JavaExample.java는 Student와 Professor 객체를 생성하여 각 객체의 속성 정보를 출력하여 주는 예제를 보인 프로그램이다.

```java
package chap2;
/**************************************************************************/
// 이름, 나이, 주소의 속성을 갖는 사람 객체를 표현할 수 있는 클래스로
// 사람의 이름, 나이, 주소의 속성을 설정하고 접근할 수 있는 메소드들을 정의
/**************************************************************************/
class Person {
    private String name;     // 이름
    private int age;         // 나이
    private String address;  // 주소

    // 다형성의 특징을 보이는 다양한 생성자
    public Person() {
        name = "";
        age = 0;
        address = "";
    }

    public Person(String name, int age) {
        this.name = name;
        this.age = age;
        address = "";
    }

    public Person(String name, int age, String address) {
        this.name = name;
        this.age = age;
        this.address = address;
    }

    /* 객체 속성에 접근할 수 있는 메소드들을 정의 *************/
    // 객체 속성 name에 값을 지정
    public void setName(String name) {
        this.name = name;
    }

    // 객체 속성 name의 값을 얻음
    public String getName() {
        return name;
    }

    public void setAge(int age) {
        this.age = age;
    }

    public int getAge() {
        return age;
    }
```

```java
    public void setAddress(String address) {
        this.address = address;
    }

    public String getAddress() {
        return address;
    }

    // 사람 속성 표시
    public void info() {
        System.out.println("이름 : " + name);
        System.out.println("나이 : " + age);
        System.out.println("주소 : " + address);
    }
}

/*********************************************************************************/
// Person 클래스를 상속받아 새로운 속성(학년, 학번, 전공)을 추가한 클래스로
// 이들 속성에 접근할 수 있는 메소드들을 정의
// 즉 사람의 속성(이름, 나이, 주소)을 상속받아 학생의 속성(학년, 학번, 전공)을 추가하여
// 이름, 나이, 주소, 학년, 학번, 전공의 속성을 갖는 학생 객체를 표현할 수 있는 클래스
/*********************************************************************************/
class Student extends Person {
    private int grade;         // 학년
    private String studentId;  // 학번
    private String major;      // 전공

    // 다형성의 특징을 보이는 다양한 생성자
    public Student() {
        super();
        grade = 0;
        studentId = "";
        major = "";
    }

    public Student(String name, int age, int grade, String studentId) {
        super(name, age);
        this.grade = grade;
        this.studentId = studentId;
        this.major = "";
    }

    public Student(String name, int age, String address, int grade, String studentId, String major) {
        super(name, age, address);
        this.grade = grade;
        this.studentId = studentId;
        this.major = major;
    }
```

```java
    // 객체 속성에 접근할 수 있는 메소드들
    public void setGrade(int grade) {
        this.grade = grade;
    }

    public int getGrade() {
        return grade;
    }

    public void setStudentId(String studentId) {
        this.studentId = studentId;
    }

    public String getStudentId() {
        return studentId;
    }

    public void setMajor(String major) {
        this.major = major;
    }

    public String getMajor() {
        return major;
    }

    // 학생 속성 표시
    public void info(){
        super.info();
        System.out.println("학년 : " + grade);
        System.out.println("학번 : " + studentId);
        System.out.println("전공 : " + major);
    }
}

/****************************************************************************/
// Person 클래스를 상속받아 새로운 속성(임용번호, 소속, 직급, 급여)을 추가한 클래스로
// 이들 속성에 접근할 수 있는 메소드들을 정의
// 즉 사람의 속성(이름, 나이, 주소)을 상속받아 교수의 속성(임용번호, 소속, 직급, 급여)을 추가하여
// 이름, 나이, 주소, 임용번호, 소속, 직급, 급여의 속성을 갖는 교수 객체를 표현할 수 있는 클래스
/****************************************************************************/
class Professor extends Person {
    private String employId;      // 임용번호
    private String department;    // 소속
    private String position;       // 직급
    private int salary;           // 급여
    // 다형성의 특징을 보이는 다양한 생성자
    public Professor() {
        super();
```

```
            employId = "";
            department = "";
            position = "";
            salary = 0;
    }

    public Professor(String name, int age, String employId, String department) {
            super(name, age);
            this.employId = employId;
            this.department = department;
            this.position = "";
            this.salary = 0;
    }

    public Professor(String name, int age, String address, String employId,String department) {
            super(name, age, address);
            this.employId = employId;
            this.department = department;
            this.position = "";
            this.salary = 0;
    }

    public Professor(String name, int age, String address, String employId, String department,
                String position, int salary) {
            super(name, age, address);
            this.employId = employId;
            this.department = department;
            this.position = position;
            this.salary = salary;
    }

    // 데이터 접근을 위한 메소드들
    public void setEmployId(String employId) {
            this.employId = employId;
    }

    public String getEmployId() {
            return employId;
    }

    public void setDepartment(String department) {
            this.department = department;
    }

    public String getDepartment() {
            return department;
    }
```

```java
    public void setPosition(String position) {
        this.position = position;
    }

    public String getPosition() {
        return position;
    }

    public void setSalary(int salary) {
        this.salary = salary;
    }

    public int getSalary() {
        return salary;
    }

    // 교수 속성 표시
    public void info() {
        super.info();
        System.out.println("임용번호 : " + employId);
        System.out.println("소속 : " + department);
        System.out.println("직위 : " + position);
        System.out.println("급여 : " + salary);
    }
}

/***************************************************************************/
// Person 클래스와 Student 클래스 및 Professor 클래스를 사용하여
// Student, Professor 객체를 생성하여 각 객체에 대한 속성 정보를 표시해 준다.
/***************************************************************************/
public class JavaExample {
    public static void main(String[] args) {
        Person persons[] = new Person[4];  // 사람 객체 선언

        Student student1 = new Student("한아름", 19, 2, "0110122724");
        student1.setMajor("컴퓨터공학과");
        Student student2 = new Student("이순신", 23, "경북", 3, "0100124323", "컴퓨터공학과");

        Professor professor1 = new Professor("유관순", 40, "대구", "10990", "컴퓨터공학과");
        professor1.setPosition("조교수");
        professor1.setSalary(300);
        Professor professor2 = new Professor("가나다", 40, "대구", "10990", "컴퓨터공학과",
                                              "부교수", 400);
        persons[0] = student1;
        persons[1] = student2;
        persons[2] = professor1;
        persons[3] = professor2;
```

```
        for (int i=0; i<persons.length; i++) {
            System.out.println("[" + (i + 1) + "]" + "----------------------------");
            persons[i].info();
        }
        System.out.println("==============================");
        System.out.println("student1의 이름 = " + student1.getName());
        System.out.println("professor2의 소속 = " + professor2.getDepartment());
    }
}
```

[그림 2-2] JavaExample.java 소스 코드

[그림 2-3]은 JavaExample 클래스의 실행결과이다. 5장 "5.1 자바 JDK 설치"에서 설명한 자바 프로그램 개발 환경을 구축한 후 위 프로그램을 컴파일하여 실행해 보도록 하자.

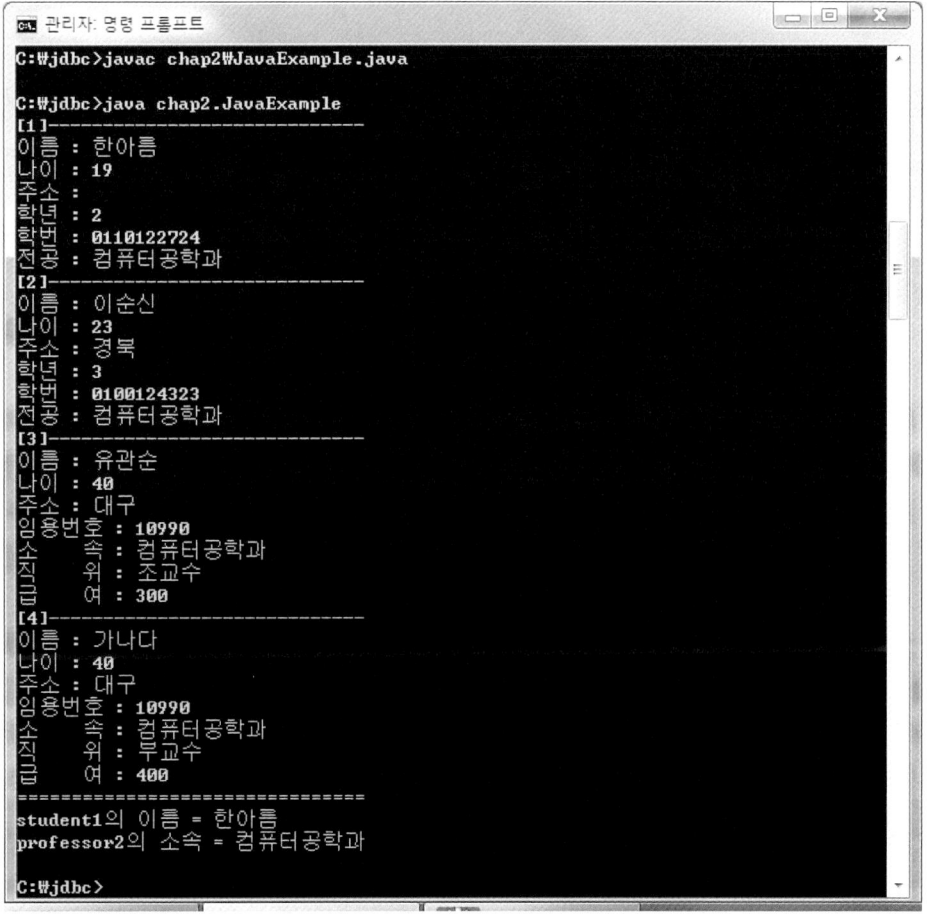

[그림 2-3] JavaExample 클래스의 실행결과

3장 데이터베이스의 이해

3.1 데이터베이스의 정의

오늘날 데이터베이스는 모든 기업에 있어 없어서는 안 될 주요한 요소로 자리 잡고 있다. 응용 프로그램 개발에 있어 그 중심에 있는 데이터들을 효율적으로 관리하고 처리할 수 있는 도구(프로그램)들의 지원 및 활용은 기업의 비즈니스 성공과도 직결되는 요인이기 때문이다.

데이터베이스란 서로 연관이 있는 데이터들의 모임이며, 이 정보들을 검색하고 처리할 수 있는 방법으로 저장하는 수단이다. 주소록을 예를 들어 보면, 주소록에 포함되는 사람의 이름, 전화번호, 주소 등은 데이터들이며, 이러한 서로 연관이 있는 데이터들을 검색, 삽입, 삭제, 변경할 수 있는 형태로 구성된 주소록은 데이터베이스인 것이다. 이를 관계형 데이터베이스(relational database)와 연관시켜 설명하면, 주소록은 행(row)과 열(column)을 가진 테이블로 표현된다. 열은 데이터베이스에 포함되는 각각의 데이터들로 구성되고 행은 동일한 형태의 객체들의 모임으로 구성된다. 테이블에 저장되어 있는 데이터는 이와 같이 개념적으로 관련이 있는 데이터들의 모임이다. 또한 테이블에 저장되어 있는 데이터로부터 관련이 있는 정보, 예를 들어 전화번호가 xxx인 정보, 또는 이름이 xxx인 정보 등을 검색할 수 있도록 지원한다. 이러한 관련된 정보의 모임 및 관련 있는 정보의 검색 등에 있는 "관련(relation)"의 개념이 바로 관계형 데이터베이스라는 용어의 근원이다. [표 3-1]은 테이블로 표현된 주소록의 일부를 보인 것이다.

[표 3-1] 데이터베이스의 개념

이름	전화번호	주소	......
가나다	010-1111-2222	대구	
라마바	010-3333-4444	광주	
사아자	010-5555-6666	서울	
...	...	...	...

데이터베이스 관리 시스템(DataBase Management System: DBMS)은 사용자가 데이터베이스를 보다 쉽고 편리하게 생성하여 데이터를 저장하고 관리하여, 이를 검색하여 처리할 수 있는 기능들을 제공하는 프로그램들의 모임이다. 즉 주소록 관리를 위한 데이터베이스를 생성하고 주소록에 새로운 정보를 저장하고, 필요에 따라 기존 정보를 변경하거나 삭제 처리하며, 필요한 정보를 검색하여 출력할

수 있는 기능들을 제공하는 프로그램들의 집합으로 이루어진 것이 DBMS인 것이다. 관계형 데이터베이스에서 이러한 일을 처리하는 시스템을 관계형 데이터베이스 관리 시스템(RDBMS: Relational DBMS)이라고 부른다. 이 책에서 기술되는 DBMS는 일반적으로 RDBMS를 지칭한다.

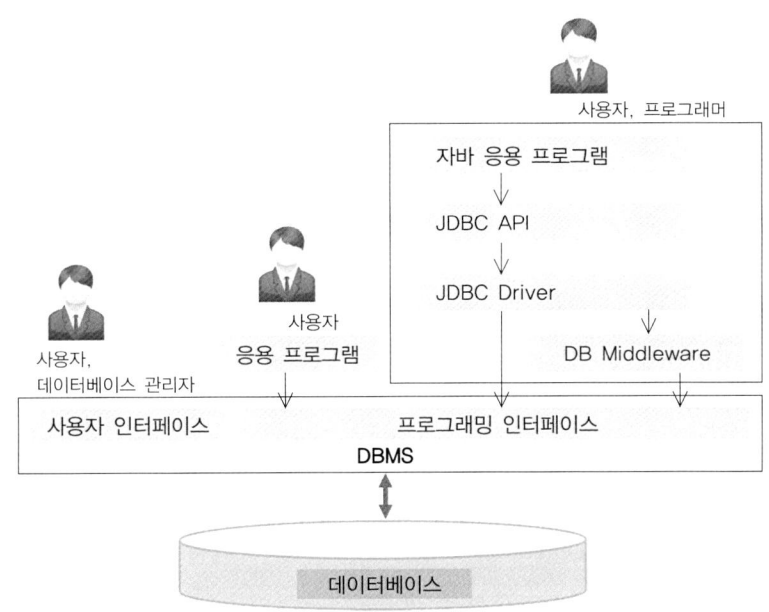

[그림 3-1] 응용 프로그램, DBMS 및 데이터베이스 사이의 관계

3.2 데이터베이스 관리 시스템의 특징

• 데이터 중복의 최소화 및 일관성 유지

DBMS가 없는 경우 은행에서 고객정보 관리를 위한 방법을 생각해 보자. 한 가지 방법은 운영체제에서 지원하는 파일시스템을 이용하여 파일 형태로 저장하는 것이다. 고객정보 관리에는 (1) 보통 예금 통장 계좌 관리, (2) 대출 계좌 관리, (3) 당좌 예금 계좌 관리의 세 가지 계좌 관리 업무가 있다고 가정하자. 그리고 각 계좌 관리에 관련된 정보들은 각각의 파일에 개별적으로 저장된다고 가정하자. 이때 임의의 고객이 세 계좌 업무와 관련이 있는 경우 해당 고객의 기본정보(이름, 주소, 연락처 정보 등)는 일반적으로 세 종류의 파일에 중복되어 존재하게 된다. 또한 임의의 파일에서만 고객의 기본정보 수정이 발생할 수 있고, 그 결과 데이터 간의 불일치성(inconsistency)이 발생할 수도 있게 된다. 그러나 DBMS에서는 사전에 이러한 데이터를 분석 설계하여 통합하여 구성할 수 있도록 지원함으로써 이러한 중복을 사전에 통제할 수 있도록 한다. 따라서 데이터의 중복을 최소화시킬 수 있으며, 데이터

의 일관성을 유지할 수 있다. 그러나 상황에 따라서는 응용 프로그램 성능 향상 등을 위해 데이터의 중복을 완전히 배제하지 않고 이를 허용하는 경우도 있다.

• 데이터의 무결성 유지

무결성(integrity)이란 데이터베이스에 저장된 값과 실제로 현실에서 사용되는 값이 일치하는 정확성을 의미한다. 예를 들어 은행 계좌 잔고가 일정 금액(100원) 미만이면 안 된다고 가정하자. 그러면 프로그래머는 이러한 제약조건들이 만족될 수 있도록 적절하게 코딩해야 할 것이다. 파일 시스템을 이용할 경우, 데이터에 대한 새로운 제약 조건이 추가될 때마다 기존의 프로그램을 일일이 수정하여 변경해 주어야 한다. 그러나 이를 일일이 찾아 변경하는 것은 결코 쉬운 일이 아니며, 해당 데이터가 여러 파일에 존재하는 경우에는 더 복잡해지고 미처 수정하지 못하는 경우도 발생할 수 있게 된다. 그러나 DBMS는 제어 기능을 통해 데이터베이스에 접근할 때마다 그 유효성을 검사함으로써 데이터 무결성을 유지할 수 있게 해 준다.

• 데이터의 보안 유지

응용 프로그램 개발에 필요한 모든 데이터를 그 응용 프로그램을 사용하는 모든 사용자가 엑세스하는 것은 아니다. 예를 들어 대출 업무 관리에서 임의의 고객의 대출 정보를 모든 은행 직원이 알 필요는 없다. 고객의 이름, 주소, 전화번호 등과 같은 일반 정보는 모든 직원이 검색할 수 있다 하더라도, 대출 이력 등에 관한 정보는 고객의 보안 유지를 위해 특정 권한을 가진 직원만이 알 수 있도록 해야 한다. 일반 파일 시스템에서는 사용자 권한에 따라 한 레코드의 특정 데이터에만 접근할 수 있도록 지정하는 것은 어렵다. 또한 같은 데이터가 여러 파일에 분산 관리될 때는 상황이 더 어렵다. 그러나 DBMS에서는 데이터에 대한 접근을 효율적으로 제어할 수 있으며, 허용된 데이터를 확인 검사함으로써 데이터에 대한 보안을 보장해 줄 수 있다.

• 데이터의 원자성 유지

데이터베이스에서 원자성(atomicity)이란 트랜잭션 수행 중에 오류가 발생할 경우에, 트랜잭션과 관련된 모든 연산들이 수행되지 않은 상태로 되돌려져야 하는 것을 의미한다. 예를 들어 계좌 A에서 계좌 B로 이체 과정 중에 계좌 A에서는 출금 처리되었고 계좌 B에는 아직 입금처리 되지 않은 상태에서 시스템이 다운되면, 계좌 이체 트랜잭션과 관련된 모든 연산이 수행되지 않은 상태이므로 계좌 A에서의 출금 처리가 원상태로 되돌려져야 한다. 기존 파일 시스템에서는 이러한 원자성을 보장하기가 어렵지만 DBMS는 이러한 원자성을 할 수 있다.

• 다중 사용자의 동시 접근성 제공

시스템의 성능을 향상시키기 위해서는 여러 사용자들이 데이터에 동시에 접근하여 갱신할 수 있도록 해야 한다. 기존 파일 시스템에서는 이를 관리하기는 상당히 어렵다. 그러나 DBMS에서는 이를 효과적이고 안전하게 처리할 수 있도록 지원해 준다.

• 사용자와 응용 프로그램에 대한 인터페이스 제공

DBMS는 사용자의 특성 및 응용 프로그램에 적합한 여러 형태의 인터페이스를 제공해 준다. 일반 사용자나 관리자에게 질의어 인터페이스를, 응용 프로그래머에게는 프로그래밍 언어 인터페이스를, 초보 사용자나 특정 사용자를 위한 GUI 기반의 인터페이스 등 다양한 형태의 인터페이스를 제공해 준다.

3.3 관계형 데이터베이스

데이터베이스에 존재하는 데이터를 표현하고 이들 사이의 관계를 기술하는 데이터 모델링 기법에는 관계형 모델(relational model), 계층적 모델(hierarchical model), 네트워크 모델(network model), 객체 지향적 모델(object-oriented model) 등이 있다. 이 중 가장 많이 사용되는 방법이 관계형 모델이며, 이 관계형 모델을 사용하여 구축한 데이터베이스를 관계형 데이터베이스(relational database)라 부른다. 관계형 데이터베이스는 테이블(table)들의 모임으로 구성되며, 각 테이블은 릴레이션(relation)이라는 용어로 표현된다. 테이블의 각 행은 관련된 값들 사이의 관계를 표현(relationship set)하며, 테이블은 이러한 관계들을 가지는 개체들의 모임(entity set)이므로, 이러한 의미에서 릴레이션이라는 개념을 사용한다. [표 3-2]는 은행계좌 릴레이션의 예를 보인 것이다.

[표 3-2] 고객(customer) 릴레이션

customer_id (고객ID)	customer_name (고객명)	customer_tel (전화번호)	customer_addr (주소)
C-1001	가나다	010-1111-2222	서울
C-1002	라마바	010-1111-3333	부산
C-1003	사아자	010-1111-4444	대구
C-1004	가나다	010-1111-5555	광주
C-1005	나다라	010-1111-6666	대전
C-1006	다라마	010-1111-7777	강원

[표 3-2]의 테이블은 4개의 열(column, 칼럼) 제목으로 구성되어 있다. 이 열 제목을 관계형 데이터베이스의 용어로 애트리뷰트(attribute), 즉 속성이라고 부르고, 행(row)은 튜플(tuple)이라 부른다. 각 속성이 가질 수 있는 값들의 집합을 도메인(domain)이라고 하고, 모든 속성들의 도메인은 원자적(atomic)이다. 즉 각 속성들이 갖는 값은 더 이상 나누어질 수 없는 단일체인 원자 값이라는 의미이다.

릴레이션은 튜플들의 집합이기 때문에 릴레이션에 있는 모든 튜플들은 유일하다. 즉 한 개체 집합에서 모든 속성들의 값이 동일한 개체가 릴레이션에 존재하지 않는다는 의미이다. 다시 말해 속성들의 집합으로 이루어진 릴레이션에 있는 각각의 튜플들은 서로 다르며 유일하게 식별된다. 그러나 실제로는 모든 속성들의 집합이 아닌 하나 또는 몇 개의 속성 값의 집합만으로도 튜플들을 유일하게 식별할 수 있는 경우가 많다. 이와 같이 튜플을 유일하게 식별할 수 있는 속성 집합을 그 릴레이션의 키(key)라고 한다. 키에는 다음과 같은 종류가 존재한다.

- 후보키(candidate key): 개체 집합에서 튜플을 유일하게 식별할 수 있는 속성의 집합으로 다음과 같은 특징을 갖는다.
① 유일성: 한 릴레이션 내의 후보키는 하나의 튜플만을 식별할 수 있어야 한다.
② 최소성: 유일성을 위해 둘 이상의 속성이 필요한 경우 꼭 필요한 속성으로만 구성해야 한다.
- 슈퍼키(super key): 유일성만을 만족하는 후보키를 슈퍼키라 한다.
- 주키(primary key): 후보키 중 하나를 주키로 사용할 수 있으며 모든 튜플에 대해 주키에 대해서는 널(null) 값을 가지지 못한다. 주키는 기본키라고도 부른다.
- 대체키(alternative key): 주키가 아닌 후보키를 대체키라 한다.
- 외래키(foreign key): 관계를 맺고 있는 릴레이션 R1과 R2에서 릴레이션 R1이 참조하고 있는 릴레이션 R2의 주키와 같은 R1의 릴레이션의 속성을 외래키라고 한다. 이를 참조키라고도 부른다.

[표 3-2]의 고객 릴레이션을 예를 들면 "고객ID"는 고객 릴레이션의 모든 개체를 유일하게 구분할 수 있으므로 슈퍼키이다. 또한 "고객ID +고객명"의 집합도 모든 개체를 유일하게 구분할 수 있으므로 고객 릴레이션의 슈퍼키이다. "고객ID"는 후보키의 최소성의 특징을 지니므로 고객 릴레이션의 후보키가 될 수 있다. 또한 이를 주키로 지정할 수 있다. 그러나 "고객ID +고객명"의 집합은 슈퍼키는 될 수 있지만 후보키는 될 수 없다. 외래키에 대한 예를 들어보면, [표 3-3]의 계좌 릴레이션의 속성 "고객ID"는 [표 3-2]의 고객 릴레이션에서 주키로 사용되었으므로, 계좌 릴레이션에서 고객 릴레이션을 참조하는 외래키가 될 수 있다.

[표 3-3] 계좌(account) 릴레이션

account_number (계좌번호)	customer_id (고객ID)	balance (잔액)
A-1001	C-1001	4000
A-1002	C-1002	5000
A-1003	C-1001	6000
A-1004	C-1003	4500
A-1005	C-1004	6500
A-1006	C-1005	5500
A-1007	C-1006	6700
A-1008	C-1005	5600

3.4 SQL

SQL(Structured Query Language)은 대부분의 관계형 데이터베이스에서 표준으로 사용되고 있는 구조화된 질의어이다. ANSI(American National Standard Institute)와 ISO(International Organization for Standard)가 1986년 처음으로 SQL 표준인 SQL-86을 발표하게 되었고, 이후 SQL-92로 개정된 후, 현재 최근 버전은 SQL:1999이다. SQL:1999의 모든 요소를 지원하고 있는 DBMS는 현재 없으나, 대부분의 경우는 SQL:1999의 거의 모든 기능과 새로운 요소를 추가로 지원하고 있다.

SQL의 특징은 관계대수와 관계해석을 기초로 한 고급 데이터 언어이며 이해하기가 쉬운 4세대 언어 형태인 비절차적 언어이다. 또한 명령어 프롬프트를 통해 대화식 질의어로 사용될 수 있을 뿐만 아니라, C, C++, Java 등과 같은 범용 프로그래밍 언어에 삽입된 형태로도 사용이 가능하다는 것이다. JDBC API도 바로 자바 프로그래밍 언어로 SQL을 이용해 데이터베이스 응용 프로그래밍을 구현할 수 있도록 지원하는 것이다. SQL은 데이터의 질의어뿐만 아니라 스키마, 도메인, 테이블, 뷰 및 인덱스의 정의와 삭제 등을 위한 데이터 정의어(DDL: Data Definition Language), 데이터의 검색, 삽입, 삭제 및 갱신 등을 위한 데이터 조작어(DML: Data Manipulation Language), 권한부여, 취소 등을 위한 데이터 제어어(DCL: Data Control Language)의 기능을 수행한다. [표 3-4]는 SQL의 기능을 분류하여 나타낸 것이다.

SQL에서는 관계형 데이터베이스의 릴레이션, 튜플, 애트리뷰트(속성)라는 용어 대신, 일반적으로 테이블(table), 행(row), 열 또는 칼럼(column)이라는 용어를 사용한다.

[표 3-4] SQL의 분류

구분	명령어
데이터 정의어(DDL)	생성(create)
	변경(alter)
	제거(drop)
데이터 조작어(DML)	검색(select-from-where)
	삽입(insert into)
	삭제(delete from)
	갱신(update)
데이터 제어어(DCL)	권한부여(grant)
	권한취소(revoke)

3.4.1 CREATE TABLE

테이블을 생성하는 명령어는 create table이며 형식은 다음과 같다.

```
create table 테이블_명
        (열_이름1 데이터_타입 [not null],
         열_이름2 데이터_타입 [not null],
         ...,
         열_이름n 데이터_타입 [not null],
        [primary key(열_이름1, 열_이름2, ..., 열_이름n),]
        [foreign key(열_이름) references 테이블_명(열_이름),]
        [check(P),]
        [unique(열_이름1, 열_이름2, ..., 열_이름n)]
```

- primary key(열_이름1, 열_이름2, ...): 테이블의 주키를 구성하는 속성(열_이름)들을 나타낸다.
- foreign key(열_이름) references 테이블_명(열_이름): 테이블의 참조키를 구성하는 속성(열_이름)과 참조하는 테이블_명(열_이름)을 나타낸다.
- check(P): 테이블의 속성들이 만족해야 하는 술어(predicate) P를 명시한다.
- unique(열_이름1, 열_이름2, ...): 괄호 안에 있는 속성들이 테이블의 후보키를 구성한다는 것을 나타낸다.

▶ 테이블 생성 예제 1

create table customer
        (customer_id   char(6) not null,
         customer_name   varchar(15) not null,

```
        customer_tel                varchar(13),
        customer_addr               varchar(20),
        primary key(customer_id));
```

▶ 테이블 생성 예제 2

```
create table account
        (account_number             char(6) not null,
        customer_id                 char(6) not null,
        balance                     int,
        primary key(account_number),
        foreign key(customer_id) references customer(customer_id),
        check(balance >= 0));
```

3.4.2 ALTER TABLE

ALTER TABLE은 테이블 이름 변경, 칼럼의 추가 및 삭제, 칼럼의 데이터 타입의 변경을 위한 명령어이며, 형식은 다음과 같다.

```
alter table 테이블_명 action [, action] ...
```

▶ 테이블 구조 변경 예제 1

```
alter table customer modify customer_tel char(13);
alter table customer change customer_tel customerTel char(13);
```

첫 번째 예제는 customer 테이블에 있는 customer_tel 칼럼의 데이터 타입을 varchar(13)에서 char(13)으로 변경한 것이며, 두 번째 예제는 customer 테이블에 있는 customer_tel 칼럼의 이름을 customerTel으로 변경함과 동시에 데이터 타입도 varchar(13)에서 char(13)으로 변경한 예제이다.

▶ 테이블 구조 변경 예제 2

```
alter table customer add column dateOfBirth date;
```

customer 테이블에 새로운 칼럼 dateOfBirth를 date 데이터 타입으로 추가한 예제이다.

▶ 테이블 구조 변경 예제 3

alter table customer rename to customerTable;

rename table customer to customerTable;

rename table customer to customerTable, account to accountTable;

테이블의 이름을 변경할 경우에는 보통 rename 명령어를 사용하지만 위와 같이 alter 명령어를 사용하여 변경할 수도 있다. rename 명령어는 여러 개의 테이블 이름을 동시에 변경할 수 있는 반면, alter는 한 번에 한 개의 테이블 이름만을 변경할 수 있다.

3.4.3 DROP TABLE

DROP TABLE은 테이블을 삭제하는 명령어이며, 형식은 다음과 같다.

---

drop table 테이블_명 [restricted | cascade]

옵션에는 restricted와 cascade가 있다. restricted가 명시되면 삭제할 도메인을 참조하고 있는 테이블이 없는 경우에만 삭제된다. cascade가 명시되면 삭제할 도메인을 참조하고 있는 모든 테이블까지 삭제하게 된다.

3.4.4 INSERT

INSERT문은 기존 테이블에 새로운 행을 삽입하는 SQL문이며, 형식은 다음과 같다. 문자형 값은 작은따옴표('')를 사용하여 지정한다.

---

insert into 테이블_명 [(열_이름 리스트)]
values (열_값 리스트)

---

insert into 테이블_명 [(열_이름 리스트)]
select 문

▶ 삽입 예제

```
insert into customer
values ('C-1007', '라마바', '010-1111-8888', '전주');


[create table vip_customer
        (customer_id                    char(6) not null,
         balance                        int);]
insert into vip_customer
select customer_id, SUM(balance)
from account
group by customer_id
having total >= 6500;
```

3.4.5 UPDATE

UPDATE문은 테이블에 존재하는 행의 열의 정보 중 일부만 수정하고자 할 때 사용되며, 형식은 다음과 같다.

```
update 테이블_명
set 열_이름 = 변경하고자 하는 열_값
[where 조건]
```

▶ 변경 예제

```
update customer
set customer_tel = '010-2222-7777', customer_addr = '서울'
where customer_id = 'C-1006';


update account
set balance = 6300
where account_number = 'A-1003';
```

3.4.6 DELETE

DELETE문은 테이블에 존재하는 행을 삭제하고자 할 때 사용된다.

```
delete from 테이블_명 [where 조건]
```

▶ 삭제 예제

delete from customer;　　// customer 테이블의 모든 행 삭제

delete from account　　　// account 테이블에서 account_number가 'A-1005'인 행 삭제

where account_number = 'A-1005';

3.4.7 SELECT

SELECT(검색)는 INSERT(삽입), UPDATE(갱신), DELETE(삭제) 등과 함께 SQL DML의 대표적인 명령문이다. SQL 질의문의 기본 구조는 다음과 같다.

```
select 열_이름 리스트
from 테이블_명 리스트
[where 조건]
[group by 열_이름 리스트 [having 그룹 조건]]
[order by 열_이름 리스트 [asc | desc]]
```

- select: 질의 결과에 나타나기를 바라는 속성들의 명칭(열_이름)을 나열한다.
- from: 질의문에서 찾기를 원하는 테이블들의 이름을 나열한다.
- where: from절에 나타나는 테이블들의 속성 조건들을 기술한다.
- group by: group by에 명시된 속성 값에 따라 질의 결과를 논리적으로 그룹화하여 나타낸다.
- having: group by에 나타난 속성의 조건을 나타낸다.
- order by: order by에 명시된 속성 값에 따라 정렬하여 나타낸다. 기본 정렬은 오름차순(asc)이며, 내림차순으로 나열하고자 하면 desc 옵션을 사용한다.

▶ 질의 예제 1

select customer_id, customer_name, customer_tel

from customer;

▶ 질의 예제 2

select account_number, customer_id, balance

from account

where balance >= 6000

order by customer_id;

▶ 질의 예제 3

select account.customer_id, customer_name, account_number, balance

from account, customer

where account.customer_id = customer.customer_id

order by account.customer_id;


```
(질의 예제 2의 결과)
account_number  customer_id    balance
---------------------------------------------
A-1003          C-1001         6000
A-1005          C-1004         6500
A-1007          C-1005         6600
(질의 예제 3의 결과)
customer_id    customer_name    account_number    balance
------------------------------------------------------------
C-1001         가나다           A-1001            4000
C-1001         가나다           A-1003            6000
C-1002         라마바           A-1002            5000
C-1003         사아자           A-1004            4500
C-1004         가나다           A-1005            6500
C-1005         나다라           A-1006            5500
C-1005         나다라           A-1008            5600
C-1006         다라마           A-1007            6700
```


▶ 질의 예제 4

select customer.customer_id, customer_name, account_number, balance from customer

inner join account

where customer.customer_id = account.customer_id

order by customer.customer_id;

질의 예제 4는 내부 조인에 의한 질의문으로 질의 결과는 질의 예제 3의 결과와 동일하다.

▶ 질의 예제 5

[insert into customer

values ('C-1007', '라마바', '010-1111-8888', '전주');]

select customer.customer_id, customer_name, account_number, balance

from customer

left join account

on customer.customer_id = account.customer_id

order by customer.customer_id;


```
(질의 예제 5의 결과)
customer_id    customer_name    account_number    balance
-----------------------------------------------------------------
C-1001         가나다           A-1001            4000
C-1001         가나다           A-1003            6000
C-1002         라마바           A-1002            5000
C-1003         사아자           A-1004            4500
C-1004         가나다           A-1005            6500
C-1005         나다라           A-1006            5500
C-1005         나다라           A-1008            5600
C-1006         다라마           A-1007            6700
C-1007         라마바           NULL              NULL
```


▶ 질의 예제 6

[create table loan

    (loan_number   char(6)   not null,

     customer_id   char(6)   not null,

     amount   int,

primary key (loan_number),

foreign key (customer_id) references customer(customer_id),

check (amount >= 1000));]

[insert into loan values ('L-1001', 'C-1004', 10000);

insert into loan values ('L-1002', 'C-1006', 15000);]

select * from customer

where customer_id in (select customer_id from loan);

```
(질의 예제 6의 결과)
customer_id      customer_name      customer_tel      customer_addr
-----------------------------------------------------------------------
C-1004           가나다             010-1111-5555      광주
C-1006           다라마             010-1111-7777      강원
```

▶ 질의 예제 7

select * from customer

where customer_id not in (select customer_id from loan);

```
(질의 예제 7의 결과)
customer_id      customer_name      customer_tel      customer_addr
-----------------------------------------------------------------------
C-1001           가나다             010-1111-2222      서울
C-1002           다라마             010-1111-3333      부산
C-1003           사아자             010-1111-4444      대구
C-1005           나다라             010-1111-6666      대전
C-1007           라마바             010-1111-8888      전주
```

▶ 질의 예제 8

select exists (select * from loan);

select not exists (select * from loan);

위의 질의 수행 결과는 loan 테이블이 비어 있는 경우에는 첫 번째 문장은 0을 반환하고, 두 번째 문장은 1을 반환한다. loan 테이블에 한 개 이상의 행의 정보가 존재하는 경우에는 그 반대이다.

4장 MySQL의 이해

TcX사는 1996년 Linux와 Solaris에 사용할 수 있는 MySQL 3.11.1 버전을 발표하였다. 이후 MySQL을 오픈 소스 라이선스와 상용 라이선스 기반으로 구분하여 인터넷상에서 서비스하기 위해 MySQL AB 사를 설립하게 되며, 이를 썬 마이크로시스템즈가 2008년에 인수하게 된다. 이를 인수한 썬 마이크로 시스템즈는 MySQL이 그동안 단순하고 속도가 빠르다는 장점은 있으나 트랜잭션이나 외부키 지원들이 많이 부족하다는 지적을 받아 왔던 부분들을 보완하고 여러 기능들을 추가하여 엔터프라이즈 분야의 DBMS로 사용될 수 있는 기반을 마련하게 된다. MySQL는 이식성이 좋고 다양한 운영체제 지원을 통해 계속적으로 사용이 증가되고 있는 DBMS이다. 다시 말해 MySQL는 빠른 속도, 사용 편의성, SQL문 지원, 높은 적용성, 연결성, 보안성, 이식성, 가용성과 낮은 비용 등의 장점을 지닌 매력 있는 RDBMS 중의 하나이다. 또한 MySQL 커뮤니티 에디션(Community Edition)은 자유롭게 다운로드할 수 있는 버전으로 가장 인기 있는 오픈 소스 데이터베이스이기도 하다. 이와 같은 이유로 본 책에서는 무료 버전인 MySQL 커뮤니티 서버 버전을 다운로드하여 사용하였다.

따라서 본 장에서는 MySQL에 대해 간략히 살펴보도록 하겠다. 데이터베이스와 관련된 정의 및 용어 등은 이미 3장에서 알아보았으므로 생략하고, 여기에서는 MySQL의 데이터 타입과 MySQL의 주요 SQL문에 대해서만 살펴보도록 하겠다.

4.1 MySQL의 식별자 문법

일반 프로그래밍 언어와 마찬가지로 데이터베이스도 식별자를 사용하여 데이터베이스_명, 테이블_명, 칼럼_명, 뷰_명, 저장 프로시저_명 등을 명명하고 이들을 구분하여 사용하게 된다. MySQL에서 사용하는 식별자의 규칙은 다음과 같다.

- **적합한 문자**: 일반 프로그래밍 언어와는 달리 MySQL의 식별자는 식별자가 인용부호로 감싸이는 경우와 감싸이지 않는 경우에 따라 사용할 수 있는 문자가 달라진다. 인용부호로 감싸진 식별자는 SQL 예약어(키워드) 및 스페이스를 포함한 모든 알파벳 문자(시스템 문자 세트: utf8)를 사용할 수 있다. 또한 숫자 문자를 식별자의 시작 문자로 사용할 수 있으며, 식별자 전체를 숫자 문자로 구성할 수도 있다. 단, 0과 255인 경우는 사용할 수 없으며, MySQL 5.1.6 이전 버전에서는 '.'(마침표)와 파일 경로 이름 구분자인 '/' 또는 '\'도 사용할 수 없다. 그러나 본 책에서 사용하는 MySQL 버전은

5.5.x이므로 ',', '/', '\' 모두를 사용할 수 있다. 식별자를 감싸는 인용부호는 작은따옴표나 큰따옴표가 아닌 뒤로 삐침 문자(`)이다. 인용부호로 감싸이지 않는 식별자인 경우는 알파벳 문자, 숫자, 특수문자인 '_'(언더라인)과 '$'로 구성될 수 있다. 그러나 이 경우는 숫자와 식별자를 구분할 수 없기 때문에 식별자 전체를 숫자로 구성할 수는 없으며 SQL 예약어를 사용할 수 없다.

- **식별자 길이**: 모든 식별자는 64문자 길이까지 사용할 수 있다. 단, 에일리어스(alias) 이름은 256문자 길이까지 사용할 수 있다.

4.2 SQL 문장에서의 대소문자 구별

SQL 문장 내에서의 대소문자의 구별은 문장 내의 어느 부분에서 사용되는가에 따라서도 달라진다. 또한 참조하는 것이 무엇인지에 따라, 서버가 실행되는 운영체제에 따라서도 달라진다.

- **SQL 키워드와 함수**: SQL의 키워드(예약어)와 함수 이름들은 대소문자의 구별이 없다. 대문자만 또는 소문자로만 구성할 수 있으며 대소문자를 섞어서 사용해도 된다.

- **데이터베이스, 테이블, 뷰 이름**: MySQL는 데이터베이스와 테이블에 대해서는 서버 호스트상의 파일 시스템을 사용하여 구현한다. 그 결과 데이터베이스 이름과 테이블 이름의 대소문자 구별은 서버 호스트의 운영체제에서 사용하는 파일 시스템의 파일 이름 규칙에 따라 달라진다. Windows 파일 시스템에서는 파일 이름에 대소문자를 구별하지 않는다. 본 책에서는 Windows 7을 바탕으로 설명하기 때문에 데이터베이스, 테이블, 뷰 이름 등은 대소문자 구별 없이 사용하면 되겠다.

- **저장 프로시저 이름**: MySQL의 저장 프로시저, 함수, 이벤트 이름은 대소문자를 구별하지 않는다. 그러나 3장에서 소개한 표준 SQL에서는 대소문자를 구별한다.

- **에일리어스(alias) 이름**: MySQL의 에일리어스 이름도 대소문자를 구별하지 않는다.

- **문자 또는 문자열의 값**: MySQL에서 문자열 값의 대소문자 구별은 문자 세트(character set)가 이진 또는 이진 문자열인지에 따라서 달라진다. 문자 세트의 조합이 _ci인 경우는 대소문자를 구별하지 않는 조합을 나타내며, _cs인 경우는 대소문자를 구별하는 조합을 나타낸다. _bin은 이진 조합을 나타내며 이는 숫자 문자 코드에 기반을 두고 있으므로 대소문자를 구별한다.

4.3 MySQL의 문자 세트 지원

MySQL은 다중 문자 세트와 함께 서버, 데이터베이스, 테이블, 칼럼, 또는 문자열 상수 레벨에서 독립적인 문자 세트를 지원한다. 예들 들면 테이블의 칼럼에 latin1의 문자 세트를 기본으로 하고, 히브리어 문자 세트와 같은 다른 문자 세트의 지원을 포함하고자 하면 이것도 가능하다. CREATE DATABASE를 이용하여 데이터베이스의 문자 세트를, CREATE TABLE을 이용하여 테이블과 칼럼 레벨의 문자 세트를 지정할 수 있다. 문자열 상수에 대한 문자 세트는 콘텍스트에 의해서 결정되거나 별도로 지정될 수도 있다. 문자 세트의 정렬 순서에 대한 사항도 지정할 수 있다.

MySQL의 문자 세트는 다음과 같은 특성을 지원하다.

- 서버는 여러 개의 문자 세트를 사용할 수 있다.
- 주어진 문자 세트는 하나 이상의 정렬 순서를 가질 수 있다.
- 유니코드는 utf8과 ucs2 문자 세트를 지원한다.
- 서버, 데이터베이스, 테이블, 칼럼, 문자열 상수 레벨에서 문자 세트를 지정할 수 있다.

4.3.1 문자 세트 지정

다음은 데이터베이스, 테이블, 칼럼 등에 대한 문자 세트와 정렬 순서 값을 지정하는 SQL문 형식이다.

```
CHARACTER SET charset
COLLATE collation
```

charset는 서버에 의해 지원되는 문자 세트의 이름이며, collation은 문자 세트의 정렬 순서들 중 하나의 이름이다. 문자 세트는 관련된 SQL문과 함께 지정될 수도 있고 별도로 지정될 수도 있다.

▶ 관련된 SQL문과 함께 지정된 문자 세트와 정렬 순서 지정 예제
CREATE DATABASE db_name CHARACTER SET charset COLLATE collation;
CREATE TABLE table_name CHARACTER SET charset COLLATE collation;

4.3.2 문자 세트의 유효성

다음은 어떤 문자 세트와 정렬 순서가 유효한지를 알아보는 SQL문 형식이다. LIKE는 결과의 범위를 좁히기 위해서 문자열의 패턴을 주기 위한 것이다.

```
SHOW CHARACTER SET [LIKE '...%'];
SHOW COLLATION [LIKE '...%'];
```

▶ 사용 가능 문자 세트 검색: SHOW CHARACTER SET LIKE 'latin%';

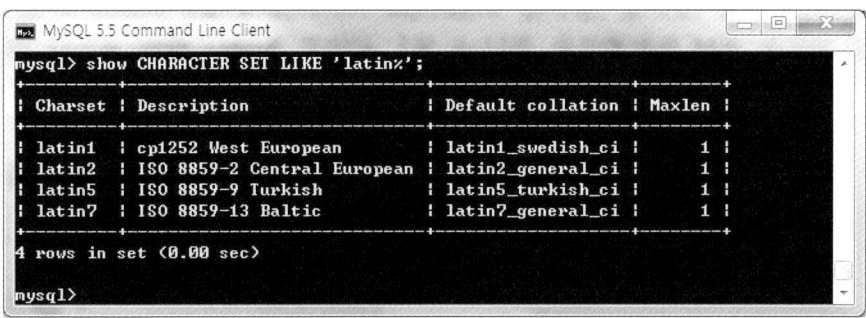

▶ 사용 가능 정렬 순서 검색: SHOW COLLATION LIKE 'latin%';

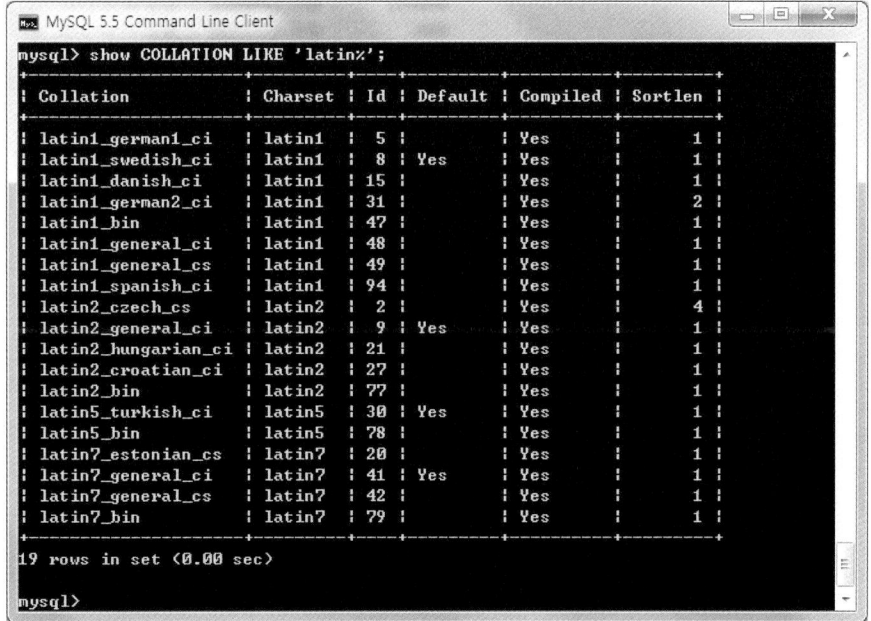

▶ 현재 서버 문자 세트 설정 확인: SHOW VARIABLES LIKE 'character_set_%';

현재 서버에서 사용하고 있는 문자 세트는 서버, 클라이언트, 연결, 데이터베이스, 결과 세트 모두 euckr임을 알 수 있다. 한글을 사용하기 위해서 MySQL 설치에서 문자 세트를 euckr로 지정한 것이며, 이에 대해서는 5장 MySQL 설치에서 다루기로 하겠다.

▶ 현재 정렬 순서 설정 확인: SHOW VARIABLES LIKE 'collation_%';

4.4 MySQL의 데이터 타입

MySQL의 테이블은 하나 이상의 칼럼(열)으로 구성되며 각 칼럼은 고유한 데이터 타입(data type, 자료형, 또는 자료유형)을 갖는다. MySQL에서 제공하는 데이터 타입은 크게 문자형, 숫자형, 날짜형 및 공간형이 있다. 이러한 데이터 타입은 표현할 수 있는 값들의 종류, 값들이 차지하는 공간의 크기 및 고정 길이를 가지는지의 여부, 해당 데이터 타입의 값들이 비교되거나 정렬되는 방식, 해당 데이터 타입에 인덱스를 만들 수 있는지의 여부 등에 따라 다양한 종류로 나누어진다. [표 4-1]에서 [표 4-4]까지가 MySQL의 숫자형, 문자형, 날짜형 및 공간형의 데이터 타입을 각각 나타낸 것이다. [표 4-1]의 숫자형에서 M은 숫자의 최대 자릿수인 정밀도를 의미하며, D는 소수점 오른쪽의 자릿수(지수부)를 의미한다.

[표 4-1] 숫자형 데이터 타입

데이터 타입명	의미	저장 공간의 크기
TINYINT	매우 작은 정수	1바이트
SMALLINT	작은 정수	2바이트
MEDIUMINT	중간 크기의 정수	3바이트
INT	표준 정수	4바이트
BIGINT	큰 정수	8바이트
DECIMAL ([M,[D]])	고정 소수	M과 D에 따라 다르다.
FLOAT	단정도 부동 소수	4바이트
DOUBLE	배정도 부동 소수	8바이트
BIT [(M)]	비트 필드	M에 따라서 달라진다.

[표 4-2] 문자형 데이터 타입

데이터 타입명	의미	최대크기	저장 공간의 크기
CHAR[(M)]	고정 길이 비이진(문자) 문자열	M 문자	M 바이트
VARCHAR(M)	가변 길이 비이진 문자열	M 문자	L+1 또는 2바이트
BINARY[(M)]	고정 길이 이진 문자열	M 바이트	M 바이트
VARBINARY[(M)]	가변 길이 이진 문자열	M 바이트	L+1 또는 2바이트
TINYBLOB	매우 작은 BLOB(Binary Large Object)	2^8-1 바이트	L+1바이트
BLOB	작은 BLOB	$2^{16}-1$ 바이트	L+2바이트
MEDIUMBLOB	중간 크기 BLOB	$2^{24}-1$ 바이트	L+3바이트
LONGBLOB	큰 BLOB	$2^{32}-1$ 바이트	L+4바이트
TINYTEXT	매우 작은 비이진 문자열	2^8-1 바이트	L+1바이트
TEXT	작은 비이진 문자열	$2^{16}-1$ 바이트	L+2바이트
MEDIUMTEXT	중간 크기 비이진 문자열	$2^{24}-1$ 바이트	L+3바이트
LONGTEXT	큰 비이진 문자열	$2^{32}-1$ 바이트	L+4바이트
ENUM('value1', 'value2', …)	열거형으로 각 칼럼 값은 열거 멤버 중 하나만 대입할 수 있음	65,535개의 요소	1 또는 2바이트
SET('value1', 'value2', …)	집합형으로 각 칼럼 값은 복수의 집합형 멤버에 대입할 수 있으며, 하나도 대입하지 않을 수도 있음	64개의 요소	1, 2, 3, 4, 또는 8바이트

문자형에서 문자열의 대표적인 데이터 타입인 char와 varchar의 차이는 char 타입은 설정된 자릿수만큼 저장 공간을 차지하고 varchar 타입은 입력된 문자열의 크기만큼 저장 공간을 차지한다. 예를 들면 char(7)로 선언하였을 경우 입력한 데이터 값이 "kim"이며 입력한 문자열이 3자리이지만 7자리의 저장 공간을 차지하게 된다. 그러나 varchar(7)로 선언하였을 경우는 3자리의 저장 공간만을 차지하게 된다.

[표 4-2]의 문자형에서 M은 칼럼 값의 최대 길이를 나타내며 문자열에 대해서는 바이트로, 비이진 문자열에 대해서는 문자로 표현된다. L은 선언한 실제 길이를 나타낸다.

[표 4-3] 날짜형 데이터 타입

데이터 타입명	의미	저장 공간의 크기
DATE	날짜 값 'CCYY-MM-DD' 형식	3바이트 (MySQL 3.22 이전은 4바이트)
TIME	시간 값 'hh:mm:ss' 형식	3바이트
DATETIME	날짜와 시간 값 'CCYY-MM-DD hh:mm:ss' 형식	8바이트
TIMESTAMP	타임스탬프 값 'CCYY-MM-DD hh:mm:ss' 형식	4바이트
YEAR	년도 값. CCYY 또는 YY 형식	1바이트

[표 4-4] 공간형 데이터 타입

타입 이름	의미
GEOMETRY	공간 값
POINT	포인트 값(한 쌍의 X, Y 좌표)
LINESTRING	커브 값(하나 이상의 POINT 값)
POLYGON	다각형
GEOMETRYCOLLECTION	기하학(GEOMETRY) 값의 집합
MULTILINESTRING	LINESTRING 값의 집합
MULTIPOINT	POINT 값의 집합
MULTIPOLYGON	다각형 값의 집합

4.5 MySQL의 SQL 기본 명령문

4.5.1 데이터베이스 생성, 선택, 삭제, 변경

▶ 데이터베이스 생성

```
create database 데이터베이스_명;
create database [if not exists] 데이터베이스_명;
create database [if not exists] 데이터베이스_명
    [CHARACTER SET charset] [COLLATE collation];
```

create database test CHARACTER SET euckr COLLATE euckr_korean_ci;

▶ 데이터베이스 선택

```
use 데이터베이스_명;
```

▶ 데이터베이스 삭제

```
drop database 데이터베이스_명;
```

▶ 데이터베이스 변경

alter문장을 이용하여 데이터베이스 전역 특성을 바꿀 수 있다. 현재는 기본 문자 세트와 정렬순서 만이 전역 특성에 포함되어 있다.

```
alter database 데이터베이스_명
        [CHARACTER SET charset] [COLLATE collation];
```

▶ 데이터베이스 목록 표시

```
show databases;
```

4.5.2 테이블 생성, 삭제, 변경

▶ 테이블 생성

테이블 생성은 3장의 표준 SQL문의 테이블 생성 구문의 형식과 같다.

```
create table [if not exists] 테이블_명 (추가할 열_이름 데이터형, …);
```

```
use 데이터베이스_명;
create table 테이블_명
    (customer_id        char(6) not null primary key,
    customer_name       varchar(15) not null,
    customer_tel        varchar(13),
    customer_addr       varchar(20)
    );
```

▶ 임시 테이블 생성

```
create temporary table 테이블_명 (추가할 열_이름 데이터형, …);
```

▶ 테이블 생성을 기존 테이블과 동일하게 생성한 후 기존 테이블의 행의 정보를 새로 생성한 테이블로 복사

```
create table 새로운_테이블_명 like 기존_테이블_명;
insert into 새로운_테이블_명 select * from 기존_테이블_명 [where 조건];
```

create table customer1 like customer;

insert into customer1 select * from customer;

▶ 데이터베이스에 존재하는 테이블 목록 열람

```
show tables;
```

▶ 테이블 삭제

```
drop table [if exists] 테이블_명;
```

▶ 테이블에 열_이름 추가

```
alter table 테이블_명 add column (추가할)열_이름 데이터형;
```

▶ 테이블 칼럼의 자료형 변경

```
alter table 테이블_명 modify 칼럼_명 기존_자료형 새로운_자료형;
```

▶ 테이블 칼럼_명과 자료형 동시 변경

```
alter table 테이블_명 change 기존_칼럼_명 새로운_칼럼_명 기존_자료형 새로운_자료형;
```

▶ 테이블_명 변경

```
alter table 테이블_명 rename to 새로운_테이블_명;
```

4.5.3 레코드 삽입, 삭제, 변경

▶ 레코드 삽입

```
insert into 테이블_명 value[s]('값1', '값2', …);
```

insert into customer values('C-1001', '가나다', '010-1111-2222', '서울');

▶ 레코드 삭제

```
delete from 테이블_명 where 조건;
```

delete from customer where customer_id = 'C-1001';

▶ 레코드 변경

```
update 테이블_명 set 열_이름1='값1', 열_이름2='값2', …
       where 조건;
```

update customer set customer_addr='대구' where customer_id='C-1001';

4.5.4 정보 검색

▶ 정보 검색

```
select * from 테이블_명 [where 조건];
```

select * from customer;

select * from customer where customer_name='가나다';

▶ 테이블에 행의 정보가 존재하는지의 여부 확인

select **exists** (select * from account);

select **not exists** (select * from account);

▶ 테이블 조인에 의한 정보 검색

```
select account.customer_id, customer_name, account_number, balance
        from account, customer
        where account.customer_id = customer.customer_id;
select * from customer where customer_id in
        (select customer_id from account);
select * from customer where customer_id not in
        (select customer_id from account);
```

▶ 테이블 내부 조인에 의한 정보 검색

```
select customer.customer_id, customer_name, account_number, balance
        from customer
        inner join account
        where customer.customer_id = account.customer_id;
```

▶ 테이블 외부 조인에 의한 정보 검색

```
select customer.customer_id, customer_name, account_number, balance
        from customer
        left join account
        on customer.customer_id = account.customer_id;
```

4.5.5 뷰의 사용

뷰(view)는 가상 테이블로, 테이블처럼 동작하지만 실제로는 자신의 데이터를 가지고 있지 않고 다른 테이블들의 데이터를 사용한다. 테이블의 모든 칼럼을 검색하지 않고 특정 칼럼만을 자주 검색하는 경우에 해당 칼럼만을 선택하여 뷰를 정의하여 사용하면 편리하다. 즉 뷰를 생성한 후 뷰의 검색할 칼럼명을 하나하나 기술할 필요 없이 select *로 검색하면 된다는 의미이다.

▶ 뷰의 정의

```
create view 뷰_이름 as select 칼럼_리스트 from 테이블_명;
```

```
create view viewCustomer as
       select customer_id, customer_name from customer;
select * from viewCustomer;
select * from viewCustomer where customer_name = '가나다';
```

▶ 조인에 의한 뷰의 정의

```
create view viewAccount as
       select customer.customer_id, customer_name, account_number, balance
              from customer
              inner join account
              where customer.customer_id = account.customer_id;
select * from viewAccount;
```

4.5.6 트랜잭션의 사용

트랜잭션은 데이터의 무결성을 위해 필요하다면 취소될 수 있는 하나의 특정 단위로 수행되는 한 세트의 SQL 명령문들이며, SQL명령문들의 실행 결과가 메모리상에서만 이루어지다가 commit문에 의해 데이터베이스에 저장되게 된다. 세트 안에 있는 SQL명령문들의 동작은 전부 성공하든지, 아니면 성공한 명령문이 하나도 없어야 한다. 만약 세트 안에 있는 일부 명령문들만 실행된 경우에는 rollback 명령을 사용해 세트 안에 있는 모든 SQL명령문들을 실행되기 전 원래 상태로 되돌려 놓아야 한다.

▶ 트랜잭션의 사용

```
start transaction;
SQL명령문 리스트;
commit; (또는 rollback;)
```

▶ 트랜잭션 사용 예제 1

```
start transaction;
insert into customer values ('C-1007', '이순신', null, null);
insert into account values ('A-1009', 'C-1007', 7000);
commit;
```

위의 트랜잭션을 수행한 후 customer와 account 테이블을 질의해 보면 insert문이 모두 수행되었음을 확인할 수 있다.

▶ 트랜잭션 사용 예제 2

start transaction;

insert into customer values('C-1008', '홍길동', null, null);

insert into account values('A-1010', 'C-1008', 5000);

rollback;

위의 트랜잭션을 수행한 후 customer와 account 테이블을 질의해 보면 insert문이 모두 수행되지 않았음을 확인할 수 있다.

▶ 트랜잭션 사용 예제 3

start transaction;

insert into customer values('C-1009', '유관순', null, null);

insert into account values('A-1010', 'C-1009', 8000);

(SQL 오류 발생)

rollback;

위의 경우와 같이 만약 트랜잭션 세트 안에 있는 일부 SQL명령문들만 실행되고 일부 명령문은 오류에 의해 실행되지 않았을 경우에는 rollback 명령을 사용해 세트 안에 있는 모든 SQL명령문이 실행되기 전 상태로 되돌려지도록 해야 한다.

5장 자바 JDBC API 응용 프로그램 개발 환경 구축

본 장에서는 자바 JDBC API를 이용한 자바 데이터베이스 프로그래밍 실습을 위한 개발 환경 구축을 다룬다. 개발 환경 구축에 있어 먼저 자바 프로그래밍을 위해 자바 JDK를 설치해야 한다. 1장에서 설명하였듯이 JDBC API는 자바 JDK에 포함되어 배포되므로 별도로 설치할 필요가 없다. 2012년 5월 현재 JDK에 포함되어 배포되는 JDBC API의 버전은 4.0이다. 그 다음에는 데이터베이스를 설치해야 한다. 본 책에서는 오픈 소스를 기반으로 널리 사용되고 있는 MySQL 데이터베이스를 사용하였다. 데이터베이스를 설치한 후, MySQL의 JDBC 드라이버를 설치해야 하며, 이는 드라이버 유형 4인 Connector/J를 사용하였다. 이들 시스템 간에는 버전별 호환성이 상이하므로 [표 5-1] 및 [표 5-2]를 참조하여 상호 호환성이 있는 버전을 선택하여 설치하도록 한다.

본 책에서는 자바 JDK 1.6, MySQL 5.5, Connector/J 5.1 및 Tomcat 7.0으로 개발 환경을 구축하였으며, 따라서 이를 바탕으로 개발 환경 구축 절차를 설명하도록 하겠다. 참고로 현재 자바 JDK 버전은 1.7까지 출시되었으나, Connector/J의 최근 버전인 5.1에서 JDK 1.6 버전까지만 호환성을 보장하여 주기 때문에 안정성을 위해 JDK 1.6 버전을 선택하였다.

[표 5-1] Connector/J 버전과 상호 호환성이 있는 JDBC API 버전 및 MySQL 버전

Connector/J 버전	드라이버 유형	JDBC API 버전	MySQL 버전	상태
5.1	**4**	3.0, **4.0**	4.1, 5.0, 5.1, 5.4, **5.5**	권장 버전
5.0	4	3.0	4.1, 5.0	출시 버전
3.1	4	3.0	4.1, 5.0	폐기(obsolete)
3.0	4	3.0	3.x, 4.1	폐기

[표 5-2] Connector/J 버전에 따라 지원되는 JDK 버전

Connector/J 버전	JDK 버전	JAVA RTE 버전
5.1	**1.6.x** and 1.5.x	1.5.x, **1.6.x**
5.0	1.4.2, 1.5.x, 1.6.x	1.3.x, 1.4.x, 1.5.x, 1.6.x
3.1	1.4.2, 1.5.x, 1.6.x	1.2.x, 1.3.x, 1.4.x, 1.5.x, 1.6.x
3.0	1.4.2, 1.5.x, 1.6.x	1.2.x, 1.3.x, 1.4.x, 1.5.x, 1.6.x

5.1 자바 JDK 설치

5.1.1 JDK 다운로드

자바 프로그램을 개발하기 위해서는 2009년 썬 마이크로시스템즈를 인수한 오라클(Oracle)사의 자바 사이트에서 운영체제 개발 환경 및 목적에 맞는 자바 플랫폼의 자바 개발 키트(Java Development Kit: JDK)를 다운로드 받아 설치해야 된다. 웹 사이트는 http://www.oracle.com/technetwork/ java/javase/downloads/ index.html이다. 모든 JDK는 무료로 다운로드 받을 수 있으며, 여러 버전 중 현재 사용 중인 컴퓨터 시스템 환경에 맞는 JDK를 다운로드하여 설치하도록 한다. [그림 5-1]과 [그림 5-2]는 오라클사의 다운로드 웹 페이지를 보인 것이다. 일반적인 자바 응용 프로그램 개발을 위해서는 "Java SE"의 자바 플랫폼인 JDK 및 관련 문서(documentation)를 찾아 다운로드하도록 한다. 다운로드할 때 [그림 5-2]에서 보인 자바 라이선스에 대한 동의(Accept License Agreement)를 먼저 선택해야 한다.

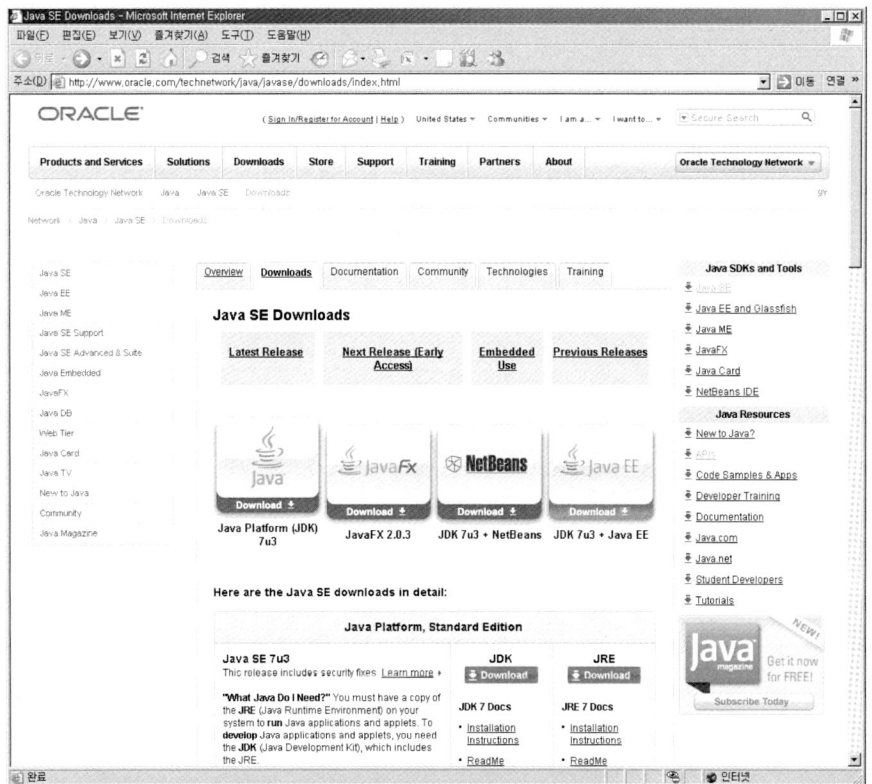

[그림 5-1] 오라클사의 자바 사이트

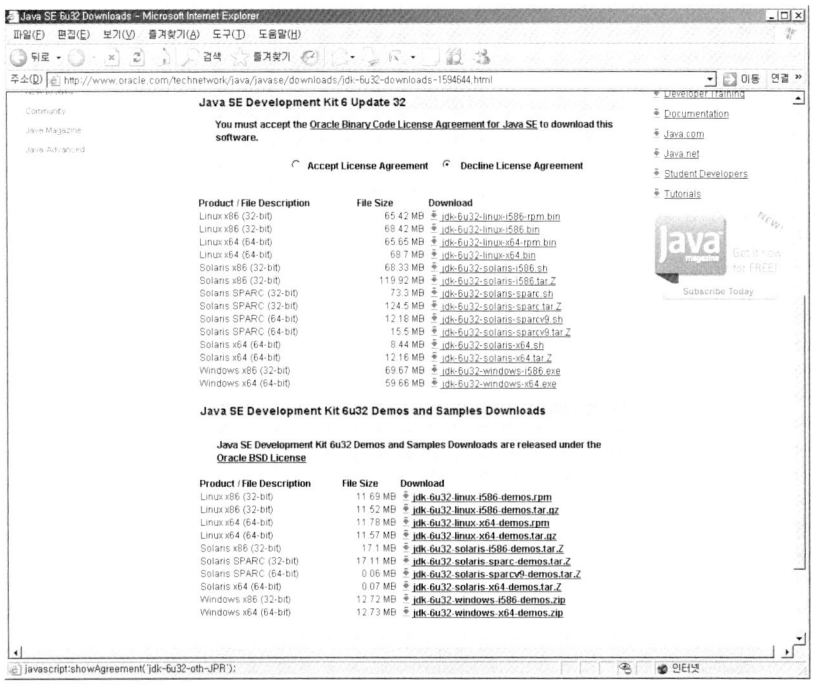

[그림 5-2] Java SE 플랫폼의 JDK 다운로드 페이지

5.1.2 JDK 설치

[그림 5-2]에서 보인 JDK 중 현재 사용 중인 컴퓨터 시스템 환경에 맞는 JDK의 링크를 클릭한 후 설치 프로그램의 안내에 따라 JDK를 설치하면 [그림 5-3]과 같은 폴더들이 "C:\Program Files\Java" 디렉토리(폴더) 밑에 생성되게 된다. 설치과정 중에 자바 설치 디렉토리 위치를 지정해 줄 수 있으며, 별도로 지정하지 않았을 경우에는 기본으로 "C:\Program Files" 밑에 "Java" 폴더가 생성되고, "Java" 폴더 밑에 JDK 버전명과 동일한 폴더(jdk1.6.0_32) 및 자바 실행 환경과 관련된 파일들의 설치를 위한 폴더(jre6)가 생성된다. [그림 5-4]는 "jdk.6.0_32"밑에 생성된 폴더와 파일들을 보여 주고 있다.

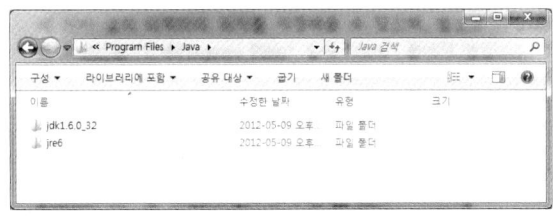

[그림 5-3] "C:\Program Files\Java" 폴더의 구조   [그림 5-4] "C:\Program Files\Java\jdk1.6.0_32"
                                                              폴더의 구조

- C:\Program Files\Java\jdk1.6.0_32\bin\: 자바 프로그램 개발에 필요한 여러 도구들의 실행 파일들이 존재한다.
- C:\Program Files\Java\jdk1.6.0_32\lib\: 자바 프로그램 개발 도구들이 사용하는 파일들이 존재한다.
- C:\Program Files\Java\jdk1.6.0_32\jre\: JDK 프로그램 개발 도구가 실행하는데 필요한 자바 실행 환경의 루트 디렉토리이며, 자바 플랫폼에 필요한 실행 파일과 동적 링크 라이브러리 및 자바 실행 환경에서 사용되는 코드 라이브러리와 그 외에 프로퍼티(properties) 설정 파일 및 리소스 파일들이 존재한다.

5.1.3 환경변수 설정

설치된 자바 프로그램 개발 도구를 편리하게 사용하기 위해서는 현재 사용 중인 컴퓨터 시스템 등록 정보의 환경변수 중 PATH와 CLASSPATH의 변수 값에 자바 실행 파일의 위치에 대한 정보를 설정해주어야 한다. 환경변수를 설정하지 않아도 명령어들의 사용은 가능하지만 사용할 때마다 명령어의 전체 디렉토리 경로를 지정해야 하는 번거로움이 있다. 본 책에서는 Windows 7인 경우를 예를 들어 설명하도록 한다.

시스템 등록 정보를 위해 윈도우즈 제어판에서 [시스템 및 보안] → [시스템] → [고급 시스템 설정]을 선택한 후 시스템 속성 메뉴 항목에서 [고급]을 선택한다. 단축키 [윈도우즈 키 + Pause Break]를 누른 후 [고급 시스템 설정]을 선택하여 진행할 수도 있다. [그림 5-5]의 왼쪽 화면과 같이 시스템 등록 정보 화면이 나타나면 화면의 밑 부분에 있는 [환경 변수]를 선택한다. 그러면 [그림 5-5]의 오른쪽 화면과 같은 환경변수 설정화면이 나타나게 된다.

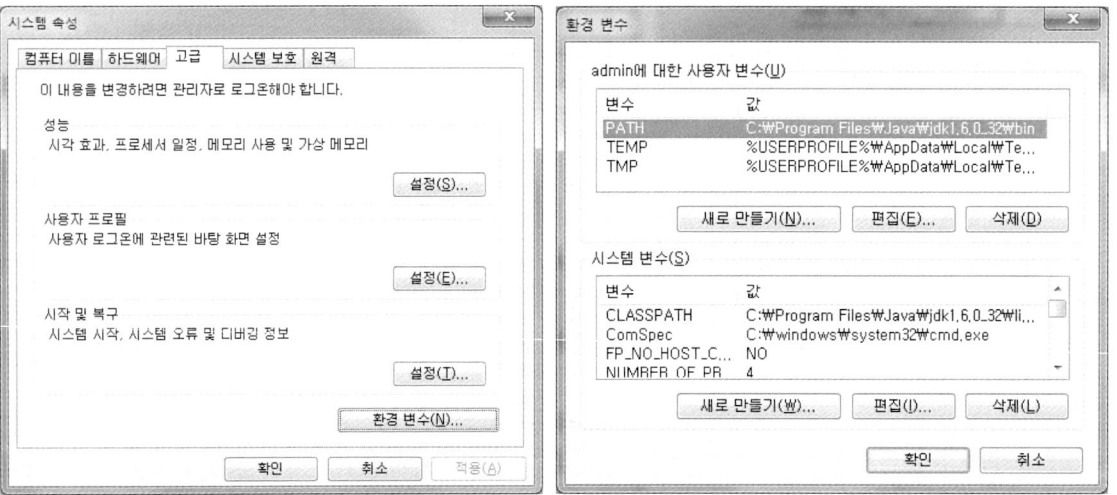

[그림 5-5] 시스템 속성(왼쪽)과 환경변수 설정 화면(오른쪽)

- PATH: 먼저 [그림 5-5]의 오른쪽 화면의 [사용자 변수]에 있는 PATH를 지정해 준다. 변수 PATH 위에 커서를 위치시킨 후 [편집(E)]를 선택하면 [그림 5-6]과 같이 PATH 변수를 편집할 수 있는 대화상자가 나타난다. 이때 이미 존재하는 변수 값 뒤에 [그림 5-6]과 같이 ";C:\Program Files\Java\jdk1.6.0_32\bin"을 추가한 후 [확인] 버튼을 누른다.
- CLASSPATH: 그 다음 [그림 5-5]의 오른쪽 화면의 [시스템 변수(S)]에 있는 변수 CLASSPATH 위에 커서를 위치시킨 후 [편집(I)]를 선택하면 [그림 5-7]과 같은 대화상자가 나타난다. 이때 [그림 5-7] 과 같이 ";C:\Program Files\Java\jdk1.6.0_32\lib\tool.jar;."을 입력한 후 [확인] 버튼을 클릭한다. 마지막에 '.'는 현재 폴더를 의미하며 이를 추가하는 이유는 현재 작업하고 있는 위치에서, 즉 모든 시스템의 디렉토리상에서 자바 명령어를 실행할 수 있도록 하겠다는 의미이다.

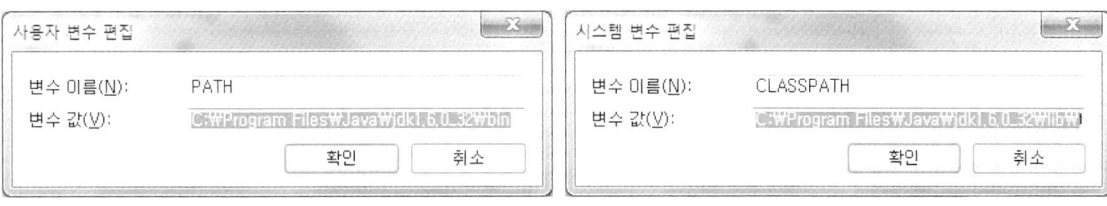

[그림 5-6] PATH 설정   [그림 5-7] CLASSPATH 설정

위와 같이 환경변수의 설정이 끝난 후 [그림 5-5]의 환경변수 설정 화면에서 [확인] 버튼을 클릭하고 시스템 속성 화면에서 [확인] 버튼을 선택하면, 자바 프로그래밍 언어 사용을 위한 환경변수 설정이 완료되게 된다.

5.1.4 JDK 설치 확인

JDK를 다운로드 받아 설치하고 환경변수를 설정한 후 설치가 완료되면 [명령 프롬프트]를 실행하여 java -version을 입력하여 [그림 5-8]과 같이 나오면 설치가 제대로 된 것이다.

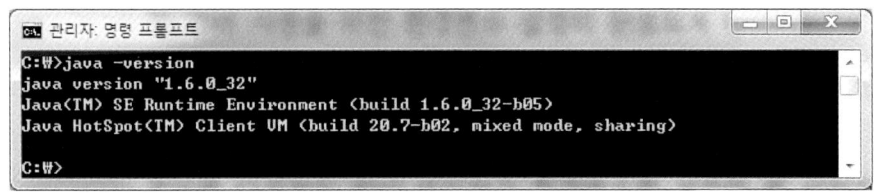

[그림 5-8] JDK 설치 확인

이번에는 간단한 자바 프로그램을 작성한 후 컴파일하여 실행시켜 보도록 하자.

1) 먼저 "C:\jdbc\chap5\라는 디렉토리를 "C:\"상에 생성해 둔다.

2) [메모장]을 이용해서 [그림 5-9]와 같이 편집한 후, 이를 "C:\jdbc\chap5" 디렉토리 밑에 "HelloExample.java"로 저장한다. 이때 대소문자를 구분하여 정확하게 저장하도록 한다.

3) 그 다음 [명령 프롬프트]를 실행하여 [그림 5-10]과 같이 명령어 창이 나타나면 명령어 프롬프트에서 "cd C:\jdbc"를 입력한 후 엔터키를 누른다. 홈 디렉토리는 "C:\jdbc"로 설정하고 홈 디렉토리 밑에 있는 서브폴더는 패키지로 처리하도록 한다. 즉 서브폴더 chap5는 패키지로 처리하도록 한다.

4) 그리고 "javac chap5\HelloWorld.java"를 입력하여 자바 프로그램을 컴파일한다. 즉 자바 소스 코드 컴파일 명령어는 "javac"이다. 이때 만약에 오류 메시지가 나타나면 오류 메시지를 확인한 후 [메모장]을 이용해 오류 메시지에 맞게 해당 프로그램을 수정한 후 다시 컴파일한다. "javac"를 이용해 자바 소스 코드를 컴파일하게 되면, 자바 소스 코드의 파일명은 동일하고 확장자만 ".class"로 변경된(즉 HelloExample.class) 바이트 코드로 이루어진 자바 실행 파일이 생성되게 된다.

5) 오류 메시지 없이 컴파일이 완료되면 "java chap5.HelloWorld"를 입력하여 자바 프로그램을 실행시킨다. 즉 바이트 코드를 실행시키는 자바 명령어가 "java"이며 실행 명령어 입력 시에 실행 파일의 확장자(즉 ".class")는 생략한다.

6) 화면에 "Hello World"가 나타나면 자바 프로그램의 수행이 제대로 이루어진 것이다. [그림 5-10]은 명령어 창에서 HelloExample의 실행 결과를 보인 것이다.

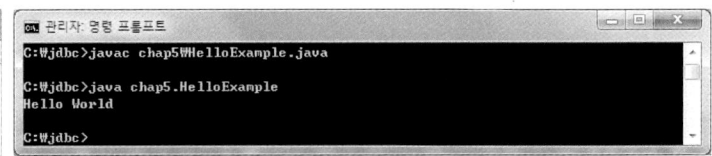

[그림 5-9] HelloExample.java   [그림 5-10] 명령어 창에서 HelloExample 클래스 실행 결과

5.1.5 통합개발환경 구축(Eclipse)

앞 절에서 보인 바와 같이 일반 편집기(메모장 및 워드 프로세서)와 명령어 창을 이용하여 자바 프로그램을 개발할 수도 있다. 그러나 자바 소스 코드를 편집하여 컴파일하고, 디버깅하여 실행하는 일련의 과정을 보다 쉽고 빠르게 할 수 있도록 개발된 응용 프로그램들이 있다. 이를 통합개발환경(Integrated Development Environment: IDE)이라고 부른다. 대표적인 통합개발환경에는 JBuilder, Eclipse, Sun One Studio 및 C++의 통합개발환경인 Visual C++와 CBuilder 등이 있다. 본 책에서는 보편적으로 가장 많이 사용되는 있는 이클립스(Eclipse)를 소개하도록 하겠다.

▶ Eclipse 다운로드 및 설치

이클립스는 IBM 등을 중심으로 오픈 소스로 개발되고 있는 자바 기반의 통합개발환경이다. 이클립스는 http://www.eclipse.org/downloads/ 사이트에서 무료로 다운로드 받아 사용할 수 있으며, 다른 통합개발환경에 비해 빠르고 사용이 쉽다. [그림 5-11]은 Eclipse 다운로드 사이트를 보여주고 있다. 이 중 현재 사용 중인 컴퓨터 플랫폼과 개발 목적에 맞는 버전을 다운로드하여 설치하도록 한다. 본 책에서는 자바 웹 프로그래밍을 구현할 수 있는 "Eclipse IDE for Java EE Developers"를 다운로드하여 설치하는 과정을 보이도록 하겠다.

다운로드한 .zip 파일을 "C:" 디렉토리에 압축을 풀도록 한다. 그러면 "C:\eclipse" 디렉토리 밑에 관련 파일들이 설치되게 된다. 이클립스 실행 파일은 "C:\eclipse" 폴더에 있는 eclipse.exe 이다. 이클립스를 처음 실행하게 되면 [그림 5-12]와 같이 소스 코드를 위치시킬 작업 공간(workspace)을 위한 디렉토리 위치를 묻게 된다. 시스템에서 제공한 디렉토리 또는 원하는 디렉토리를 직접 지정할 수도 있다. 본 책에서는 "C:\eclipse\workspace"를 기본 작업 공간으로 설정하였다. 작업 공간 설정 시에 화면 하단에 있는 "Use this as the default and do not ask again"을 체크하면 그 다음 실행부터는 작업 공간 설정 대화창이 나타나지 않는다.

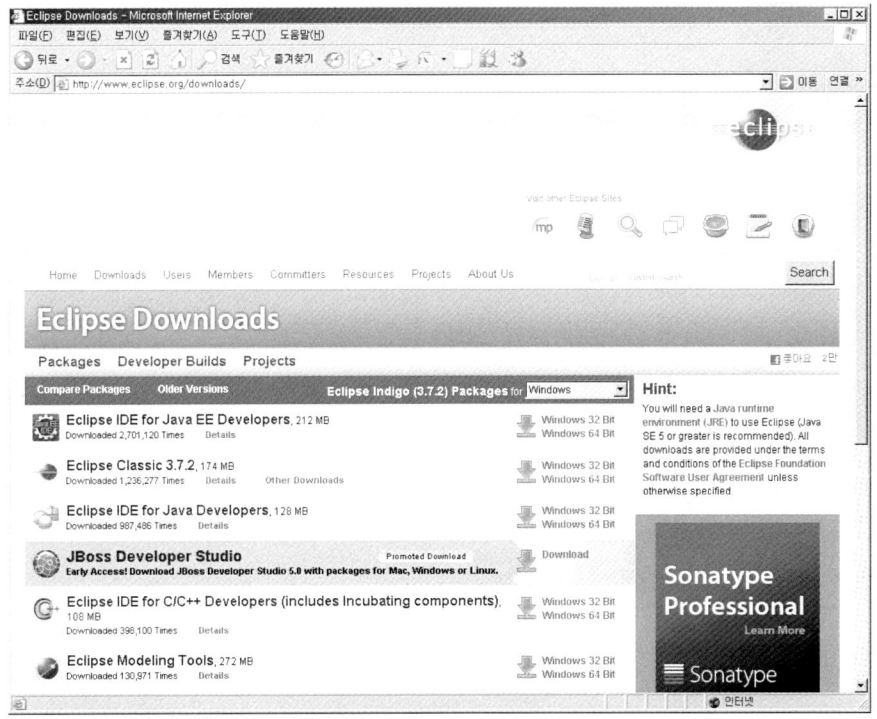

[그림 5-11] Eclipse 다운로드 사이트

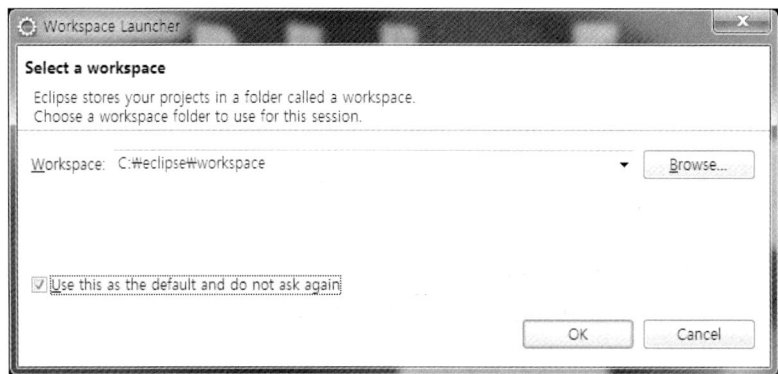
[그림 5-12] 작업 공간(workspace) 설정 화면

[그림 5-12]에서 작업 공간을 설정한 후 [OK]를 누르면 이클립스를 처음 실행한 경우에는 이클립스의 초기 화면이 나타나게 된다. 여기에서 "workbench" 아이콘을 찾아 선택하여 이클립스 화면으로 이동하도록 한다.

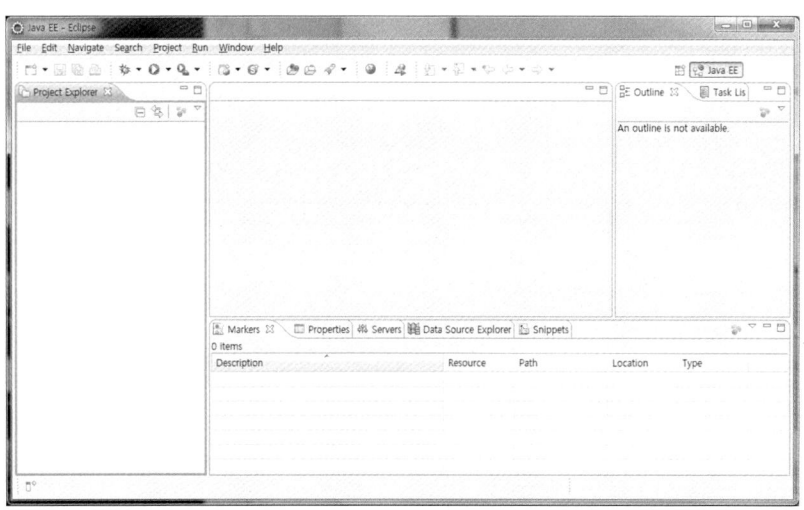
[그림 5-13] 자바 프로그램 개발을 위한 이클립스 초기 화면

[그림 5-13]은 자바 프로그램 개발을 위한 이클립스의 초기 화면을 보여 주고 있다. 자바 프로그램을 작성하기 위해서는 먼저 이클립스 메뉴에서 [File → New → Project]를 선택한 후 [New Project] 대화창 이 나타나면 Java Project를 클릭하여 프로젝트명을 생성해 준다. 이클립스를 설치할 때 지정한 소스 코드 홈 디렉토리 밑에 프로젝트명과 동일한 폴더가 생성된다. 프로젝트명을 입력한 후 [Finish] 버튼 을 누르면 [그림 5-14]와 같이 이클립스 왼쪽 화면에 생성한 프로젝트명의 폴더와 해당 폴더 밑에 "src" 폴더를 생성하여 보여준다.

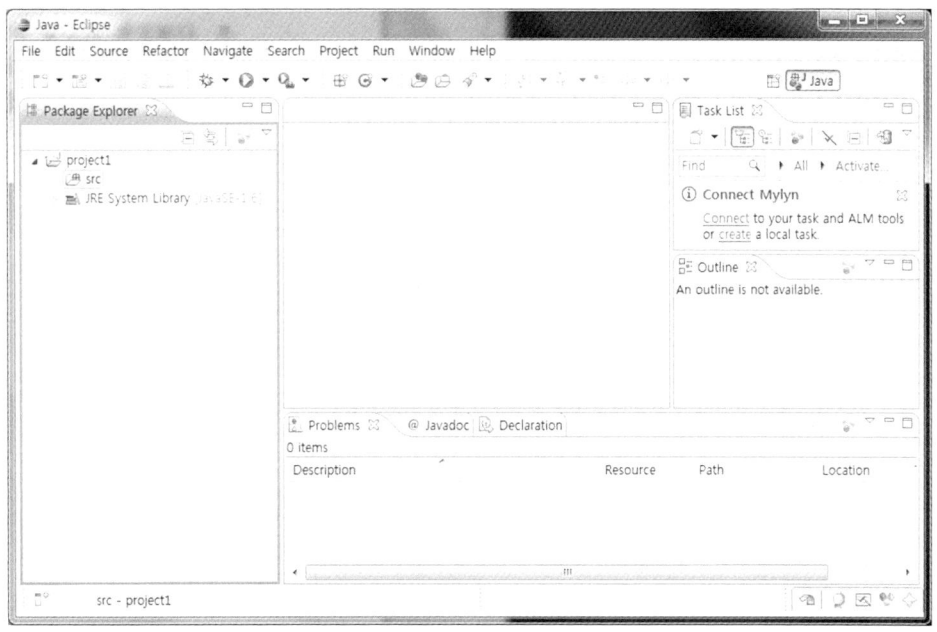

[그림 5-14] 생성된 프로젝트명이 나타난 Eclipse 화면

[그림 5-14]의 프로젝트명 밑에 있는 "src" 폴더에 커서를 위치시킨 후 메뉴에서 [File → New → Class]를 선택하면 [그림 5-15]와 같이 자바 클래스를 생성할 수 있는 대화상자가 나타난다. 여기에서 [Name]에 "HelloWorld"라고 입력하고 [public static void main(String[] args)]의 체크 버튼을 선택한 후, [Finish] 버튼을 누르면 [그림 5-16]과 같이 자바 소스 코드를 입력할 수 있는 화면이 나타나게 된다.

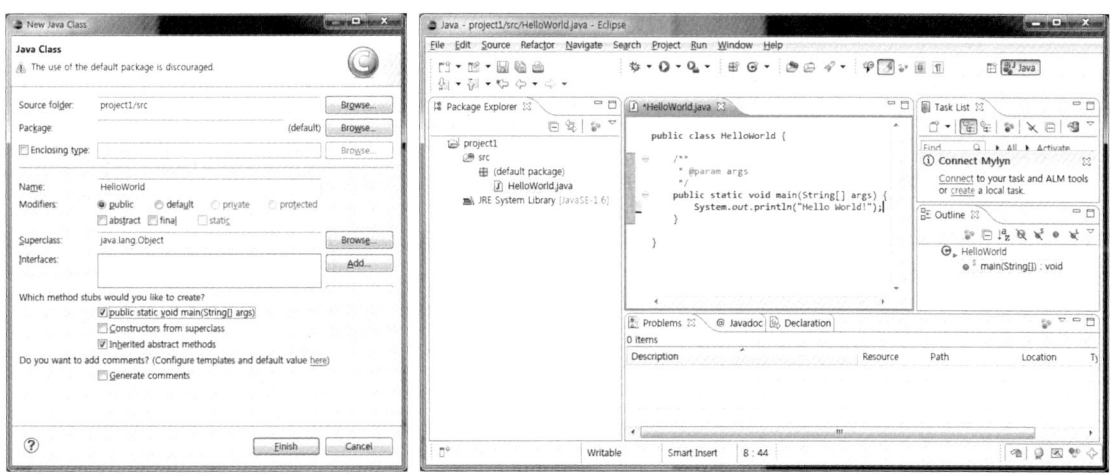

[그림 5-15] 자바 클래스 생성 대화상자   [그림 5-16] 자바 소스 코드 편집 화면

자바 소스 코드 입력이 완료되면 소스 코드 편집 화면에서 오른쪽 마우스 버튼을 누른 후, [Run As → Java Application]를 선택한다. 그 다음 대화상자가 나타나면 [OK] 버튼을 누른다. 그러면 [그림 5-17]과 같이 중간 화면 하단에 자바 클래스의 실행 결과를 보이게 된다. 오류가 발생한 경우에는 프로그램을 수정한 후 다시 컴파일하여 실행하면 된다. 인터페이스의 생성 등 기타 자세한 사항은 자바 관련 서적을 참조하기 바란다.

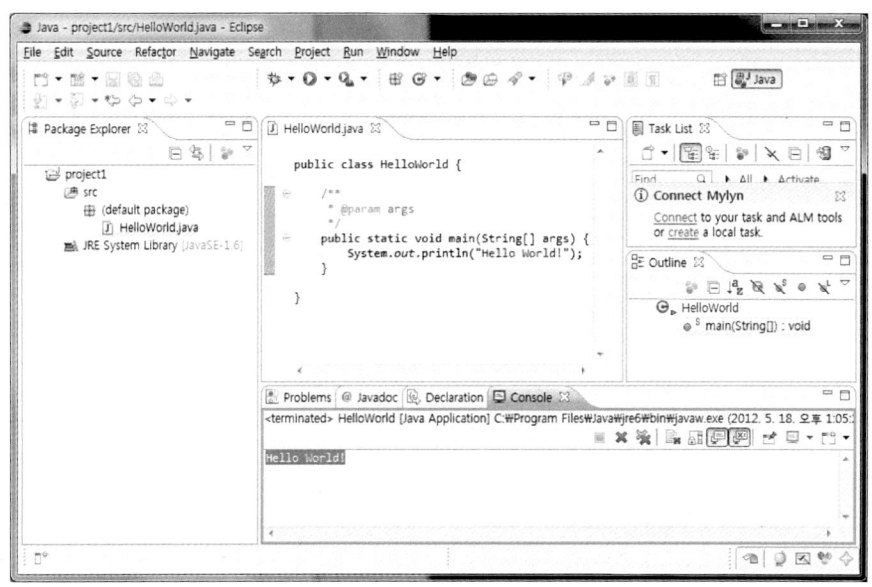

[그림 5-17] 자바 응용프로그램 실행 결과

5.2 MySQL 설치

본 책에서는 MySQL의 무료 버전인 MySQL 커뮤니티 서버 버전을 사용하였으며, 따라서 이를 다운로드하여 설치하는 과정을 보이도록 하겠다.

5.2.1 MySQL 다운로드 및 설치

MySQL는 http://www.mysql.com/downloads/ 사이트에서 다운로드할 수 있으며, [그림 5-18]은 MySQL 커뮤니티 서버용을 다운로드할 수 있는 사이트를 보여 주고 있다. [그림 5-18]에서 보인 버전 중 현재 사용 중인 컴퓨터 시스템 환경에 맞는 버전의 링크를 클릭한 후, 설치 프로그램의 안내에 따라 MySQL을 설치하도록 한다.

본 책에서는 "Windows (x86, 32bit), MSI Installer"를 다운로드하여 설치하는 과정을 중심으로 설명하도록 하겠다. 다운로드 과정 중에 사용자 등록 또는 로그인을 요구하게 되는데 이때 사용자로 등록을 하지 않아도 다운로드를 진행할 수 있다. 이 경우에는 화면에 있는 "No thanks, just take me to the downloads"의 링크를 클릭하여 진행하면 된다. 다운로드가 완료되면 [그림 5-19]와 같이 설치 윈도우 창이 나타나면서 설치가 진행된다. 설치에 동의를 한 후, 설치 유형 중 일반(Typical) 버전을 선택한 후 안내에 따라 설치(Install)를 진행하면 된다. 설치 마지막 단계에서 [Finish] 버튼을 누르면 MySQL 서버 구성(MySQL Server Instance Configuration Wizard) 윈도우창이 나타나게 된다. 여기에서 [Next] 버튼을 누르면 [그림 5-20]과 같이 MySQL 서버 구성 유형을 묻게 되는데, 이때 표준 구성(Standard Configuration)을 선택하여 진행하도록 한다.

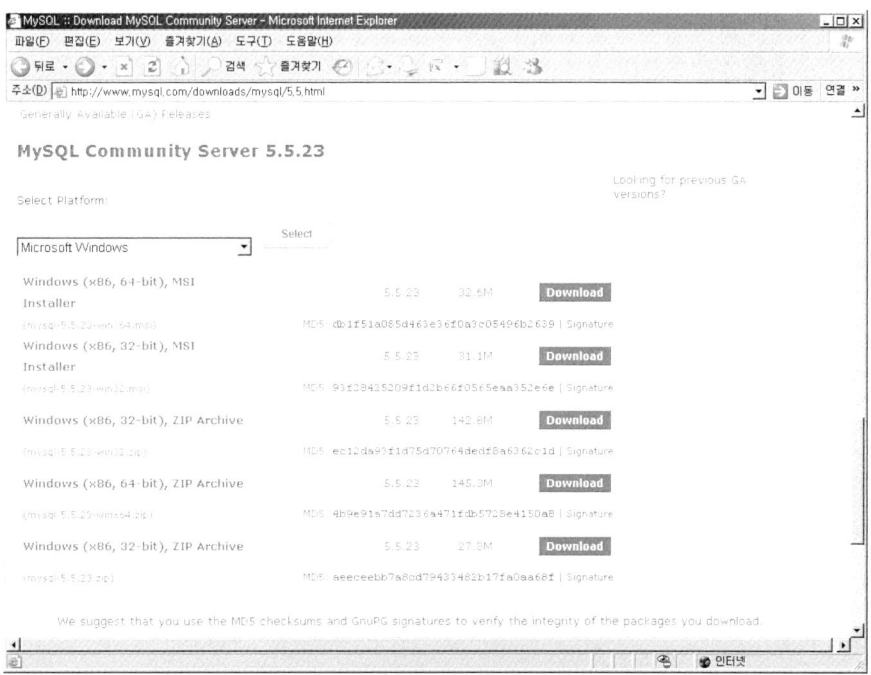

[그림 5-18] MySQL 다운로드 사이트

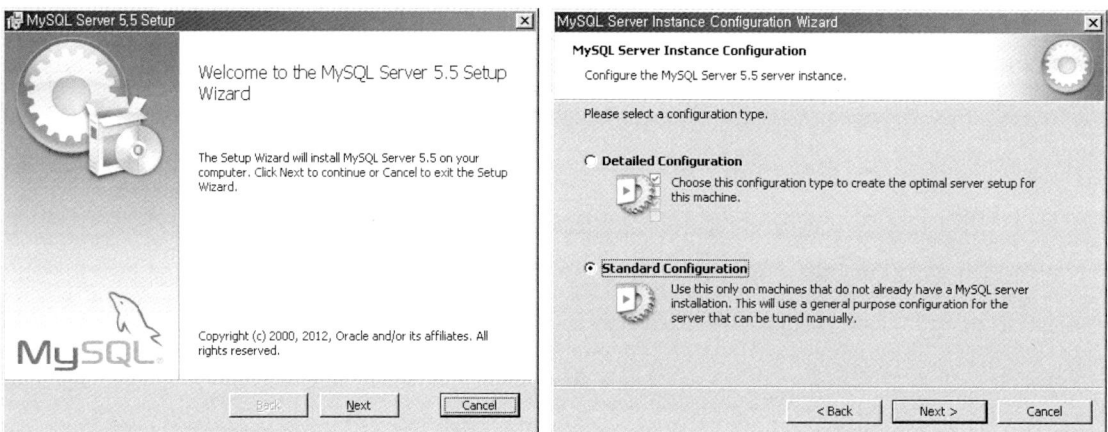

| [그림 5-19] MySQL 서버 설치 윈도우창 | [그림 5-20] MySQL 구성 유형 선택 윈도우창 |

그 다음 단계에서는 [그림 5-21]과 같이 또 다른 설치 옵션을 묻게 되는데 이때 기본으로 설정되어 있는 "Install As Windows Service(윈도우 서비스로 설치하기)"를 선택하여 진행하면 된다.

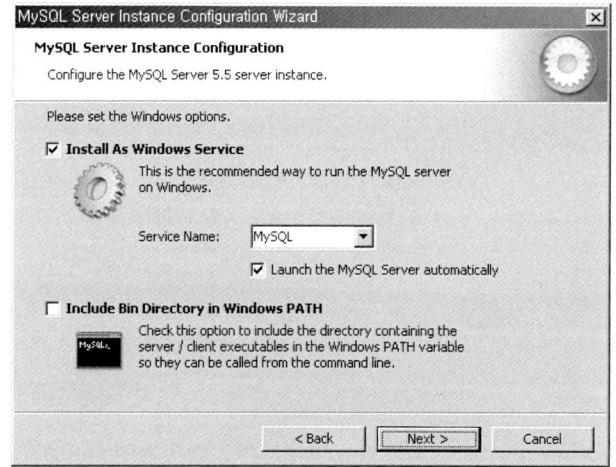

[그림 5-21] 윈도우즈 옵션 선택 윈도우창

그 다음 단계에서는 [그림 5-22]와 같이 MySQL 루트 관리자의 비밀번호를 묻게 된다. 반드시 입력 해야 하며 이는 데이터베이스 관리 및 JDBC API를 활용한 자바 데이터베이스 프로그래밍 때에 필요 하다.

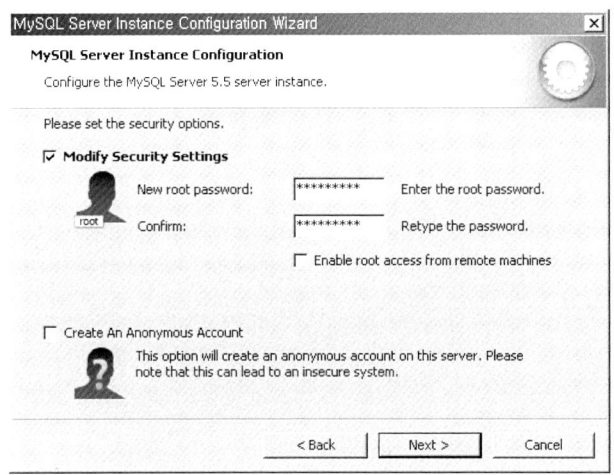

[그림 5-22] MySQL 관리자 비밀번호 입력 창

MySQL 루트 관리자 비밀번호(본 책에서는 "test123")를 입력한 후 [Next] 버튼을 누르면 다음 윈도우창에서 MySQL 구성 실행을 요청하게 되는데, 이는 현재까지 선택한 설치 옵션에 따라 실제로 MySQL의 구성을 실행하는 단계로써 [Execute] 버튼을 선택하여 진행하면 된다. MySQL 구성이 완료되면 [그림 5-23]과 같이 설치 마지막 윈도우창이 나타난다. [Finish] 버튼을 누르면 MySQL 설치가 완료된다.

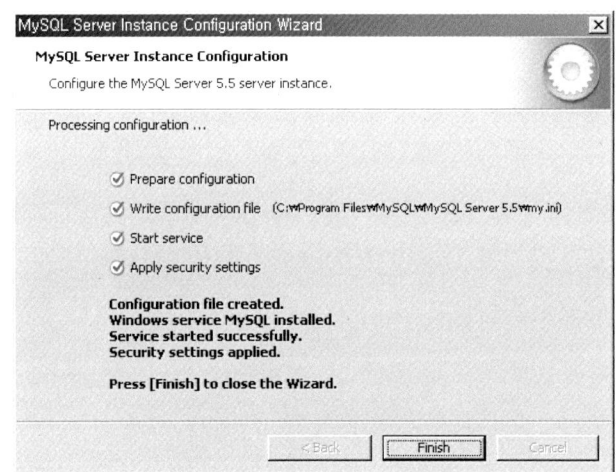

[그림 5-23] MySQL 설치 마지막 단계

5.2.2 MySQL 설치 확인

기본적으로 MySQL 관련 파일들은 "C:\Program Files\MySQL\MySQL Server 5.5" 폴더 밑에 설치된다. 설치 확인은 다음과 같다. MySQL의 설치가 완료되면 윈도우즈 모든 프로그램에 "MySQL → MySQL Server 5.5 → MySQL 5.5 Command Line Client" 실행 파일이 연결되어 있게 된다. 이를 클릭하면 [그림 5-24]와 같이 명령어 프롬프트창이 나타나면서 관리자 비밀번호를 묻게 된다. 비밀번호를 입력하면 [그림 5-24]와 같이 MySQL 명령어를 실행할 수 있는 상태가 된다. 이는 MySQL의 설치가 제대로 완료되었음을 의미한다.

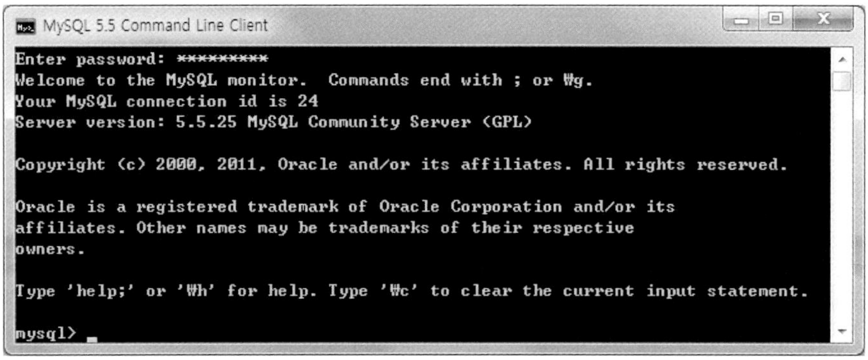

```
MySQL 5.5 Command Line Client

Enter password: *********
Welcome to the MySQL monitor.  Commands end with ; or \g.
Your MySQL connection id is 24
Server version: 5.5.25 MySQL Community Server (GPL)

Copyright (c) 2000, 2011, Oracle and/or its affiliates. All rights reserved.

Oracle is a registered trademark of Oracle Corporation and/or its
affiliates. Other names may be trademarks of their respective
owners.

Type 'help;' or '\h' for help. Type '\c' to clear the current input statement.

mysql> _
```

[그림 5-24] MySQL 설치 확인 및 명령어 실행 화면

5.2.3 MySQL 질의어 사용하기

▶ MySQL 접속

MySQL 명령어 실행 화면을 통해 SQL 기본 명령어를 사용해보도록 하자. MySQL의 실행은 5.2.2에서 설명한 바와 같이 윈도우즈 시작 메뉴에서 "MySQL → MySQL Server 5.5 → MySQL 5.5 Command Line Client"를 선택한 후 MySQL 질의어 창이 나타나면 비밀번호를 입력하여 시작할 수 있다. 또 다른 방법은 다음과 같은 절차에 의해 실행될 수 있다. [그림 5-25]는 이에 대한 절차를 보여 주고 있다.

① 윈도우즈 시작 → 보조프로그램 → 명령어 프롬프트 실행
② 명령어 프롬프트 창에서 MySQL을 설치한 홈 디렉토리 밑에 있는 bin 디렉토리로 이동(cd c:\program files\mysql\mysql server 5.5\bin 입력)
③ mysql -u root -p 입력 후 비밀번호 입력

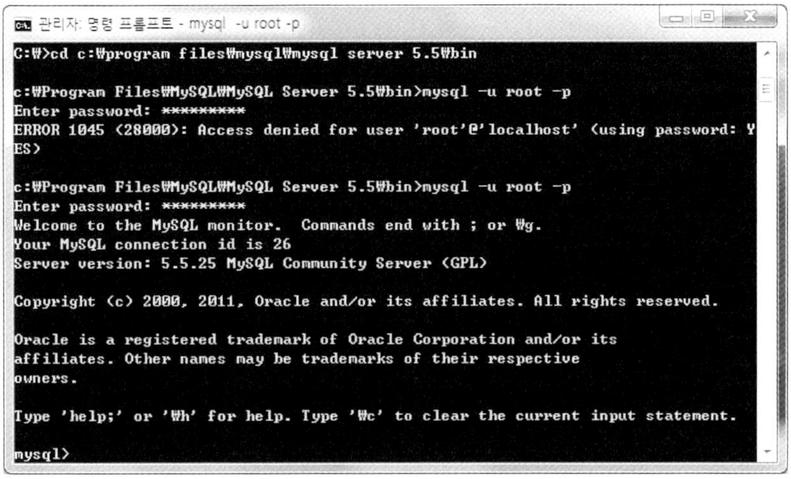

[그림 5-25] MySQL 명령어 실행 화면

[그림 5-25]와 같은 상태가 되면 이제 MySQL 명령문을 사용할 수 있는 상태가 된 것이다. 3장에서 설명한 데이터베이스 이론을 바탕으로 MySQL의 기본 명령어들을 사용해보도록 하자. 모든 MySQL 명령문은 세미콜론(;)으로 끝난다.

▶ 데이터베이스 생성

```
mysql> create database 데이터베이스_명;
```

▶ 데이터베이스 목록 표시

```
mysql> show databases;
```

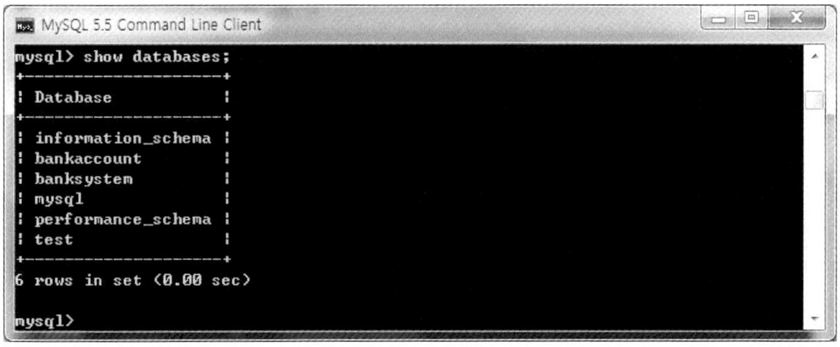

▶ 데이터베이스 선택

```
mysql> use 데이터베이스_명;
```

```
MySQL 5.5 Command Line Client
mysql> use bankaccount;
Database changed
mysql>
```

▶ 데이터베이스 삭제

```
mysql> drop database 데이터베이스_명;
```

```
MySQL 5.5 Command Line Client
mysql> drop database bank;
Query OK, 0 rows affected (0.01 sec)

mysql>
```

▶ 테이블 생성

```
mysql> use 데이터베이스_명;
mysql> create table 테이블_명(
    -> customer_id          char(6) not null primary key,
    -> customer_name        varchar(15) not null,
    -> customer_tel         varchar(13),
    -> customer_addr        varchar(20)
    -> );
```

```
MySQL 5.5 Command Line Client
mysql> use bankaccount;
Database changed
mysql> create table customer(
    -> customemr_id     char(6) not null primary key,
    -> customer_name    varchar(15) not null,
    -> customer_tel     varchar(13),
    -> customer_addr    varchar(50)
    -> );
Query OK, 0 rows affected (0.01 sec)

mysql>
```

```
MySQL 5.5 Command Line Client
mysql> create table account(
    -> account_number   char(6) not null primary key,
    -> customer_id      char(6) not null,
    -> balance          int,
    -> foreign key (customer_id) references customer(customer_id),
    -> check (balance >=0));
Query OK, 0 rows affected (0.01 sec)

mysql>
```

▶ 데이터베이스에 존재하는 테이블 목록 열람

```
mysql> show tables;
```

▶ 테이블에 데이터 삽입

```
mysql> insert into 테이블_명 value[s]('값1', '값2', …);
```

▶ 테이블에 열_이름 추가

```
mysql> alter table 테이블_명 add column (추가할)열_이름 데이터형;
```

▶ 테이블의 데이터 검색

```
mysql> select * from 테이블_명 [where 조건];
```

```
MySQL 5.5 Command Line Client

mysql> select * from customer;
+-------------+---------------+--------------+-------------------------+-------+
| customer_id | customer_name | customer_tel | customer_addr           | birth |
+-------------+---------------+--------------+-------------------------+-------+
| C-1001      | 가나다        | 010-1111-2222 | 서울시 중구             | NULL  |
| C-1002      | 라마바사      | 053-850-1114  | 대구시 중구 신서동      | NULL  |
+-------------+---------------+--------------+-------------------------+-------+
2 rows in set (0.00 sec)

mysql>
```

```
MySQL 5.5 Command Line Client

mysql> select account.customer_id, customer_name, account_number, balance
    -> from account, customer
    -> where account.customer_id = customer.customer_id
    -> order by account.customer_id;
+-------------+---------------+----------------+---------+
| customer_id | customer_name | account_number | balance |
+-------------+---------------+----------------+---------+
| C-1001      | 가나다        | A-1001         |    4000 |
+-------------+---------------+----------------+---------+
1 row in set (0.00 sec)

mysql>
```

▶ 테이블의 데이터 변경

```
mysql> update 테이블_명 set 열_이름1='값1', 열_이름2='값2', …
       where 조건;
```

```
MySQL 5.5 Command Line Client

mysql> update customer set birth='1988-09-20' where customer_id='C-1001';
Query OK, 1 row affected (0.01 sec)
Rows matched: 1  Changed: 1  Warnings: 0

mysql> select * from customer where customer_id='C-1001';
+-------------+---------------+--------------+--------------+------------+
| customer_id | customer_name | customer_tel | customer_addr | birth      |
+-------------+---------------+--------------+--------------+------------+
| C-1001      | 가나다        | 010-1111-2222 | 서울         | 1988-09-20 |
+-------------+---------------+--------------+--------------+------------+
1 row in set (0.00 sec)

mysql>
```

▶ 테이블의 데이터 삭제

```
mysql> delete from 테이블_명 where 조건;
```

```
MySQL 5.5 Command Line Client

mysql> delete from customer where customer_id='C-1002';
Query OK, 1 row affected (0.00 sec)

mysql> select * from customer;
+-------------+---------------+--------------+--------------+------------+
| customer_id | customer_name | customer_tel | customer_addr | birth      |
+-------------+---------------+--------------+--------------+------------+
| C-1001      | 가나다        | 010-1111-2222 | 서울         | 1988-09-20 |
+-------------+---------------+--------------+--------------+------------+
1 row in set (0.00 sec)

mysql>
```

▶ 뷰의 정의

```
mysql> create view 뷰_이름 as select 칼럼_리스트 from 테이블_명;
```

```
MySQL 5.5 Command Line Client
mysql> create view viewAccount as
    -> select customer.customer_id, customer_name, account_number, balance
    -> from customer
    -> inner join account
    -> where customer.customer_id = account.customer_id;
Query OK, 0 rows affected (0.02 sec)

mysql> select * from viewAccount;
+-------------+---------------+----------------+---------+
| customer_id | customer_name | account_number | balance |
+-------------+---------------+----------------+---------+
| C-1001      | 가나다        | A-1001         |    7000 |
| C-1002      | 라마바        | A-1002         |    5000 |
| C-1001      | 가나다        | A-1003         |    6000 |
| C-1003      | 사아자        | A-1004         |    4500 |
| C-1004      | 가나다        | A-1005         |    6500 |
| C-1005      | 나다라        | A-1006         |    5500 |
| C-1006      | 다라마        | A-1007         |    6700 |
| C-1005      | 나다라        | A-1008         |    6000 |
+-------------+---------------+----------------+---------+
8 rows in set (0.00 sec)

mysql>
```

```
MySQL 5.5 Command Line Client
mysql> create view viewCustomer as
    -> select customer_id, customer_name from customer;
Query OK, 0 rows affected (0.00 sec)

mysql> select * from viewCustomer;
+-------------+---------------+
| customer_id | customer_name |
+-------------+---------------+
| C-1001      | 가나다        |
| C-1002      | 라마바        |
| C-1003      | 사아자        |
| C-1004      | 가나다        |
| C-1005      | 나다라        |
| C-1006      | 다라마        |
+-------------+---------------+
6 rows in set (0.02 sec)

mysql>
```

▶ 트랜잭션의 사용

```
mysql> start transaction;
mysql> SQL명령문 리스트;
mysql> commit; (또는 rollback;)
```

▶ 트랜잭션 사용 예제 1

• 트랜잭션을 실행하기 전 customer와 account 테이블의 정보

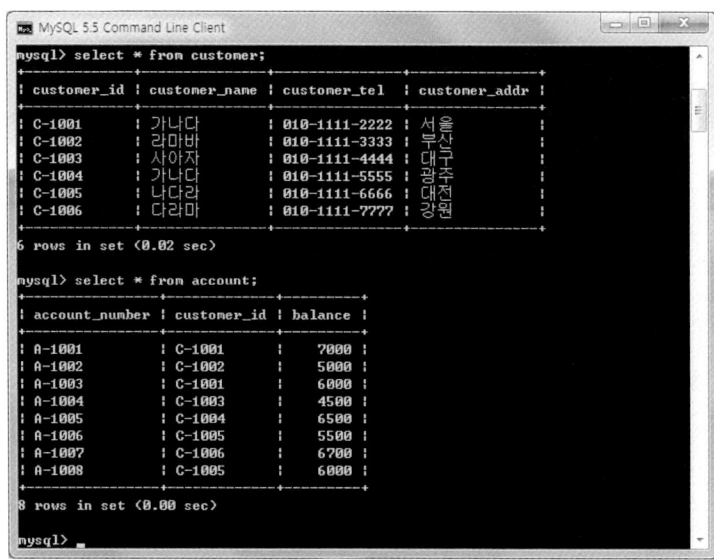

• 트랜잭션의 실행과 실행한 후 customer와 account 테이블의 정보

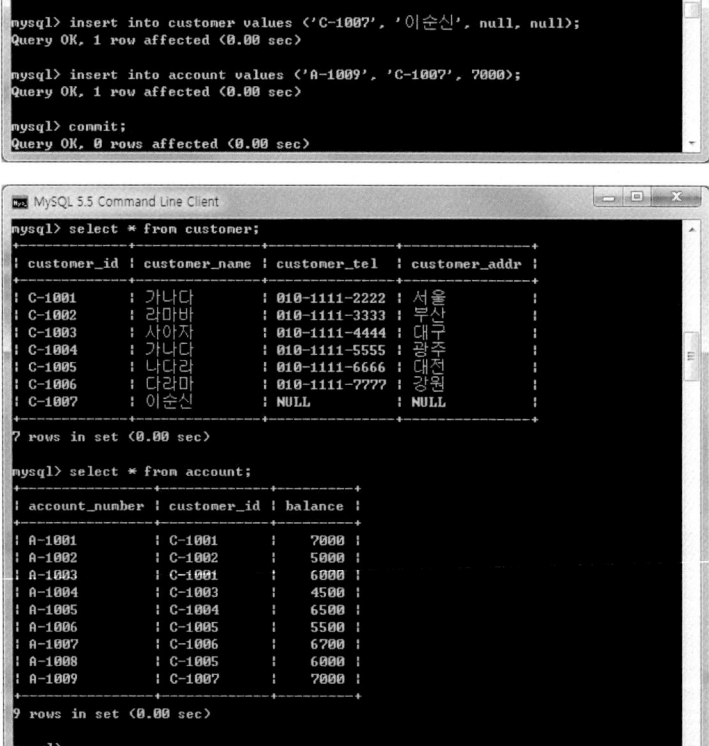

▶ 트랜잭션 사용 예제 2: 다음 트랜잭션 예제는 rollback 명령을 사용하여 트랜잭션 세트 안에 있는 모든 insert문의 실행을 취소한 경우이다. customer와 account 테이블을 확인해 보면 행의 정보가 삽입되어 있지 않음을 알 수 있을 것이다.

```
MySQL 5.5 Command Line Client

mysql> start transaction;
Query OK, 0 rows affected (0.00 sec)

mysql> insert into customer values('C-1008', '홍길동', null, null);
Query OK, 1 row affected (0.00 sec)

mysql> insert into account values('A-1010', 'C-1008', 5000);
Query OK, 1 row affected (0.00 sec)

mysql> rollback;
Query OK, 0 rows affected (0.00 sec)

mysql>
```

5.3 MySQL JDBC 드라이버 설치

5.3.1 MySQL JDBC 드라이버 다운로드 및 설치

JDK와 MySQL의 설치가 완료되면, MySQL에서 제공하는 JDBC 드라이버를 설치해야 한다. 1장에서 설명하였듯이, JDK에 포함되어 배포되는 JDBC API는 데이터베이스 프로그래밍을 위한 표준 응용 프로그래밍 인터페이스만을 제공해 주는 것이고, 실질적인 인터페이스에 대한 구현은 DBMS 제조사들이 자신들의 데이터베이스는 맞는 기능들을 구현하여 제공하며, 이를 JDBC 드라이버(driver)라 한다. 즉 JDBC 드라이버란 DBMS 회사들이 자신들의 데이터베이스 시스템에 접근할 수 있도록 표준 JDBC 인터페이스에 명시된 메소드들(methods)을 구현한 것이다. 따라서 자바 데이터베이스 응용 프로그래밍을 개발하기 위해서는, DBMS 제조사가 제공해주는 JDBC 드라이버를 다운로드하여 설치해야 한다.

MySQL는 Connector/J라는 JDBC 드라이버를 지원한다. Connector/J는 MySQL에서 지원하는 자바 플랫폼을 위한 JDBC 드라이버 유형 4에 해당하는 표준 데이터베이스 드라이버이다. MySQL에서는 데이터베이스 드라이버를 커넥터(connector)라고 부른다. MySQL 커넥터들은 MySQL 사이트에서 다운로드 받을 수 있으며 (http://www.mysql.com/downloads/connector/), [그림 5-26]은 Connector/J를 다운로드할 수 있는 사이트를 보인 것이다.

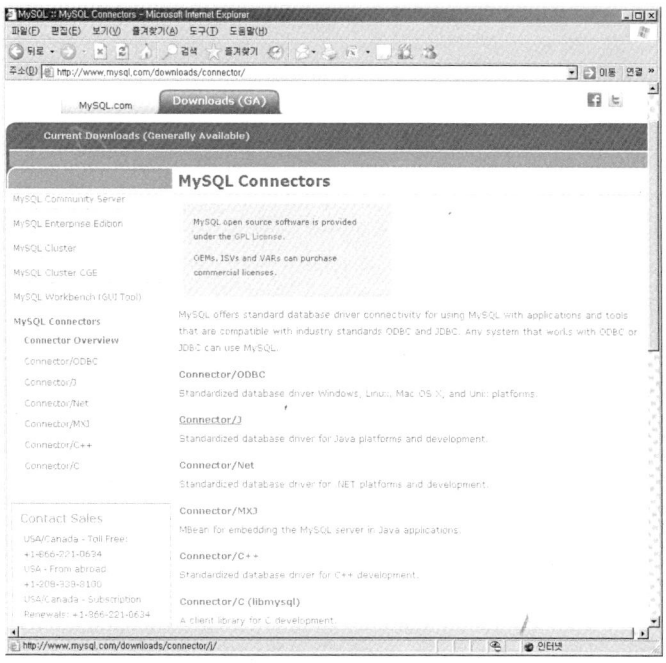

[그림 5-26] MySQL 커넥터 다운로드 사이트

Connector/J는 플랫폼에 독립적인 자바 클래스(class) 파일이다. 따라서 운영체제에 관계없이 다운로드하여 설치하면 된다. MySQL에 설치 과정과 동일하게 다운로드 과정 중에 사용자 등록 또는 로그인을 요구하게 되는데 이때 사용자로 등록을 하지 않아도 다운로드를 진행할 수 있다. 이 경우에는 화면에 있는 "No thanks, just take me to the downloads"의 링크를 클릭하여 진행하면 된다. 여러 미러 사이트 중 하나를 선택해 다운로드하면 된다. 다운로드 받은 파일은 압축 파일로 구성되어 있다. 압축을 푼 다음 MySQL Connector 디렉토리 밑에 생성된 "mysql-connector-java-5.1.20.bin.jar"을 JDK가 설치되어 있는 Java 폴더 밑에 있는 "jre6\lib\ext" 폴더로 복사하여 준다. [그림 5-27]은 이에 대한 결과를 보인 것이다.

이름	수정한 날짜	유형	크기
sunpkcs11	2012-05-09 오후...	Executable Jar File	227KB
sunmscapi	2012-05-09 오후...	Executable Jar File	35KB
sunjce_provider	2012-05-09 오후...	Executable Jar File	167KB
mysql-connector-java-5.1.20-bin	2012-05-09 오후...	Executable Jar File	784KB
meta-index	2012-05-09 오후...	파일	1KB
localedata	2012-05-09 오후...	Executable Jar File	816KB
dnsns	2012-05-09 오후...	Executable Jar File	9KB

[그림 5-27] "mysql-connector-java-5.1.20.bin.jar" 파일 복사

그 다음은 JDK와 동일한 방법으로 [그림 5-5]의 환경변수 설정화면에서 [시스템 변수(S)]에 있는 변수 CLASSPATH에 ";C:\Program Files\Java\jre6\lib\ext\mysql-connector-java-5-1.20-bin.jar"를 추가한 후 [확인] 버튼을 클릭하여 설정을 완료한다. 이와 같이 설정이 완료되면 자바 프로그래밍 언어로 SQL을 이용해 데이터베이스 응용 프로그래밍을 구현할 수 있는 개발 환경이 구축된 것이다.

5.3.2 MySQL JDBC 드라이버 설치 확인

다음은 MySQL의 JDBC 드라이버가 제대로 설치되었는지 확인하기 위한 자바 프로그램이다. 이를 컴파일하여 실행시켜 [그림 5-29]와 같이 오류 없이 실행되면 JDK, MySQL 및 MySQL JDBC 드라이버가 제대로 설치된 것이다. 단, root의 비밀번호는 test123으로 되어 있다고 가정한다. 만약 비밀번호를 다르게 지정하였을 경우에는 지정된 비밀번호로 변경한 후 컴파일하여 실행해 보도록 한다.

```java
package chap5
import java.sql.*;

public class TestForJDBC {
    public static void main(String[] args) {
        String URL = "jdbc:mysql://127.0.0.1:3306/test";
        Connection con = null;
        try {
            Class.forName("com.mysql.jdbc.Driver");
        } catch(ClassNotFoundException e){
            System.err.println("Class Not Found : " + e.getMessage());
        }

        try {
            con = DriverManager.getConnection(URL, "root", "test123");
            System.out.println("Successfully connected to DBMS!");
        } catch(SQLException e){
            System.err.println("SQL Error : " + e.getMessage());
        }
        finally {
            try {
                if (con != null) con.close();
            } catch (Exception e) {}
        }
    }
}
```

[그림 5-28] TestForJDBC.java 소스 코드

[그림 5-29] TestForJDBC 클래스 실행 결과

위의 프로그램을 간략히 설명하면, 먼저 JDBC 드라이버와 연동하기 위해 Class.forName() 메소드를
이용해 사용할 JDBC 드라이버명을 명시해 준다. MySQL Connector/J의 명칭은 "com.mysql.jdbc.Driver"이
다. 구 버전의 명칭은 "org.gjt.mm.mysql.Driver"이며 이는 더 이상 사용되지 않고 있다. 그 다음은 드라
이버와의 연결을 위해 DriverManager.getConnection() 메소드를 이용하여 이의 매개변수인 데이터베이스
의 URL, 로그인 아이디(ID) 및 비밀번호(PASSWORD)를 명시한다. URL의 구조는 "jdbc:mysql://MySQL이
설치된 서버주소:포트번호/DB명"이다. 여기에서 MySQL이 설치된 서버주소는 "127.0.0.1"이며, 포드번
호는 "3306"이고 DB명은 "test"이다. 로그인 아이디는 루트 관리자인 경우는 "root"이며, 비밀번호는
MySQL을 설치할 때 root에 지정해준 것이다. getConnection() 메소드가 수행되면 데이터베이스와 연결
이 되고 데이터베이스의 연결 정보를 Connection 인터페이스의 객체로 반환하여 주게 된다. 이에 대한
자세한 사항은 JDBC API에서 자세히 다루기로 하겠다.

PART 2

JDBC 프로그래밍

6장 JDBC 기본 프로그래밍

본 장에서는 SQL 명령문 실행을 위한 JDBC API의 기본 기능을 소개한다. 자바 JDBC API를 이용해 데이터베이스 응용 프로그램을 구현하기 위해서는 우선 사용하고자 하는 데이터베이스와의 연결을 설정하고, SQL 명령문을 통해 연결된 데이터베이스에 데이터를 요청하고, 전송된 결과를 사용자에게 보여 준 후, 작업이 완료되면 데이터베이스와의 연결을 끊는 과정으로 이루어진다.

6.1 JDBC 프로그래밍 개발 환경 구축

Part I 의 5장에서 자바 프로그래밍 언어로 SQL을 이용해 데이터베이스 응용 프로그래밍을 구현할 수 있는 개발 환경을 구축하였다. 설치해야 할 시스템은 다음과 같다. MySQL 이외의 데이터베이스를 사용할 경우에는 해당 데이터베이스를 설치하고 해당 제조사에서 제공하는 JDBC 드라이버를 다운로 드하여 설치하면 된다.

① 자바 JDK 설치(JDBC API는 JDK에 "java.sql" 패키지로 포함되어 배포됨)
② 데이터베이스 설치(본 책에서는 MySQL 사용)
③ JDBC 드라이버 설치(본 책에서는 MySQL의 Connector/J 사용)

[그림 6-1]은 JDK에 패키지로 포함되어 있는 JDBC 4.0 API의 명세서의 예를 보인 것이다.

6.2 데이터베이스 연결하기

자바 JDBC API를 이용해 데이터베이스 응용 프로그램을 구현하기 위해서는 우선 사용할 데이터 소스(데이터베이스)와의 연결을 설정해야 한다. 데이터베이스와의 연결은 JDBC의 DriverManager 클래 스를 이용하며 (1) 드라이버의 로딩과 (2) 데이터베이스와의 연결의 두 단계로 이루어진다.

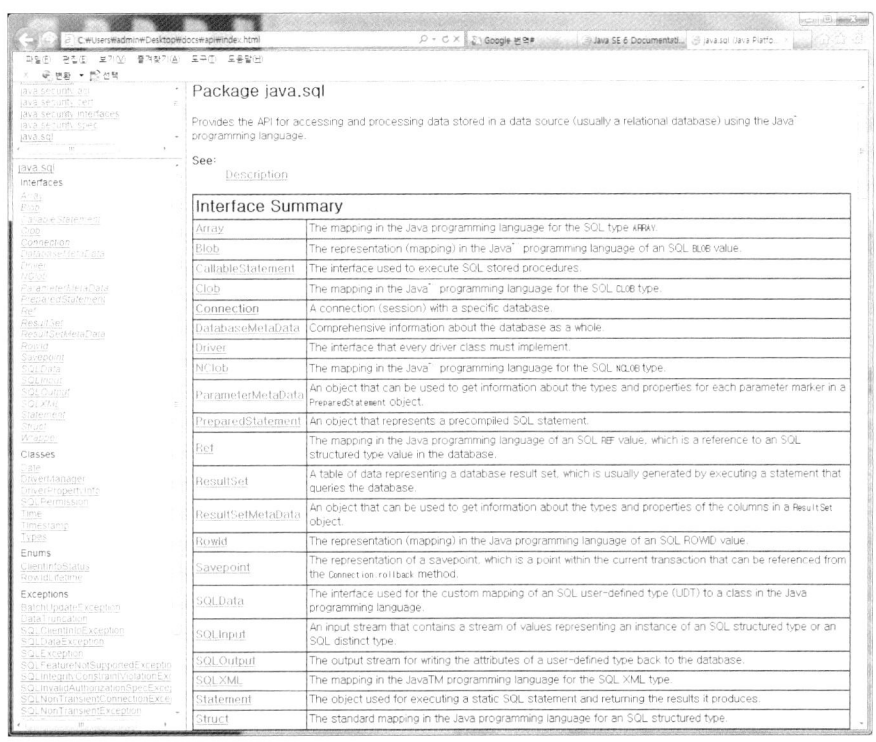

[그림 6-1] JDBC 4.0 API(java.sql)

6.2.1 드라이버의 로딩

데이터베이스에 연결하기 전에 우선 사용하려는 드라이버를 로딩(loading)해 주어야 한다. 드라이버의 로딩은 다음과 같은 코드로 이루어진다.

```
Class.forName("com.mysql.jdbc.Driver");        // MySQL Connector/J 드라이버인 경우
Class.forName("sun.jdbc.odbc.JdbcOdbcDriver");  // JDBC-ODBC Bridge 드라이버인 경우
```

설치한 드라이버의 문서에 사용해야 할 클래스명이 명시되어 있다. MySQL의 Connector/J 드라이버 클래스는 "com.mysql.jdbc.Driver" 이며 JDBC 드라이버 유형 4에 해당한다. 특정 DBMS에 관계없이 JDK에 포함되어 배포되는 JDBC-ODBC 브리지 드라이버를 사용할 경우에는 "sun.jdbc.odbc.JdbcOdbcDriver"를 사용하면 된다. 이 드라이버는 유형 1에 해당한다.

Class.forName() 메소드는 Class의 정적(static) 메소드로서 드라이버의 인스턴스 생성 없이 동적으로 클래스를 로딩하여 클래스 객체를 반환하여 준다. 자바 가상 머신이 클래스를 메모리에 올려놓는 것

을 로딩이라고 하며, 클래스가 로딩될 때 그 클래스의 정적 영역이 자동으로 실행된다. 따라서 forName() 메소드가 정적 메소드이므로 객체 생성 없이도 런타임에 실행될 수 있는 것이다. 런타임에 실행된 드라이브 클래스는 DriverManager 클래스에 등록된다.

6.2.2 DBMS와의 연결

그 다음 단계는 로딩된 드라이버와 DBMS를 연결(connection)하는 것이다. 이는 다음과 같은 코드로 이루어진다.

Connection con = DriverManager.getConnection(URL,"Login_Id","PASSWORD");

DriverManager 클래스의 주요 메소드
static Connection getConnection(String url) static Connection getConnection(String url, Properties info) static Connection getConnection(String url, String user, String password)

DriverManager 클래스는 연결 설정에 필요한 모든 세부사항을 관리한다. DriverManager의 정적 메소드인 getConnection()을 호출하면 등록된 드라이버들 중에서 주어진 URL로 연결할 수 있는 드라이버를 찾아서 데이터베이스에 로긴할 로긴 아이디와 이에 대한 비밀번호를 그 드라이버에 알려준다. 그러면 그 드라이버는 해당 로긴 아이디와 비밀번호로 DBMS와 연결을 한 후, 그 결과를 Connection 인터페이스의 객체로 반환하게 된다. 로긴 아이디는 루트 관리자인 경우는 "root"이며, 비밀번호는 MySQL을 설치할 때 root에 지정해준 것으로 하면 된다. 다시 말해 getConnection() 메소드가 수행되면 JDBC URL에서 명시한 DBMS에 연결이 설정되고 DBMS의 연결정보를 Connection 객체로 반환하여 주게 된다. 이 Connection 객체는 SQL문을 DBMS에 전달해 주는 JDBC 문장을 생성하기 위해 사용된다.

JDBC URL은 사용하는 JDBC 드라이버 종류에 따라 표현하는 방식에 차이가 있으며 JDBC-ODBC 브리지 드라이버의 일반적인 형식은 다음과 같다.

"jdbc:DBMS명:DB명"

DB명은 test이고 JDBC-ODBC 브리지 드라이버를 사용할 경우는 "jdbc:odbc:test"으로 명시한다.

MySQL Connector/J인 경우의 JDBC URL의 형식은 다음과 같다.

"jdbc:mysql://HOST:PORT/DB명[?param1=value1&param2=value2&···]"

여기에서 HOST는 서버의 호스트 주소를 나타내며, PORT는 MySQL 서버가 사용하는 포트 번호를 나타낸다. MySQL는 서버 주소 "127.0.0.1", 포트 번호 3306을 사용한다. JDBC URL 뒤에 몇 가지 설정 정보를 추가할 수 있으며, 표현 방식은 URL 파라미터와 동일하다. 예를 들면 로컬 서버에서 실행 중인 MySQL 서버의 데이터베이스명 "test"를 나타낼 때에는 다음과 같다.

"jdbc:mysql://localhost:3306/test"
또는 "jdbc:mysql://127.0.0.1:3306/test"

MySQL JDBC 드라이버에서 한글을 올바르게 처리해 주려면 다음과 같이 두 개의 파라미터를 JDBC URL 뒤에 추가해 주면 된다.

"jdbc:mysql://localhost:3306/test?useUnicode=true&characterEncoding=euc-kr"

[표 6-1]은 각 드라이버별 데이터베이스 연결 정보를 나타낸 것이다. 참고로 java.sql 패키지에 있는 데이터베이스 연결 및 SQL문 실행 등에 사용되는 Connection, Statement, ResultSet들은 인터페이스일 뿐이고 이를 구현한 클래스들은 [표 6-1]에 소개한 DBMS사에서 제공하는 JDBC 드라이버에 존재한다.

[표 6-1] 드라이버별 데이터베이스 연결 정보

드라이버	드라이버 클래스	JDBC URL
DB2	com.ibm.db2.jdbc.app.DB2Driver	"jdbc:db2://⟨host⟩:⟨port⟩/⟨db_name⟩"
Informix	com.informix.IfxDriver	"jdbc:Informix-sqli://⟨host⟩:⟨port⟩/⟨db_name⟩:INFORMIXSERVER"
JavaDB	org.apache.derby.jdbc.ClientDriver	"jdbc:derby:net://⟨host⟩:⟨port1527⟩/⟨db_name⟩"
JDBC-ODBC	sun.jdbc.odbc.JdbcOdbcDriver	"jdbc:odbc:⟨db_name⟩"
MS-SQL	com.microsoft.jdbc.sqlserver.SQLServerDriver	"jdbc:microsoft:sqlserver://⟨host⟩:⟨port1433⟩;DatabaseName=⟨db_name⟩"
MySQL	org.gjt.mm.mysql.Driver	"jdbc:mysql://⟨host⟩:⟨port⟩/⟨db_name⟩"
Oracle Thin	oracle.jdbc.driver.OracleDriver	"jdbc:oracle:thin:@⟨host⟩:⟨port⟩:⟨SID⟩"
Oracle OCI	oracle.jdbc.driver.OracleDriver	"jdbc:oracle:oci8:@⟨SID⟩"
Sybase	com.sybase.jdbc.jdbc.SybDriver	"jdbc:sybase:Tds//⟨host⟩:⟨port⟩"

6.2.3 드라이버의 로딩 및 DBMS와의 연결 확인

5장에서 소개한 ConnectToDBMS.java 프로그램을 컴파일하여 실행해 보도록 한다. root의 비밀번호는 "test123"으로 되어 있다고 가정한다.

```java
package chap6;
import java.sql.*;
public class ConnectToDBMS {
    public static void main(String[] args) {
        String URL = "jdbc:mysql://127.0.0.1:3306/test";
        Connection con = null;

        try {
            Class.forName("com.mysql.jdbc.Driver");
        } catch(ClassNotFoundException e){
            System.err.println("Class Not Found : " + e.getMessage());
        }
        try {
            con = DriverManager.getConnection(URL, "root", "test123");
            System.out.println("Successfully connected to DBMS!");
            con.close();
        } catch(SQLException e){
            System.err.println("SQL Error : " + e.getMessage());
        }
    }
}
```

[그림 6-2] ConnectToDBMS.java 소스 코드

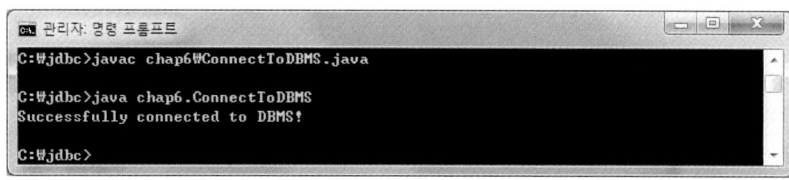

[그림 6-3] 명령어 프롬프트에서의 ConnectToDBMS 클래스 실행 결과

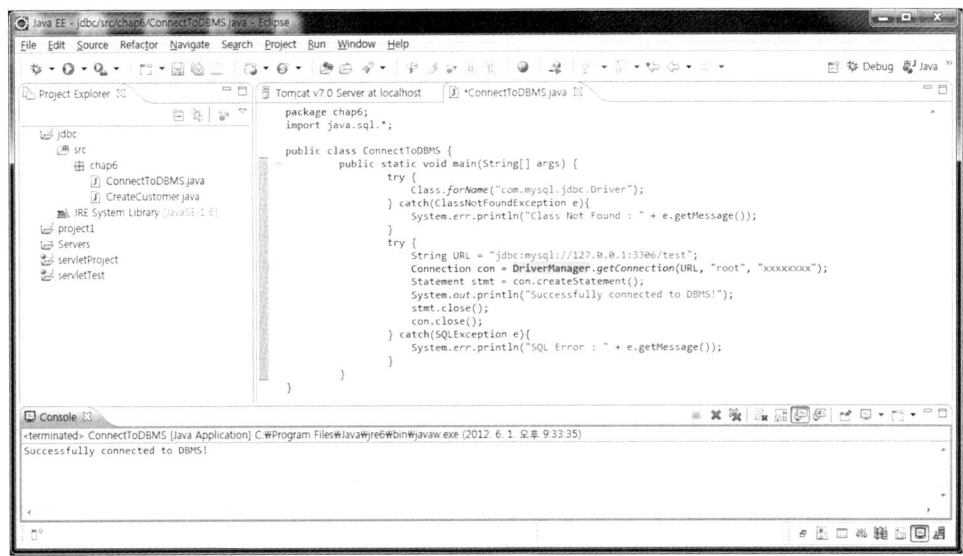

[그림 6-4] 이클립스에서의 ConnectToDBMS 클래스 실행 결과

6.3 JDBC 문장 생성하기

DBMS에 연결이 설정되었으므로 이제 SQL문을 DBMS에 전달하는 방법에 대해서 생각해 보도록 하자. SQL문을 DBMS에 전달하는 것은 JDBC API의 Statement 인터페이스 객체를 통해서 이루어진다. Statement 객체는 DBMS에 연결한 후 반환된 Connection 객체로부터 얻는다. 이는 Connection 인터페이스의 createStatement() 메소드를 통해 이루어진다. 기본 형식은 다음과 같다.

Statement stmt = con.createStatement();

Statement 객체를 얻기 위한 Connection 인터페이스의 메소드
Statement createStatement()   Statement createStatement(int resultSetType, int resultSetConcurrency)   Statement createStatement(int resultSetType, int resultSetConcurrency,   int resultSetHoldability)

위 문장은 stmt 객체만 생성한 것이며 DBMS에 전달하기 위한 SQL문은 가지고 있지 않다. 따라서 그 다음 단계에서는 DBMS에 전달하기 위한 SQL문과 해당 SQL문을 실행시킬 메소드가 필요하다. 이는 Statement 인터페이스에서 제공하는 execute(), executeQuery()와 executeUpdate() 메소드를 통해 이루어진다.

Statement 인터페이스의 주요 메소드들	
void	close()
boolean	execute(String sql)
boolean	execute(String sql, int autoGeneratedKeys)
boolean	execute(String sql, int[] columnIndexes)
boolean	execute(String sql, String[] columnNames)
ResultSet	executeQuery(String sql)
int	executeUpdate(String sql)
int	executeUpdate(String sql, int autoGeneratedKeys)
int	executeUpdate(String sql, int[] columnIndexes)
int	executeUpdate(String sql, String[] columnNames)

SQL문을 실행시킬 Statement에서 제공하는 메소드는 위와 같이 여러 종류가 있으며, SQL문의 종류에 따라 사용되는 메소드가 다르다. 이러한 이유는 테이블을 생성, 삽입, 삭제 등과 같은 데이터베이스를 갱신할 때와 테이블에 있는 내용을 검색할 때의 결과 유형이 다르기 때문이다.

예를 들면 테이블의 생성이나 삽입 등은 성공 여부에 대한 정보만 반환하면 되고 검색은 검색한 질의 결과를 반환할 필요가 있기 때문이다. 따라서 생성(create), 변경(alter), 삽입(insert), 갱신(update), 삭제(delete) 등과 같은 갱신문인 경우는 executeUpdate() 메소드들, select문과 같은 질의문인 경우는 executeQuery() 메소드를 사용한다. 그러나 사용자가 SQL문을 직접 입력하여 이를 처리해야 되는 응용프로그램에서는 사용자가 입력한 SQL문이 갱신문인지 질의문인지 알 수 없는 경우가 있다. 이러한 경우를 위해 execute() 메소드가 지원된다. close() 메소드는 Statement 객체와 JDBC 리소스를 해제한다. SQL문의 종류에 따라 사용되는 Statement 메소드들을 정리하면 [표 6-2]와 같다.

[표 6-2] SQL문의 종류에 따라 사용되는 Statement 메소드

메소드	SQL문
void close()	Statement 객체와 JDBC 리소스를 해제한다.
boolean execute(String sql)	모든 SQL문에 사용 가능하며 주어진 SQL문을 실행하여 첫 번째 결과가 ResultSet 객체이면 true, 결과가 존재하지 않으면 false를 반환한다.
ResultSet executeQuery(String sql)	질의문인 검색(select)문에 사용되며 주어진 SQL문에 의해 생성된 데이터를 포함하고 있는 ResultSet 객체를 반환한다.
int executeUpdate(String sql)	생성(create), 삽입(insert), 갱신(update) 등과 같은 갱신문에 사용되며 주어진 SQL문을 실행하고 이에 대한 행의 개수를 반환한다.

▶ ResultSet executeQuery(String sql)

검색문(select문)을 실행할 때 사용하며 주어진 SQL문을 수행하고 결과를 ResultSet 객체를 통해 반환한다. 즉 ResultSet 객체는 질의에 의해 생성된 데이터를 포함하는 집합 객체이다. 기본 형식은 다음과 같다.

ResultSet result = stmt.executeQuery("SELECT * FROM customer");
ResultSet result = stmt.executeQuery("SELECT customer_id, customer_name FROM customer");

위 문장을 execute() 메소드를 이용한 경우의 형식은 다음과 같다.

stmt.execute("SELECT * FROM customer");
ResultSet result = stmt.getResultSet();

조건문이 있는 경우의 예제는 다음과 같다. 조건문에서 열_이름의 유형이 문자열이나 날짜형인 경우에는 이에 대한 값은 작은따옴표(' ')를 사용하여 표현해야 한다. MySQL에서 데이터 값은 문자 세트의 조합이 _ci인 경우에는 대소문자를 구별하지 않으며, _cs 및 _bin인 경우는 대소문자를 구별한다.

ResultSet result = stmt.executeQuery("SELECT * FROM customer WHERE customer_id = 'C-1001'");

▶ int executeUpdate(String sql)

생성(create), 삽입(insert), 갱신(update), 삭제(delete) 등과 같은 갱신문을 실행할 때 사용하며 주어진 SQL문을 실행한다. 반환형은 정수이며 반환되는 데이터가 없는 경우에는 0, SQL 데이터 조작문인 경우에는 실행된 행의 수를 반환한다.

stmt.executeUpdate("CREATE TABLE branch(branch_id char(4), branch_name varchar(20))");
stmt.executeUpdate("INSERT INTO customer VALUES('C-1001', '가나다', '010-1111-2222', '서울')");
stmt.executeUpdate("UPDATE customer " +
            "SET customer_tel ='010-1234-2222' WHERE customer_id = 'C-1001'");
stmt.executeUpdate("DELETE FROM account WHERE account_number = 'A-1007'");

6.4 SQL문 사용 예제

앞 절에서는 SQL문을 DBMS에 전달하는 기본적인 형식 및 방법에 대해 설명하였다. 본 절에서는 SQL문 별로 실제적인 예제 프로그램을 통해 실행해 보도록 한다.

6.4.1 테이블 생성(CREATE TABLE)

먼저 테이블을 생성해보도록 하자. 3.3 관계형 데이터베이스와 5.2.3 MySQL 질의어 사용하기에서 사용한 테이블들을 중심으로 예제를 보이도록 하겠다. [표 6-3]에서 보인 테이블의 내용은 데이터베이스에서 일반적으로 사용하는 형식이며, [표 6-4]의 내용은 Statement의 executeUpdate() 메소드에서 사용하는 형식이다. 이때에는 MySQL의 구문에 맞게 기술해야 한다. 테이블 생성 구문을 하나의 문자열로 표현할 수도 있으나 너무 긴 경우에는 여러 개의 문자열로 나누어 사용하는 것이 편리하다. [표 6-4]의 방법 중에 본인의 스타일에 맞는 것을 선택하여 사용할 수 있겠다.

[표 6-3] 고객(customer) 테이블 생성문

```
create table customer
    (customer_id            char(6) not null primary key,
     customer_name          varchar(15) not null,
     customer_tel           varchar(13),
     customer_addr          varchar(20));
```

[표 6-4] Statement의 executeUpdate() 메소드를 이용한 customer 테이블 생성문

```
String createString = "CREATE TABLE customer " +
        "(customer_id char(6) not null primary key, " +
        "customer_name varchar(15) not null, " +
        "customer_tel varchar(13), customer_addr varchar(20))";
stmt.executeUpdate(createString);
```

또는

```
stmt.executeUpdate("CREATE TABLE customer " +
        "(customer_id char(6) not null primary key, " +
        "customer_name varchar(15) not null, " +
        "customer_tel varchar(13), customer_addr varchar(20))");
```

또는

```
String createString = "CREATE TABLE customer ";
createString += "(customer_id char(6) not null primary key, ";
createString += "customer_name varchar(15) not null, ";
createString += "customer_tel varchar(13), customer_addr varchar(20))";
stmt.executeUpdate(createString);
```

또는

```
String createString = "CREATE TABLE customer ";
createString.append("(customer_id char(6) not null primary key, ");
createString.append("customer_name varchar(15) not null, ");
createString.append("customer_tel varchar(13), customer_addr varchar(20))");
stmt.executeUpdate(createString);
```

[표 6-5] 계좌(account) 테이블 생성문

```
create table account
    (account_number          char(6)   not null primary key,
     customer_id             char(6)   not null,
     balance                 integer,
     foreign key (customer_id) references customer(customer_id),
     check (balance >= 0))
```

[표 6-6] Statement의 executeUpdate() 메소드를 이용한 account 테이블 생성문

```
String createString = "CREATE TABLE account " +
        "(account_number char(6) not null primary key, " +
        "customer_id char(6) not null, " +
        "balance int, " +
        "foreign key (customer_id) references customer(customer_id), " +
        "check (balance >= 0))";
stmt.executeUpdate(createString);
```

▶ 테이블 생성 예제 1: CreateCustomer.java

customer 테이블을 생성하는 자바 프로그램이다.

```java
package chap6;
import java.sql.*;

public class CreateCustomer {
    public static void main(String args[]) {
        Connection con = null;
        Statement stmt = null;
        String url = "jdbc:mysql://127.0.0.1:3306/banksystem";
        String user = "root";
        String passwd = "test123";
        try {
                Class.forName("com.mysql.jdbc.Driver");
        } catch(java.lang.ClassNotFoundException e) {
                System.err.print("ClassNotFoundException: ");
                System.err.println(e.getMessage());
                return;
        }
        String createString = "CREATE TABLE customer " +
                "(customer_id char(6) not null primary key, " +
                "customer_name varchar(15) not null, " +
                "customer_tel varchar(13), " +
                "customer_addr varchar(20))";
        try {
                con = DriverManager.getConnection(url, user, passwd);
                stmt = con.createStatement();
                stmt.executeUpdate(createString);
                System.out.println("The table customer has been successfully created!   ");
        } catch(SQLException e) {
                System.err.println("SQLException: " + e.getMessage());
        }
        finally {
            try {
                if (stmt != null) stmt.close();
                if (con != null) con.close();
            } catch (Exception e) {}
        }
    }
}
```

[그림 6-5] CreateCustomer.java 소스 코드

[그림 6-6]은 CreateCustomer 클래스가 정상적으로 수행되었을 때의 실행 결과를 보인 것이다. [그림 6-7]은 MySQL JDBC URL을 잘못 명시한 경우의 실행 결과이고 [그림 6-8]은 존재하지 않는 데이터베이스명을 지정한 경우의 실행 결과를 보인 것이다. [그림 6-9]는 MySQL JDBC 드라이버를 잘못 지정한 경우의 실행 결과이다.

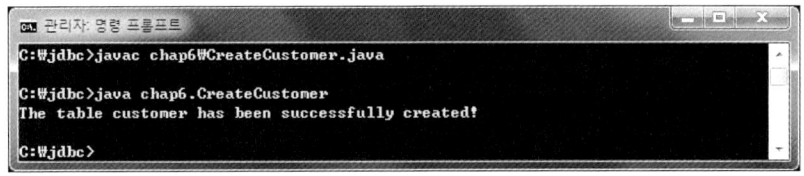

[그림 6-6] 명령어 창에서 CreateCustomer 클래스 정상적인 실행 결과

[그림 6-7] MySQL JDBC URL을 잘못 지정한 경우의 실행 결과

[그림 6-8] 존재하지 않는 데이터베이스명을 지정한 경우의 실행 결과

[그림 6-9] MySQL JDBC 드라이버를 잘못 지정한 경우의 실행 결과

[그림 6-10]은 customer 테이블이 이미 존재하는 경우의 SQL 예외가 발생한 실행 결과이며, [그림 6-11]은 루트의 비밀번호를 잘못 입력한 경우의 SQL 예외가 발생한 실행 결과를 보인 것이다.

[그림 6-10] customer 테이블이 이미 존재하는 경우의 실행 결과

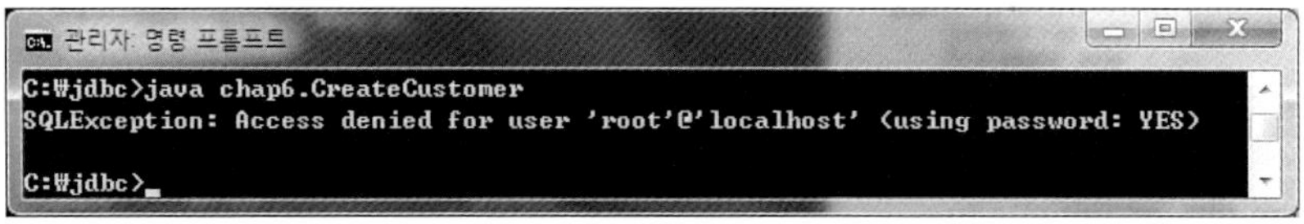

[그림 6-11] MySQL 루트의 비밀번호를 잘못 입력한 경우의 실행 결과

▶ 테이블 생성 예제 2: CreateAccount.java

account 테이블을 생성하는 자바 프로그램이다. 칼럼 account_number는 주키이며, customer_id는 customer 테이블을 참조하는 외래키이다.

```java
package chap6;
import java.sql.*;

public class CreateAccount {
    public static void main(String args[]) {
        Connection con = null;
        Statement stmt = null;
        String url = "jdbc:mysql://127.0.0.1:3306/banksystem";
        String user = "root";
        String passwd = "test123";

        try {
            Class.forName("com.mysql.jdbc.Driver");
        } catch(java.lang.ClassNotFoundException e) {
            System.err.print("ClassNotFoundException: ");
            System.err.println(e.getMessage());
            return;
        }
        String createString = "CREATE TABLE account " +
                "(account_number char(6) not null primary key, " +
                "customer_id char(6) not null, " +
                "balance int, " +
                "foreign key (customer_id) references customer(customer_id), " +
                "check (balance >= 0))";
        try {
            con = DriverManager.getConnection(url, user, passwd);
            stmt = con.createStatement();
```

```
                    stmt.executeUpdate(createString);
                    System.out.println("The table account has been successfully created!");
            } catch(SQLException e) {
                    System.err.println("SQLException: " + e.getMessage());
            }
            finally {
                    try {
                            if (stmt != null) stmt.close();
                            if (con != null) con.close();
                    } catch (Exception e) {}
            }
        }
}
```

[그림 6-12] CreateAccount.java 소스 코드

[그림 6-13] CreateAccount 클래스의 정상적인 실행 결과

▶ 테이블 생성 확인

"MySQL Command Line Client"를 이용하여 테이블 생성 여부 및 테이블 구조를 확인해 보도록 한다.

[그림 6-14] customer와 account 테이블 생성 확인 결과

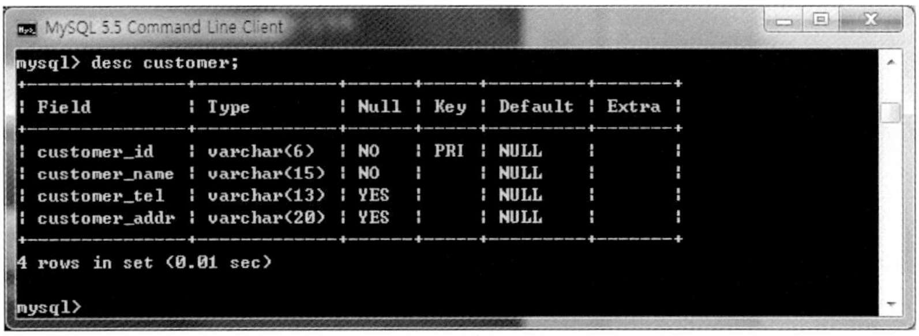

[그림 6-15] customer 테이블 구조 확인 결과

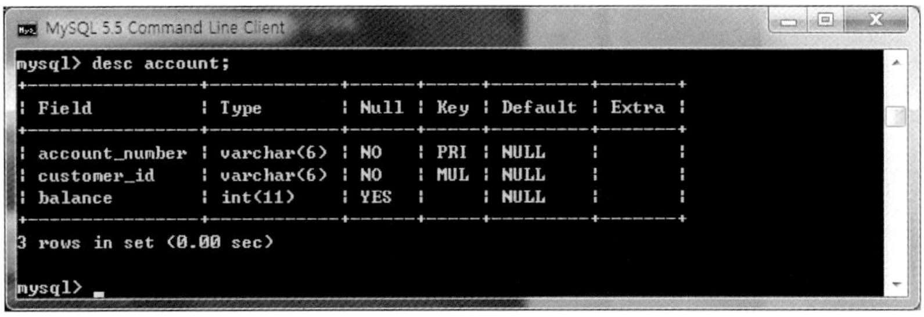

[그림 6-16] account 테이블 구조 확인 결과

6.4.2 레코드 삽입(INSERT)

테이블에 레코드(행)의 삽입은 JDBC API의 Statement 인터페이스의 executeUpdate() 메소드를 이용하며, 형식은 다음과 같다.

String insertString;
insertString = "INSERT INTO customer VALUES('C-1001', '가나다', '010-1111-2222', '서울')";
stmt.executeUpdate(insertString);

insertString = "INSERT INTO customer VALUES('C-1002', '라마바', '010-1111-3333', '부산')";
stmt.executeUpdate(insertString);

insertString = "INSERT INTO account VALUES('A-1001', 'C-1001', 4000)";
stmt.executeUpdate(insertString);

▶ 레코드 삽입 예제 1: InsertIntoCustomer.java

[표 6-7]에 있는 레코드의 정보를 customer 테이블에 삽입하는 프로그램을 작성해 보도록 하자. customer 테이블 생성 프로그램 CreateCustomer를 이용해 테이블을 생성한 후 실행하도록 한다. 삽입할 행의 정보들을 배열에 저장한 후 이를 이용해 customer 테이블에 삽입하도록 구현되어 있다.

[표 6-7] customer 테이블 정보

customer_id (고객ID)	customer_name (고객명)	customer_tel (전화번호)	customer_addr (주소)
C-1001	가나다	010-1111-2222	서울
C-1002	라마바	010-1111-3333	부산
C-1003	사아자	010-1111-4444	대구
C-1004	가나다	010-1111-5555	광주
C-1005	나다라	010-1111-6666	대전
C-1006	다라마	010-1111-7777	강원

```java
package chap6;
import java.sql.*;

public class InsertIntoCustomer {
    public static void main(String args[]) {
        Connection con = null;
        Statement stmt = null;
        String url = "jdbc:mysql://127.0.0.1:3306/banksystem";
        String user = "root";
        String passwd = "test123";
        try {
            Class.forName("com.mysql.jdbc.Driver");
        } catch(java.lang.ClassNotFoundException e) {
            System.err.print("ClassNotFoundException: ");
            System.err.println(e.getMessage());
            return;
        }

        int count=0;
        String insertString = "INSERT INTO customer VALUES ";
        // 삽입할 행의 정보를 배열에 저장한 후 이를 이용해 삽입
        String recordString[] =
            {insertString + "('C-1001', '가나다', '010-1111-2222', '서울')",
             insertString + "('C-1002', '라마바', '010-1111-3333', '부산')",
             insertString + "('C-1003', '사아자', '010-1111-4444', '대구')",
             insertString + "('C-1004', '가나다', '010-1111-5555', '광주')",
```

```
                insertString + "('C-1005', '나다라', '010-1111-6666', '대전')",
                insertString + "('C-1006', '다라마', '010-1111-7777', '강원')"};
        try {
            con = DriverManager.getConnection(url, user, passwd);
            stmt = con.createStatement();
            while (count<recordString.length) {
                stmt.executeUpdate(recordString[count]);
                count++;
            }
            System.out.println(count + "개의 레코드가 customer 테이블에 삽입되었습니다! ");
        } catch(SQLException ex) {
            System.err.println("SQLException: " + ex.getMessage());
        }
        finally {
            try {
                if (stmt != null) stmt.close();
                if (con != null) con.close();
            } catch (Exception e) {}
        }
    }
}
```

[그림 6-17] InsertIntoCustomer.java 소스 코드

[그림 6-18] InsertIntoCustomer 클래스의 정상적인 실행 결과

▶ customer 레코드 삽입 확인

"MySQL Command Line Client"를 이용하여 테이블 생성 여부 및 테이블 구조를 확인해보도록 한다.

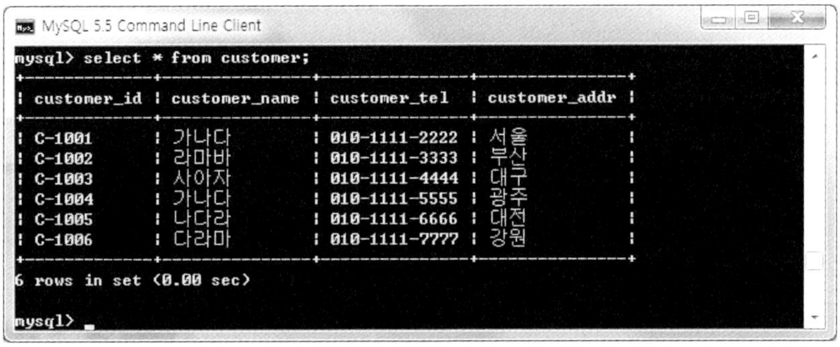

[그림 6-19] InsertIntoCustomer 클래스 실행 후 customer 테이블 결과

▶ 레코드 삽입 예제 2: InsertIntoAccount.java

다음은 account 테이블에 레코드를 삽입하는 프로그램 예제이다. 이 예제는 키보드를 통해 사용자로부터 [표 6-8]에 있는 행의 정보를 입력받아 account 테이블에 삽입하도록 되어 있다. account 테이블 생성 프로그램 CreateAccount를 이용해 테이블을 생성한 후 실행하도록 한다. Account 클래스는 계좌 레코드의 칼럼 값들(계좌번호, 고객ID, 잔액)을 객체로 처리하기 위한 것이며, InputAccount는 계좌 정보를 키보드로부터 입력받기 위한 것이다.

프로그램 실행 순서는 맨 먼저 삽입할 행의 개수를 입력하도록 되어 있다. 삽입할 행의 개수를 입력하고 나면, 입력한 개수만큼 행의 정보를 반복하여 입력 받게 된다. [표 6-8]에 있는 행의 정보를 전부 삽입하기 위해서는 행의 정보가 8개 존재하므로 입력할 행의 개수 입력 시에 8을 입력하여 실행하도록 한다. 이에 대한 절차는 [그림 6-21]의 실행 결과를 참조하기 바란다. 칼럼 account_number(계좌번호)는 account 테이블의 주키이며, 이는 반드시 'A-xxxx'(x: 양의 정수) 형식으로 입력하도록 되어 있다. 칼럼 customer_id도 계좌번호와 비슷하게 반드시 'C-xxxx'(x: 양의 정수) 형식으로 입력하도록 되어 있다.

[표 6-8] account 테이블 정보

account_number (계좌번호)	custimer_id (고객ID)	balance (잔액)
A-1001	C-1001	4000
A-1002	C-1002	5000
A-1003	C-1001	6000
A-1004	C-1003	4500
A-1005	C-1004	6500
A-1006	C-1005	5500
A-1007	C-1006	6700
A-1008	C-1005	5600

▶ Account.java

```java
package chap6;

public class Account {
    private String account_number;// 계좌번호
    private String customer_id;// 고객번호
    private int    balance;// 잔액

    public Account() {
        account_number = null;
        customer_id = null;
        balance = 0;
    }

    public void setAccountNumber(String account_number) {
        this.account_number = account_number;
    }

    public String getAccountNumber() {
        return account_number;
    }

    public void setCustomerId(String customer_id) {
        this.customer_id = customer_id;
    }

    public String getCustomerId() {
        return customer_id;
    }

    public void setBalance(int balance) {
        this.balance = balance;
    }

    public int getBalance() {
        return balance;
    }
}
```

▶ InputAccount.java

```java
package chap6;
import java.io.*;
import java.sql.*;
```

```java
public class InputAccount {
    private BufferedReader dis;
    public InputAccount() {
        dis = new BufferedReader(new InputStreamReader(System.in));
    }

    public void inputAccountInfo(Account account) {
        account.setAccountNumber(inputAccountNumber());
        account.setCustomerId(inputCustomerId());
        account.setBalance(inputBalance());
    }

    // 계좌번호 입력
    public String inputAccountNumber() {
        String account_number = null;

        while (true) {
            System.out.print("계좌번호 : ");
            try {
                account_number = dis.readLine();
            } catch (Exception e) {
                System.err.println(e.getMessage());
            }
            if (validateNumber(account_number, 'A')) break;
            System.out.print("잘못된 계좌번호 형식입니다(계좌번호 형식: A-xxxx). ");
            System.out.println("다시 입력하세요!!!");
        }
        return account_number;
    }

    // 고객번호 입력
    public String inputCustomerId() {
        String customer_id = null;
        while (true) {
            System.out.print("고객번호 : ");
            try {
                customer_id = dis.readLine();
            } catch (Exception e) {
                System.err.println(e.getMessage());
            }

            // 고객번호 형식 확인: C-xxxx
            if (validateNumber(customer_id, 'C')) break;
            System.out.print("잘못된 고객번호 형식입니다(고객번호 형식: C-xxxx). ");
            System.out.println("다시 입력하세요!!!");
        }
        return customer_id;
    }
```

```
        // 잔액 입력
    public int inputBalance() {
        int balance = 0;
        while (true) {
            System.out.print("잔액 : ");
            try {
                balance = Integer.parseInt(dis.readLine());
            } catch (Exception e) {
                System.err.println(e.getMessage());
            }

            // 잔액은 >= 100
            // 테이블을 생성 시에 "balance >= 100"으로 선언하면
            // 입력 시에 체크할 필요가 없다. 이런 경우는 테이블 생성 시에 술어를 이용해
            // 조건을 체크하는 것이 더 효율적이다.
            if (balance >= 100) break;
            System.out.println("잔액은 최소 100 이상이어야 합니다. 다시 입력하세요! : ");
        }
        return balance;
    }

    // 계좌번호 형식 확인: A-xxxx, 고객번호 형식 확인: C-xxxx
    public boolean validateNumber(String str, char type) {
        if (str.length() == 6)
            if (str.charAt(0) == type && str.charAt(1) == '-')
                if (isInteger(str.substring(2,5))) return true;
        return false;
    }

    // 문자열의 내용이 정수인지 확인
    public boolean isInteger(String strValue) {
        try {
            Integer.parseInt(strValue);
        } catch (Exception NumberFormatException) {
            return false;
        }
        return true;
    }
}
```

▶ InsertIntoAccount.java

```
package chap6;
import java.io.*;
import java.sql.*;
```

```
public class InsertIntoAccount {
    public static void main(String args[]) {
        Connection con = null;
        Statement stmt = null;
        String url = "jdbc:mysql://127.0.0.1:3306/banksystem";
        String user = "root";
        String passwd = "test123";

        try {
            Class.forName("com.mysql.jdbc.Driver");
        } catch(java.lang.ClassNotFoundException e) {
            System.err.print("ClassNotFoundException: ");
            System.err.println(e.getMessage());
            return;
        }

        try {
            con = DriverManager.getConnection(url, user, passwd);
            stmt = con.createStatement();

            // 삽입할 레코드의 개수(행의 개수)를 입력받는다.
            int rowCount= getNoOfRowToInsert();
            for (int cnt=0; cnt<rowCount; cnt++) {
                System.out.println((cnt+1) + "행의 정보를 입력하세요==============");
                // InputAccount 객체를 통해 계좌번호, 고객번호, 잔액을 입력 후
                // 계좌정보를 Account에 객체로 저장
                InputAccount inputAccount = new InputAccount();
                Account account = new Account();
                inputAccount.inputAccountInfo(account);

                // 삽입할 행의 정보 구성
                String insertString = "INSERT INTO account VALUES " + "(" +
                        account.getAccountNumber() + ", " +account.getCustomerId() +
                        ", " + account.getBalance() + ")";
                stmt.executeUpdate(insertString);
            }
            System.out.println("=======================================");
            System.out.println("총" + rowCount + "개의 레코드가" +
                        "account 테이블에 삽입되었습니다.");
        } catch(SQLException ex) {
            System.err.println("SQLException: " + ex.getMessage());
        }
        finally {
            try {
                if (stmt != null) stmt.close();
                if (con != null) con.close();
            } catch (Exception e) {}
```

```
            }
      }
      public static int getNoOfRowToInsert() {
            int rowCount =0;
            BufferedReader dis = new BufferedReader(new InputStreamReader(System.in));
            System.out.print("삽입할 행(레코드)의 개수를 입력하세요! : ");

            while (true) {
                  try {
                        rowCount = Integer.parseInt(dis.readLine());
                  } catch (Exception e) {
                        System.err.println(e.getMessage());
                  }
                  if (rowCount > 0) break;
                  System.out.print("1 이상의 정수를 입력하십시오! : ");
            }
            return rowCount;
      }
}
```

[그림 6-20] Account.java, InputAccount.java, InsertIntoAccount.java 소스 코드

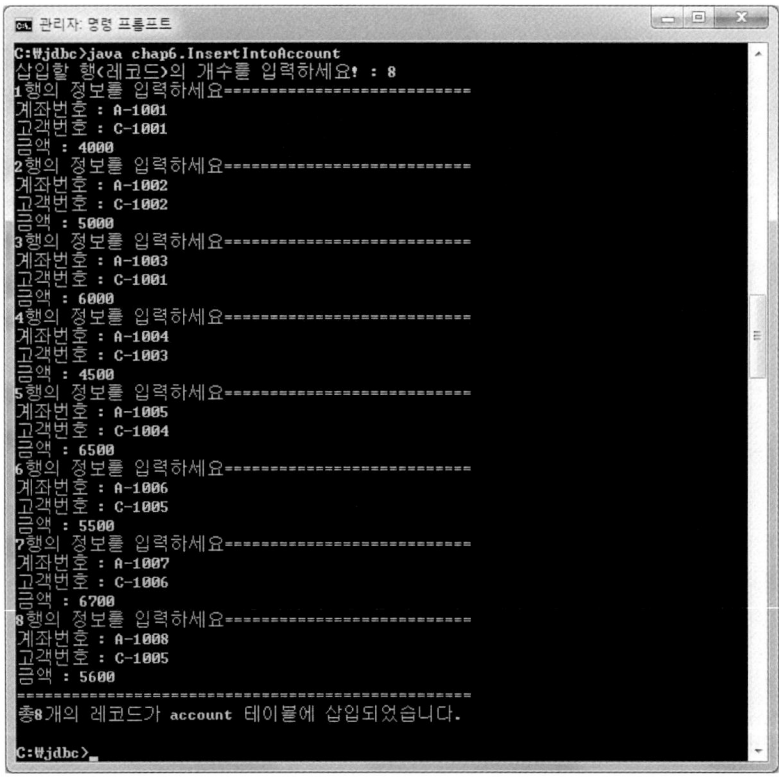

[그림 6-21] InsertIntoAccount 클래스의 정상적인 실행 결과

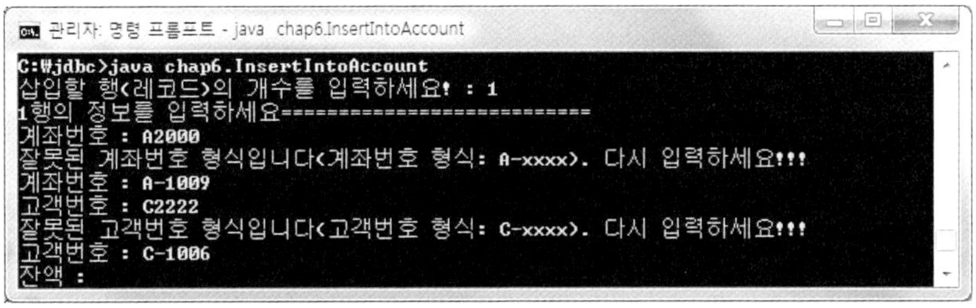

[그림 6-22] 계좌번호, 고객번호 형식을 잘못 입력한 경우의 실행 결과

[그림 6-23]은 존재하지 않는 고객번호를 입력한 경우의 실행 결과를 보이고 있다. account 테이블의 고객번호(customer_id)는 customer 테이블을 참조하는 외래키(foreign key)이므로 반드시 customer 테이블에 존재하는 고객번호를 입력해야 한다. 즉 [그림 6-23]에서 입력한 고객번호 'C-1007'은 customer 테이블에 존재하지 않기 때문에 SQLException 오류가 발생하였고, 입력한 행의 정보는 account 테이블에 삽입되지 않게 된다.

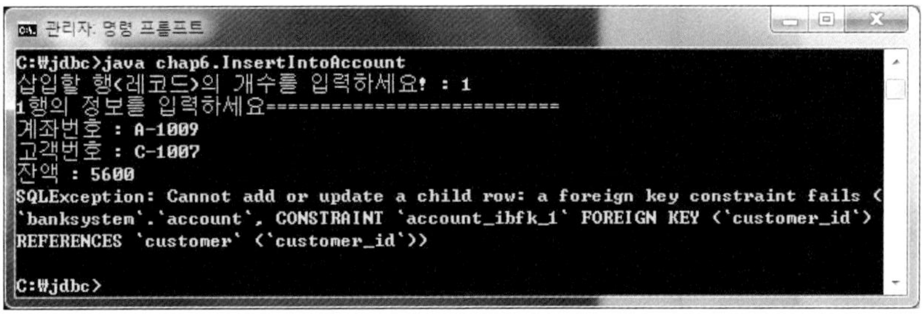

[그림 6-23] customer 테이블에 존재하지 않는 고객번호를 입력한 경우의 결과

[그림 6-24]는 이미 존재하는 계좌번호(account_id)를 입력한 경우에 실행 결과를 보인 것이다. account_id는 account 테이블의 주키(primary key)이므로 유일성을 만족해야 한다. [그림 6-24]에서 입력한 계좌번호 'A-1008'은 이미 account 테이블에 존재하므로 SQL 예외 오류가 발생된 것이다.

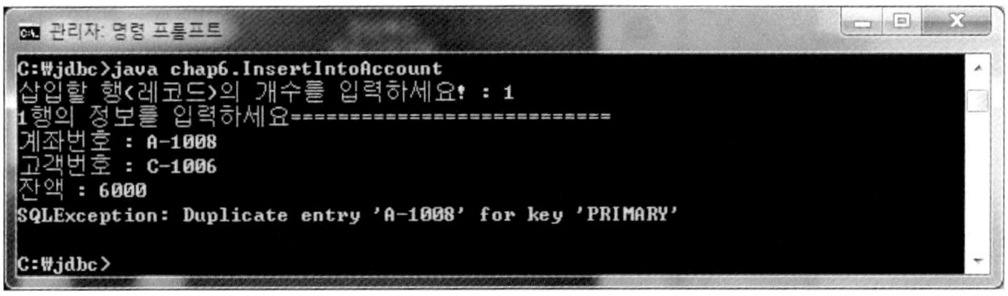

[그림 6-24] 중복된 계좌번호를 입력한 경우의 실행 결과

▶ account 레코드 삽입 확인

"MySQL Command Line Client"를 이용하여 테이블 생성 여부 및 테이블 구조를 확인해 보도록 한다.

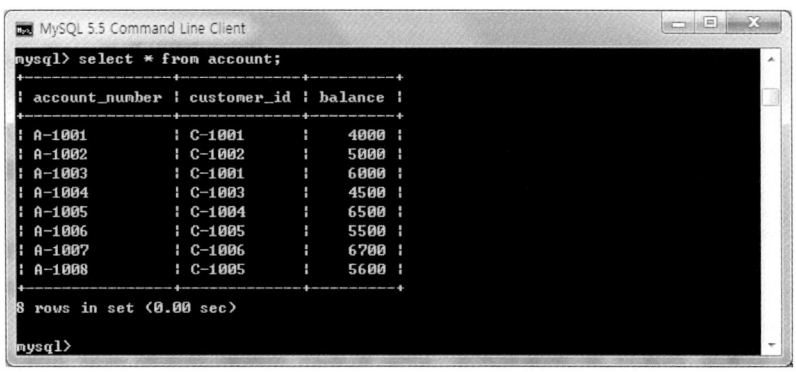

[그림 6-25] InsertIntoAccount 클래스 실행 후 account 테이블 확인 결과

6.4.3 정보 검색(SELECT)

테이블에 있는 행의 정보 검색은 Statement의 executeQuery() 메소드를 이용한다. 결과는 ResultSet 객체를 통해 반환된다. 기본 형식은 다음과 같다.

String query = "SELECT * FROM customer";

ResultSet result = stmt.executeQuery(query);

조건문이 있는 경우의 예제는 다음과 같다. 조건문에서 열_이름의 유형이 문자열이나 날짜형인 경우에는 이에 대한 값은 작은따옴표(' ')를 사용하여 표현해야 한다.

String query = "SELECT * FROM customer WHERE customer_id = 'C-1001'";

ResultSet result = stmt.executeQuery(query);

ResultSet는 질의 결과물을 추상화한 인터페이스로서 getXXX()라는 형식의 메소드들을 이용하여 각 레코드의 값들을 가져온다. 열의 자료형이 문자열인 경우는 getString(), 정수인 경우는 getShort(), getInt(), getLong(), 실수인 경우는 getFloat(), getDouble(), 날짜형인 경우는 getDate() 등의 자료형에 맞는 메소드들을 이용해 칼럼 값을 가져온다.

예를 들어 위의 질의 결과에서 칼럼명 'customer_id'의 칼럼 값을 얻어 오기 위해서는 Statement의 executeQuery() 메소드를 수행한 후 getString('customer_id')을 실행하면 된다.

String query = "SELECT customer_id, customer_name " +
          "FROM customer WHERE customer_id = 'C-1001'";
ResultSet result = stmt.executeQuery(query);

위의 예제에서 칼럼 'customer_id' 값은 getString('customer_id') 또는 getString(1) 메소드를 통해 얻을 수 있다. 이와 같이 칼럼 값은 칼럼명을 직접 명시하거나 또는 칼럼 인덱스를 통해 얻을 수 있다. 칼럼 인덱스를 사용할 경우에는 select에 명시한 칼럼명의 순서대로 1부터 순차적으로 적용하여 사용하면 된다. 따라서 칼럼 'customer_name'의 값은 getString('customer_name') 또는 getString(2) 메소드를 통해 얻을 수 있다.

ResultSet의 객체(result)는 질의 결과의 첫 번째 행을 참조하게 되며 참조하고 있는 행의 정보는 next() 메소드를 이용하여 가져올 수 있다. next() 메소드를 한 번 수행하고 나면 ResultSet의 객체는 그 다음 행의 정보를 참조하게 된다. next() 메소드의 반환형은 boolean으로서 true가 리턴되면 결과 행이 존재하고, false가 리턴되면 더 이상 결과 행이 없다는 의미이다. previous() 메소드는 ResultSet의 객체가 참조하고 있는 행의 이전 행의 정보를 가져온다. first() 메소드는 ResultSet 객체가 참조하고 있는 위치를 첫 번째 행으로 이동시킨다. last() 메소드는 ResultSet 객체가 참조하고 있는 위치를 마지막 행으로 이동시킨다. ResultSet의 주요 메소드들을 정리하면 [표 6-9]와 같다.

[표 6-9] ResultSet의 주요 메소드

메소드	설명
void close()	ResultSet 객체의 리소스를 해제한다.
boolean first()	커서를 ResultSet 객체가 참조하고 있는 첫 번째 행으로 이동시킨다.
object getObject(int columnIndex) object getObject(int columnName)	ResultSet 객체가 참조하고 있는 현재 행에 있는 칼럼 인덱스(칼럼명)의 값을 객체로 얻는다.
〈dataType〉 getXXX(int columnIndex)	인덱스에 해당하는 칼럼의 값을 반환한다. 인덱스는 테이블에 있는 칼럼 순으로 1부터 순차적으로 적용된다. XXX는 〈dataType〉에 대응되는 자료 유형이다.
〈dataType〉 getXXX(String columnName)	칼럼명에 해당하는 칼럼 값을 반환한다.
int getRow()	현재 행의 번호를 반환한다.
boolean isFirst()	커서가 ResultSet 객체의 첫 번째 행을 참조하고 있는지를 검색한다. 첫 번째 행에 커서가 있으면 true를, 아니면 false를 반환한다.

boolean isLast()	커서가 ResultSet 객체의 마지막 행을 참조하고 있는지를 검색한다.
boolean last()	커서를 ResultSet 객체가 참조하고 있는 마지막 행으로 이동시킨다.
boolean next()	커서의 위치를 현재 위치의 다음 행으로 이동시킨다. 이동할 위치의 행이 존재하는 경우에는 true를, 존재하지 않는 경우에는 false를 반환한다.
boolean previous()	커서의 위치를 현재 위치의 이전 행으로 이동시킨다.
void updateXXX(int columnIndex, ⟨dataType⟩ x)	칼럼 인덱스에 존재하는 데이터 값을 x의 값으로 변경한다.
void updateXXX(String columnName, ⟨dataType⟩ x)	칼럼명의 값을 x의 값으로 변경한다.
void updateRow()	ResultSet 객체가 참조하고 있는 행의 새로운 값으로 데이터베이스를 변경한다.
ResultSetMetaData getMetaData()	ResultSet 객체 칼럼의 수, 유형, 속성을 검색한다.

▶ 정보 검색 예제 1: SelectFromCustomer.java

customer 테이블에 있는 모든 레코드를 검색하여 이를 화면에 출력하는 예제이다.

```java
package chap6;
import java.sql.*;

public class SelectFromCustomer {
    public static void main(String args[]) {
        Connection con = null;
        Statement stmt = null;
        String url = "jdbc:mysql://127.0.0.1:3306/banksystem";
        String user = "root";
        String passwd = "test123";

        try {
            Class.forName("com.mysql.jdbc.Driver");
        } catch(java.lang.ClassNotFoundException e) {
            System.err.print("ClassNotFoundException: ");
            System.err.println("드라이버 로딩 오류: " + e.getMessage());
            return;
        }
        try {
            con = DriverManager.getConnection(url, user, passwd);
            stmt = con.createStatement();
            // customer 테이블에 있는 모든 레코드 검색
            ResultSet result = stmt.executeQuery("SELECT * FROM customer");
            // result 객체에 저장된 질의 결과로부터 행의 정보 얻음
            int count=0;
            while (result.next()) {
                if (count==0) displayHeadInfo();
                String resultStr = result.getString("customer_id") + "\t\t";
                resultStr += result.getString("customer_name") + "\t";
```

```
                resultStr += result.getString("customer_tel") + "\t";
                resultStr += result.getString("customer_addr");
                System.out.println(resultStr);
                count++;
            }
            displayEndInfo(count);
            stmt.close();
            con.close();
        } catch(SQLException ex) {
            System.err.println("Select 오류: " + ex.getMessage());
        }
    }
    public static void displayHeadInfo() {
        System.out.println("\n고객정보 질의 결과");
        drawLine();
        System.out.println("고객번호\t고객명\t전화번호\t주소");
        drawLine();
    }
    public static void displayEndInfo(int count) {
        drawLine();
        System.out.println(count + "개의 레코드가 검색되었습니다! ");
    }
    public static void drawLine () {
        System.out.println("=======================================");
    }
}
```

[그림 6-26] SelectFromCustomer.java 소스 코드

[그림 6-27] SelectFromCustomer 클래스의 실행 결과

▶ 정보 검색 예제 2: SelectFromAccount.java

account 테이블에 있는 레코드들을 다양한 조건에 의해 검색하여 이를 화면에 출력하여 주는 예제이다. account 테이블과 customer 테이블을 조인하여 고객정보 및 계좌정보 검색 및 customer 테이블과 account 테이블을 내부 조인 (또는 외부 조인)하여 고객정보 및 계좌정보 검색하는 예제도 포함되어 있다. 기타 자세한 검색조건은 소스 코드의 main() 메소드에 있는 주석을 참조하기 바란다.

```java
package chap6;
import java.sql.*;

public class SelectFromAccount {
    private Connection con = null;
    private Statement stmt = null;
    private ResultSet result = null;
    private String url = null;
    private String user = null;
    private String passwd = null;
    private String tableName = null;

    public CustomerSql() {
        url = "jdbc:mysql://127.0.0.1:3306/banksystem";
        user = "root";
        passwd = "test123";
        tableName = "account";
    }

    // 드라이버 로딩 및 데이터베이스와의 접속
    public boolean dbConnection() {
        try {
            Class.forName("com.mysql.jdbc.Driver");
            con = DriverManager.getConnection(url, user, passwd);
        } catch(java.lang.ClassNotFoundException e1) {
            System.err.println("ClassNotFoundException: ");
            System.err.println("드라이버 로딩 오류: " + e1.getMessage());
            return false;
        } catch(SQLException e2) {
            System.err.println("데이터베이스 접속 오류: " + e2.getMessage());
            return false;
        }
        return true;
    }

    // 데이터베이스와의 접속 끊음
    public void dbDisconnection() {
        try {
            if (this.con != null) this.con.close();
        } catch (Exception e) {}
    }
```

```
public void executeQueryExample1(int seqNo) {
    // account 테이블로부터 잔액이 6000 이상인 계좌정보 검색
    String query = "SELECT account_number, customer_id, balance " +
                   "FROM account " +
                   "WHERE balance >= 6000 " +
                   "ORDER BY customer_id";

    try {
        // 질의 결과 얻음
        stmt = con.createStatement();
        result = stmt.executeQuery(query);

        // result 객체에 저장된 질의 결과로부터 행의 정보 얻음
        int count=0;
        while (result.next()) {
            if (count==0) displayHeadInfo(null, seqNo);
            String resultStr = result.getString("account_number") + "\t\t";
            resultStr += result.getString("customer_id") + "\t\t";
            resultStr += result.getInt("balance");
            System.out.println(resultStr);
            count++;
        }
        displayEndInfo(count);
        result.close();
        stmt.close();

    } catch(SQLException e) {
        System.err.println("질의 검색 오류" + seqNo + ": " +e.getMessage());
    }
}

public void executeQueryExample2(int seqNo) {
    // account 테이블과 customer 테이블을 조인하여 고객정보 및 계좌정보 검색
    String query = "SELECT account.customer_id, customer_name, ";
    query += "account_number, balance ";
    query += "FROM account, customer ";
    query += "WHERE account.customer_id = customer.customer_id ";
    query += "ORDER BY account.customer_id";

    try {
        // 질의 결과 얻음
        stmt = con.createStatement();
        result = stmt.executeQuery(query);
        // result 객체에 저장된 질의 결과로부터 행의 정보 얻음
        int count=0;
        while (result.next()) {
            if (count==0) displayHeadInfo("조인", seqNo);
            String resultStr = result.getString("account.customer_id") + "\t\t";
```

```
                    resultStr += result.getString("customer_name") + "₩t";
                    resultStr +=  result.getString("account_number") + "₩t₩t";
                    resultStr += result.getInt("balance");
                    System.out.println(resultStr);
                    count++;
                }
                displayEndInfo(count);
                result.close();
                stmt.close();

        } catch(SQLException e) {
                System.err.println("질의 검색 오류" + seqNo + ": " + e.getMessage());
        }
    }

    public void executeQueryExample3(int seqNo) {
        // customer 테이블과 account 테이블을 내부 조인하여 고객정보 및 계좌정보 검색
        String query = "SELECT customer.customer_id, customer_name, ";
        query += "account_number, balance ";
        query += "FROM customer ";
        query += "INNER JOIN account ";
        query += "WHERE customer.customer_id = account.customer_id ";
        query += "ORDER BY customer.customer_id";

        try {
                // 질의 결과 얻음
                stmt = con.createStatement();
                result = stmt.executeQuery(query);

                // result 객체에 저장된 질의 결과로부터 행의 정보 얻음
                int count=0;
                while (result.next()) {
                    if (count==0) displayHeadInfo("내부 조인", seqNo);
                    String resultStr = result.getString(1) + "₩t₩t";
                    resultStr += result.getString(2) + "₩t";
                    resultStr +=  result.getString(3) + "₩t₩t";
                    resultStr += result.getInt(4);
                    System.out.println(resultStr);
                    count++;
                }
                displayEndInfo(count);
                result.close();
                stmt.close();
        } catch(SQLException e) {
                System.err.println("질의 검색 오류" + seqNo + ": " + e.getMessage());
        }
    }
```

```java
public void executeQueryExample4(int seqNo) {
    // customer 테이블과 account 테이블을 외부 조인하여 고객정보 및 계좌정보 검색
    String query = "SELECT customer.customer_id, customer_name, ";
    query += "account_number, balance ";
    query += "FROM customer ";
    query += "LEFT JOIN account ";
    query += "ON customer.customer_id = account.customer_id ";
    query += "ORDER BY customer.customer_id";

    try {
        // 질의 결과 얻음
        stmt = con.createStatement();
        result = stmt.executeQuery(query);

        // result 객체에 저장된 질의 결과로부터 행의 정보 얻음
        int count=0;
        while (result.next()) {
            if (count==0) displayHeadInfo("외부 조인", seqNo);
            String resultStr = result.getString(1) + "\t\t";
            resultStr += result.getString(2) + "\t";
            resultStr += result.getString(3) + "\t\t";
            resultStr += result.getInt(4);
            System.out.println(resultStr);
            count++;
        }
        displayEndInfo(count);
        result.close();
        stmt.close();

    } catch(SQLException e) {
        System.err.println("질의 검색 오류" + seqNo + ": " + e.getMessage());
    }
}

public void executeQueryExample5(int seqNo) {
    // account 테이블에 행의 정보가 존재하는지의 여부 확인
    String query = "SELECT EXISTS (SELECT * FROM account)";
    try {
        // 질의 결과 얻음
        stmt = con.createStatement();
        boolean result = stmt.execute(query);

        System.out.println("\n계좌 테이블에 행의 정보 존재 여부 질의 결과 " + seqNo);
        drawLine ();
        // result가 true이면 행의 정보 존재, false이면 테이블이 비어 있음
        if (result) System.out.println("계좌 테이블에 행의 정보가 존재합니다!!!");
        else System.out.println("계좌 테이블이 비어 있습니다!!!");
        stmt.close();
```

```
            } catch(SQLException e) {
                System.err.println("질의 검색 오류" + seqNo + ": " + e.getMessage());
            }
        }

    public void displayHeadInfo(String str, int seqNo) {
        if (seqNo == 1)
            System.out.println("\n잔액이 6000 이상인 계좌 정보 질의 결과 " + seqNo);
        else
            System.out.println("\n고객-계좌 정보 " + str + " 질의 결과 " + seqNo);

        drawLine();
        if (seqNo == 1) System.out.println("계좌번호\t고객번호\t잔액");
        else System.out.println("고객번호\t고객명\t계좌번호\t잔액");
        drawLine();
    }

    public void displayEndInfo(int count) {
        drawLine();
        System.out.println(count + "개의 레코드가 검색되었습니다! ");
    }

    public void drawLine () {
        System.out.println("=======================================");
    }

    public static void main(String args[]) {
        SelectFromAccount qryAccount = new SelectFromAccount();
        if (!qryAccount.dbConnection()) return;

        // account 테이블로부터 잔액이 6000 이상인 계좌정보 검색
        qryAccount.executeQueryExample1(1);
        // account 테이블과 customer 테이블을 조인하여 고객정보 및 계좌정보 검색
        qryAccount.executeQueryExample2(2);
        // customer 테이블과 account 테이블을 내부 조인하여 고객정보 및 계좌정보 검색
        qryAccount.executeQueryExample3(3);
        // customer 테이블과 account 테이블을 외부 조인하여 고객정보 및 계좌정보 검색
        qryAccount.executeQueryExample4(4);
        // account 테이블에 행의 정보가 존재하는지의 여부 확인
        qryAccount.executeQueryExample5(5);
    }
}
```

[그림 6-28] SelectFromAccount.java 소스 코드

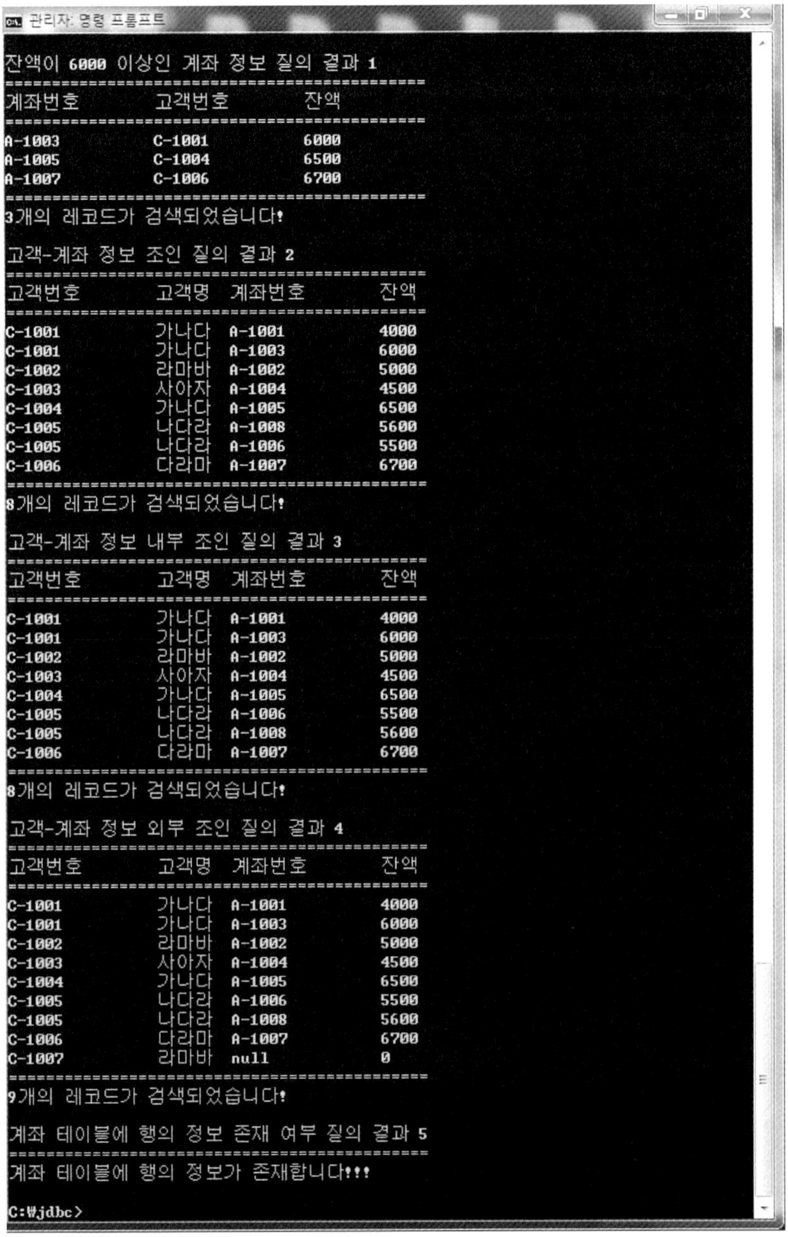

```
관리자: 명령 프롬프트
잔액이 6000 이상인 계좌 정보 질의 결과 1
==============================================
계좌번호         고객번호         잔액
==============================================
A-1003          C-1001          6000
A-1005          C-1004          6500
A-1007          C-1006          6700
==============================================
3개의 레코드가 검색되었습니다!
고객-계좌 정보 조인 질의 결과 2
==============================================
고객번호         고객명  계좌번호        잔액
==============================================
C-1001          가나다  A-1001          4000
C-1001          가나다  A-1003          6000
C-1002          라마바  A-1002          5000
C-1003          사아자  A-1004          4500
C-1004          가나다  A-1005          6500
C-1005          나다라  A-1008          5600
C-1005          나다라  A-1006          5500
C-1006          다라마  A-1007          6700
==============================================
8개의 레코드가 검색되었습니다!
고객-계좌 정보 내부 조인 질의 결과 3
==============================================
고객번호         고객명  계좌번호        잔액
==============================================
C-1001          가나다  A-1001          4000
C-1001          가나다  A-1003          6000
C-1002          라마바  A-1002          5000
C-1003          사아자  A-1004          4500
C-1004          가나다  A-1005          6500
C-1005          나다라  A-1006          5500
C-1005          나다라  A-1008          5600
C-1006          다라마  A-1007          6700
==============================================
8개의 레코드가 검색되었습니다!
고객-계좌 정보 외부 조인 질의 결과 4
==============================================
고객번호         고객명  계좌번호        잔액
==============================================
C-1001          가나다  A-1001          4000
C-1001          가나다  A-1003          6000
C-1002          라마바  A-1002          5000
C-1003          사아자  A-1004          4500
C-1004          가나다  A-1005          6500
C-1005          나다라  A-1006          5500
C-1005          나다라  A-1008          5600
C-1006          다라마  A-1007          6700
C-1007          라마바  null            0
==============================================
9개의 레코드가 검색되었습니다!
계좌 테이블에 행의 정보 존재 여부 질의 결과 5
==============================================
계좌 테이블에 행의 정보가 존재합니다!!!
C:\jdbc>
```

[그림 6-29] SelectFromAccount 클래스의 실행 결과

6.4.4 데이터 변경(UPDATE)

테이블의 행에 있는 칼럼 값의 변경은 Statement의 executeUpdate() 메소드를 이용하며, 형식은 다음과 같다.

```
String updateString  =  "UPDATE customer "  +
              "SET customer_tel ='010-1234-2222' "  +
              "WHERE customer_id  =  'C-1001'";
stmt.executeUpdate(updateString);


String updateString  =  "UPDATE account "  +
              "SET balance  =  balance  +  1000 "  +
              "WHERE account_number  =  'A-1003'";
stmt.executeUpdate(updateString);
```

6.4.5 레코드 삭제(DELETE)

테이블에 존재하는 레코드의 삭제는 테이블 생성, 변경, 삽입, 갱신 등과 같이 Statement의 executeUpdate() 메소드를 이용하며, 형식은 다음과 같다.

```
String deleteString  =  "DELETE FROM account WHERE account_number  =  'A-1007'";
stmt.executeUpdate(deleteString);
```

6.5 기본 JDBC SQL문 사용 예제 – 고객관리 예제 1

다음 예제는 6장에서 보인 SQL문을 종합하여 보인 것이다. 데이터베이스에 연결을 한 후 고객 테이블(customer)을 생성하고, 생성한 테이블에 고객정보를 삽입하여 삽입한 고객정보를 검색하거나 삭제할 수 있는 기능을 포함하고 있다. 프로그램은 네 개의 클래스(Customer, InputCustomer, CustomerSql, CustomerManagement1)로 구성되어 있으며, Customer 클래스는 고객 레코드의 칼럼 값들(customer_id, customer_name, customer_tel, customer_addr)을 객체로 처리하기 위한 것이며 InputCustomer는 고객정보를 키보드로부터 입력받기 위한 것이다. CustomerSql 클래스는 데이터베이스 접속 및 SQL문 실행을 위한 기능을 제공하는 클래스이다. CustomerManagement1은 고객관리의 작업 메뉴를 화면에 표시하고 사용자가 입력한 작업 번호에 따라 CustomerSql의 메소드를 호출하여 수행하는 메인 클래스이다. [그림 6-30]은 이들 클래스 간의 구성을 나타낸 것이다.

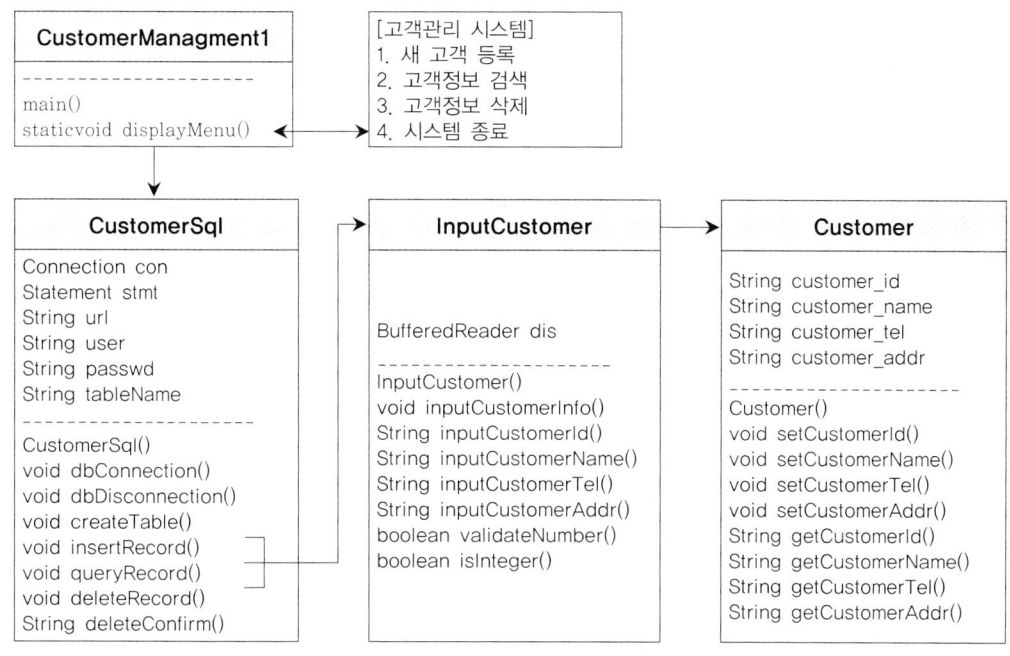

[그림 6-30] 고객관리 예제 1의 클래스 구성

테이블의 생성은 CustomerSql의 createTable() 메소드 호출에 의해 이루어지며, 이는 insertRecord() 메소드에 의해 레코드를 삽입할 때에 고객 테이블의 존재 여부를 확인하여 존재하지 않을 경우에만 한 번 생성하도록 되어 있다. 그러나 실제 응용 프로그램 개발 시에는 별도의 테이블 생성 프로그램을 구현하여 테이블을 생성하도록 하고, 테이블이 존재한다는 가정하에 레코드를 삽입할 수 있도록 구현해야 할 것이다. 고객 테이블(customer)이 이미 존재하는 경우에는 insertRecord() 메소드에서 createTable() 라인을 주석처리하고 컴파일하여 실행하면 된다. 레코드의 삽입은 CustomerSql의 insertRecord() 메소드를 통해 이루어지며 이는 고객정보를 InputCustomer 객체를 통해 입력받아 테이블에 삽입하도록 되어 있다. 레코드 검색(queryRecord() 메소드)은 검색할 고객ID(customer_id)을 InputCustomer 객체를 통해 사용자로부터 입력받아 입력한 고객ID의 고객정보를 검색하여 검색 결과를 화면에 표시하여 준다. 레코드 삭제(deleteRecord() 메소드)는 고객ID를 입력받아 고객정보를 검색하여 보여준 다음, 삭제 여부를 재확인(메소드 deleteConfirm())한 후 최종적으로 삭제하도록 구현되어 있다.

프로그램은 홈 디렉토리 밑에 \chap6\project1의 서브폴더를 구성하여 이를 패키지로 처리하도록 되어 있다. 본 책은 홈 디렉토리를 C:\jdbc로 설정하였으므로 소스 코드들은 "C:\jdbc\chap6\project1\" 밑에 존재한다고 가정한다. 따라서 컴파일은 홈 디렉토리(C:\jdbc)상에서 "javac chap6\project1\CustomerManagement1.java"로, 실행은 "java chap6.project1.CustomerManagement1"으로 하면 된다. 기타 자세한 사항은 프로그램의 주석과 프로그램 실행 결과를 참조하기 바란다.

▶ Customer.java

```java
package chap6.project1;

// 고객 레코드의 열의 값을 키보드로부터 얻기 위한 클래스
public class Customer {
    private String customer_id;    // 고객번호
    private String customer_name;  // 고객명
    private String customer_tel;   // 전화번호
    private String customer_addr;  // 주소

    public Customer() {
        customer_id = null;
        customer_name = null;
        customer_tel = null;
        customer_addr = null;
    }
    public void setCustomerId(String customer_id) {
        this.customer_id = customer_id;
    }

    public String getCustomerId() {
        return customer_id;
    }

    public void setCustomerName(String customer_name) {
        this.customer_name = customer_name;
    }

    public String getCustomerName() {
        return customer_name;
    }

    public void setCustomerTel(String customer_tel) {
        this.customer_tel = customer_tel;
    }

    public String getCustomerTel() {
        return customer_tel;
    }

    public void setCustomerAddr(String customer_addr) {
        this.customer_addr = customer_addr;
    }

    public String getCustomerAddr() {
        return customer_addr;
    }
}
```

▶ InputCustomer.java

```java
package chap6.project1;
import java.io.*;

// 고객 레코드의 열의 값을 키보드로부터 얻기 위한 클래스
public class InputCustomer {
    private BufferedReader dis;

    public InputCustomer() {
        dis = new BufferedReader(new InputStreamReader(System.in));
    }
    public void inputCustomerInfo(Customer customer) {
        customer.setCustomerId(inputCustomerId());
        customer.setCustomerName(inputCustomerName());
        customer.setCustomerTel(inputCustomerTel());
        customer.setCustomerAddr(inputCustomerAddr());
    }

    // 키보드로부터 입력을 통해 고객번호 얻음
    // 고객번호의 형식은 C-xxxx이며, C는 반드시 대문자, x는 양의 정수
    public String inputCustomerId() {
        String customer_id = null;
        while (true) {
            System.out.print("고객번호(형식: C-xxxx) : ");
            try {
                customer_id = dis.readLine();
            } catch (Exception e) {
                System.err.println(e.getMessage());
            }
            if (validateNumber(customer_id, 'C')) break;
            System.out.print("잘못된 고객번호입니다(고객번호 형식: C-xxxx). ");
            System.out.println("다시 입력하세요 : ");
        }
        return customer_id;
    }

    // 키보드로부터 고객번호 얻음
    // 고객 테이블 생성 시에 고객명은 NOT NULL로 지정하였으므로 반드시 입력해야 함
    public String inputCustomerName() {
        String customer_name = null;
        while (true) {
            System.out.print("고객명 : ");
            try {
                customer_name = dis.readLine();
            } catch (Exception e) {
                System.err.println(e.getMessage());
            }
            if (customer_name == null || customer_name.length() == 0)
```

```java
                System.out.print("고객명은 반드시 입력해야 합니다!!!");
            else break;
        }
        return customer_name;
    }

    // 키보드로부터 고객 전화번호 얻음
    public String inputCustomerTel() {
        String customer_tel = null;
        System.out.print("전화번호 : ");
        try {
            customer_tel = dis.readLine();
        } catch (Exception e) {
            System.err.println(e.getMessage());
        }
        return customer_tel;
    }

    // 키보드로부터 고객 주소 얻음
    public String inputCustomerAddr() {
        String customer_addr = null;
        System.out.print("주소 : ");
        try {
            customer_addr = dis.readLine();
        } catch (Exception e) {
            System.err.println(e.getMessage());
        }
        return customer_addr;
    }

    // 고객번호 형식 확인: C-xxxx, x는 양의 정수
    public boolean validateNumber(String str, char type) {
        if (str.length() == 6)
            if (str.charAt(0) == type && str.charAt(1) == '-')
                if (isInteger(str.substring(2,5))) return true;
        return false;
    }

    // 정수 여부 확인
    public boolean isInteger(String strValue) {
        try {
            Integer.parseInt(strValue);
        } catch (Exception NumberFormatException) {
            return false;
        }
        return true;
    }
}
```

▶ CustomerSql.java

```java
package chap6.project1;
import java.io.*;
import java.sql.*;

// 데이터베이스 접속 및 SQL문 수행을 위한 클래스
class CustomerSql {
    private Connection con = null;
    private Statement stmt = null;
    private ResultSet result = null;
    private String url = null;
    private String user = null;
    private String passwd = null;
    private String tableName = null;

    public CustomerSql() {
        url = "jdbc:mysql://127.0.0.1:3306/banksystem";
        user = "root";
        passwd = "test123";
        tableName = "customer";
        // 데이터베이스 연결
        dbConnection();
    }

    // 드라이버 로딩 및 데이터베이스와의 접속
    public void dbConnection() {
        try {
            Class.forName("com.mysql.jdbc.Driver");
            con = DriverManager.getConnection(url, user, passwd);
        } catch(java.lang.ClassNotFoundException e1) {
            System.err.println("ClassNotFoundException: ");
            System.err.println("드라이버 로딩 오류: " + e1.getMessage());
        } catch(SQLException e2) {
            System.err.println("데이터베이스 접속 오류: " + e2.getMessage());
        }
    }

    // 데이터베이스와의 접속 끊음
    public void dbDisconnection() {
        try {
            if (this.con != null) this.con.close();
        } catch (Exception e) {}
    }

    // 행 삽입의 경우 테이블 존재 여부를 확인한 후 존재하지 않을 경우 테이블 생성
    public void createTable() {
        String createString = "CREATE TABLE IF NOT EXISTS " + tableName + " " +
```

```
                "(customer_id char(6) not null primary key, " +
                "customer_name varchar(15) not null, " +
                "customer_tel varchar(13), " +
                "customer_addr varchar(20))";
        try {
            // 질의문 실행
            stmt = con.createStatement();
            stmt.executeUpdate(createString);
            stmt.close();
        } catch(SQLException e) {
            System.err.println("테이블 생성 오류: " + e.getMessage());
        }
    }


    // 새 고객 등록(레코드 삽입)
    public void insertRecord() {
        // 행 삽입의 경우 테이블 존재 여부를 확인한 후 존재하지 않을 경우 테이블 생성
        // 실제 응용 프로그램 개발 시에는 별도의 프로그램을 통해 테이블을 생성하도록 구현한다.
        // 고객 테이블(customer)이 존재하는 경우에는 이를 주석처리한 후 컴파일하도록 한다.
        createTable();

        // InputCustomer 객체를 통해 고객번호, 고객명, 전화번호, 주소 입력 후
        // 고객정보를 Customer에 객체로 저장
        InputCustomer inputCustomer = new InputCustomer();
        Customer customer = new Customer();
        inputCustomer.inputCustomerInfo(customer);

        // 삽입할 행의 정보 구성
        String insertString = "INSERT INTO " + tableName + " VALUES ";
        insertString += "( ' " + customer.getCustomerId() + " ', " ';
        insertString += customer.getCustomerName() + "'," + customer.getCustomerTel();
        insertString += "'," + customer.getCustomerAddr() + " ')";
        try {
            stmt = con.createStatement();
            stmt.executeUpdate(insertString);
            System.out.println("새 고객정보가 성공적으로 등록되었습니다!!!");
            stmt.close();
        } catch(SQLException ex) {
            System.err.println("레코드 삽입 오류: " + ex.getMessage());
        }
    }

// 고객정보 검색(레코드 검색), 기본으로 고객번호로 검색
    public void queryRecord() {
        // InputCustomer 객체를 통해 검색할 고객번호 입력
        InputCustomer inputCustomer = new InputCustomer();
        String customer_id = inputCustomer.inputCustomerId();
```

```java
            // 입력한 고객번호에 의한 select문 구성
            String query = "SELECT * from " + tableName + " where customer_id =  ";
            query += "'" + customer_id + "'";
            try {
                // 질의문 실행
                stmt = con.createStatement();
                result = stmt.executeQuery(query);
                // 입력한 고객번호가 존재하지 않는 경우
                if (!result.next()) {
                    System.out.println(customer_id + "는(은) 존재하지 않은 고객입니다!!!");
                    return;
                }
                // 입력한 고객번호가 존재하는 경우
                // result 객체에 저장된 질의 결과로부터 고객정보 얻어 화면에 표시
                System.out.println("고객명: " + result.getString("customer_name"));
                System.out.println("전화번호: " + result.getString("customer_tel"));
                System.out.println("주소: " + result.getString("customer_addr"));
            } catch(SQLException e) {
                System.err.println("질의 검색 오류: " + e.getMessage());
            }
            finally {
                try {
                    result.close();
                    stmt.close();
                } catch(Exception e) {}
            }
        }

    // 고객정보 삭제, 고객번호로 검색한 후 확인한 후 삭제
    public void deleteRecord() {
        // InputCustomer 객체를 통해 검색할 고객번호 입력
        InputCustomer inputCustomer = new InputCustomer();
        String customer_id = inputCustomer.inputCustomerId();

        // 입력한 고객번호에 의한 select문 구성
        String query = "SELECT * from " + tableName + " where customer_id =  ";
        query += " ' " + customer_id + " ' ";
        try {
            // 질의문 실행
            stmt = con.createStatement();
            result = stmt.executeQuery(query);
            // 입력한 고객번호가 존재하지 않는 경우
            if (!result.next()) {
                System.out.println(customer_id + "는(은) 존재하지 않은 고객입니다!!!");
                return;
            }
            // 입력한 고객번호가 존재하는 경우
            // result 객체에 저장된 질의 결과로부터 고객정보를 얻어 화면에 표시
```

```
                System.out.println("고객명: " + result.getString(2));
                System.out.println("전화번호: " + result.getString(3));
                System.out.println("주소: " + result.getString(4));
                // 고객정보 삭제 확인
                String confirmStr = deleteConfirm();
                // 고객정보 삭제
                if (confirmStr.compareTo("yes") == 0) {
                    String deleteString = "DELETE from " + tableName;
                    deleteString += " where customer_id = " + " ' " + customer_id + " ' ";
                    stmt.executeUpdate(deleteString);
                    System.out.println(customer_id + " 정보가 삭제되었습니다!!!");
                }
                else System.out.println(customer_id + " 고객정보의 삭제가 취소되었습니다!!!");
        } catch(SQLException e) {
            System.err.println("고객정보 삭제 오류: " + e.getMessage());
        }
        finally {
            try {
                result.close();
                stmt.close();
            } catch(Exception e) {}
        }
    }


    // 고객정보 삭제 여부를 재확인, yes이면 삭제 no이면 삭제 취소
    public String deleteConfirm() {
        String str = null;
        BufferedReader dis = new BufferedReader(new InputStreamReader(System.in));
        System.out.print("위의 고객정보를 정말로 삭제하시겠습니까(yes/no)?: ");
        try {
            str = dis.readLine();
        } catch (Exception e) {
            System.err.println(e.getMessage());
        }
        return str.toLowerCase();
    }
}
```

▶ CustomerManagement1.java

```java
package chap6.project1;
import java.io.*;

public class CustomerManagement1 {
    public static void main(String args[]) {
        int menuNo = 0;
        boolean flag = true;
        BufferedReader dis = new BufferedReader(new InputStreamReader(System.in));

        // CustomerSql 클래스 생성자에서 데이터베이스 연결
        CustomerSql customerSql = new CustomerSql();
        while (flag) {
            displayMenu();
            try {
                menuNo = Integer.parseInt(dis.readLine());
            } catch (Exception e) {
                System.err.println(e.getMessage());
                menuNo = 0;
            }

            switch(menuNo) {
                case 1:
                    System.out.println("\n[새 고객 등록]");
                    customerSql.insertRecord();
                    break;
                case 2:
                    System.out.println("\n[고객정보 검색]");
                    System.out.println("검색할 고객번호를 입력하세요 =>");
                    customerSql.queryRecord();
                    break;
                case 3:
                    System.out.println("\n[고객정보 삭제]");
                    System.out.println("삭제할 고객번호를 입력하세요 =>");
                    customerSql.deleteRecord();
                    break;
                case 4:
                    flag = false;
                    System.out.println("작업이 종료되었습니다!!! ");
                    break;
                default:
                    System.out.println("잘못된 번호입니다. 번호를 다시 입력하세요!!! ");
                    break;
            }
        }
        customerSql.dbDisconnection();
    }
```

```
    public static void displayMenu() {
        System.out.println("");
        System.out.println("[고객관리 시스템]");
        System.out.println("====================");
        System.out.println("1. 새 고객 등록");
        System.out.println("2. 고객정보 검색");
        System.out.println("3. 고객정보 삭제");
        System.out.println("4. 시스템 종료");
        System.out.println("====================");
        System.out.print("작업할 번호를 입력하세요 : ");
    }
}
```

[그림 6-31] CustomerMangement1.java 소스 코드

[그림 6-32]는 "1. 새 고객 등록"을 선택한 후 고객정보가 정상적으로 수행된 실행 결과를 보여 주고 있다. [그림 6-33]은 잘못된 고객번호 형식(C-xxxx, x는 양의 정수)을 입력한 경우와 이미 존재한 고객번호를 입력한 경우의 예를 보인 것이다. 고객번호는 주키(primary key)이므로 유일해야 한다.

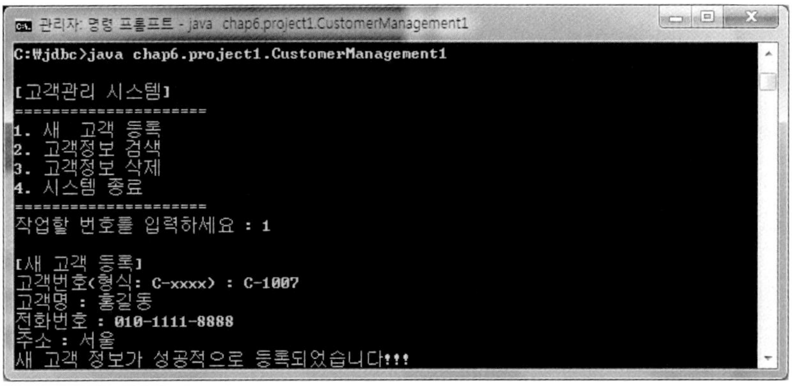

[그림 6-32] 새 고객 등록이 정상적으로 수행된 실행 결과

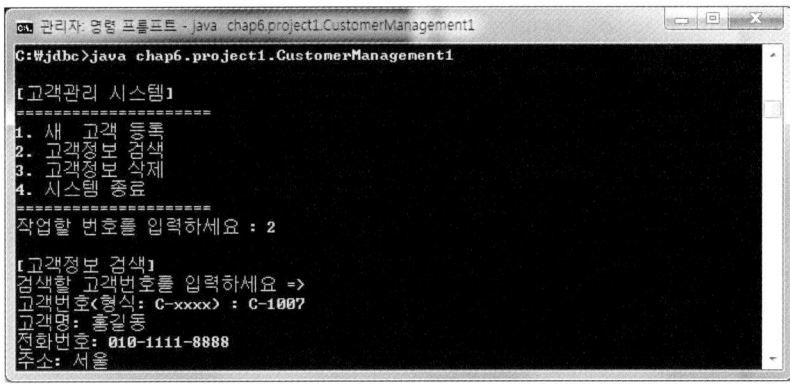

[그림 6-33] 잘못된 고객번호와 중복된 고객번호를 입력한 경우의 실행 결과

[그림 6-34]는 "2. 고객정보 검색"의 실행 결과를 보인 것이다. 고객정보 검색은 고객번호를 입력한 후 입력한 고객번호에 대한 정보를 검색하여 화면에 보여준다.

[그림 6-34] 고객정보 검색이 정상적으로 수행된 실행 결과

[그림 6-35] 존재하지 않는 고객번호를 입력한 경우의 실행 결과

[그림 6-36]은 "3. 고객정보 삭제"의 실행 결과를 보인 것이다. 고객정보 삭제는 고객번호를 입력한 후 입력한 고객번호에 대한 정보를 보여주고 삭제 여부를 재확인한 후 "yes"(또는 "YES", "Yes" 등)를 입력한 경우에 최종적으로 고객 테이블로부터 고객정보를 삭제하도록 구현되어 있다. [그림 6-37]은

고객번호를 입력하여 고객정보를 확인한 후 삭제 처리하지 않은 경우의 예제를 보인 것이다. 즉 삭제 여부 확인 시에 "no"(또는 "NO", "No" 등)를 입력한 경우의 실행 결과이다.

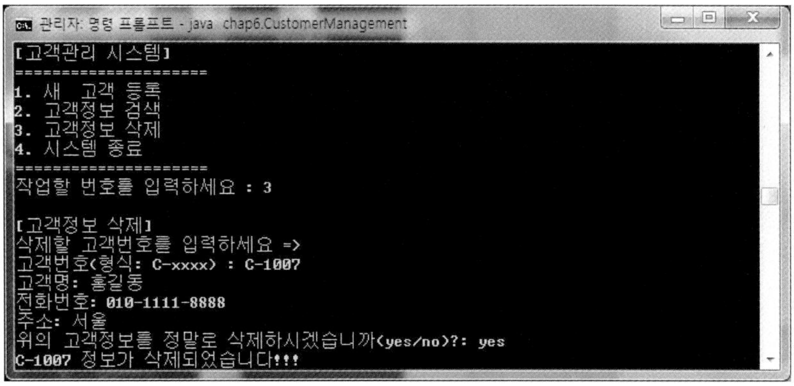

[그림 6-36] 고객정보 삭제가 정상적으로 수행된 실행 결과

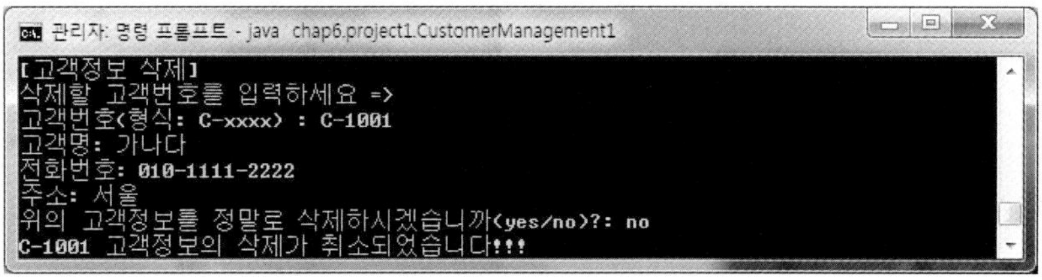

[그림 6-37] "no"를 입력하여 삭제 처리가 이루어지지 않은 경우의 실행 결과

6.6 기본 JDBC SQL문 사용 예제 – 고객관리 예제 2

고객관리 예제 2는 6.5절의 고객관리 예제 1을 확장하여 구현한 것이다. 예제 1의 SQL문 실행을 위한 클래스 CustomerSqL을 드라이버 로딩 및 데이터베이스 접속(DBConnection), 고객정보 삽입(InsertCustomer), 고객정보 검색(SelectCustomer), 고객정보 변경(UpdateCustomer) 및 삭제(DeleteCustomer) 등의 기능으로 나누어 각각을 별도의 클래스로 정의하여 구현하였다. 고객정보 검색 방법을 세부화하여 고객번호에 의한 검색, 고객명에 의한 검색 및 전체고객 검색 방법을 제공하였다. 또한 전화번호, 주소 등의 고객정보 변경 기능도 추가하였다.

클래스 CustomerManagement2는 고객관리의 기능 메뉴를 화면에 표시하고 사용자가 입력한 작업 번호에 따라 클래스 객체를 생성하여 SQL문을 실행하는 메인 클래스이다. [그림 6-38]은 고객관리 예제 2의 클래스 간의 구성을 나타낸 것이다.

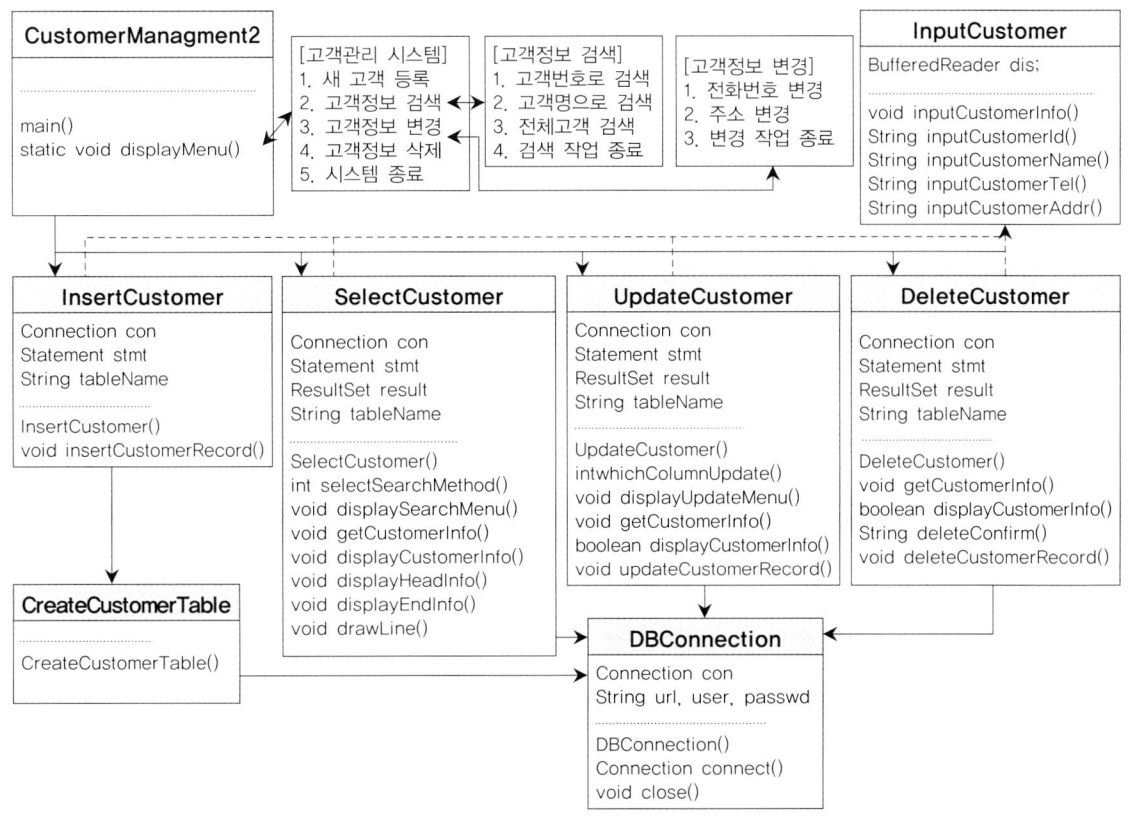

[그림 6-38] 고객관리 예제 2의 클래스 구성

테이블의 생성, 레코드 삽입 및 레코드 삭제 기능은 6.5절의 고객관리 예제 1과 거의 동일하다. 차이점은 예제 1에서는 클래스 CustomerSql의 메소드로 구성되어 있는 것을 예제 2에서는 별도의 클래스로 각각(DBConnection, CreateCustomerTable, InsertCustomer, SelectCustomer, UpdateCustomer, DeleteCustomer) 구성하였다. 테이블의 생성 방법은 예제 1과 동일하며, 고객 테이블(customer)이 이미 존재하는 경우에는 클래스 InsertCustomer에서 CreateCustomerTable createTable = new CreateCustomerTable(tableName) 라인을 주석 처리하고 컴파일하여 실행하면 된다. 레코드 검색은 클래스 SelectCustomer를 통해 이루어지며 [그림 6-38]에 나타나 있는 것과 같이 고객번호에 의한 검색, 고객명에 의한 검색 및 전체고객 검색 기능이 있다. 레코드 변경은 클래스 UpdateCustomer를 통해 이루어지며 고객의 전화번호와 주소만 변경하도록 되어 있다.

예제 1에서와 같이 클래스들은 홈 디렉토리 밑에 \chap6\project2의 서브폴더를 구성하여 이를 패키지로 처리하도록 되어 있다. 홈 디렉토리가 C:\jdbc로 지정되어 있으므로 소스 코드들은 "C:\jdbc\chap6

\project2\" 밑에 존재해야 한다. 컴파일은 홈 디렉토리 상에서 "javac chap6\project2\Customer Management2.java"
로, 실행은 "java chap6.project2.CustomerManagement2"으로 하도록 한다. 기타 자세한 사항은 프로그램
의 주석과 프로그램 실행 결과를 참조하기 바란다.

▶ DBConnection.java

```java
package chap6.project2;
import java.sql.*;

// 드라이버 로딩 및 데이터베이스 접속을 위한 클래스
public class DBConnection {
    private Connection con = null;
    private String url = null;
    private String user = null;
    private String passwd = null;

    public DBConnection() {
            String url = "jdbc:mysql://127.0.0.1:3306/banksystem";
            String user = "root";
            String passwd = "test123";
    }

    // 드라이버 로딩 및 데이터베이스와의 접속
    public Connection connect() {
        try {
            Class.forName("com.mysql.jdbc.Driver");
            con = DriverManager.getConnection(url, user, passwd);
        } catch(java.lang.ClassNotFoundException e1) {
            System.err.println("ClassNotFoundException: ");
            System.err.println("드라이버 로딩 오류: " + e1.getMessage());
        } catch(SQLException e2) {
            System.err.println("데이터베이스 접속 오류: " + e2.getMessage());
        }
        return con;
    }

    // 데이터베이스와의 접속 끊음
    public void close() {
        try {
            if (con != null) con.close();
        } catch (Exception e) {}
    }
}
```

▶ CreateCustomerTable.java

```java
package chap6.project2;
import java.sql.*;

// customer 테이블 생성 클래스
class CreateCustomerTable {
    public CreateCustomerTable( Connection con, String tableName) {
        String createString = "CREATE TABLE IF NOT EXISTS " + tableName + " " +
            "(customer_id char(6) not null primary key, " +
            "customer_name varchar(15) not null, " +
            "customer_tel varchar(13), " +
            "customer_addr varchar(20))";
        try {
            stmt = con.createStatement();
            stmt.executeUpdate(createString);
            stmt.close();
        } catch(SQLException e) {
            System.err.println("테이블 생성 오류: " + e.getMessage());
        }
    }
}
```

▶ InsertCustomer.java

```java
package chap6.project2;
import chap6.project1.Customer;
import chap6.project1.InputCustomer;
import java.sql.*;

// 새고객 등록(레코드 삽입) 클래스
class InsertCustomer {
    private Connection con = null;
    private Statement stmt = null;
    private String tableName = null;

    public InsertCustomer(Connection con, String tableName) {
        this.con = con;
        this.tableName = tableName;

        // 행 삽입의 경우 테이블 존재 여부를 확인한 후 존재하지 않을 경우 테이블 생성
        // 실제 응용 프로그램 개발 시에는 별도의 프로그램을 통해 테이블을 생성하도록 구현한다.
        // 고객 테이블(customer)이 존재하는 경우에는 이를 주석처리한 후 컴파일하도록 한다.
        new CreateCustomerTable(tableName);

        // InputCustomer 객체를 통해 고객번호, 고객명, 전화번호, 주소 입력 후
        // 고객정보를 Customer에 객체로 저장
```

```
        InputCustomer inputCustomer = new InputCustomer();
        Customer customer = new Customer();
        inputCustomer.inputCustomerInfo(customer);
        // 고객정보 레코드 고객테이블에 삽입
        insertCustomerRecord(customer);
    }

    public void insertCustomerRecord(Customer customer) {
        // 삽입할 행의 정보 구성
        String insertString = "INSERT INTO " + tableName + " VALUES (' " ;
        insertString += customer.getCustomerId() + " ', ' " + customer.getCustomerName();
        insertString += " ', ' " + customer.getCustomerTel() + " ', ' ";
        insertString += customer.getCustomerAddr() + " ')";

        try {
            stmt = con.createStatement();
            stmt.executeUpdate(insertString);
            System.out.println("새 고객정보가 성공적으로 등록되었습니다!!!");
            stmt.close();
        } catch(SQLException ex) {
            System.err.println("레코드 삽입 오류: " + ex.getMessage());
        }
    }
}
```

▶ SelectCustomer.java

```
package chap6.project2;
import java.io.*;
import java.sql.*;
import chap6.project1.InputCustomer;

// 고객정보 검색(레코드 검색) 클래스
// 고객번호나 고객명으로 고객정보 검색 가능, 또는 전체 고객 검색
class SelectCustomer {
    private Connection con = null;
    private Statement stmt = null;
    private ResultSet result = null;
    private String tableName = null;
    public SelectCustomer(Connection con, String tableName) {
        this.con = con;
        this.tableName = tableName;
        int selectedNo = 0;
        String searchValue = null;
        InputCustomer inputCustomer = new InputCustomer();
        while (true) {
```

```
            // 고객정보 검색 방법 선택
            if ((selectedNo = selectSearchMethod()) == 4) break;
            // 고객번호 또는 고객명 입력
            if (selectedNo == 1) // 고객번호로 검색
                searchValue = inputCustomer.inputCustomerId();
            else if (selectedNo == 2) // 고객명으로 검색
                searchValue = inputCustomer.inputCustomerName();


            try {
                stmt = con.createStatement();
                // 고객정보 얻음
                getCustomerInfo(selectedNo, searchValue);
                // 고객정보 표시
                displayCustomerInfo(selectedNo, searchValue);
                stmt.close();
            } catch(SQLException e) {
                System.err.println("질의 검색 오류: " + e.getMessage());
            }
            finally {
                try {
                    if (result != null) result.close();
                    if (stmt != null) stmt.close();
                } catch (Exception e) {}
            }
        }
    }


    // 고객정보 검색 방법 선택
    public int selectSearchMethod() {
        int selectedNo = 0;
        boolean flag = true;

        BufferedReader dis = new BufferedReader(new InputStreamReader(System.in));
        while (flag) {
            displaySearchMenu();
            try {
                selectedNo = Integer.parseInt(dis.readLine());
            } catch (Exception e) {
                System.err.println(e.getMessage());
            }

            switch(selectedNo) {
                case 1: // 고객번호로 검색
                    System.out.println("검색하고자 하는 고객번호를 입력하세요 =>");
                    break;
                case 2: // 고객명으로 검색
                    System.out.println("검색하고자 하는 고객명을 입력하세요 =>");
```

```java
                    break:
                case 3: // 전체고객 검색
                        break:
                case 4: // 검색 작업 종료
                        System.out.println("검색 작업이 종료되었습니다!!! ");
                        break:
                default:
                        flag = false:
                        System.out.println("잘못된 번호입니다. 번호를 다시 입력하세요!!! ");
                        break:
            }
            if (flag == true) break:
            flag = true:
        }
        return selectedNo:
}

// 고객정보 검색 메뉴 표시
public void displaySearchMenu() {
    System.out.println("");
    System.out.println("[고객정보 검색방법 선택]");
    System.out.println("=====================");
    System.out.println("1. 고객번호로 검색 ");
    System.out.println("2. 고객명으로 검색 ");
    System.out.println("3. 전체고객 검색 ");
    System.out.println("4. 검색 작업 종료 ");
    System.out.println("=====================");
    System.out.print("작업할 번호를 입력하세요 : ");
}

// 고객정보 얻음
public void getCustomerInfo(int selectedNo, String searchValue) {
    String query = "SELECT * from " + tableName;
    if (selectedNo == 1) // 고객번호로 검색하는 경우
        query += " where customer_id =  " + " ' " + searchValue + " ' ";
    else if (selectedNo == 2) // 고객명으로 검색하는 경우
        query += " where customer_name =  " + " ' " + searchValue + " ' ";
    try {
        // 질의문 실행
        result = stmt.executeQuery(query);
    } catch(SQLException e) {
        System.err.println("질의 검색 오류: " + e.getMessage());
    }
}

// 고객정보 표시
public void displayCustomerInfo(int selectedNo, String searchValue) {
```

```
        try {
            // 고객정보가 존재하지 않는 경우 안내 메시지 표시
            if (!result.next()) {
                if (selectedNo == 1 || selectedNo == 2)
                    System.out.println(searchValue + "는(은) 존재하지 않은 고객입니다!!! ");
                else System.out.println("고객정보가 존재하지 않습니다!!!");
            }
            // 고객정보가 존재하면
            // result 객체에 저장된 질의 결과로부터 행의 정보를 얻어 화면에 표시
            else {
                displayHeadInfo();
                int count=0;
                do {
                    String resultStr = result.getString(1) + "\t\t";
                    resultStr += result.getString(2) + "\t";
                    resultStr +=  result.getString(3) + "\t";
                    resultStr += result.getString(4);
                    System.out.println(resultStr);
                    count++;
                } while (result.next());
                displayEndInfo(count);
            }
        } catch(Exception e) {}
    }

    public void displayHeadInfo() {
        System.out.println("\n고객정보 질의 결과 ");
        drawLine();
        System.out.println("고객번호\t고객명\t전화번호\t주소 ");
        drawLine();
    }

    public void displayEndInfo(int count) {
        drawLine();
        System.out.println(count + "개의 레코드가 검색되었습니다! ");
    }

    public void drawLine () {
        System.out.println("=======================================");
    }
}
```

▶ UpdateCustomer.java

```java
package chap6.project2;
import java.io.*;
import java.sql.*;
import chap6.project1.InputCustomer;

// 고객정보 변경(레코드 변경) 클래스
// 고객정보의 변경은 전화번호와 주소만 변경 가능하며 고객번호 및 고객명은 변경 불가
class UpdateCustomer {
    private Connection con = null;
    private Statement stmt = null;
    private ResultSet result = null;
    private String tableName = null;

    public UpdateCustomer(Connection con, String tableName) {
        this.con = con;
        this.tableName = tableName;

        int selectedNo = 0;
        String customer_id = null;
        String newValue = null;
        InputCustomer inputCustomer = new InputCustomer();
        while (true) {
            // 변경항목(칼럼) 선택
            if ((selectedNo = whichColumnUpdate()) == 3) break;
            // 변경할 고객번호 얻음
            customer_id = inputCustomer.inputCustomerId();
            try {
                stmt = con.createStatement();
                // 입력한 고객번호에 대한 고객정보 얻음
                getCustomerInfo(customer_id);
                // 입력한 고객번호에 대한 고객정보 화면 표시
                if (!displayCustomerInfo(selectedNo, customer_id)) return;
                // 변경할 내용 얻음
                System.out.print("=> 새 ");
                if (selectedNo == 1) // 전화번호 변경인 경우 새 전화번호 얻음
                    newValue = inputCustomer.inputCustomerTel();
                else if (selectedNo == 2) // 주소 변경인 경우 새 주소 얻음
                    newValue = inputCustomer.inputCustomerAddr();
                // 고객정보 변경
                updateCustomerRecord(selectedNo, customer_id, newValue);
            } catch(SQLException e) {
                System.err.println("고객정보 변경 오류: " + e.getMessage());
            }
            finally {
                try {
                    if (result != null) result.close();
```

```java
                if (stmt != null) stmt.close();
            } catch (Exception e) {}
        }
    }
}

// 변경항목 선택
public int whichColumnUpdate() {
    int selectedNo = 0;
    boolean flag = true;

    BufferedReader dis = new BufferedReader(new InputStreamReader(System.in));
    while (flag) {
        displayUpdateMenu();
        try {
            selectedNo = Integer.parseInt(dis.readLine());
        } catch (Exception e) {
            System.err.println(e.getMessage());
        }
        switch(selectedNo) {
            case 1:// 전화번호 변경
            case 2: // 주소 변경
                System.out.println("변경하고자 하는 고객번호를 입력하세요 => ");
                break;
            case 3: // 변경 작업 종료
                System.out.println("변경 작업이 종료되었습니다!!! ");
                break;
            default:
                flag = false;
                System.out.println("잘못된 번호입니다. 번호를 다시 입력하세요!!! ");
                break;
        }
        if (flag == true) break;
        flag = true;
    }
    return selectedNo;
}

// 고객정보 변경 메뉴 표시
public void displayUpdateMenu() {
    System.out.println("");
    System.out.println("[변경할 고객정보 선택]");
    System.out.println("====================");
    System.out.println("1. 전화번호 변경 ");
    System.out.println("2. 주소 변경 ");
    System.out.println("3. 변경 작업 종료 ");
    System.out.println("====================");
    System.out.print("작업할 번호를 입력하세요 : ");
```

```
        }

        // 고객정보 얻음
        public void getCustomerInfo(String customer_id) {
            String query = " SELECT * from " + tableName;
            query += " WHERE customer_id = ' " + customer_id + " ' ";
            try {
                // 질의문 실행
                result = stmt.executeQuery(query);
            } catch(SQLException e) {
                System.err.println("질의 검색 오류: " + e.getMessage());
            }
        }


        // result 객체에 저장된 질의 결과로부터 고객정보를 얻어 화면에 표시
        public boolean displayCustomerInfo(int selectedNo, String customer_id) {
            try {
                // 입력한 고객번호가 존재하지 않는 경우
                if (!result.next()) {
                    System.out.println(customer_id + "는(은) 존재하지 않은 고객입니다!!!");
                    return false;
                }
                // 입력한 고객번호가 존재하는 경우 고객정보 표시
                System.out.println("고객명: " + result.getString(2));
                // 전화번호 변경인 경우 현 전화번호 표시, 주소변경인 경우 현 주소 표시
                if (selectedNo == 1) System.out.println("전화번호: " + result.getString(3));
                else if (selectedNo == 2) System.out.println("주소: " + result.getString(4));
            } catch (Exception e) {}
            return true;
        }


        public void updateCustomerRecord(int selectedNo, String customer_id, String newValue) {
            // 변경할 질의문 구성
            String updateString = "UPDATE " + tableName + " SET ";
            if (selectedNo == 1) // 전화번호 변경인 경우
                updateString += "customer_tel = ' ";
            else if (selectedNo == 2) // 주소 변경인 경우
                updateString += "customer_addr = ' ";
            updateString += newValue + " ' " + " WHERE customer_id = ' " + customer_id + " ' ";
            try {
                stmt.executeUpdate(updateString);
                System.out.println(customer_id + "정보가 변경되었습니다!!! ");
            } catch(SQLException e) {
                System.err.println("고객정보 변경 오류: " + e.getMessage());
            }
        }
    }
}
```

▶ DeleteCustomer.java

```
package chap6.project2;
import java.io.*;
import java.sql.*;
import chap6.project1.InputCustomer;

// 고객정보 삭제(레코드 삭제) 클래스
// 고객번호로 고객정보를 검색하여 확인한 후 삭제 작업 수행
class DeleteCustomer {
    public private Connection con = null;
    private Statement stmt = null;
    private ResultSet result = null;
    private String tableName = null;

    public DeleteCustomer(Connection con, String tableName) {
        this.con = con;
        this.tableName = tableName;

        // 삭제할 고객번호 얻음
        InputCustomer inputCustomer = new InputCustomer();
        String customer_id = inputCustomer.inputCustomerId();
        try {
            stmt = con.createStatement();
            // 입력한 고객번호에 대한 고객정보 얻음
            getCustomerInfo(customer_id);
            // 입력한 고객번호에 대한 고객정보 화면 표시
            if (!displayCustomerInfo(customer_id)) return;

            // 고객정보 삭제 여부 확인
            String confirmStr = deleteConfirm();
            // 고객정보 삭제(yes)인 경우 고객정보 삭제
            if (confirmStr.compareTo("yes") == 0)
                deleteCustomerRecord(customer_id);
            else System.out.println(customer_id + " 고객정보의 삭제가 취소되었습니다!!!");
        } catch(SQLException e) {
            System.err.println("고객정보 삭제 오류: " + e.getMessage());
        }
        finally {
            try {
                if (result != null) result.close();
                if (stmt != null) stmt.close();
            } catch (Exception e) {}
        }
    }

    // 고객정보 얻음
    public void getCustomerInfo(String customer_id) {
```

```java
        String query = "SELECT * from " + tableName;
        query += " WHERE customer_id = ' " + customer_id + " ' ";
        try {
            // 질의문 실행
            result = stmt.executeQuery(query);
        } catch(SQLException e) {
            System.err.println("질의 검색 오류: " + e.getMessage());
        }
    }

    // result 객체에 저장된 질의 결과로부터 고객정보를 얻어 화면에 표시
    public boolean displayCustomerInfo(String customer_id) {
        try {
            // 입력한 고객번호가 존재하지 않는 경우
            if (!result.next()) {
                System.out.println(customer_id + "는(은) 존재하지 않은 고객입니다!!!");
                return false;
            }
            // 입력한 고객번호가 존재하는 경우 고객정보 표시
            System.out.println("고객명: " + result.getString(2));
            System.out.println("전화번호: " + result.getString(3));
            System.out.println("주소: " + result.getString(4));
        } catch (Exception e) {}
        return true;
    }

    // 고객정보 삭제여부를 재확인, yes이면 삭제 no이면 삭제 취소
    public String deleteConfirm() {
        String str = null;
        BufferedReader dis = new BufferedReader(new InputStreamReader(System.in));
        System.out.print("위의 고객정보를 정말로 삭제하시겠습니까(yes/no)?: ");
        try {
            str = dis.readLine();
        } catch (Exception e) {
            System.err.println(e.getMessage());
        }
        // 문자열의 모든 문자를 소문자로 변경한 후 반환
        return str.toLowerCase();
    }

    // 고객정보 삭제
    public void deleteCustomerRecord(String customer_id) {
        String deleteString = " DELETE from " + tableName;
        deleteString += " WHERE customer_id = ' " + customer_id + " ' ";
        try {
            stmt.executeUpdate(deleteString);
            System.out.println(customer_id + "정보가 삭제되었습니다!!! ");
        } catch(SQLException e) {
```

```
                    System.err.println("고객정보 삭제 오류: " + e.getMessage());
            }
        }
}
```

▶ CustomerManagement2.java

```java
package chap6.project2;
import java.io.*;
import java.sql.*;

public class CustomerManagement2 {
    public static void main(String args[]) {
        int menuNo;
        boolean flag = true;
        String tableName = "customer";
        Connection con = null;

        // 드라이버 로딩 및 데이터베이스 연결
        DBConnection db = new DBConnection();
        if((con = db.connect()) == null) return;
        BufferedReader dis = new BufferedReader(new InputStreamReader(System.in));
        while (flag) {
            menuNo = 0;
            displayMenu();
            try {
                menuNo = Integer.parseInt(dis.readLine());
            } catch (Exception e) {
                System.err.println(e.getMessage());
            }
            switch(menuNo) {
                case 1:
                    System.out.println("\n[새 고객 등록]");
                    // InsertCustomer insert = new InsertCustomer(tableName);
                    new InsertCustomer(con, tableName);
                    break;
                case 2: // 고객정보 검색
                    new SelectCustomer(con, tableName);
                    break;
                case 3: // 고객정보 변경
                    new UpdateCustomer(con, tableName);
                    break;
                case 4: // 고객정보 삭제
                    new DeleteCustomer(con, tableName);
                    break;
                case 5:
                    flag = false;
```

```
                        System.out.println("작업이 종료되었습니다!!! ");
                    break;
                default:
                    System.out.println("잘못된 번호입니다. 번호를 다시 입력하세요!!! ");
                    break;
            }
            try {
                dis.reset();

            } catch (Exception e) {}
        }
        // 데이터베이스 연결 해제
        db.close()
    }

    public static void displayMenu() {
        System.out.println("");
        System.out.println("[고객관리 시스템]");
        System.out.println("===================");
        System.out.println("1. 새 고객 등록");
        System.out.println("2. 고객정보 검색");
        System.out.println("3. 고객정보 변경");
        System.out.println("4. 고객정보 삭제");
        System.out.println("5. 시스템 종료");
        System.out.println("===================");
        System.out.print("작업할 번호를 입력하세요 : ");
    }
}
```

[그림 6-39] 고객관리 예제 2 소스 코드

[그림 6-40]은 고객관리 예제 2의 메인 화면을 보여 주고 있다. "1. 새 고객 등록" 및 "4. 고객정보 삭제"는 6.5절의 고객관리 예제 1과 동일하다.

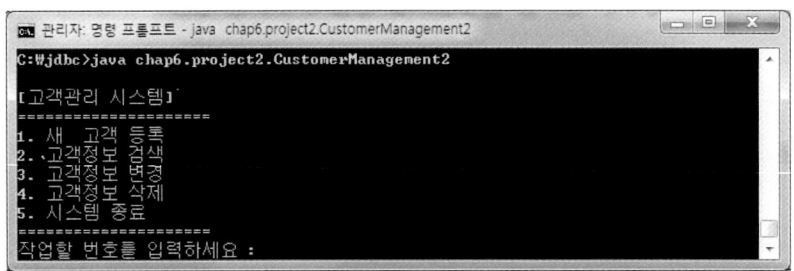

[그림 6-40] 고객관리 메인 화면

[그림 6-41]은 메인 화면에서 "2. 고객정보 검색"을 선택한 경우의 화면이다. 고객정보 검색은 등록되어 있는 전체 고객을 검색하거나 고객번호 또는 고객명으로 검색이 가능하다. [그림 6-42]는 고객번호로 검색한 결과를 보인 것이며, [그림 6-43]은 고객명으로 검색한 결과를 보인 것이다. [그림 6-44]는 등록되어 있는 전체 고객 검색결과이다. 고객정보 검색 화면에서 "4. 검색 작업 종료"를 선택하면 [그림 6-40]의 고객관리 메인 화면으로 돌아간다.

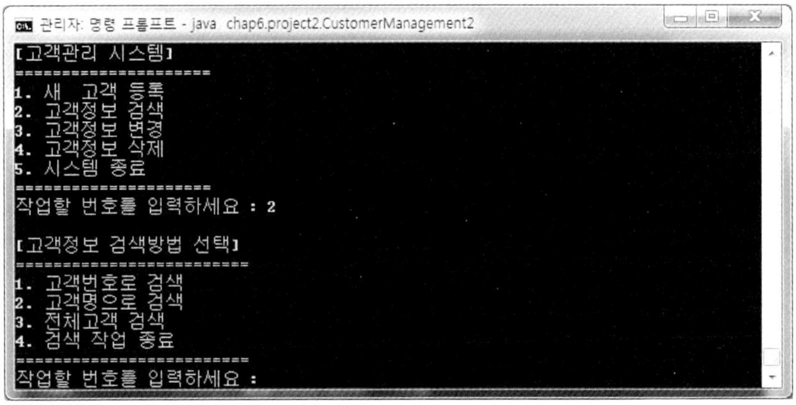

[그림 6-41] 고객정보 검색방법 선택 화면

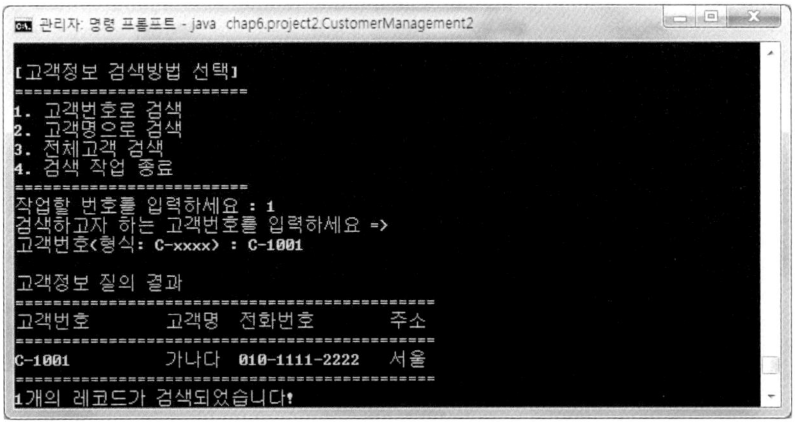

[그림 6-42] 고객번호로 고객정보를 검색한 결과

[그림 6-43] 고객명으로 고객정보를 검색한 결과

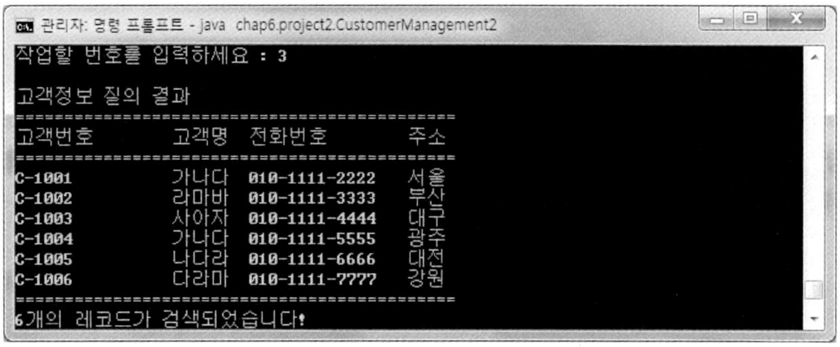

[그림 6-44] 등록된 전체 고객정보를 검색한 결과

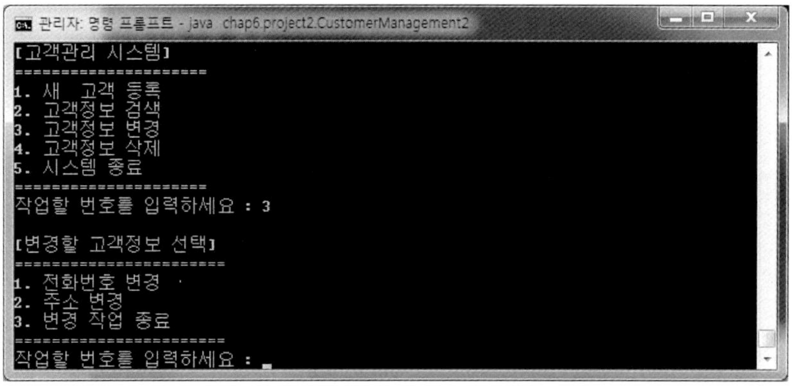

[그림 6-45] 고객정보 변경 내용 선택 화면

[그림 6-45]는 메인 화면에서 "3. 고객정보 변경"을 선택한 경우의 화면이다. 본 예제에서는 전화번호와 주소만 변경이 가능하도록 구현하였다. [그림 6-46]은 전화번호를 변경한 경우를 보인 것이며, [그림 6-47]은 주소를 변경한 경우이다.

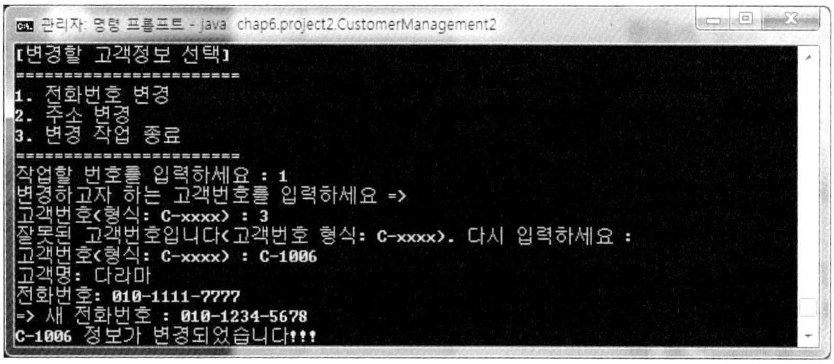

[그림 6-46] 전화번호 변경 예제

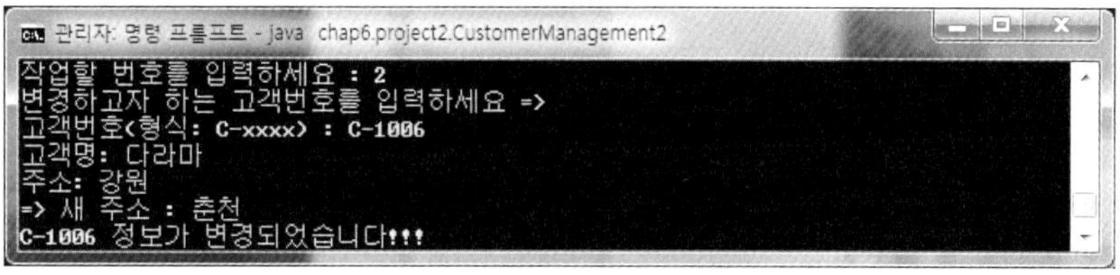

[그림 6-47] 주소 변경 예제

변경한 내용은 고객정보 검색을 통해 확인하여 볼 수 있다. [그림 6-48]은 변경 내용을 확인한 결과를 보인 것이다.

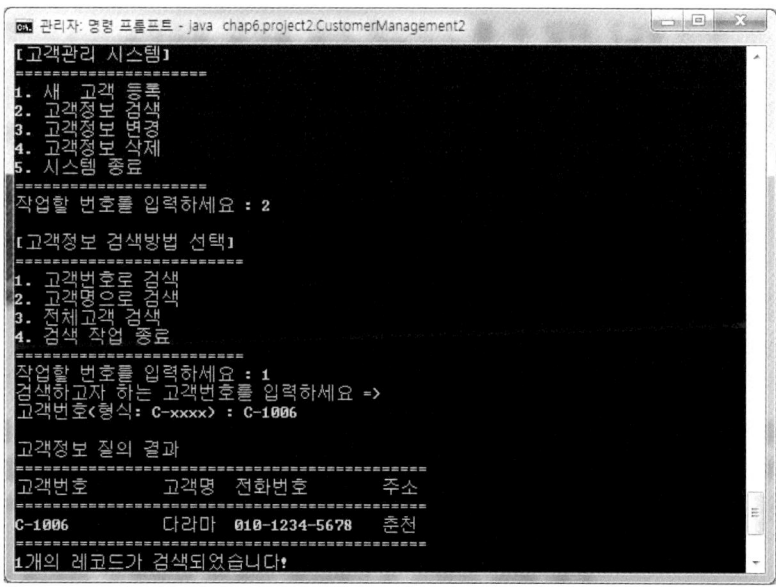

[그림 6-48] 고객정보 변경 내용 확인 결과 화면

7장 JDBC 중급 프로그래밍

6장에서는 SQL 명령문 실행을 위한 JDBC API의 기본 기능에 대해 소개하였다. 즉 JDBC API의 기본 인터페이스 및 클래스를 이용하여 데이터베이스에 연결하여 테이블을 생성하고, 생성한 테이블에 값을 삽입하고, 테이블에 있는 데이터를 질의하여 그 결과를 검색하고, 테이블에 있는 데이터를 어떻게 변경하는지에 대해 살펴보았다. 이러한 SQL문의 실행은 Statement 인터페이스의 executeQuery(), executeUpdate(), execut() 메소드들을 사용하였으며, 이 메소드들은 어떠한 형태의 SQL문이든 동적으로 자유롭게 String 형태로 구성하여 직접 넘겨줄 수 있기 때문에 쉬운 방법으로 질의문을 생성할 수 있다는 장점이 있었다. 하지만 Statement의 메소드들은 컴파일 시에는 SQL문의 오류를 발견할 수 없고, 런타임 시에만 발견할 수 있기 때문에 프로그램의 오류 수정이 불편하고 어렵다는 단점이 있다. 또한 동적으로 SQL문을 구성하기 때문에 SQL문을 실행할 때마다 이를 해석해야 하는 오버헤드가 따른다. 더 나아가 SQL문을 재사용할 수 없기 때문에 같은 구조의 조건만 다른 비슷한 여러 SQL문들이 프로그램에 존재할 수밖에 없어 프로그램 구조가 복잡해질 수 있다.

이러한 Statement 인터페이스의 단점들을 극복하기 위해 JDBC는 보다 향상된 PreparedStatement 인터페이스와 CallableStatement 인터페이스를 제공하고 있다. PreparedStatement는 위에서 기술한 Statement의 단점을 극복한 Statement를 상속받아 구현된 인터페이스이며, CallableStatement는 PreparedStatement의 장점과 함께 SQL의 저장 프로시저(Stored Procedure)를 실행시키기 위하여 PreparedStatement를 상속받는 확장된 인터페이스이다. 저장 프로시저는 SQL문을 하나의 파일 형태로 만들거나 데이터베이스에 저장해 놓고 함수처럼 호출해서 사용하는 것을 말한다. 이를 사용하면 속도, 소스 코드의 독립성, 보안성 등에 이점을 가질 수 있다.

7.1 PreparedStatement 인터페이스

7.1.1 PreparedStatement 인터페이스의 형식

PreparedStatement의 객체는 Statement의 객체와는 달리 SQL문이 생성될 때 SQL문을 인자로 넘겨주며, 인자로 넘겨진 SQL문을 미리 컴파일하여 가지고 있다가 동적으로 칼럼 값을 채워 이를 DBMS에게 직접 전송한다. 이것은 DBMS가 PreparedStatement의 SQL문을 실행할 때, PreparedStatement의 SQL문을 컴파일하지 않고 바로 실행할 수 있다는 것을 의미한다. PreparedStatement의 객체는 컴파일 전의

SQL문뿐만 아니라 컴파일된 SQL문도 가지고 있는 것이다. 따라서 하나의 SQL문을 칼럼 값만 변경하여 여러 번 실행하고자 한다면, SQL문은 실행할 때마다 이를 매번 해석해야 하는 Statement의 SQL문보다는 미리 컴파일된 SQL문을 가지고 있어 이를 매번 해석할 필요가 없는 PreparedStatement의 SQL문을 사용하여 DBMS는 SQL문 실행 시간을 줄일 수 있다. SQL문에서 매번 바뀌어 들어가는 칼럼 값의 자리는 '?'로 표시하며, 이는 동적으로 값이 지정될 때 채워지게 된다.

동적으로 칼럼 값을 채울 때에는 ResultSet의 getXXX() 메소드와 동일한 타입의 PreparedStatement 인터페이스에 정의되어 있는 setXXX() 메소드 중의 하나를 호출하여 사용한다. '?' 부분은 IN 파라미터를 이용하여 값을 채워 주어야 하며, 인덱스 또는 칼럼 값이 들어갈 수 있다. PreparedStatement 객체는 DBMS에 연결한 후 반환된 Connection 객체로부터 얻는다. 이는 Connection 인터페이스의 prepareStatement(String sql) 메소드를 통해 이루어진다. 기본 형식은 다음과 같다.

```
Connection con = DriverManager.getConnection(url, userId, userPassword);
PreparedStatement pstmt = con.prepareStatement(String sql);
```

PreparedStatement 객체를 얻기 위한 Connection 인터페이스의 메소드들

```
PreparedStatement prepareStatement(String sql)
PreparedStatement prepareStatement(String sql, int autoGeneratedKeys)
PreparedStatement prepareStatement(String sql, int[] columnIndexes)
PreparedStatement prepareStatement(String sql, int resultSetType, int resultSetConcurrency)
PreparedStatement prepareStatement(String sql, int resultSetType, int resultSetConcurrency, int resultSetHoldability)
PreparedStatement prepareStatement(String sql, String[] columnNames)
```

다음은 Statement 객체를 이용한 소스 코드를 PreparedStatement를 이용하여 재작성한 예제이다.

▶ UPDATE문 예제 코드

Statement 객체를 이용한 소스 코드

```
String updateString = "UPDATE account SET balance = balance+1000 " +
                      "WHERE account_id = 'A-1001'";
Statement stmt = con.createStatement();
stmt.executeUpdate(updateString);
```

```
PreparedStatement 객체를 이용한 소스 코드

String updateString = "UPDATE account SET balance = balance+ ? " +
                         "WHERE account_id = ?";
PreparedStatement pstmt = con.preparedStatement(updateString);
pstmt.setInt(1, 1000);
pstmt.setString(2, "A-1001");
psmt.executeUpdate();
```

IN 파라미터(즉 ? 부분)는 두 개이고 나타난 순서대로 인덱스 1, 2로 접근한다. 앞서 설명하였듯이 PreparedStatement 인터페이스는 SQL문은 동일하고 칼럼 값만 변경하여 반복 수행할 때 효율적이다. DBMS는 SQL문이 주어질 때마다 매번 해석할 필요 없이 이미 컴파일되어 주어진 SQL문에 동적으로 ?로 표시된 곳에 값만 채워 실행하면 되기 때문이다. 다음 예제는 반복적으로 사용한 예제를 보인 것이다.

```
PreparedStatement pstmt;
String updateString = "UPDATE account SET balance = balance+ ? WHERE account_id = ?");
pstmt = con.prepareStatement(updateString);
int[] deposits = {1000, 500, 2000, 3000, 6000};
String [] accounts = {"A-1001", "A-1002", "A-1003", "A-1004", "A-1005"}
for (int i = 0; i < accounts.length; i++) {
    pstmt.setInt(1, deposits[i]);
    pstmt.setString(2, accounts[i]);
    psmt.executeUpdate();
}
```

▶ INSERT문 예제 코드

```
Statement 객체를 이용한 소스 코드

String insertString = "INSERT INTO account VALUES('A-1001', 'C-1001', 4000)";
Statement stmt = con.createStatement();
stmt.executeUpdate(insertString);
```

```
PreparedStatement 객체를 이용한 소스 코드

PreparedStatement pstmt = con.preparedStatement("INSERT INTO account VALUES (?, ?, ?)");
psmt.setString(1, "A-1001");
psmt.setString(2, "C-1001");
pstmt.setInt(3, 1000);
psmt.executeUpdate();
```

```
PreparedStatement pstmt;
String insertString = "INSERT INTO customer VALUES (?, ?, ?, ?)";
pstmt = con.prepareStatement(insertString);
String [][] customers = {{"C-1001", "가나다", "010-1111-2222", "서울"},
                         {"C-1002", "라마바", "010-1111-3333", "부산"},
                         {"C-1003", "사아자", "010-1111-4444", "대구"},
                         {"C-1004", "가나다", "010-1111-5555", "광주"},
                         {"C-1005", "나다라", "010-1111-6666", "대전"},
                         {"C-1006", "다라마", "010-1111-7777", "강원"}};
for (int i = 0; i < customers.length; i++) {
    pstmt.setString(1, customers[i][0]);
    pstmt.setString(2, customers[i][1]);
    pstmt.setString(3, customers[i][2]);
    pstmt.setString(4, customers[i][3]);
    pstmt.executeUpdate();
}
```

▶ SELECT문 예제 코드

Statement 객체를 이용한 소스 코드

```
BufferedReader dis;
dis = new BufferedReader(new InputStreamReader(System.in));
try {Statement stmt = con.createStatement();
        for (int cnt=0; cnt<10; cnt++) {
            try {
                    String customer_id = dis.readLine();
            } catch (Exception e) {}
                String query = "SELECT * FROM customer WHERE customer_id = ' " + customer_id + " ' ";
                stmt.executeQuery(query);
        }
}
```

PART 2 JDBC 프로그래밍 149

PreparedStatement 객체를 이용한 소스 코드

```
BufferedReader dis;
dis = new BufferedReader(new InputStreamReader(System.in));
try {PreparedStatement pstmt = con.preparedStatement("SELECT * FROM customer WHERE customer_id = ?");
     for (int cnt=0; cnt<10; cnt++) {
            try {
                   String customer_id = dis.readLine();
            } catch (Exception e) {}
              psmt.setString(1, customer_id);
            psmt.executeQuery();
     }
}
```

PreparedStatement의 주요 메소드들을 정리하면 [표 7-1]과 같다.

[표 7-1] PreparedStatement의 주요 메소드

메소드	SQL문
boolean execute()	PreparedStatement 객체에 있는 SQL문을 실행한다.
ResultSet executeQuery()	PreparedStatement 객체에 있는 SQL문을 수행하고 질의문에 의해 생성된 ResultSet 객체를 반환한다.
int executeUpdate()	생성(create), 삽입(insert), 갱신(update), 삭제(delete) 등과 같은 갱신문에 사용되며 PreparedStatement 객체에 있는 SQL문을 실행하고 이에 대한 행의 개수를 반환한다.
ResultSetMetaData getMetaData()	PreparedStatement 객체가 실행될 때 반환되는 ResultSet 객체의 칼럼에 대한 정보를 포함하고 있는 ResultSetMetaData 객체를 얻어 반환한다.
ParameterMetaData getParameterMetaData()	PreparedStatement 객체의 ParameterMetaData(파라미터의 수, 유형, 속성 정보) 객체를 반환한다.
void setXXX(int parameterIndex, ⟨dataType⟩ x)	주어진 ⟨dataType⟩의 x 값을 매개변수 인덱스 값으로 설정한다. XXX는 ⟨dataType⟩에 대응되는 자료 유형이다.
void setNull(int parameterIndex, int sqlType) void setNull(int parameterIndex, int sqlType, String typeName)	파라미터 인덱스 위치에 SQL NULL을 설정한다.
void setObject(int parameterIndex, Object x) void setObject(int parameterIndex, Object x, int targetSqlType)	주어진 객체 x를 인덱스 위치의 값으로 설정한다.

7.1.2 PreparedStatement 인터페이스를 이용한 예제 프로그램

▶ 행 삽입 예제 1: InsertIntoCustomerPrepared.java

다음 프로그램은 6.4.2절에 있는 InsertIntoCustomer.java의 Statement 인터페이스를 PreparedStatement 인터페이스를 이용해 재작성한 예제이다. 소스 코드에서 Statement와 PreparedStatement의 사용에는 큰 차이가 없어 보이지만 메모리에서 SQL문이 실행될 때에는 차이가 있다. Statement 인터페이스를 사용한 InsertIntoCustomer.java의 경우에는 INSERT SQL문이 각각 다른 문장으로 간주되어 각각 다른 SQL문이 6번 실행되게 되지만, PreparedStatement를 사용한 InsertIntoCustomerPrepared.java의 경우에서는 하나의 INSERT SQL문이 변수의 값만 바이드 처리되어 6번 실행된다.

```java
package chap7;
import java.sql.*;
public class InsertIntoCustomerPrepared {
    public static void main(String args[]) {
        Connection con = null;
        PreparedStatement pstmt = null;
        String url = "jdbc:mysql://127.0.0.1:3306/banksystem";
        String user = "root";
        String passwd = "test123";
        // 드라이버 로딩
        try {
            Class.forName("com.mysql.jdbc.Driver");
        } catch(java.lang.ClassNotFoundException e) {
            System.err.print("ClassNotFoundException: ");
            System.err.println(e.getMessage());
            return;
        }
        String insertString = "INSERT INTO customer VALUES (?, ?, ?, ?) ";
        String [][] customers = {{"C-1001", "가나다", "010-1111-2222", "서울"},
                        {"C-1002", "라마바", "010-1111-3333", "부산"},
                        {"C-1003", "사아자", "010-1111-4444", "대구"},
                        {"C-1004", "가나다", "010-1111-5555", "광주"},
                        {"C-1005", "나다라", "010-1111-6666", "대전"},
                        {"C-1006", "다라마", "010-1111-7777", "강원"}};
        try {

            con = DriverManager.getConnection(url, user, passwd);
            pstmt = con.prepareStatement(insertString);
            for (int i = 0; i < customers.length; i++) {
                pstmt.setString(1, customers[i][0]);
                pstmt.setString(2, customers[i][1]);
                pstmt.setString(3, customers[i][2]);
```

```
                    pstmt.setString(4, customers[i][3]);
                    pstmt.executeUpdate();
                }
                System.out.println(customers.length +
                    "개의 레코드가 customer 테이블에 삽입되었습니다! ");
        } catch(SQLException ex) {
                System.err.println("SQLException: " + ex.getMessage());
        } finally {
                try {
                    if (pstmt != null) pstmt.close();
                    if (con != null) con.close();
                } catch (Exception e) {}
        }
    }
}
```

[그림 7-1] InsertIntoCustomerPrepared.java 소스 코드

▶ 행 검색 및 삽입 예제 2: TableCopyExample.java

다음 예제는 기존의 테이블을 다른 이름의 똑같은 테이블로 복사하여 주는 프로그램이다. 커맨드 라인 명령어로 기존 테이블과 복사할 테이블명을 입력한다(예: java TableCopyExample 기존테이블명 복사할 테이블명 → java TableCopyExample customer customer1).

ResultSet 객체의 getMetaData() 메소드를 이용하여 기존 테이블의 메터데이터 정보를 얻는다. 메소드 main()에서 이를 이용하였다. getMetaData() 메소드는 ResultSetMetaData 객체로 기존 테이블의 칼럼의 개수, 칼럼명, 데이터 타입 등의 정보를 반환한다. 클래스 TableCopyFromTo의 메소드 createTable()에서 이를 이용하였으며, 칼럼의 개수는 ResultSetMetaData 객체의 getColumnCount(), 칼럼의 이름은 getColumnName(columnIndex), 칼럼의 데이터 타입은 getColumnTypeName(columnIndex), 칼럼의 크기는 getPrecision(columnIndex) 메소드를 이용하여 얻을 수 있다. 메타 데이터 사용에 대한 자세한 사항은 7.4절에서 다루기로 한다. 데이터베이스와의 연결은 6장 고객관리 예제 2의 데이터베이스 연결을 위한 클래스 DBConnection을 import하여 사용하였다. 프로그램에 대한 기타 자세한 사항은 소스 코드의 주석을 참조하기 바란다.

```java
package chap7;
import java.sql.*;
import chap6.project2.DBConnection;
class TableCopyFromTo {
    private Statement stmt = null;
    private PreparedStatement pstmt = null;


    public TableCopyFromTo() {}

    // 복사원본 테이블과 동일한 구조의 테이블 생성
    public void createTable(String tableName, Connection con, ResultSetMetaData meta){
        try {
            // 테이블 생성 질의문 구성
            String createString = "CREATE TABLE  " + tableName + " (";
            // 테이블 생성 질의문 구성 계속
            for (int i=1; i<=meta.getColumnCount(); i++) {
                if (i != 1) createString += ", ";
                createString += meta.getColumnName(i) + " " +meta.getColumnTypeName(i);
                createString += "(" + meta.getPrecision(i) + ")";
            }
            createString += ")";
            // 테이블을 생성할 경우에는 SQL문이 한 번만 수행되면 되므로
            // Statement나 PreparedStatement 둘 중 하나를 사용하면 됨
            stmt = con.createStatement();
            stmt.executeUpdate(createString);
        } catch(SQLException e) {
            System.err.println("테이블 생성 오류: " + e.getMessage());
        } finally {
            try {
                if (stmt != null) stmt.close();
            } catch (Exception e) {}
        }
    }
    // 새고객 등록(레코드 삽입)
    public void insertRecord(String tableName, Connection con, ResultSet result) {
        try {
            // 행의 개수 얻음
            int cols = result.getMetaData().getColumnCount();
            // 삽입할 행의 정보 구성
            String insertString = "INSERT INTO " + tableName + " VALUES (?";
            for (int i=2; i<=cols; i++)
                insertString += ", ?";
            insertString += ")";
            // 질의문 실행
            pstmt = con.prepareStatement(insertString);
            while (result.next()) {
```

```java
                        // 기존 테이블의 행을 가져와 새로운 테이블에 저장
                        for (int i=1; i<=cols; i++)
                            pstmt.setObject(i, result.getObject(i));
                        pstmt.executeUpdate();
                }
                System.out.println(tableName +
                    "으로 기존 테이블에 있는 행의 정보가 모두 복사되었습니다!!!");
        } catch(SQLException ex) {
            System.err.println("행 복사 오류: " + ex.getMessage());
        } finally {
            try {
                if (pstmt != null) pstmt.close();
            } catch (Exception e) {}
        }
    }
}
public class TableCopyExample {
    public static void main(String args[]) {
        if (args.length < 2) {
            System.out.println(
                "실행>>java CoypTableFromTo from_tableName to_tableName");
            System.exit(0);
        }
        // 데이터베이스 연결
        Connection con = null;
        DBConnection db = new DBConnection();
        if((con = db.connect()) == null) return;
        try {
            Statement stmt = con.createStatement();
            ResultSet result = stmt.executeQuery("SELECT * FROM " + args[0]);
            TableCopyFromTo tablecopy = new TableCopyFromTo();
            tablecopy.createTable(args[1], con, result.getMetaData());
            tablecopy.insertRecord(args[1], con, result);
            stmt.close();
        } catch(SQLException e) {
            System.err.println("테이블 복사 오류: " + e.getMessage());
        }
        db.close();
    }
}
```

[그림 7-2] TableCopyExample.java 소스 코드

[그림 7-3] TableCopyExample 클래스의 실행

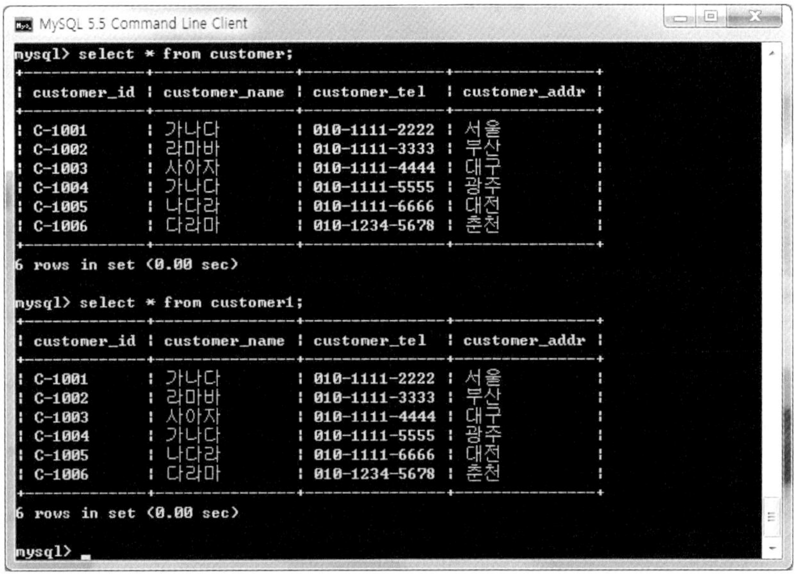

[그림 7-4] "MySQL Command Line Client"에서 복사된 테이블 확인 결과

7.2 CallableStatement 인터페이스

CallableStatement는 DBMS의 저장 프로시저(Stored Procedure), 함수(Function), 패키지(Package) 등과 같은 SQL 객체를 자바 언어에서 실행시키기 위해 사용되는 인터페이스이다. SQL 객체를 사용하게 되면 PreparedStatement 인터페이스의 장점과 함께 다음과 같은 장점을 가질 수 있다. 첫째 SQL문은 DBMS에서 별도로 관리하게 되므로 응용프로그램의 자바 코드가 간결해진다. 둘째 SQL문의 일반적인 실행 방식은 SQL문을 네트워크를 통해 DBMS에 전달한 후 DBMS가 SQL문을 전달받아 이를 그때그때 분석하고 컴파일하여 처리하지만, 저장 프로시저를 사용할 경우에는 데이터베이스는 저장 프로시저를 컴파일하여 이를 SQL 객체로 가지고 있게 되며, 프로그램 실행 시에는 미리 컴파일된 SQL 객체를 호출하여 처리하게 되므로 별도의 컴파일이 필요 없어 실행 시간을 절약할 수 있게 된다. 셋째 질의문을 데이터베이스에 저장하고 이를 함수처럼 호출하여 사용하므로 네트워크의 트래픽이 감소된다.

7.2.1 저장 프로시저와 CallableStatement 인터페이스를 이용한 프로시저 호출

저장 프로시저(Stored Procedures)는 하나의 논리 단위를 형성하거나 특정 작업을 수행하는 SQL문으로 DBMS가 제공하는 미리 컴파일된 SQL 함수이다. 저장 프로시저는 데이터베이스 서버에서 실행할 작업 집합 또는 질의문을 캡슐화하기 위하여 사용된다. DBMS마다 저장 프로시저를 정의하는 구문이 다르며, 다음은 MySQL에서 저장 프로시저를 생성하는 예제들이다. MySQL에서 저장 프로시저의 정의는 begin ⋯ end로 구성된다. 저장 프로시저나 함수에 대한 자세한 내용은 MySQL의 매뉴얼을 참조하기 바란다.

▶ 저장 프로시저 생성 예제 1: 매개변수가 없는 경우

고객 테이블(customer)의 모든 행의 정보를 검색하는 SQL문을 저장 프로시저로 정의한 예제이다. 저장 프로시저의 실행은 call문을 통해 이루어진다.

```
create procedure show_customer()
begin
        select * from customer;
end
```

```
call show_customer();
```

▶ 저장 프로시저 생성 예제 2: 매개변수가 있는 경우

다음은 account 테이블의 임의의 계좌번호(account_number)에 있는 balance 칼럼 값을 변경하기 위한 저장 프로시저이다. 변경할 계좌번호와 balance에 추가할 금액이 저장 프로시저의 매개변수 a_id와 amount로 주어진다. 자바 메소드에서와는 달리 저장 프로시저에서의 매개변수 자료형은 매개변수명 다음에 기술함을 유의하기 바란다.

```
create procedure update_balance(a_id char(6), amount int)
begin
        update account set balance = balance + amount where account_number = a_id;
end
```

```
call update_balance('A-1001', 1000);
```

▶ MySQL 명령어 실행 화면을 통한 저장 프로시저 생성 및 실행

먼저 MySQL 명령어 실행 화면을 통해 저장 프로시저를 생성하여 실행해 보도록 하자. MySQL 명령어 실행 화면을 통해 저장 프로시저를 정의하기 위해서는 기본 구분자인 MySQL의 세미콜론(;)을 $로 변경해야 한다. 기본 구분자인 ;을 그대로 사용하게 되면 마지막 문장인 end를 입력할 수 없기 때문이다. 즉 end문장은 SQL문이 아니므로 마지막에 있는 SQL문에서 세미콜론을 입력하게 되면 end문장을 입력하기 전에 입력 작업이 완료되어 저장 프로시저의 정의가 정상적으로 이루어질 수 없기 때문이다. 저장 프로시저의 정의가 완료되면 MySQL의 구분자를 다시 기본 구분자인 세미콜론으로 변경한 후 저장 프로시저를 수행하도록 한다.

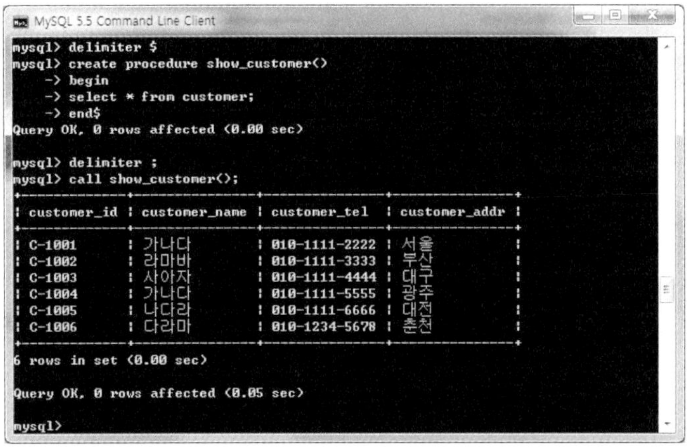

[그림 7-5] MySQL 명령어 실행 화면에서 프로시저 생성 및 실행 예제 1

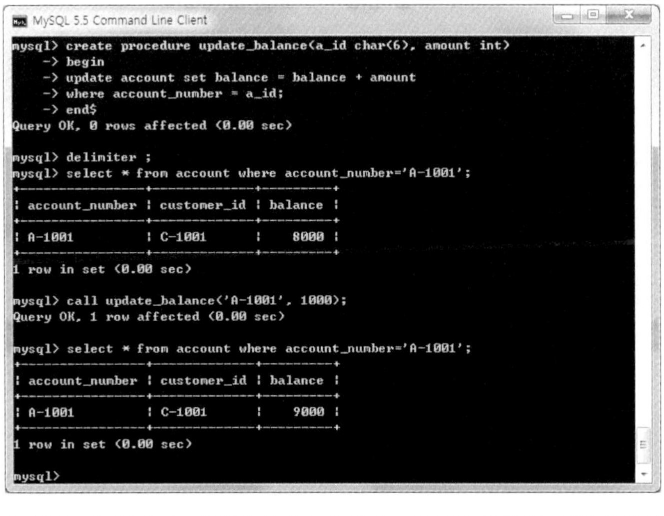

[그림 7-6] MySQL 명령어 실행 화면에서 프로시저 생성 및 실행 예제 2

▶ JDBC API를 이용한 저장 프로시저 생성 및 실행 예제 1: 매개변수가 없는 경우

다음은 위에서 보여 준 매개변수가 없는 저장 프로시저 생성 예제 1 (show_customer)을 JDBC API를 이용하여 재작성한 소스 코드를 보인 것이다. Statement 객체를 이용하여 데이터베이스에 프로시저를 생성할 SQL문을 보내며, 데이터베이스는 전달받은 프로시저를 컴파일하여 이를 SQL 객체로 가지고 있게 된다. 저장 프로시저의 호출은 Connection 객체(con)의 prepareCall(String sql) 메소드를 이용하며, 저장 프로시저의 실행 결과는 CallableStatement의 객체로 반환된다. 이 메소드는 호출할 SQL문을 매개변수로 넘겨받아 실행하며, SQL문을 매개변수로 넘겨 줄때에는 중괄호 안에 넣어 "{call 프로시저명}", 즉 "{call show_customer}" 형식으로 넘겨주어야 한다. 매개변수가 없는 경우에는 저장 프로시저 호출 시에 프로시저명 다음의 ()를 생략할 수 있다.

```
String createProcedure = "create procedure show_customer() " +
                         "begin " +
                         "select * from customer; " +
                         "end";
Statement stmt = con.createStatement();
stmt.executeUpdate(createPrecedure);

CallableStatement cstmt = con.prepareCall("{call show_customer}");
ResultSet rs = cstmt.executeQuery();
```

▶ JDBC API를 이용한 저장 프로시저 생성 및 실행 예제 2: 매개변수가 있는 경우

다음은 위에서 보여 준 매개변수가 있는 저장 프로시저 생성 예제 2(update_account)를 JDBC API를 이용하여 재작성한 소스 코드를 보인 것이다. CallableStatement는 PreparedStatement를 상속받아 Prepared Statement 인터페이스와 마찬가지로 미리 컴파일된 SQL문으로 칼럼 값만 변경하여 동일한 SQL문을 반복 수행할 수 있으므로 이런 장점을 이용해 동적으로 채워질 칼럼 값을 ?로 표시하여 call문을 호출한 것이다. 다시 말해 변경할 계좌번호(a_id)와 잔액(balance)에 추가할 입금액(amount)이 미리 컴파일된 SQL문에 동적으로 채워지도록 구현되어 있다.

```
String createProcedure = "create procedure " +
                    "update_balance(a_id char(6), amount int ) " +
                    "begin " +
                    "update account set balance=balance+amount " +
                    "where account_number = a_id; " +
                    "end";
Statement stmt = con.createStatement();
stmt.executeUpdate(createPrecedure);

CallableStatement cstmt = con.prepareCall("{call update_balance(?, ?)}");
cstmt.setString(1, "A-1001");
cstmt.setInt(2, 1000);
cstmt.executeUpdate();
```

7.2.2 CallableStatement 인터페이스를 이용한 JDBC SQL문 예제 프로그램

▶ 저장 프로시저 생성 및 실행 예제 1: SelectFromCustomerCallable01.java

다음 프로그램은 앞의 "JDBC API를 이용한 저장 프로시저 생성 및 실행 예제 2: 매개변수가 있는 경우"를, 즉 저장 프로시저 show_customer()를 자바 클래스로 구현하여 보인 예제이다. 실제 응용 프로그램 개발 시에는 저장 프로시저 생성은 [그림 7-5]에서와 같이 MySQL 명령어 실행 화면을 통해 하거나 저장 프로시저를 생성하는 프로그램은 별도로 작성하여 실행시킨 후 이용하도록 한다. SelectFromCustomerCallable02.java는 SelectFromCustomerCallable01.java에서 저장 프로시저 질의문 구성 및 생성 부분을 삭제하여 보인 예제이다. 따라서 클래스 SelectFromCustomerCallable01은 한 번만 수행하고 그다음부터는 클래스 SelectFromCustomerCallable02를 실행하도록 한다. 즉 저장 프로시저 생성을 위해 SelectFromCustomerCallable01 클래스는 한 번은 실행해야 한다. 만약에 MySQL 실행 화면에서 이를 생성해 놓았다면 SelectFromCustomerCallable01 클래스는 실행할 필요가 없겠다. 저장 프로시저가 이미 존재하는 경우의 SelectFromCustomerCallable01 클래스를 실행하게 되면 저장 프로시저가 이미 존재하게 되므로 저장 프로시저 생성에서 SQL 오류가 발생하게 된다.

```
package chap7;
import java.sql.*;

public class SelectFromCustomerCallable01 {
    public static void main(String args[]) {
        Connection con = null;
        Statement stmt = null;
        CallableStatement cstmt = null;
        ResultSet result = null;
        String url = "jdbc:mysql://127.0.0.1:3306/banksystem";
        String user = "root";
        String passwd = "test123";

        try {
            Class.forName("com.mysql.jdbc.Driver");
        } catch(java.lang.ClassNotFoundException e) {
            System.err.print("ClassNotFoundException: ");
            System.err.println("드라이버 로딩 오류: " + e.getMessage());
            return;
        }
        try {
            con = DriverManager.getConnection(url, user, passwd);
            // 저장 프로시저 질의문 구성 및 저장 프로시저 생성
            String createProcedure = "create procedure show_customer() " +
                        "begin " +
                        "select * from customer; " +
                        "end";
            stmt = con.createStatement();
            stmt.executeUpdate(createProcedure);

            // 저장 프로시저 호출
            cstmt = con.prepareCall("{call show_customer}");
            result = cstmt.executeQuery();
            // result 객체에 저장된 질의 결과로부터 행의 정보 얻음
            int count=0;
            while (result.next()) {
                if (count==0) displayHeadInfo();
                String resultStr = result.getString(1) + "\t\t";
                resultStr += result.getString(2) + "\t";
                resultStr += result.getString(3) + "\t";
                resultStr += result.getString(4);
                System.out.println(resultStr);
                count++;
            }
            displayEndInfo(count);
        } catch(SQLException ex) {
            System.err.println("저장 프로시저 호출을 이용한 Select 오류: " +
```

```
                                    ex.getMessage());
        }
        finally {
            try {
                if (result != null) result.close();
                if (cstmt != null) cstmt.close();
                if (stmt != null) stmt.close();
                if (con != null) con.close();
            } catch (Exception e) {}
        }
    }

    public static void displayHeadInfo() {
        System.out.println("\n고객정보 질의 결과");
        drawLine();
        System.out.println("고객번호\t고객명\t전화번호\t주소");
        drawLine();
    }

    public static void displayEndInfo(int count) {
        drawLine();
        System.out.println(count + "개의 레코드가 검색되었습니다! ");
    }

    public static void drawLine () {
        System.out.println("=======================================");
    }
}
```

[그림 7-7] SelectedFromCustomerCallable01.java와 소스 코드

```
package chap7;
import java.sql.*;

public class SelectFromCustomerCallable02 {
    public static void main(String args[]) {
        Connection con = null;
        CallableStatement cstmt = null;
        ResultSet result = null;
        String url = "jdbc:mysql://127.0.0.1:3306/banksystem";
        String user = "root";
        String passwd = "test123";
        try {
            Class.forName("com.mysql.jdbc.Driver");
        } catch(java.lang.ClassNotFoundException e) {
            System.err.print("ClassNotFoundException: ");
```

```
                System.err.println("드라이버 로딩 오류: " + e.getMessage());
                return;
        }
        try {
            con = DriverManager.getConnection(url, user, passwd);
            // 저장 프로시저 호출
            cstmt = con.prepareCall("{call show_customer}");
            result = cstmt.executeQuery();
            // result 객체에 저장된 질의 결과로부터 행의 정보 얻음
            int count=0;
            while (result.next()) {
                if (count==0) displayHeadInfo();
                String resultStr = result.getString(1) + "\t\t";
                resultStr += result.getString(2) + "\t";
                resultStr += result.getString(3) + "\t";
                resultStr += result.getString(4);
                System.out.println(resultStr);
                count++;
            }
            displayEndInfo(count);
        } catch(SQLException ex) {
            System.err.println("프로시저 호출을 이용한 Select 오류: " + ex.getMessage());
        }
        finally {
            try {
                if (result != null) result.close();
                if (cstmt != null) cstmt.close();
                if (con != null) con.close();
            } catch (Exception e) {}
        }
    }

// SelectFromCustomerCallable01.java의 main() 메소드 다음에 있는 소스 코드가 생략되어 있음
 ...
}
```

[그림 7-8] SelectedFromCustomerCallable02.java 소스 코드

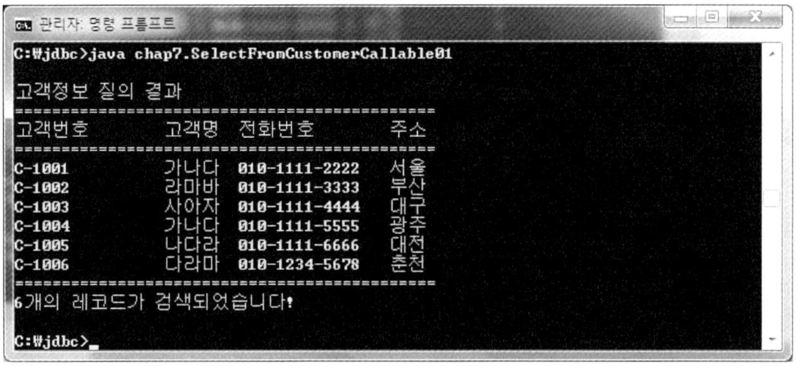

[그림 7-9] SelectedFromCustomerCallable01 클래스 실행 결과

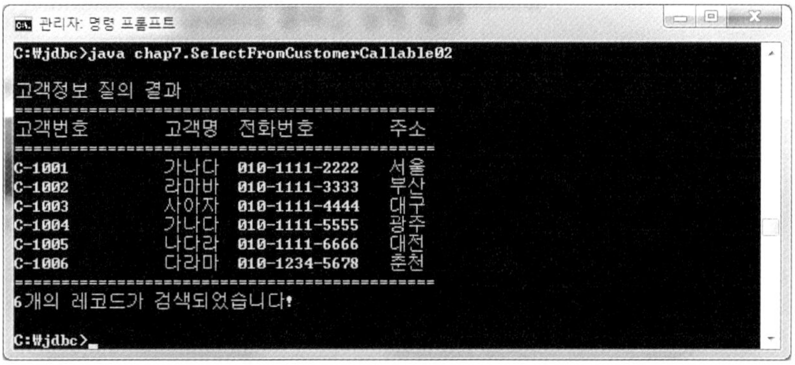

[그림 7-10] SelectedFromCustomerCallable02 클래스 실행 결과

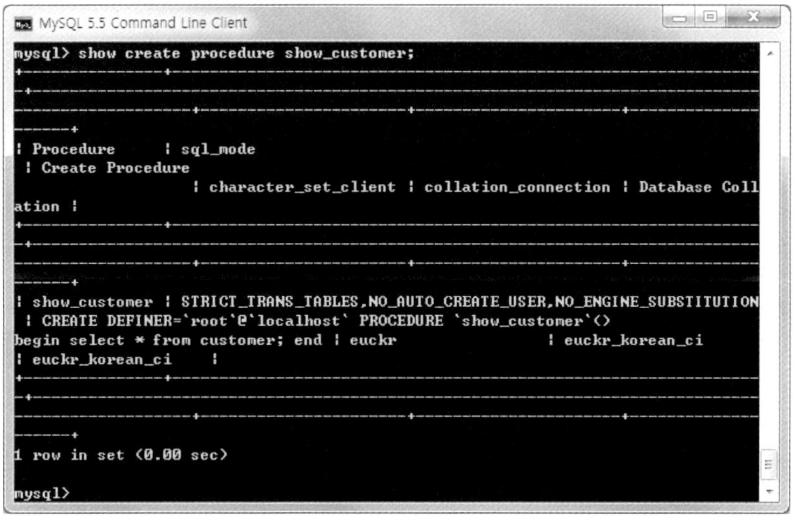

[그림 7-11] MySQL 명령어 실행 화면에서 저장 프로시저 생성 확인

▶ 저장 프로시저 생성 및 실행 예제 2: UpdateAccountCallable01.java

다음 프로그램은 앞의 "JDBC API를 이용한 저장 프로시저 생성 및 실행 예제 2: 매개변수가 있는 경우"를, 즉 저장 프로시저 update_account()를 자바 클래스로 구현하여 보인 예제이다. UpdateAccount Callable02.java는 저장 프로시저 update_balance()가 존재한다고 가정하고 UpdateAccountCallable01.java에서 저장 프로시저 생성 부분에 대한 소스 코드를 삭제한 예제이다. 따라서 앞의 예제에서와 마찬가지로 클래스 UpdateAccountCallable01은 한 번만 수행하고 그 다음부터는 클래스 UpdateAccountCallable02를 실행하도록 한다. 저장 프로시저 update_account()가 이미 생성되어 있다면 바로 UpdateAccountCallable02를 이용하면 되겠다.

UpdateAccountCallable02.java는 변경할 계좌번호(a_id)와 잔액(balance)에 추가할 입금액(amount)을 6장의 Account 클래스를 이용해 키보드로부터 입력받아 처리하도록 되어 있다. 변경 작업을 마치려면 Ctril+C나 Break 키를 이용하여 프로그램을 종료하도록 한다.

```java
package chap7;
import java.sql.*;

public class UpdateAccountCallable01 {
    public static void main(String args[]) {
        Connection con = null;
        Statement stmt = null;
        CallableStatement cstmt = null;

        String url = "jdbc:mysql://127.0.0.1:3306/banksystem";
        String user = "root";
        String passwd = "test123";

        try {
            Class.forName("com.mysql.jdbc.Driver");
        } catch(java.lang.ClassNotFoundException e) {
            System.err.print("ClassNotFoundException: ");
            System.err.println("드라이버 로딩 오류: " + e.getMessage());
            return;
        }

        try {
            con = DriverManager.getConnection(url, user, passwd);

            // 저장 프로시저 질의문 구성 및 저장 프로시저 생성
            String createProcedure = "create procedure " +
                    "update_balance(a_id char(6), amount int) " +
```

```
                    "begin " +
                    "update account set balance = balance + amount " +
                    "where account_number = a_id; " +
                    "end";

        stmt = con.createStatement();
        stmt.executeUpdate(createProcedure);

        // 저장 프로시저 호출 및 실행
        cstmt = con.prepareCall("{call update_balance(?, ?)}");
        cstmt.setString(1, "A-1001");
        cstmt.setInt(2, 1000);
        cstmt.executeUpdate();
        System.out.println("account 테이블 정보가 변경되었습니다!!!");
    } catch(SQLException ex) {
        System.err.println("프로시저 호출을 이용한 Update문 오류: " + ex.getMessage());
    }
    finally {
        try {
            if (cstmt != null) cstmt.close();
            if (stmt != null) stmt.close();
            if (con != null) con.close();
        } catch (Exception e) {}
    }
  }
}
```

[그림 7-12] UpdateAccountCallable01.java 소스 코드

```
package chap7;
import java.sql.*;
import chap6.InputAccount;

public class UpdateAccountCallable02 {
    public static void main(String args[]) {
        Connection con = null;
        CallableStatement cstmt = null;
        String url = "jdbc:mysql://127.0.0.1:3306/banksystem";
        String user = "root";
        String passwd = "test123";
        try {
            Class.forName("com.mysql.jdbc.Driver");
        } catch(java.lang.ClassNotFoundException e) {
            System.err.print("ClassNotFoundException: ");
            System.err.println("드라이버 로딩 오류: " + e.getMessage());
            return;
        }
```

```
    try {
        con = DriverManager.getConnection(url, user, passwd);
        cstmt = con.prepareCall("{call update_balance(?, ?)}");

        // 변경할 계좌 번호 입력
        InputAccount inputAccount = new InputAccount();
        System.out.println("입금할 계좌번호와 입금액을 입력하세요 =>");
        String account_number = inputAccount.inputAccountNumber();
        int amount = inputAccount.inputBalance();

        // 저장 프로시저 실행
        cstmt.setString(1, account_number);
        cstmt.setInt(2, amount);
        cstmt.executeUpdate();
        System.out.println(account_number +"에 "+ amount+ "가 입금되었습니다!!!");

    } catch(SQLException ex) {
        System.err.println("프로시저 호출을 이용한 Update문 오류: " + ex.getMessage());
    }
    finally {
        try {
            if (cstmt != null) cstmt.close();
            if (con != null) con.close();
        } catch (Exception e) {}
    }
}
}
```

[그림 7-13] UpdateAccountCallable02.java 소스 코드

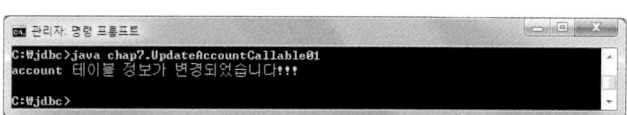

[그림 7-14] UpdateAccountCallable01 클래스 실행 결과

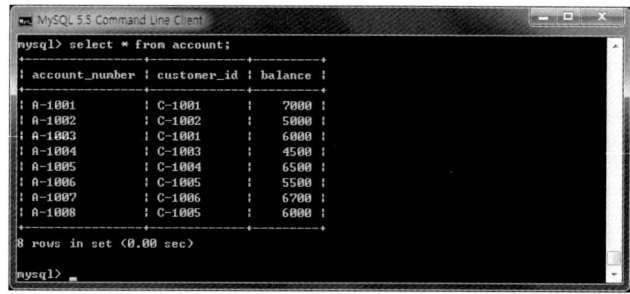

[그림 7-15] [그림 7-14]를 실행하기 전 account 테이블 정보

```
mysql> select * from account;
+----------------+-------------+---------+
| account_number | customer_id | balance |
+----------------+-------------+---------+
| A-1001         | C-1001      |    8000 |
| A-1002         | C-1002      |    5000 |
| A-1003         | C-1001      |    6000 |
| A-1004         | C-1003      |    4500 |
| A-1005         | C-1004      |    6500 |
| A-1006         | C-1005      |    5500 |
| A-1007         | C-1006      |    6700 |
| A-1008         | C-1005      |    6000 |
+----------------+-------------+---------+
8 rows in set (0.00 sec)

mysql>
```

[그림 7-16] [그림 7-14]를 실행한 후 account 테이블 정보(즉 계좌번호 "A-1001"의 balance의 값이 7000에서 8000으로 변경됨)

```
C:\jdbc>java chap7.UpdateAccountCallable02
입금할 계좌번호와 입금액을 입력하세요 =>
계좌번호 : A-1002
금액 : 2000
A-1002에 2000가 입금되었습니다!!!

C:\jdbc>
```

[그림 7-17] UpdateAccountCallable02 클래스 실행 결과

```
mysql> select * from account;
+----------------+-------------+---------+
| account_number | customer_id | balance |
+----------------+-------------+---------+
| A-1001         | C-1001      |    8000 |
| A-1002         | C-1002      |    7000 |
| A-1003         | C-1001      |    6000 |
| A-1004         | C-1003      |    4500 |
| A-1005         | C-1004      |    6500 |
| A-1006         | C-1005      |    5500 |
| A-1007         | C-1006      |    6700 |
| A-1008         | C-1005      |    6000 |
+----------------+-------------+---------+
8 rows in set (0.00 sec)

mysql>
```

[그림 7-18] [그림 7-13]을 실행한 후 account 테이블 정보(즉 계좌번호 "A-1002"의 balance의 값이 5000에서 7000으로 변경됨)

7.3 SQL 자료형과 자바 자료형

7.3.1 SQL 자료형과 자바 자료형의 매핑

자바는 다른 프로그래밍 언어와 마찬가지로 자기 고유의 다양한 자료형(데이터 타입 또는 데이터형)을 제공한다. 데이터베이스도 프로그래밍 언어와 마찬가지로 다양한 종류의 데이터를 처리하기 위해 자기만의 고유의 자료형을 가지고 있다. 따라서 JDBC로 데이터베이스 응용 프로그래밍을 작성하기 위해서는 데이터베이스의 자료형을 자바 자료형에 맞게 변환해야 한다. 이러한 과정을 자료 매핑 (data mapping)이라고 부른다. 자료형의 매핑은 내부적으로 드라이버가 해 준다.

그러나 자바 프로그램에서 데이터베이스 자료형에 맞는 자바 자료형의 선택은 프로그래머가 알아서 해 주어야 한다. 예를 들어 데이터베이스 자료형 varchar(4) 또는 char(4)의 칼럼 값은 자바의 String 자료형과 매핑이 되므로 프로그래머가 이를 알아 ResultSet의 getString() 메소드를 이용하여 가져와야 한다. 이와 같이 JDBC의 ResultSet 인터페이스는 데이터베이스에 존재하는 데이터들을 가져오기 위해서 다양한 메소드들을 getXXX() 형태로 제공하며, 각 칼럼의 자료형에 따라 getXXX()가 달라진다. getXXX() 메소드는 인자로 칼럼의 명이나 칼럼의 인덱스를 사용할 수 있다. PreparedStatement의 setXXX() 메소드들도 이와 같은 방법으로 자바 자료형과 SQL 자료형으로 매핑하여 처리한다. [표 7-2] 는 ResultSet의 getXXX() 메소드의 반환형(리턴 타입) 및 호환되는 SQL 데이터형을 보인 것이다.

[표 7-2] ResultSet.getXXX() 메소드의 자바 자료형과 매핑되는 SQL 자료형

getXXX() 메소드 (대소문자 구분 있음)	자바 자료형(반환형) (대소문자 구분 있음)	호환되는 SQL 자료형 (대소문자 구분 없음)
getByte()	byte	TINYINT
getShort()	short	SMALLINT
getInt()	int	INTEGER
getLong()	long	BIGINT
getFloat()	float	REAL
getDouble()	double	FLOAT, DOUBLE
getBigDecimal()	BigDecimal	DECIMAL, NUMERIC
getBoolean()	boolean	BIT
getString()	String	CHAR, VARCHAR
getBytes()	byte[]	BINARY, VARBINARY
getDate()	Date (java.sql.Date)	DATE
getTime()	Time (java.sql.Time)	TIME

getTimestamp()	Timestamp (java.sql.Timestamp)	TIMESTAMP
getAsciiStream()	InputStream	LONGVARCHAR
getCharacterStream()	Reader	LONGVARCHAR
getBinaryStream()	InputStream	LONGVARBINARY
getBlob()	Blob	BLOB
getObject()	Object	—

일반적으로 모든 SQL의 자료형은 java.lang.String으로 변환할 수 있고, 모든 수식형도 자바 수식형으로 변환할 수 있다. 다음 도표들은 SQL 자료형을 자바 자료형 또는 객체로 변환하는 경우와 자바 자료형 또는 객체를 SQL 자료형으로 변환하는 경우의 매핑 관계를 나타낸 것이다.

[표 7-3] SQL 자료형을 자바 자료형 또는 객체로 변환하는 경우의 매핑 관계

SQL 자료형	자바 자료형	자바 객체
CHAR	String	String
VARCHAR	String	String
LONGVARCHAR	String	String
NUMERIC	java.math.BigDecimal	java.math.BigDecimal
DECIMAL	java.math.BigDecimal	java.math.BigDecimal
BIT	boolean	Boolean
TINYINT	byte	Integer
SMALLINT	short	Integer
INTEGER	int	Integer
BININT	long	Long
REAL	float	Float
FLOAT	double	Double
DOUBLE	double	Double
BINARY	byte[]	byte[]
VARBINARY	byte[]	byte[]
LONGVARBINARY	byte[]	byte[]
DATE	java.sql.Date	java.sql.Date
TIME	java.sql.Time	java.sql.Time
TIMESTAMP	java.sql.Timstamp	java.sql.Timstamp

[표 7-4] 자바 자료형을 SQL 자료형으로 변환하는 경우의 매핑 관계

자바 자료형	SQL 자료형
String	VARCHAR / LONGVARCHAR
java.math.BigDecimal	NUMERIC
boolean	BIT
byte	TINYINT
short	SMALLINT
int	INTEGER
long	BIGINT
float	REAL
double	DOUBLE
byte[]	VARBINARY / LONGVARBINARY
java.sql.Date	DATE
java.sql.Time	TIME
java.sql.Timestamp	TIMESTAMP

[표 7-5] 자바 객체를 SQL 자료형으로 변환하는 경우의 매핑 관계

자바 객체	SQL 자료형
String	VARCHAR / LONGVARCHAR
java.math.BigDecimal	NUMERIC
Boolean	BIT
Integer	INTEGER
Long	BIGINT
Float	REAL
Double	DOUBLE
byte[]	VARBINARY / LONGVARBINARY
java.sql.Date	DATE
java.sql.Time	TIME
java.sql.Timestamp	TIMESTAMP

7.3.2 SQL 자료형과 자바 자료형의 매핑 예제

SQL의 CHAR, VARCHAR, INTEGER 자료형들의 매핑 예제는 앞의 프로그램들에서 이미 여러 번 보였다. NUMERIC, BIT, BITINT, REAL, DOUBLE 등의 자료형 매핑도 이것들과 유사하다. 따라서 여기에서는 DATE, TIME, TIMESTAMP와 이미지, 파일 및 객체 등과 같은 큰 자료형을 처리하기 위한 BLOB 자료형 매핑 예제를 보이도록 하겠다.

▶ SQL 자료형 DATE, TIME, TIMESTAMP 사용 예제: DateTimeExample.java

다음 소스 코드는 java.sql의 자료형에서 지원되는 객체 자료형 Date, Time 및 Timestamp의 자바 자료형을 데이터베이스에 저장하고, 데이터베이스로부터 이들 정보를 ResultSet의 getDate(), getTime() 및 getTimestamp() 메소드를 이용하여 자바 자료형으로 매핑하여 가져와 출력하는 예제이다.

```java
package chap7;
import java.util.Calendar;
import java.sql.*;
import chap6.project2.DBConnection;

class DateTime {
    private Connection con = null;
    private Statement stmt = null;
    private PreparedStatement pstmt = null;

    // 생성자
    public DateTime(Connection con) {
        this.con = con;
    }

    // 행 삽입의 경우 테이블 존재 여부를 확인한 후 존재하지 않을 경우 테이블 생성
    public void createTable() {
        String createString = "CREATE TABLE IF NOT EXISTS inbox " +
                "(id INT NOT NULL primary key auto_increment, " +
                "title VARCHAR(20), " +
                "aDate DATE NOT NULL, " +
                "aTime TIME NOT NULL, " +
                "aTimestamp TIMESTAMP NOT NULL, " +
                "aDay INT)";
        try {
            // 질의문 실행
            stmt = con.createStatement();
            stmt.executeUpdate(createString);
            stmt.close();
        } catch(SQLException e) {
            System.err.println("테이블 생성 오류: " + e.getMessage());
        }
    }

    // 레코드 삽입
    public void insertRecord() {
        // 현 지역의 현재 날짜 및 시간 등의 각종 정보를 얻음
        Calendar calendar = Calendar.getInstance();
        // 일요일 = 1는
```

```
        int day = calendar.get(Calendar.DAY_OF_WEEK);
        // 밀리세컨드 형식의 현재 시간을 얻음
        long timeMillis = System.currentTimeMillis();

        // 삽입할 행의 정보 구성
        String insertString = "INSERT INTO inbox (title, aDate, aTime, aTimestamp, aDay) "
                            + "VALUES (?, ?, ?, ?, ?)";
        try {
            pstmt = con.prepareStatement(insertString);
            pstmt.setString(1, "메일테스트");
            pstmt.setDate(2, new Date(timeMillis)); //자바의 Date 객체와 DB의 DATE형 매핑
            pstmt.setTime(3, new Time(timeMillis));//자바의 Time 객체와 DB의 TIME형 매핑
            pstmt.setTimestamp(4, new Timestamp(timeMillis));
            pstmt.setInt(5, day);
            pstmt.executeUpdate();
            pstmt.close();
        } catch(SQLException ex) {
            System.err.println("레코드 삽입 오류: " + ex.getMessage());
        }
    }

    // 레코드 검색
    public void queryRecord() {
        try {
            String query = "SELECT * from inbox";
            // 질의문 실행
            pstmt = con.prepareStatement(query);
            ResultSet result = pstmt.executeQuery();
            // result 객체에 저장된 질의 결과로부터 행의 정보 얻음
            while (result.next()) {
                System.out.print(result.getInt(1) + " ");
                System.out.print(result.getString(2) + " ");
                System.out.print(result.getDate(3) + " ");  // getDate() 메소드 이용
                System.out.print(result.getTime(4) + " ");  // getTime() 메소드 이용
                System.out.print(result.getTimestamp(5) + " ");// getTimestamp()메소드이용
                displayDay(result.getInt(6));
            }
            pstmt.close();
        } catch(SQLException e) {
            System.err.println("질의 검색 오류: " + e.getMessage());
        }
    }

    // 요일 출력, 일요일 = 1, 월요일 = 2 …
    public static void displayDay(int day) {
        switch(day) {
            case 1:
                System.out.println("일요일");
```

```java
                break;
            case 2:
                System.out.println("월요일");
                break;
            case 3:
                System.out.println("화요일");
                break;
            case 4:
                System.out.println("수요일");
                break;
            case 5:
                System.out.println("목요일");
                break;
            case 6:
                System.out.println("금요일");
                break;
            case 7:
                System.out.println("토요일");
                break;
        }
    }
}

public class DateTimeExample {
    public static void main(String args[]) {
        // 데이터베이스 연결
        Connection con = null;
        DBConnection db = new DBConnection();
        if((con = db.connect()) == null) return;
        DateTime dateTime = new DateTime(con);
        dateTime.createTable();
        dateTime.insertRecord();
        dateTime.queryRecord();
        db.close();
    }
}
```

[그림 7-19] DateTimeExample.java 소스 코드

```
관리자: 명령 프롬프트

C:\jdbc>javac chap7\DateTimeExample.java

C:\jdbc>java chap7.DateTimeExample
1    메일테스트  2012-07-25  20:39:08  2012-07-25 20:39:08.0  수요일

C:\jdbc>_
```

[그림 7-20] DateTimeExample 클래스를 처음 실행한 결과

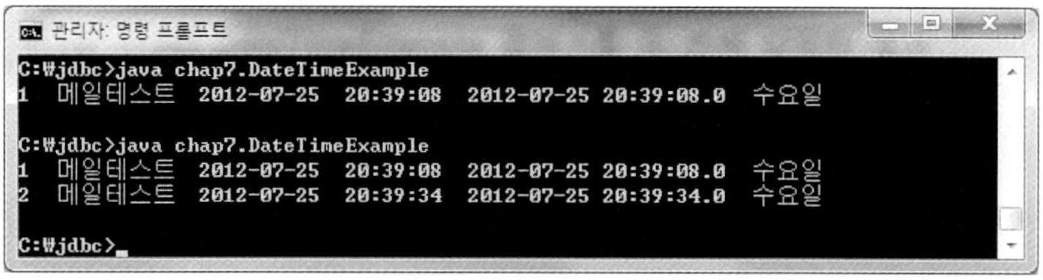

[그림 7-21] DateTimeExample 클래스를 두 번 실행한 결과

▶ SQL BLOB 자료형 사용 예제 1: BlobImageExample.java

BLOB(Binary Large Object)은 큰 바이너리 데이터를 저장할 수 있는 SQL 데이터형으로 DBMS에 따라 LONGVARBINARY와 같은 데이터형으로도 사용된다. java.sql의 자료형에서 지원되는 자바 객체 자료형 Blob을 사용하여 이미지 파일이나 일반 문서 파일들의 내용을 데이터베이스 테이블 칼럼 값으로 저장할 수 있으며 저장된 내용을 검색할 수 있다. 자바 객체 자료형 Blob에서 데이터베이스의 BLOB 데이터 칼럼 값으로의 저장은 PreparedStatement.setBinaryStream()을 이용하고, 데이터베이스에 저장된 BLOB형의 값은 ResultSet.getBlob()과 ResultSet.getBinaryStream() 메소드를 통해 가져올 수 있다. 다음 프로그램은 데이터베이스에 BLOB 자료형의 칼럼 값을 저장하고, 데이터베이스로부터 이들 값을 얻어 출력하는 예제이다. BlobImageExample.java는 이미지 파일(.jpg)을 데이터베이스 BLOB 자료형으로 저장한 예제이며, BlobFileExample.java는 텍스트 파일(.txt)을 저장한 예제이다.

프로그램의 정상적인 실행을 위해 chap7 폴더 밑에 "image01.jpg" 이름의 이미지 파일과 "file01.txt" 이름의 텍스트 파일을 만들어 놓도록 한다.

```java
package chap7;
import java.io.*;
import java.sql.*;
import chap6.project2.DBConnection;

class BlobImage {
    private Connection con = null;
    private Statement stmt = null;
    private PreparedStatement pstmt = null;
    private FileInputStream fin = null;
    private FileOutputStream fout = null;

    public BlobImage(Connection con) {
        this.con = con;
    }
    // 행 삽입의 경우 테이블 존재 여부를 확인한 후 존재하지 않을 경우 테이블 생성
    public void createTable() {
```

```java
            // 테이블 images은 imageId와 image의 두 개의 칼럼으로 구성되어 있다. imageId는
            // 주키로 사용되며 auto_increment 옵션을 사용하여 레코드가 생성될 때마다 자동으로
            // 생성되도록 하였으며, 이는 1부터 시작하여 실행할 때마다 순차적으로 생성되게 된다.
            // 칼럼 image가 BLOB 자료형이다
            String createString = "CREATE TABLE IF NOT EXISTS images " +
                        "(imageId INT not null auto_increment primary key, " +
                        "image BLOB)";
        try {
            stmt = con.createStatement();
            stmt.executeUpdate(createString);
        } catch(SQLException e) {
            System.err.println("테이블 생성 오류: " + e.getMessage());
        } finally {
            try {
                if (stmt != null) stmt.close();
            } catch (Exception e) {}
        }
    }

    // 레코드 삽입
    public void insertRecord(String imageFileName) {
        try {
            // 이미지 파일에 대한 File 객체를 생성한 후,
            // 이미지 파일로부터 이미지를 가져오기 위해 FileInputStream 객체 생성
            File image = new File(imageFileName);
            fin = new FileInputStream(image);

            // PreparedStatement의 setBinaryStream() 메소드를 이용해
            // FileInputStream을 이용해 읽어온 이미지 객체를 DB의 BLOB 자료형으로 저장
            String insertString = "INSERT INTO images (image) VALUES (?)";
            pstmt = con.prepareStatement(insertString);
            pstmt.setBinaryStream(1, fin, (int)image.length());
            pstmt.executeUpdate();
        } catch (IOException e) {
            System.err.println("이미지 파일 읽기 오류: " + e.getMessage());
        } catch(SQLException e) {
            System.err.println("이미지 레코드 삽입 오류: " + e.getMessage());
        } finally {
            try {
                if (pstmt != null) pstmt.close();
                if (fin != null) fin.close();
            } catch(IOException e) {
            } catch(SQLException e) {
            }
        }
    }
    // 레코드 검색
    public void queryRecord(String outImageFile) {
        try { // images 테이블에 있는 첫 번째 레코드만 검색
```

```java
                    String query = "SELECT image from images LIMIT 1";
                    pstmt = con.prepareStatement(query);
                    ResultSet result = pstmt.executeQuery();
                    result.next();
                    // 다른 이미지 파일로 저장하기 위하여 FileOutputStream 객체 생성
                    fout = new FileOutputStream(outImageFile);
                    // DB의 BLOB자료형을 getBlob() 메소드를 이용해 자바의 Blob 객체로 얻어 옴
                    Blob blob = result.getBlob(1);
                    int len = (int) blob.length();
                    // Blob 객체의 모든 바이트를 byte형 배열로 얻음
                    byte[] buf = blob.getBytes(1, len);
                    // byte형 배열에 저장되어 있는 이미지 파일을 다른 파일로 저장
                    fout.write(buf, 0, len);
                    System.out.println("Blob형의 칼럼 값으로 저장된 이미지를 " + outImageFile + "로
                                        저장하였습니다!!!");
        } catch (IOException e) {
                    System.err.println("이미지 파일 저장 오류: " + e.getMessage());
        } catch(SQLException e) {
                    System.err.println("질의 검색 오류: " + e.getMessage());
        } finally {
                    try {
                        if (pstmt != null) pstmt.close();
                        if (fout != null) fout.close();
                    } catch(IOException e) {
                    } catch(SQLException e) {
                    }
                }
        }
}


public class BlobImageExample {
    public static void main(String args[]) {
        // 데이터베이스 연결
        Connection con = null;
        DBConnection db = new DBConnection();
        if((con = db.connect()) == null) return;

        BlobImage blob = new BlobImage(con);
        // 테이블 생성(images)
        blob.createTable();
        blob.insertRecord("chap7\\image01.jpg");
        blob.queryRecord("chap7\\image02.jpg");
        db.close();
    }
}
```

[그림 7-22] BlobImageExample.java 소스 코드

[그림 7-23] BlobImageExample 클래스 실행 전 폴더에 존재하는 파일들

[그림 7-24] BlobImageExample 클래스 실행 결과

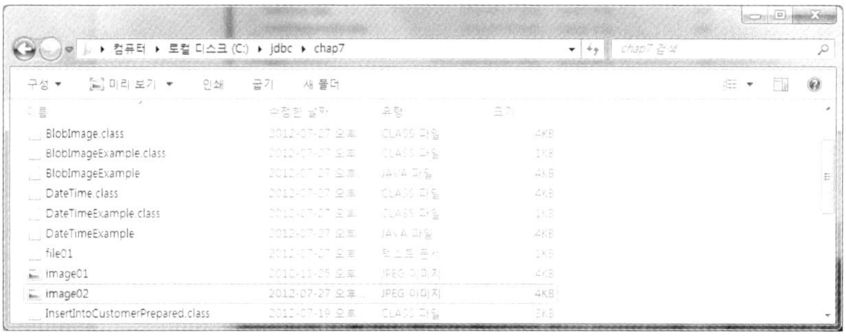

[그림 7-25] BlobImageExample 클래스 실행 후 폴더에 존재하는 파일들

▶ SQL BLOB 자료형 사용 예제 2: BlobFileExample.java

다음 프로그램은 텍스트 파일을 데이터베이스 BLOB 자료형으로 저장한 예제이다. 앞서 언급하였 듯이 프로그램의 정상적인 실행을 위해 chap7 폴더 밑에 "file01.txt"이름의 텍스트 파일을 생성한 후 실행하도록 한다.

```
package chap7;
import java.io.*;
import java.sql.*;
import chap6.project2.DBConnection;

class BlobFile {
    private Connection con = null;
    private Statement stmt = null;
    private PreparedStatement pstmt = null;
    private FileInputStream fin = null;
    private FileOutputStream fout = null;

    public BlobFile(Connection con) {
        this.con = con;
    }
    // 행 삽입의 경우 테이블 존재 여부를 확인한 후 존재하지 않을 경우 테이블 생성
    public void createTable() {
        // 테이블 files은 fileId, fileName 및 fileContent의 세 개의 칼럼으로 구성되어 있다.
        // fileId는 주키로 사용되며 auto_increment 옵션을 사용하여 레코드가 생성될 때마다
        // 자동으로 생성되도록 하였으며, 이는 1부터 실행할 때마다 순차적으로 생성된다.
        // 칼럼 fileContent가 BLOB 자료형이다
        String createString = "CREATE TABLE IF NOT EXISTS files " +
                "(fileId INT not null auto_increment primary key, " +
                "fileName VARCHAR(30), " +
                "fileContent BLOB)";
        try {
            // 질의문 실행
            stmt = con.createStatement();
            stmt.executeUpdate(createString);
        } catch(SQLException e) {
            System.err.println("테이블 생성 오류: " + e.getMessage());
        } finally {
            try {
                if (stmt != null) stmt.close();
            } catch (Exception e) {}
        }
    }

    // 레코드 삽입
    public void insertRecord(String fileName) {
        try {
            // 파일에 대한 File 객체를 생성한 후,
            // 파일로부터 파일 내용을 가져오기 위해 FileInputStream 객체 생성
            File file = new File(fileName);
            fin = new FileInputStream(file);

            // PreparedStatement의 setBinaryStream() 메소드를 이용해
```

```
                // FileInputStream을 이용해 읽어온 파일 객체를 DB의 BLOB 자료형으로 저장
                String insertString = "INSERT INTO files (fileName,fileContent) VALUES (?, ?)";
                pstmt = con.prepareStatement(insertString);
                pstmt.setString(1, fileName);
                pstmt.setBinaryStream(2, fin, (int)file.length());
                pstmt.executeUpdate();

        } catch (IOException e) {
            System.err.println(fileName + "파일 읽기 오류: " + e.getMessage());
        } catch(SQLException e) {
            System.err.println("파일 레코드 삽입 오류: " + e.getMessage());
        } finally {
            try {
                if (pstmt != null) pstmt.close();
                if (fin != null) fin.close();
            } catch(IOException e) {
            } catch(SQLException e) {
            }
        }
    }

    // 레코드 검색
    public void queryRecord(String outFileName) {
        try {
            // files 테이블에 있는 첫 번째 레코드만 검색
            String query = "SELECT fileName, fileContent from files LIMIT 1";
            pstmt = con.prepareStatement(query);
            ResultSet result = pstmt.executeQuery();
            result.next();

            // DB의 BLOB자료형으로 저장되어 있는 칼럼 fileContent의 값을
            // getBinaryStream() 메소드를 이용해 InputStream 객체로 가져옴
            InputStream in = result.getBinaryStream(2);

            // 다른 파일로 저장하기 위하여 FileOutputStream 객체 생성하여
            // InputStream 객체의 내용을 저장
            fout = new FileOutputStream(outFileName);
            byte[] buf = new byte[1024];
            int size = 0;
            while ((size = in.read(buf)) != -1)
                fout.write(buf, 0, size);
            fout.flush();
            System.out.println(result.getString(1) + "을 " + outFileName +
                "으로 저장하였습니다!!!");
        } catch (IOException e) {
            System.err.println("이미지 파일 저장 오류: " + e.getMessage());
        } catch(SQLException e) {
            System.err.println("질의 검색 오류: " + e.getMessage());
```

```
            }
        finally {
            try {
                    if (pstmt != null) pstmt.close();
                    if (fout != null) fout.close();
            } catch(IOException e) {
            } catch(SQLException e) {
            }
        }
    }
}

public class BlobFileExample {
    public static void main(String args[]) {
        // 데이터베이스 연결
        Connection con = null;
        DBConnection db = new DBConnection();
        if((con = db.connect()) == null) return;

        BlobFile blob = new BlobFile(con);

        // 테이블 생성
        blob.createTable();
        // 레코드 삽입
        blob.insertRecord("chap7\\file01.txt");
        // 레코드 검색
        blob.queryRecord("chap7\\file02.txt");
        db.close();
    }
}
```

[그림 7-26] BlobFileExample.java 소스 코드

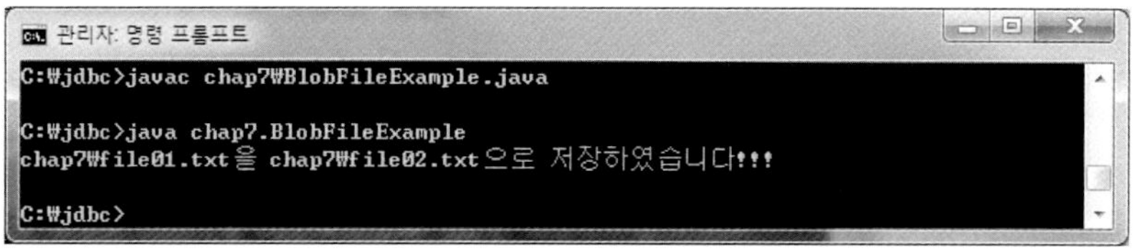

[그림 7-27] BlobFileExample 클래스 실행 결과

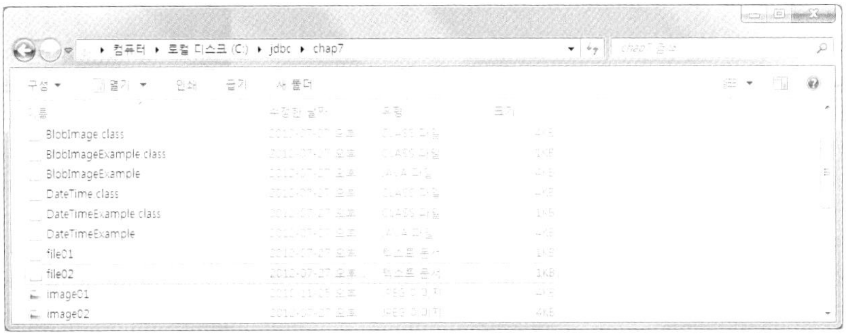

[그림 7-28] BlobFileExample 클래스 실행 후 폴더에 존재하는 파일들

▶ 자바 객체의 매핑 예제: ObjectExample.java

다음 프로그램은 사용자가 정의한 자바 객체를 데이터베이스에 저장하고, 데이터베이스에 저장된 객체를 가져오는 예제를 보인 것이다. 자바 객체를 데이터베이스에 저장하기 위해서는 SQL Type 자료형에 OBJECT 자료형이 존재하지 않으므로 SQL의 BLOB 자료형을 이용하여 처리할 수 있다. 자바 객체를 데이터베이스에 저장할 때는 Statement나 PreparedStatement의 setObject() 메소드를 이용하면 된다. 그러나 데이터베이스에 저장되어 있는 자바 객체는 실제로는 BLOB형으로 저장되어 있으므로 이를 가져오기 위해서는 ResultSet의 getBlob()이나 getBytes() 메소드를 이용해야 한다. 데이터베이스에 저장한 원래의 자바 객체를 얻기 위해서는 Blob형이나 byte[]형으로 가져온 객체를 다시 메모리 스트림으로 읽어와 ObjectInputStream의 객체로 변환한 후, 이의 readObject() 메소드를 이용해 원래 자바 객체형으로 형변환(casting)하여야 한다. 또한 데이터베이스에 있는 자바 객체는 자바의 직렬화(Serialization) 기술을 이용해 메모리 스트림에 객체를 썼다가 그것을 다시 Blob형이나 byte[]형으로 가져와 읽어야 하기 때문에 데이터베이스에 저장할 자바 객체의 클래스는 Serializable을 구현해야 한다. 기타 자세한 설명은 프로그램의 주석을 참조하기 바란다.

```
package chap7
import java.io.*;
import java.sql.*;
import chap6.project2.DBConnection;
import java.io.Serializable;

// 데이터베이스에 저장할 자바 객체를 위한 클래스
// 이는 자바의 직렬화 기술을 이용하기 때문에 Serializable을 구현해야 함
class Student implements Serializable {
    private String id;     // 학번
    private String name;   // 이름
    private String major;  // 전공
```

```java
    private String address;// 주소

    // 생성자
    public Student() {
        id = "";
        name = "";
        major = "";
        address = "";
    }
    public Student(String id, String name, String major,  String address) {
        this.id = id;
        this.name = name;
        this.major = major;
        this.address = address;
    }

    public void setId(String id) {
        this.id = id;
    }

    public String getId() {
        return id;
    }

    public void setName(String name) {
        this.name = name;
    }

    public String getName() {
        return name;
    }

    public void setMajor(String major) {
        this.major = major;
    }

    public String getMajor() {
        return major;
    }

    public void setAddress(String address) {
        this.address = address;
    }

    public String getAddress() {
        return address;
    }
```

```java
    public void display() {
        System.out.println(id + ",  " + name + ",  " + major + ",  " + address);
    }
}


// SQL문 처리를 위한 클래스
class ObjectData {
    Connection con = null;
    Statement stmt = null;
    PreparedStatement pstmt = null;

    public ObjectData(Connection con) {
        this.con = con;
    }

    // 행 삽입의 경우 테이블 존재 여부를 확인한 후 존재하지 않을 경우 테이블 생성
    public void createTable() {
        // 테이블 ojbects은 objectId와 ojbectData로 구성되어 있음.
        // objectId는 주키로 사용되며 auto_increment 옵션을 사용하여 자동으로 생성되도록 함.
        // 자바 객체가 칼럼 objectData의 데이터로 저장
        // SQL Type 자료형에 OBJECT 자료형이 존재하지 않으므로 BLOB형을 이용하여 저장
        String createString = "CREATE TABLE IF NOT EXISTS objects " +
                "(objectId INT not null auto_increment primary key, " +
                "objectData BLOB)";
        try {
            stmt = con.createStatement();
            stmt.executeUpdate(createString);
        } catch(SQLException e) {
            System.err.println("테이블 생성 오류: " + e.getMessage());
        } finally {
            try {
                if (stmt != null) stmt.close();
            } catch(SQLException e) {}
        }
    }


    // 레코드 삽입
    public void insertRecord(Student student) {
        try {
            // 자바 객체(student)를 PreparedStatement의 setObject() 메소드를 이용해
            // 데이터베이스에 저장
            String insertString = "INSERT INTO objects (objectData) VALUES (?)";
            pstmt = con.prepareStatement(insertString);
            pstmt.setObject(1, student);
            pstmt.executeUpdate();
        } catch(SQLException e) {
            System.err.println("객체 레코드 삽입 오류: " + e.getMessage());
```

```
        }
        finally {
            try {
                if (pstmt != null) pstmt.close();
            } catch(SQLException e) {}
        }
    }

    // 레코드 검색
    public void queryRecord() throws Exception {
        try {
            String query = "SELECT * from objects";
            pstmt = con.prepareStatement(query);
            ResultSet result = pstmt.executeQuery();

            ObjectInputStream oin = null;
            while (result.next()) {
                System.out.print(result.getInt(1) + ",   ");
                // 데이터베이스에 저장되어 있는 자바 객체는 실제로는 BLOB형으로
                // 저장되어 있으므로 getBlob()이나 getBytes() 메소드를 이용해 가져와야 함
                Blob blob = result.getBlob(2);

                // Blob형으로 가져온 객체를 메모리 스트림을 읽어와 (blob.getBinaryStream())
                // ObjectInputStream의 객체로 변환하여 이의 readObject() 메소드를 이용해
                // 원래 자바 객체형으로 형변환하여 자바 객체 얻음
                oin = new ObjectInputStream(blob.getBinaryStream());
                Student student = (Student) oin.readObject();

                // 얻어 온 자바 객체의 내용을 화면에 표시
                student.display();
                oin.close();
            }
        } catch(SQLException e) {
            System.err.println("질의 검색 오류: " + e.getMessage());
        } finally {
            try {
                if (pstmt != null) pstmt.close();
            } catch(SQLException e) {}
        }
    }

    /****** 다음과 같이 getBytes()함수를 이용하여 자바 객체를 얻어 올 수 있음
    public void queryRecord() throws Exception {
        try {
            String query = "SELECT * from objects";
            pstmt = con.prepareStatement(query);
            ResultSet result = pstmt.executeQuery();
```

```
                ObjectInputStream oin = null;
                while(result.next()) {
                    System.out.print(result.getInt(1) + ",  ");


                    // 데이터베이스에 있는 자바 객체를 getBytes() 메소드를 이용해 가져옴
                    byte[] buf = result.getBytes(2);
                    if (buf != null) {
                        // byte[] 형으로 가져온 객체를 메모리 스트림을 읽어와
                        // ObjectInputStream의 객체로 변환하여 이의 readObject() 메소드를
                        // 이용해 원래 자바 객체형으로 형변환하여 자바 객체 얻음
                        oin = new ObjectInputStream(new ByteArrayInputStream(buf));
                        Student student = (Student) oin.readObject();
                        student.display();
                        oin.close();
                    }
                }
            } catch(SQLException e) {
                System.err.println("질의 검색 오류: " + e.getMessage());
            } finally {
                try {
                    if (pstmt != null) pstmt.close();
                } catch(SQLException e) {}
            }
        }
    ********************************************************************************/
}


public class ObjectExample {
    public static void main(String args[]) throws Exception {
        // 데이터베이스 연결
        Connection con = null;
        DBConnection db = new DBConnection();
        if((con = db.connect()) == null) return;

        // 객체 생성
        Student student = new Student("12000001", "이순신", "컴퓨터교육과", "통영");

        ObjectData objectData = new ObjectData(con);
        objectData.createTable();
        objectData.insertRecord(student);
        objectData.queryRecord();

        db.close();
    }
}
```

[그림 7-29] ObjectExample.java 소스 코드

[그림 7-30] ObjectExample 클래스 실행 결과

7.4 메타 데이터

7.4.1 DatabaseMetaData 인터페이스

DatabaseMetaData 인터페이스는 사용하고 있는 데이터 소스(데이터베이스)에 대한 정보를 제공하기 위해 JDBC 드라이버에 의해 구현되는, 데이터베이스에 대한 메타 정보를 얻을 수 있는 기능을 제공하는 인터페이스이다. 이는 주어진 데이터 소스와 상호 작용하는 방법을 결정하기 위해 응용 프로그램 서버나 도구에 의해서 주로 사용되는 인터페이스이다. 그러나 사용하고 있는 데이터 소스에 대한 정보를 얻기 위해 응용 프로그램에서도 사용된다. 즉 데이터베이스 제품의 이름, 버전, 데이터베이스에서 제공하는 드라이버의 이름, 버전, 데이터베이스에서 허용하는 테이블 이름의 최대 문자수, SQL문의 최대 문자수, SELECT문의 최대 테이블 수, 테이블 칼럼에 대한 정보(칼럼명, 데이터 타입 등), 테이블의 주키, 주키를 참조하는 외래키 등에 대한 정보를 얻기 위해 사용된다.

DatabaseMetaData 인터페이스는 40여 개의 상수 필드와 150여 개의 메소드를 포함하고 있으며, 메소드가 제공하는 정보 유형에 따라 다음과 같이 분류할 수 있다.

- 데이터 소스에 대한 일반적인 정보
- 데이터 소스가 주어진 기능을 지원하는지의 여부
- 데이터 소스의 제약사항
- 데이터 소스에 포함되어 있는 SQL 객체와 속성
- 데이터 소스에서 제공하는 트랜잭션 지원

DatabaseMetaData 객체는 Connection 인터페이스의 getMetaData() 메소드로 생성된다. 객체가 생성되면 객체를 이용하여 데이터베이스에 대한 정보를 얻을 수 있다.

```
// con: Connection 객체
DatabaseMetaData dbmd = con.getMetaData();
int maxLen = dbmd.getMaxTableNameLength();
String driverName = dbmd.getDriverName();
```

DatabaseMetaData 인터페이스에서 제공하는 필드 및 메소드에 관한 자세한 내용은 13.1.6절을 참조
하기 바란다. 본 절에서는 메타데이터 정보 유형에 따른 메소드의 분류 및 메타데이터의 주요 메소드
사용에 대한 예제만을 소개한다.

7.4.1.1 일반적인 정보 검색

DatabaseMetaData의 일부 메소드들은 데이터 소스에 대한 일반 정보를 동적으로 검색하고, 이들 메
소드 구현에 대한 자세한 정보를 검색하기 위해 사용된다. 다음은 이와 관련된 메소드들의 일부이다.

- getURL()
- getUserName()
- getDatabaseProductVersion, getDriverMajorVersion(), getDriverMinorVersion()
- getCatalogTerm(), getSchmemaTerm(), getProcedureTerm()
- nullsAreSortedHigh(), nullsAreSortedLow()
- usesLocalFiles(), usesLocalFilePerTable()
- getSQLKeywords()

7.4.1.2 기능 지원 확인

DatabaseMetaData의 대부분의 메소드들은 주어진 기능이나 기능 집합이 해당 드라이버나 데이터 소
스에 의해 지원되는지의 여부를 확인하기 위해 사용된다. 이 외에도 제공되는 기능 지원 수준을 설명
하는 메소드들이 있다. 다음은 기능 지원 여부 확인과 관련된 메소드들의 일부이다.

- supportsAlterTableWithAddColumn()
- supportsAlterTableWithDropColumn()
- supportsBatchUpdates()
- supportsColumnAliasing()

- supportsFullOuterJoins()

- supportsGroupByUnrelated()

- supportsMixedCaseQuotedIdentifiers()

- supportsPositionedDelete()

- supportsTableCorrelationNames()

- supportsSavepoints()

- supportsStoredProcedures()

- supportsANSI92EntryLevelSQL()

- supportsCoreSQLGrammar()

7.4.1.3 데이터 소스의 제약사항

DatabaseMetaData의 일부 메소드들은 주어진 데이터 소스의 제약사항을 제공하기 위해 사용된다. 다음은 이와 관련된 일부 메소드들이며 반환형은 int형이며, 반환 값이 0이며 제약이 없다는 의미이다.

- getMaxCharLiteralLength()

- getMaxColumnsInTable()

- getMaxColumnsInSelect()

- getMaxConnections()

- getMaxRowSize()

- getMaxStatementLength()

- getMaxStatements()

- getMaxTableNameLength()

- getMaxTablesInSelect()

7.4.1.4 SQL 객체와 속성 정보

DatabaseMetaData의 일부 메소드들은 주어진 데이터 소스의 정보를 갖는 SQL 객체와 객체 속성에 대한 정보를 제공한다. 이러한 메소드들은 특정 객체를 설명하는 각 행을 ResultSet 객체로 반환한다.

- getCatalogs()

- getFunctions()

- getFunctionColumns()

- getPrimaryKeys()

- getProcedures()

- getProcedureColumns()

- getSchemas()

- getTables()

- getTalbeTypes()

- getUDTs()

7.4.1.5 트랜잭션 지원

DatabaseMetaData 메소드의 일부는 데이터 소스에 의해 지원되는 트랜잭션 의미(transaction semantics)에 대한 정보를 제공한다.

- getDefaultTransactionIsolation()

- supportsDataManipulationTransactionOnly()

- supportsMultipleTransactions()

7.4.1.6 DatbaseMetaData 인터페이스 메소드 사용 예제 프로그램

▶ 데이터베이스의 일반적인 정보 검색, 지능 지원 확인 및 제한사항 검색 예제

```
package chap7;
import java.sql.*;

public class DatabaseMetaDataExample01 {
    public static void main(String args[]) {
        Connection con = null;
        String url = "jdbc:mysql://127.0.0.1:3306/banksystem";
        String user = "root";
        String passwd = "test123";
        // 드라이버 로딩
        try {
            Class.forName("com.mysql.jdbc.Driver");
        } catch(java.lang.ClassNotFoundException e) {
            System.err.print("ClassNotFoundException: ");
            System.err.println(e.getMessage());
```

```java
                return;
        }
        try {
                con = DriverManager.getConnection(url, user, passwd);
                DatabaseMetaData dbmd = con.getMetaData();

                // 데이터베이스의 일반 정보 검색
                System.out.println("데이터베이스에 대한 일반 정보 검색 결과 ==============");
                System.out.println("#DB Server URL: " + dbmd.getURL());
                System.out.println("#User: " + dbmd.getUserName());
                System.out.println("#DB Production Version: " +
                                dbmd.getDatabaseProductVersion());
                System.out.println("#DB Driver Major Version: " +
                                dbmd.getDriverMajorVersion());
                System.out.println("#DB Driver Minor Version: " +
                                dbmd.getDriverMinorVersion());
                System.out.println("#Catalog Term: " + dbmd.getCatalogTerm());
                System.out.println("#Schema Term: " + dbmd.getSchemaTerm());
                System.out.println("#Procedure Term: " + dbmd.getProcedureTerm());

                System.out.println("#nullsAreSortedHigh: " + dbmd.nullsAreSortedHigh());
                System.out.println("#nullsAreSortedLow: " + dbmd.nullsAreSortedLow());
                System.out.println("#SQK Keywords: " + dbmd.getSQLKeywords());

                // 데이터베이스의 기능 지원 확인
                System.out.println("데이터베이스의 기능 지원 확인 ====================");
                System.out.println("#supportsAlterTableWithAddColumn: " +
                                dbmd.supportsAlterTableWithAddColumn());
                System.out.println("#supportsAlterTableWithDropColumn: " +
                                dbmd.supportsAlterTableWithDropColumn());
                System.out.println("#supportsBatchUpdates: " + dbmd.supportsBatchUpdates());
                System.out.println("#supportsColumnAliasing: " +
                                dbmd.supportsColumnAliasing());
                System.out.println("#supportsFullOuterJoins: " + dbmd.supportsFullOuterJoins());
                System.out.println("#supportsGroupByUnrelated: " +
                                dbmd.supportsGroupByUnrelated());
                System.out.println("#supportsMixedCaseQuotedIdentifiers: " +
                                dbmd.supportsMixedCaseQuotedIdentifiers());
                System.out.println("#supportsPositionedDelete: " +
                                dbmd.supportsPositionedDelete());
                System.out.println("#supportsTableCorrelationNames: " +
                                dbmd.supportsTableCorrelationNames());
                System.out.println("#supportsSavepoints: " + dbmd.supportsSavepoints());
                System.out.println("#supportsSavepoints: " + dbmd.supportsSavepoints());
                System.out.println("#supportsANSI92EntryLevelSQL: " +
                                dbmd.supportsANSI92EntryLevelSQL());
                System.out.println("#supportsCoreSQLGrammar: " +
```

```
                                    dbmd.supportsCoreSQLGrammar());
                // 데이터베이스의 제한사항
                System.out.println("데이터베이스의 제한사항 =========================");
                System.out.println("#getMaxCharLiteralLength: " +
                              dbmd.getMaxCharLiteralLength());
                System.out.println("#getMaxColumnsInTable: " + dbmd.getMaxColumnsInTable());
                System.out.println("#getMaxColumnsInSelect: " +
                              dbmd.getMaxColumnsInSelect());
                System.out.println("#getMaxConnections: " + dbmd.getMaxConnections());
                System.out.println("#getMaxRowSize: " + dbmd.getMaxRowSize());
                System.out.println("#getMaxStatementLength: " +
                              dbmd.getMaxStatementLength());
                System.out.println("#getMaxStatements: " + dbmd.getMaxStatements());
                System.out.println("#getMaxTableNameLength: " +
                              dbmd.getMaxTableNameLength());
                System.out.println("#getMaxTablesInSelect: " + dbmd.getMaxTablesInSelect());
                System.out.println("=============================================");
        } catch(SQLException ex) {
                System.err.println("SQLException: " + ex.getMessage());
        } finally {
                try {
                        if (con != null) con.close();
                } catch(Exception e) {}
            }
        }
}
```

[그림 7-31] DatabaseMetaDataExample01.java 소스 코드

```
관리자: 명령 프롬프트

C:\jdbc>javac chap7\DatabaseMetaDataExample01.java

C:\jdbc>java chap7.DatabaseMetaDataExample01
데이터베이스에 대한 일반 정보 검색 결과 =================
#DB Server URL: jdbc:mysql://127.0.0.1:3306/banksystem
#User: root@localhost
#DB Production Version: 5.5.25
#DB Driver Major Version: 5
#DB Driver Minor Version: 1
#Catalog Term: database
#Schema Term:
#Procedure Term: PROCEDURE
#nullsAreSortedHigh: false
#nullsAreSortedLow: true
#SQK Keywords: ACCESSIBLE,ANALYZE,ASENSITIVE,BEFORE,BIGINT,BINARY,BLOB,CALL,CHAN
GE,CONDITION,DATABASE,DATABASES,DAY_HOUR,DAY_MICROSECOND,DAY_MINUTE,DAY_SECOND,D
ELAYED,DETERMINISTIC,DISTINCTROW,DIV,DUAL,EACH,ELSEIF,ENCLOSED,ESCAPED,EXIT,EXPL
AIN,FLOAT4,FLOAT8,FORCE,FULLTEXT,GENERAL,HIGH_PRIORITY,HOUR_MICROSECOND,HOUR_MIN
UTE,HOUR_SECOND,IF,IGNORE,IGNORE_SERVER_IDS,INFILE,INOUT,INT1,INT2,INT3,INT4,INT
8,ITERATE,KEYS,KILL,LEAVE,LIMIT,LINEAR,LINES,LOAD,LOCALTIME,LOCALTIMESTAMP,LOCK,
LONG,LONGBLOB,LONGTEXT,LOOP,LOW_PRIORITY,MASTER_HEARTBEAT_PERIOD,MAXVALUE,MEDIUM
BLOB,MEDIUMINT,MEDIUMTEXT,MIDDLEINT,MINUTE_MICROSECOND,MINUTE_SECOND,MOD,MODIFIE
S,NO_WRITE_TO_BINLOG,OPTIMIZE,OPTIONALLY,OUT,OUTFILE,PURGE,RANGE,READS,READ_ONLY
,READ_WRITE,REGEXP,RELEASE,RENAME,REPEAT,REPLACE,REQUIRE,RESIGNAL,RETURN,RLIKE,S
CHEMAS,SECOND_MICROSECOND,SENSITIVE,SEPARATOR,SHOW,SIGNAL,SLOW,SPATIAL,SPECIFIC,
SQLEXCEPTION,SQL_BIG_RESULT,SQL_CALC_FOUND_ROWS,SQL_SMALL_RESULT,SSL,STARTING,ST
RAIGHT_JOIN,TERMINATED,TINYBLOB,TINYINT,TINYTEXT,TRIGGER,UNDO,UNLOCK,UNSIGNED,US
E,UTC_DATE,UTC_TIME,UTC_TIMESTAMP,VARBINARY,VARCHARACTER,WHILE,X509,XOR,YEAR_MON
TH,ZEROFILL
데이터베이스의 기능 지원 확인 ======================
#supportsAlterTableWithAddColumn: true
#supportsAlterTableWithDropColumn: true
#supportsBatchUpdates: true
#supportsColumnAliasing: true
#supportsFullOuterJoins: false
#supportsGroupByUnrelated: true
#supportsMixedCaseQuotedIdentifiers: false
#supportsPositionedDelete: false
#supportsTableCorrelationNames: true
#supportsSavepoints: true
#supportsSavepoints: true
#supportsANSI92EntryLevelSQL: true
#supportsCoreSQLGrammar: true
데이터베이스의 제한사항 =======================
#getMaxCharLiteralLength: 16777208
#getMaxColumnsInTable: 512
#getMaxColumnsInSelect: 256
#getMaxConnections: 0
#getMaxRowSize: 2147483639
#getMaxStatementLength: 65531
#getMaxStatements: 0
#getMaxTableNameLength: 64
#getMaxTablesInSelect: 256
=========================================

C:\jdbc>_
```

[그림 7-32] DatabaseMetaDataExample01 클래스의 실행 결과

▶ 데이터베이스의 SQL 객체 정보 검색 예제

```
package chap7;
import java.sql.*;

public class DatabaseMetaDataExample02 {
    public static void main(String args[]) {
        Connection con = null;
        ResultSet result1 = null;
        ResultSet result2 = null;
        ResultSet result3 = null;
        String url = "jdbc:mysql://127.0.0.1:3306/banksystem";
        String user = "root";
        String passwd = "test123";

        // 드라이버 로딩
        try {
            Class.forName("com.mysql.jdbc.Driver");
        } catch(java.lang.ClassNotFoundException e) {
            System.err.print("ClassNotFoundException: ");
            System.err.println(e.getMessage());
            return;
        }
        try {
            con = DriverManager.getConnection(url, user, passwd);
            DatabaseMetaData dbmd = con.getMetaData();
            // 카탈로그 지원 여부 체크
            if (dbmd.supportsCatalogsInTableDefinitions()) {
                result1 = dbmd.getCatalogs();
                System.out.println("데이터베이스 카탈로그 리스트 ==================");
                while (result1.next())
                    System.out.println("Catalog Name: "+result1.getString("TABLE_CAT"));
            }
            else System.out.println("데이터베이스에 카탈로그가 지원되지 않습니다!!!");
            // 스키마 지원 여부 체크
            if (dbmd.supportsSchemasInTableDefinitions()) {
                result2 = dbmd.getSchemas();
                System.out.println("데이터베이스 스키마 리스트 ==================");
                while (result2.next())
                    System.out.println("Schema: " + result2.getString("TABLE_SCHEM"));
            }
            else System.out.println("데이터베이스에 스키마가 지원되지 않습니다!!!");

            // 데이터베이스의 테이블형 리스트
            result3 = dbmd.getTableTypes();
            System.out.println("데이터베이스 테이블형 리스트 ==================");
            while (result3.next())
                System.out.println("Table Type: " + result3.getString("TABLE_TYPE"));
```

```
                System.out.println("==========================================");
        } catch(SQLException ex) {
                System.err.println("SQLException: " + ex.getMessage());
        } finally {
            try {
                if (result1 != null) result1.close();
                if (result2 != null) result2.close();
                if (result3 != null) result3.close();
                if (con != null) con.close();
            } catch(Exception e) {}
        }
    }
}
```

[그림 7-33] DatabaseMetaDataExample02.java 소스 코드

[그림 7-34] DatabaseMetaDataExample02 클래스의 실행 결과

7.4.2 ResultSetMetaData 인터페이스

지금까지는 프로그래머가 데이터베이스의 테이블 구조를 알고 있다는 가정하에 테이블에 있는 칼럼 값들에 접근하였다. 즉 테이블 칼럼에 대한 데이터 타입, 크기, 제약사항 등을 알고 있다는 가정하에, 칼럼 데이터 타입에 따라 setString()/getString(), setInt()/getInt(), setDate()/setDate() 등의 메소드들을 이용하여 테이블 칼럼에 데이터를 저장하거나 검색하였다.

그러나 JDBC는 ResultSetMetaData 인터페이스를 통해 데이터베이스 테이블의 구조를 모르는 상태에서도 테이블 칼럼의 데이터 타입, 크기 등과 같은 칼럼 메타데이터 정보를 동적으로 얻어 와 자바에

서 이용할 수 있는 방법을 제공한다. ResultSetMetaData 인터페이스는 테이블 카탈로그 이름, 테이블 칼럼의 개수, 칼럼명, 칼럼의 크기, 칼럼의 SQL 데이터 타입, NULL 허용 여부, 읽기 전용 여부 등의 정보를 얻어 올 수 있는 메소드들을 제공한다. ResultSetMetaData 인터페이스에서 제공하는 필드 및 메소드에 관한 자세한 내용은 13.1.13절을 참조하기 바란다. 본 절에서는 프로그램 예제를 통해 메소드 사용 방법을 소개하도록 하겠다.

▶ 테이블 복사 예제: TableCopyExample.java

7.1.2절에 있는 TableCopyExample.java 프로그램에서 ResultSetMetaData 인터페이스를 이용하여 기존 데이터베이스 테이블을 다른 이름의 똑같은 테이블로 복사하는 예제를 보였다.

기존 테이블의 정보는 ResultSet 객체의 getMetaData() 메소드를 이용하여 얻는다. getMetaData() 메소드는 ResultSetMetaData 객체로 기존 테이블 칼럼의 개수, 칼럼명, 데이터 타입 등의 정보를 반환한다. 기존 테이블의 칼럼 수는 ResultSetMetaData 객체의 getColumnCount(), 칼럼명은 getColumnName(columnIndex), 칼럼 데이터 타입은 getColumnTypeName(columnIndex), 칼럼 크기는 getPrecision(columnIndex) 메소드를 이용하여 얻을 수 있다.

▶ 테이블 정보 출력 예제: ResultSetMetaDataExample.java

커맨드 라인으로 입력받은 테이블에 대한 테이블 칼럼명, 데이터 타입, 크기 및 NULL 허용 여부에 대한 정보를 얻어 화면에 표시하여 주는 예제이다.

```java
package chap7;
import java.sql.*;

public class ResultSetMetaDataExample {
    public static void main(String args[]) {
        Connection con = null;
        Statement stmt = null;
        ResultSet result = null;
        String url = "jdbc:mysql://127.0.0.1:3306/banksystem";
        String user = "root";
        String passwd = "test123";

        if (args.length < 1) {
            System.out.println("실행>>java ResultSetMetaDataExample tableName");
            System.exit(0);
        }
```

```
            // 드라이버 로딩
        try {
            Class.forName("com.mysql.jdbc.Driver");
        } catch(java.lang.ClassNotFoundException e) {
            System.err.print("ClassNotFoundException: ");
            System.err.println(e.getMessage());
            return;
        }
        try {
            con = DriverManager.getConnection(url, user, passwd);
            stmt = con.createStatement();
            result = stmt.executeQuery("SELECT * FROM " + args[0]);
            // 테이블의 메타데이터 정보 얻음
            ResultSetMetaData rsmd = result.getMetaData();
            System.out.println(args[0] + " 테이블의 정보");
            System.out.println("=========================================");
            System.out.println("칼럼명           데이터 타입       크기     " +
                               "NULL 허용 여부");
            System.out.println("=========================================");

            // 테이블의 열의 개수 얻음
            int numOfCol = rsmd.getColumnCount();
            // 테이블의 칼럼명, 데이터 타입, 크기, NULL 허용 여부 출력
            for (int i=1; i<=numOfCol; i++) {
                String resultStr = rsmd.getColumnName(i) + "\t";
                resultStr += rsmd.getColumnTypeName(i) + "\t\t";
                resultStr += rsmd.getColumnDisplaySize(i) + "\t";
                if (rsmd.isNullable(i) == ResultSetMetaData.columnNoNulls)
                    resultStr+= "NOT NULLABLE";
                else if (rsmd.isNullable(i) == ResultSetMetaData.columnNullable)
                    resultStr += "NULLABLE";
                else
                    resultStr += "UNKNOW";
                System.out.println(resultStr);
            }
            System.out.println("=========================================");
        } catch(SQLException e) {
            System.err.println("테이블 SELECT 오류: " + e.getMessage());
        } finally {
            try {
                if (result != null) result.close();
                if (stmt != null) stmt.close();
                if (con != null) con.close();
            } catch (Exception e) {}
        }
    }
}
```

[그림 7-35] ResultSetMetaDataExample.java 소스 코드

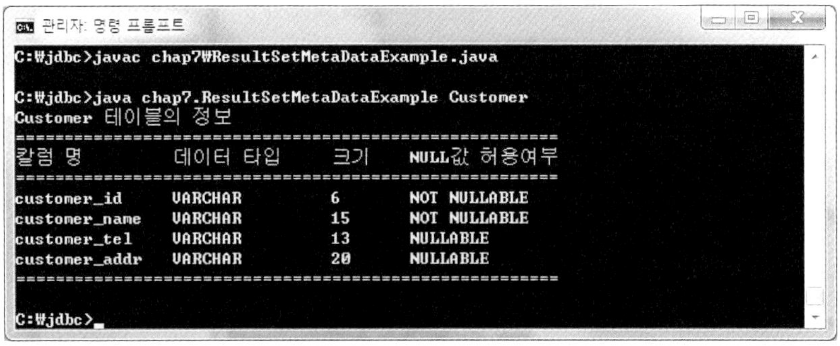

[그림 7-36] ResultSetMetaDataExample 클래스의 실행 결과

7.5 트랜잭션

트랜잭션(transaction)은 데이터 소스에 동시 액세스하는 동안 데이터의 무결성과 일관성을 유지하기 위해 사용된다. 트랜잭션은 모두 실행되거나 또는 취소될 수 있는 하나의 특정 단위로 수행되는 한 세트 또는 한 묶음의 SQL명령문들의 집합이며, SQL명령문들의 실행 결과가 메모리상에서만 이루어지다가 commit문에 의해 데이터베이스에 저장되게 된다. 데이터의 무결성과 일관성을 유지하기 위해 세트 안에 있는 SQL명령문들은 모두 성공하든지, 아니면 성공한 명령문이 하나도 없어야만 한다. 이러한 상황은 예상하지 못한 어떠한 예외적인 상황에서도 지켜져야 한다.

7.5.1 Auto-commit

데이터베이스는 트랜잭션을 시작할 때 이를 명시적으로 기술하여 시작한다. 예를 들면 MySQL인 경우 "start transaction"이라는 SQL문을 사용하여 트랜잭션 시작을 명시하고 일련의 묶음으로 된 SQL명령문들을 수행한 후 commit문을 사용해 묶음 안에 있는 모든 SQL문을 실행하든지, 아니면 rollback문을 사용하여 묶음 안에 있는 SQL문의 실행을 전부 취소시킨다. 그러나 JDBC API는 트랜잭션을 명시적으로 시작하는 문을 제공하지 않고, Connection 객체의 속성 auto-commit를 명시하여 이를 활성화하거나 비활성화하여 트랜잭션을 처리한다.

기본적으로 auto-commit 속성은 활성화되어 있으며, auto-commit이 활성화되어 있는 상태에서는 하나의 SQL문이 완료되자마자 해당 SQL문의 실행은 자동 commit된다. 즉 auto-commit이 활성화되어 있는 경우에는 하나의 SQL문이 요구되어질 때마다 새로운 트랜잭션이 시작되고 요구된 SQL문의 실행이 정상으로 완료되자마자 SQL문의 실행을 commit한 후 해당 트랜잭션을 완료하게 된다. auto-commit이 비활성화되어 있는 경우에는 Connection 객체의 commit() 메소드가 호출 때까지 SQL문의 실행 결과가 데이터베이스에 반영되지 않는다. 이러한 특성을 이용하여 여러 SQL문을 하나의 셋으로 묶어 트랜잭션으로 처리하고자 하는 경우에는 한 세트의 SQL문들을 실행하기 전에 auto-commit 모드를 비활성화시키고 묶음 안에 있는 SQL명령문들은 모두 실행시킨 후 Connection 객체의 commit() 메소드를 호출하여 묶음 안에 있는 모든 SQL문들의 실행 결과를 데이터베이스에 반영한다. 그런 다음 auto-commit 모드를 다시 활성화시켜 놓는다. [표 7-6]은 Connection 인터페이스에서 트랜잭션 처리와 관련된 메소드들을 정리한 것이다. setAutoCommit() 메소드를 이용해 트랜잭션 시작 시점에서 auto-commit 모드를 비활성화시키고(setAutoCommit(false)), 트랜잭션이 완료된 후 다시 이를 활성화(setAutoCommit(true))시킨다. 트랜잭션의 완료와 취소를 위해서는 commit()과 rollback() 메소드를 사용한다.

[표 7-6] 트랜잭션 처리를 위한 Connection 인터페이스의 주요 메소드

메소드	설명
void commit()	이전 commit이나 rollback 수행 이후의 모든 변경사항을 실행(commit)하고, 현재 Connection 객체의 데이터베이스 lock을 모두 해제한다.
void rollback()	현재 트랜잭션으로 인한 모든 변경을 되돌리고, 현재 Connection 객체의 데이터베이스 lock을 모두 해제한다.
void rollback(Savepoint savepoint)	주어진 Savepoint가 설정된 이후의 모든 변경을 되돌린다.
void setAutoCommit (boolean autoCommit)	주어진 autoCommit 값으로 해당 커넥션의 자동실행(auto-commit) 모드를 설정한다. autoCommit이 true인 경우에는 해당 모드를 활성화하고, false인 경우에는 비활성화한다.

참고로, JDBC에서 SQL문이 완료되었다고 간주되는 시점은 SQL문의 유형에 따라 달라질 수 있다. 삽입, 갱신, 삭제와 같은 데이터 조작어(DML)인 경우와 데이터 정의어(DDL)인 경우는 SQL문의 실행이 끝나자마자 해당 SQL문이 완료된다. select문인 경우에는 관련된 검색 결과가 해제되는 시점에서 완료된다. CallableStatement 객체나 여러 결과들을 반환하는 SQL문의 경우에는 관련된 모든 검색 결과 셋이 해제되고 모든 변경 횟수와 출력 매개변수들이 검색되었을 때 완료된다.

실제 트랜잭션 처리 방법을 살펴보기 위해 물품관리시스템에서 물품을 판매하는 경우의 예를 들어 보도록 하자. 물품관리시스템에는 [표 7-7], [표 7-8]과 같이 물품 테이블과 물품거래내역 테이블이 있다고 가정하자(거래유형은 구매인 경우는 1, 판매인 경우는 2). 또한 물품 테이블에 있는 물품을 판매한 경우에 판매한 수량만큼 물품 테이블의 재고량을 변경하여 저장하고, 판매한 거래내역을 물품거래내역 테이블에 삽입한다고 가정하자. 즉 물품거래내역 테이블에 있는 특정 물품의 거래내역을 추적하며 현재 물품 테이블에 있는 재고량과 일치한다. 예를 들면 [표 7-8]에서 물품 P-1001이 2012-07-01에 200개가 구매되었고, 2012-08-01에 100개가 판매되었으므로 [표 7-7]에 있는 물품 P-1001의 현재 재고량은 100이다.

따라서 특정 물품을 판매한 경우 물품 테이블의 재고량 변경과 물품거래내역 테이블에 판매한 거래내역에 대한 레코드 삽입이 반드시 함께 이루어져야만 한다.

이러한 데이터 일치성을 유지하기 위해 물품 테이블에 있는 물품이 판매된 경우 물품 테이블에서 판매한 수량만큼 변경하는 작업과 물품 판매에 대한 거래내역을 물품거래내역 테이블에 삽입하는 작업을 트랜잭션으로 묶어 이 두 개의 작업이 정상적으로 모두 실행이 되든지 아니면 두 개의 작업이 모두 취소되도록 하여야 한다. 이를 하나로 묶어 처리하지 않을 경우에는 하나의 작업만 성공적으로 수행되는 상황이 발생할 수 있고, 이때에 데이터의 불일치성이 발생할 수 있기 때문이다.

[표 7-7] 물품(goods) 테이블

product_code (물품코드)	product_name (물품명)	stock (재고량)
char(6)	varchar(20)	int
P-1001	노트	100
P-1002	볼펜	200
P-1003	연필	200

[표 7-8] 물품거래내역(good_trans) 테이블

no (일련번호)	product_code (물품코드)	tarans_date (거래일시)	tarans_type (거래유형)	vendor (판매구매업체)	quantity (판매구매수량)
int	char(6)	char(10)	int	varchar(20)	int
1	P-1001	2012_07_01	1	구매업체1	200
2	P-1002	2012_07_01	1	구매업체2	200
3	P-1003	2012_07_01	1	구매업체3	200
4	P-1001	2012_08_01	2	판매업체1	100

다음은 위에서 설명한 트랜잭션의 예제를 auto-commit 모드의 활성화 및 비활성화를 통해 처리하는 소스 코드를 보인 것이며, [그림 7-37]에 있는 TransactionExample01.java는 이를 구현한 프로그램이다. commit() 대신 rollback() 메소드를 호출하면 트랜잭션에 있는 SQL문의 실행이 모두 취소된다.

▶ JDBC에서의 트랜잭션 처리 형식

```
Connection con = DriverManager.getConnection(url, user, passwd);
// ...

PreparedStatement pstmt1 = null;
PreparedStatement pstmt2= null;
String product_code = "P-1002";

// 트랜잭션 시작 =========================================
con.setAutoCommit(false);
pstmt1 = con.prepareStatement("UPDATE goods SET stock = ? " +
        "WHERE product_code = ?");
pstmt2 = con.prepareStatement("INSERT INTO good_trans (product_code, " +
        "trans_date, trans_type, vendor, quantity) VALUES (?, ?, ?, ?, ?)");

// 판매한 수량만큼 물품 테이블(goods)의 재고량 변경
transSql.updateGoodRecord(pstmt1, product_code, stock);
pstmt1.setInt(1, 100);
pstmt1.setString(2, product_code);
pstmt1.executeUpdate();

// 거래 내역을 물품거래내역 테이블(good_trans)에 삽입
pstmt2.setString(1, product_code);
pstmt2.setString(2, "2012-08-01");
pstmt2.setInt(3, 2);
pstmt2.setString(4, "판매업체2");
pstmt2.setInt(5, 100);
pstmt2.executeUpdate();
con.commit();  // or con.rollback();
// 트랜잭션 완료 =========================================

// 트랜잭션 수행 후 auto-commit 활성화
con.setAutoCommit(true);
```

▶ 트랜잭션 예제: TransactionExample01.java

TransactionExample01 클래스를 처음 수행하게 되면 [표 7-7]과 [표 7-8]의 테이블이 생성되고, 테스트를 위한 초기 데이터로 표에 있는 레코드들이 각각의 테이블에 삽입되게 된다. 그 다음에는 [그림 7-38]의 실행 결과에서 보인 바와 같이 판매한 물품코드, 거래일시, 판매업체, 판매량 순으로 이에 대한 각각의 데이터를 키보드로 입력받게 된다. 물품거래내역 테이블의 일련번호(no)의 칼럼 값은 자동 생성되도록 되어 있다(auto_increment). 거래유형 또한 2(판매)로 자동 지정되어 보이도록 되어 있다(거래유형은 구매인 경우는 1, 판매인 경우는 2). 물품코드는 반드시 P-xxxx(xxxx: 양의 정수 4자리)로 입력하도록 되어 있으며 거래일시는 yyyy-mm-dd 형식으로 입력하도록 되어 있다. 판매수량은 물품 테

이블에 있는 재고량보다 같거나 작게 입력해야 한다. 요구된 데이터를 올바르게 입력하고 나면 트랜잭션을 통해 물품 테이블에서 해당 물품코드의 재고량을 판매한 수량만큼 변경하여 저장하고 물품거래내역 테이블에 거래한 내역에 대한 새로운 레코드를 삽입하게 된다.

트랜잭션 시작 시점에서 Connection 객체의 setAutoCommit(false) 메소드를 이용해 auto-commit 모드를 비활성화시키고, 트랜잭션으로 묶은 모든 SQL문을 수행한 후 Connection 객체의 commit() 메소드를 이용하여 트랜잭션에 있는 모든 SQL문을 commit한다. 그런 다음 auto-commit 모드를 다시 활성화시킨다. 만약에 SQL문의 실행을 다 취소하고자 할 경우에는 commit() 대신 rollback() 메소드를 실행하면 된다.

▶ InputGoodTrans.java

```java
package chap7;
import java.io.*;
import java.sql.*;

public class InputGoodTrans {
    private BufferedReader dis;

    public InputGoodTrans() {
        dis = new BufferedReader(new InputStreamReader(System.in));
    }

    // 물품코드 입력
    public String inputProductCode() {
        String product_code = null;
        while (true) {
            System.out.print("물품코드(형식: P-xxxx, x:정수) : ");
            try {
                product_code = dis.readLine();
            } catch (Exception e) {
                System.err.println(e.getMessage());
            }
            if (validateCode(product_code, 'P')) break;
            System.out.print("잘못된 물품코드 형식입니다(물품코드 형식: P-xxxx)!");
            System.out.println("다시 입력하세요!!!");
        }
        return product_code;
    }

    // 거래일시 입력
    public String inputTransDate() {
        String trans_date = null;
        while (true) {
```

```
            System.out.print("거래일시(형식: yyyy-mm-dd) : ");
        try {
            trans_date = dis.readLine();
        } catch (Exception e) {
            System.err.println(e.getMessage());
        }
        if (DateCheck.isDateCorrect(trans_date) == true) break;
            System.out.println("잘못된 날짜입니다. 다시 입력하세요.");
        }
        return trans_date;
    }

    // 거래종류 지정
    public int setTransType(int transType) {
        int trans_type = transType;
        System.out.print("거래종류 : ");
        if (trans_type == 1) System.out.println("구매");
        else System.out.println("판매");
        return trans_type;
    }

    // 물품구매업체|물품판매업체 입력
    public String inputVendor() {
        String vendor = null;
        System.out.print("물품판매업체 : ");
        try {
            vendor = dis.readLine();
        } catch (Exception e) {
            System.err.println(e.getMessage());
        }
        return vendor;
    }

    // 구매수량|판매수량 입력
    public int inputQuantity() {
        int quantity = 0;
        while (true) {
            System.out.print("판매수량 : ");
            try {
                quantity = Integer.parseInt(dis.readLine());
            } catch (Exception e) {
                System.err.println(e.getMessage());
            }
            // 잔액은 > 0
            if (quantity > 0) break;
            System.out.println("수량은 최소 1 이상이어야 합니다. 다시 입력하세요! : ");
        }
        return quantity;
```

```
        }
        // 물품코드 형식 확인: P-xxxx
        public boolean validateCode(String str, char type) {
            if (str.length() == 6)
                if (str.charAt(0) == type && str.charAt(1) == '-')
                    if (isInteger(str.substring(2,5))) return true;
            return false;
        }

        // 문자열의 내용이 정수인지 확인
        public boolean isInteger(String strValue) {
            try {
                Integer.parseInt(strValue);
            } catch (Exception NumberFormatException) {
                return false;
            }
            return true;
        }
    }
```

▶ GoodsTransSql.java

```
package chap7;
import java.sql.*;

// 물품 거래내역 관련 클래스
public class GoodsTransSql {
    private Connection con = null;
    private Statement stmt = null;
    private ResultSet result = null;

    public GoodsTransSql(Connection con) {
        this.con = con;
        // 물품 테이블과 물품거래내역 테이블이 존재하지 않는 경우
        // 테이블 생성 및 테스트를 위한 레코드 삽입
        if (createGoodsTable() == true) {
            String [][] goodsRecords = {{"P-1001", "노트", "100"},
                                        {"P-1002", "볼펜", "200"},
                                        {"P-1003", "연필", "200"}};
            try {
                String insertString = "INSERT INTO goods VALUES (?, ?, ?)";
                PreparedStatement pstmt = con.prepareStatement(insertString);
                for (int i=0; i < goodsRecords.length; i++)
                    insertGoodsRecord(pstmt, goodsRecords[i]);
                pstmt.close();
```

```java
            } catch(SQLException e) {}
        }

        if (createGoodTransTable() == true) {
            String [][] transRecords = {{"P-1001", "2012-07-01", "1", "구매업체1", "200"},
                                        {"P-1002", "2012-07-01", "1", "구매업체2", "200"},
                                        {"P-1003", "2012-07-01", "1", "구매업체3", "200"},
                                        {"P-1001", "2012-08-01", "1", "판매업체1", "100"},};
            try {
                String insertString = "INSERT INTO good_trans (product_code, " +
                        "trans_date, trans_type, vendor, quantity) VALUES (?, ?, ?, ?, ?)";
                PreparedStatement pstmt = con.prepareStatement(insertString);
                for (int i=0; i < transRecords.length; i++)
                    insertGoodTransRecord(pstmt, transRecords[i]);
                pstmt.close();
            } catch(SQLException e) {}
        }
    }

    // 존재하지 않는 경우 물품 테이블 생성
    public boolean createGoodsTable() {
        String createString = "CREATE TABLE goods " +
                            "(product_code char(6) NOT NULL PRIMARY KEY, " +
                            "product_name varchar(20) NOT NULL, " +
                            "stock int DEFAULT 0 , " +
                            "check (stock >= 0))"
        try {
            stmt = con.createStatement();
            stmt.executeUpdate(createString);
            System.out.println("goods 테이블이 정상적으로 생성되었습니다!!!");
            stmt.close();
            return true;
        } catch(SQLException e) {
            // System.err.println("goods 테이블 생성 오류: " + e.getMessage());
            return false;
        }
    }

    // 존재하지 않는 경우 물품 거래 내역 테이블 생성
    // trans_type == 1 (입고), 2 (출고)
    public boolean createGoodTransTable() {
        String createString = "CREATE TABLE good_trans " +
                            "(no int NOT NULL AUTO_INCREMENT PRIMARY KEY, " +
                            "product_code char(6) NOT NULL, " +
                            "trans_date char(10) NOT NULL, " +
                            "trans_type int, " +
                            "vendor varchar(20) NOT NULL, " +
                            "quantity int, " +
```

```
                              "foreign key (product_code) references goods(product_code), " +
                              "check (quantity > 0))"
        try {
            stmt = con.createStatement();
            stmt.executeUpdate(createString);
            System.out.println("good_trans 테이블이 정상적으로 생성되었습니다!!!");
            stmt.close();
            return true;
        } catch(SQLException e) {
            return false;
        }
    }


    // 초기 goods 레코드 추가
    public void insertGoodsRecord(PreparedStatement pstmt, String [] goodsRecord) {
        try {
            pstmt.setString(1, goodsRecord[0]);
            pstmt.setString(2, goodsRecord[1]);
            pstmt.setInt(3, Integer.parseInt(goodsRecord[2]));
            pstmt.executeUpdate();
            System.out.println(goodsRecord[0]+ " 물품 정상적으로 삽입 완료!!!");
        } catch(SQLException e) {
            System.err.println(goodsRecord[0]+" 물품 레코드 삽입 오류: "e.getMessage());
        }
    }


    // 초기 good_trans 레코드 추가
    public void insertGoodTransRecord(PreparedStatement pstmt, String [] transRecord) {
        try {
            pstmt.setString(1, transRecord[0]);
            pstmt.setString(2, transRecord[1]);
            pstmt.setInt(3, Integer.parseInt(transRecord[2]));
            pstmt.setString(4, transRecord[3]);
            pstmt.setInt(5, Integer.parseInt(transRecord[4]));
            pstmt.executeUpdate();
            System.out.println(transRecord[0] + " 물품거래내역 정상적으로 삽입 완료!!!");
        } catch(SQLException e) {
            System.err.println(transRecord[0] + " 물품거래내역 레코드 삽입 오류: " +
                                            e.getMessage());
        }
    }

    // 판매 상품의 재고량을 goods 테이블로부터 얻음
    public int getStock(String productCode) {
        int stock = 0;
        String query = "SELECT stock FROM goods ";
        query += "WHERE product_code = '" + productCode + "'";
        try {
```

```
                stmt = con.createStatement();
                ResultSet result = stmt.executeQuery(query);
                result.next();
                stock = result.getInt(1);
                stmt.close();
        } catch(SQLException e) {
                System.err.println(productCode + " 물품 검색 오류: " + e.getMessage());
                return -1;
        }
        return stock;
    }

    // 판매수량 또는 입고수량만큼 물품 테이블(goods)의 재고량 변경
    public void updateGoodRecord(PreparedStatement pstmt, String productCode, int stock) {
        try {
                pstmt.setInt(1, stock);
                pstmt.setString(2, productCode);
                pstmt.executeUpdate();
                System.out.println("물품 테이블 재고량 변경 완료!!!");
        } catch(SQLException e) {
                System.err.println("물품 테이블 재고량 변경 오류: " + e.getMessage());
        }
    }

    // 물품 테이블의 레코드 정보 출력
    public void displayGoodsRecords() {
        try {
                stmt = con.createStatement();
                result = stmt.executeQuery("SELECT * from goods");
                // 물품 정보가 존재하지 않는 경우 안내 메시지 표시
                if (!result.next()) {
                        System.out.println("물품 정보가 존재하지 않습니다!!!");
                        return;
                }
                else {
                        displayHeadInfo();
                        int count=0;
                        do {
                                String resultStr = result.getString(1) + "\t\t";
                                resultStr += result.getString(2) + "\t";
                                resultStr += result.getInt(3);
                                System.out.println(resultStr);
                                count++;
                        } while (result.next());
                        displayEndInfo(count);
                }
                stmt.close();
        } catch(Exception e) {}
```

```java
    }

// 물품거래내역 테이블의 레코드 정보 출력
public void displayGoodTransRecords() {
    try {
        stmt = con.createStatement();
        result = stmt.executeQuery("SELECT * from good_trans");
        // 물품거래내역 정보가 존재하지 않는 경우 안내 메시지 표시
        if (!result.next()) {
            System.out.println("물품거래내역 정보가 존재하지 않습니다!!!");
            return;
        }
        else {
            displayHeadInfo1();
            int count=0;
            do {
                String resultStr = result.getInt(1) + "  ";
                resultStr += result.getString(2) + "\t";
                resultStr +=  result.getInt(3) + "\t";
                resultStr +=  result.getString(4) + "\t";
                resultStr += result.getString(5) + "  ";
                resultStr += result.getInt(6);
                System.out.println(resultStr);
                count++;
            } while (result.next());
            displayEndInfo(count);
        }
        stmt.close();
    } catch(Exception e) {}
}

public void displayHeadInfo() {
    System.out.println("\n물품 레코드 정보");
    drawLine();
    System.out.println("물품코드\t물품명\t재고량");
    drawLine();
}

public void displayHeadInfo1() {
    System.out.println("\n물품거래내역 레코드 정보");
    drawLine();
    System.out.println("NO 물품코드\t거래일시  거래종류  판매|구매업체  판매|구매수량");
    drawLine();
}

public void displayEndInfo(int count) {
    drawLine();
    System.out.println(count + "개의 레코드가 존재합니다!!! ");
```

```
        }

    public void drawLine () {
        System.out.println("========================================");
    }
}
```

▶ TransactionExample01.java

```
package chap7;
import java.sql.*;
import chap6.project2.DBConnection;

public class TransactionExample01 {
    public static void main(String args[]) {
        String product_code = null;   // 물품코드
        String trans_date = null;     // 거래일시
        int trans_type = 0;           // 거래유형(1:구매|2:판매)
        String vendor = null;         // 판매업체
        int quantity = 0;             // 판매수량

        // 데이터베이스 연결
        Connection con = null;
        DBConnection db = new DBConnection();
        if((con = db.connect()) == null) return;

        GoodsTransSql transSql = new GoodsTransSql(con);
        // 물품 판매인 경우의 예제 ========================================
        // InputGoodTrans 클래스를 통해
        // 물품판매내역(물품코드, 거래일시, 물품판매업체, 판매수량)을 입력
        InputGoodTrans inputGoodTrans = new InputGoodTrans();
        product_code = inputGoodTrans.inputProductCode();
        trans_date = inputGoodTrans.inputTransDate();
        trans_type = inputGoodTrans.setTransType(2);
        vendor = inputGoodTrans.inputVendor();
        quantity = inputGoodTrans.inputQuantity();
        // 입력한 물품코드가 물품 테이블에 존재하는지 먼저 확인
        int stock = transSql.getStock(product_code);
        if (stock < 0) {
            System.out.println(product_code + "가 물품 테이블에 존재하지 않습니다.");
            db.close();
            return;
        }
        // 물품코드의 재고량을 goods 테이블로부터 얻어 와 판매한 수량만큼 감소
        stock -= quantity;
```

```
        if (stock < 0) {
            System.out.println("판매량이 재고량보다 많습니다(판매량 <= 재고량).");
            db.close();
            return;
        }

        // 예를 들어 "P-1001" 상품을 "판매업체A"에 50개 판매하였다고 가정
        // 이에 대한 거래내역을 물품거래내역(good_trans) 테이블에 기록하고
        // 물품 테이블(goods)의 재고량을 판매한 수량만큼 감소시킴
        try {
            // 트랜잭션 시작 ===============================================
            con.setAutoCommit(false);
            PreparedStatement pstmt1 = con.prepareStatement(
                        "UPDATE goods SET stock = ? WHERE product_code = ?");
            PreparedStatement pstmt2 = con.prepareStatement(
                        "INSERT INTO good_trans (product_code, trans_date, " +
                        "trans_type, vendor, quantity) VALUES (?, ?, ?, ?, ?)");

            // 판매한 수량만큼 물품 테이블(goods)의 재고량 변경
            transSql.updateGoodRecord(pstmt1, product_code, stock);
            // 거래 내역을 물품거래내역 테이블(good_trans)에 삽입
            String transRecord[] = new String[5];
            transRecord[0] = product_code;
            transRecord[1] = trans_date;
            transRecord[2] = ""+ trans_type;
            transRecord[3] = vendor;
            transRecord[4] = "" + quantity;
            transSql.insertGoodTransRecord(pstmt2, transRecord);
            con.commit();
            // 트랜잭션 완료 ===============================================

            // 트랜잭션 수행 후 auto-commit enabling
            con.setAutoCommit(true);
            pstmt1.close();
            pstmt2.close();
            // 변경 후 물품, 물품거래내역 테이블 레코드 정보 표시
            transSql.displayGoodsRecords();
            transSql.displayGoodTransRecords();
        } catch(SQLException e) {}
        db.close();
    }
}
```

[그림 7-37] TransactionExample01.java 소스 코드

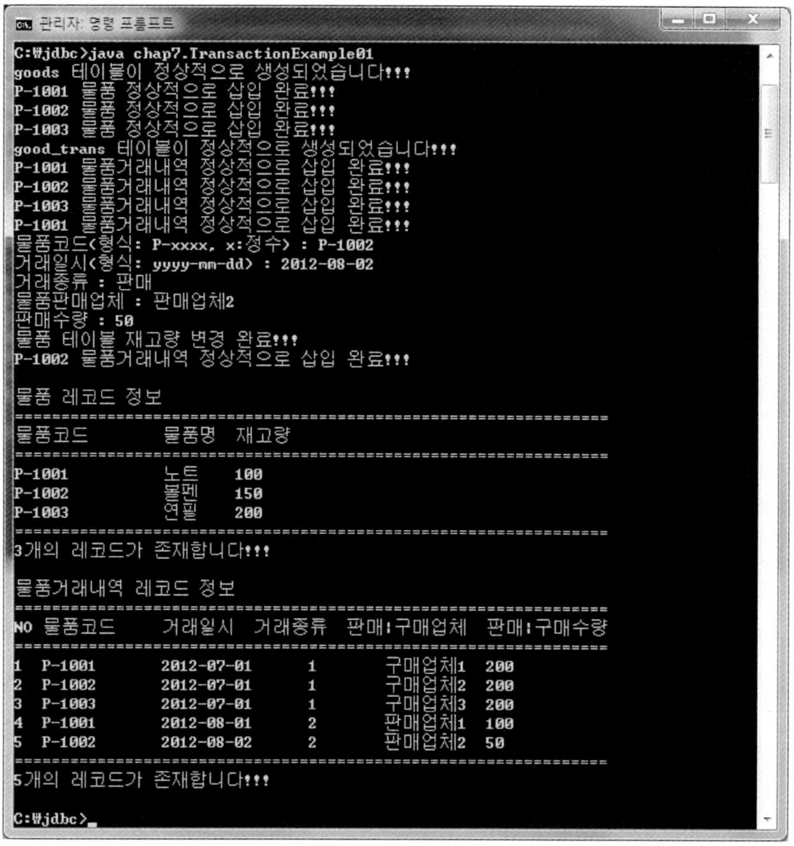

[그림 7-38] TransactionExample01 클래스의 실행 결과

[그림 7-38]에서 보인 바와 같이 TransactionExample01 클래스를 처음 실행한 경우에는 물품(goods)과 물품거래내역(good_trans) 테이블을 자동 생성한 후, 테스트를 위해 [표 7-7]과 [표 7-8]에 있는 레코드를 각각의 테이블에 삽입하게 된다. 프로그램은 물품 테이블에 있는 물품을 판매한 경우의 예제를 보인 것이다. 판매한 물품코드(P-1002), 거래일시(2012-08-02), 판매업체(판매업체2) 및 판매수량(50)을 입력하면, 물품 테이블에 있는 재고량을 판매한 수량만큼 변경하여 저장하고, 입력한 물품거래내역을 물품거래내역 테이블에 기록하게 된다. [그림 7-39]는 TransactionExample01 클래스를 재실행하여 또 하나의 물품거래내역을 입력한 경우를 보인 것이다.

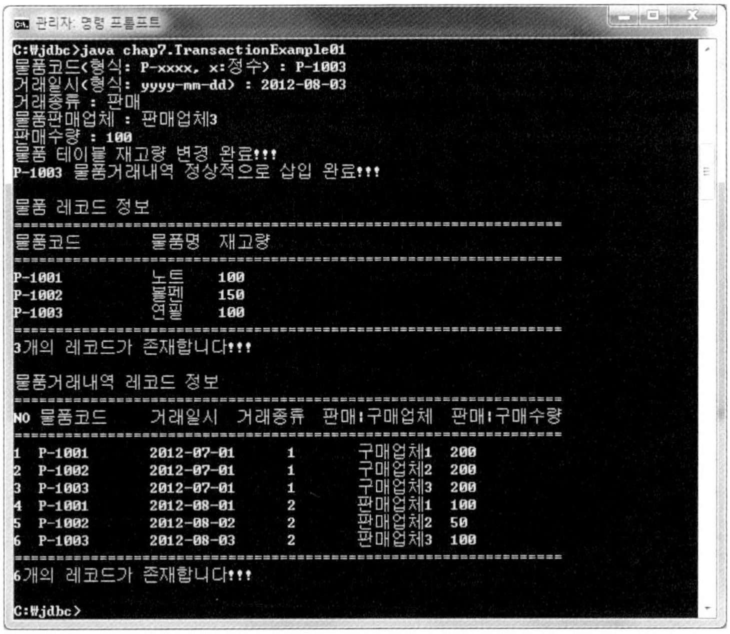

[그림 7-39] TransactionExample01 클래스의 재실행 결과

[그림 7-40]은 물품 테이블(goods)에 존재하지 않는 물품코드(P-1004)를 입력한 경우에 오류가 발생한 예제를 보인 것이며, [그림 7-41]은 판매량(250)이 재고량(200)보다 큰 경우에 오류가 발생한 예제를 보인 것이다.

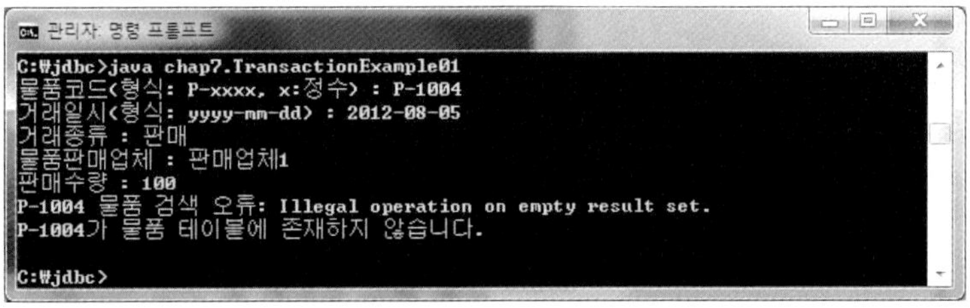

[그림 7-40] 물품테이블에 존재하지 않는 물품코드(P-1004)를 입력한 경우

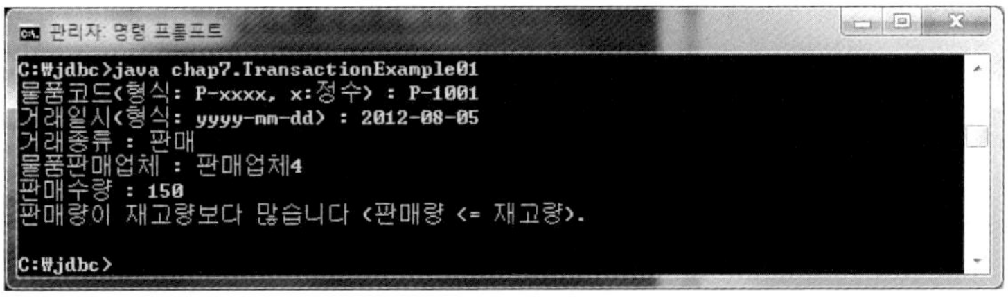

[그림 7-41] 판매량(150)이 재고량(100)보다 큰 경우의 실행 결과

7.5.2 트랜잭션 Isolation Level

앞 절에서 살펴본 트랜잭션 처리에서 auto-commit 모드를 비활성화시킨 후 수행된 갱신문들은 Connection 객체의 commit() 메소드가 호출되기 전까지는 모두 데이터베이스에 반영되지 않는다. 그러나 commit되지 않은 시점이라도 같은 커넥션으로부터 파생된 Statement 객체들은 갱신된 데이터를 다음 질의문에서 사용할 수 있다.

```
Connection con = DriverManager.getConnection(url, user, passwd);
con.setAutoCommit(false);
stmt1 = con.createStatement();
stmt2 = con.createStatement();
stmt1.executeUpdate("INSERT INTO goods VALUES ('P-1004', '지우개', 200)");
ResultSet result = stmt2.executeQuery("SELECT stock FROM goods " +
                "WHERE product_code = 'P-1004'");
con.commit();
```

[그림 7-42] SQL문이 동일 커넥션으로부터 파생된 경우의 트랜잭션

[그림 7-42]에 있는 코드에서 commit() 메소드가 호출되지 않은 시점에서 stmt2의 질의문이 실행되었지만, 이에 대한 질의 결과인 result는 stmt1의 갱신문에서 삽입한 결과를 얻어 오게 된다. 이는 stmt2의 질의문이 갱신된 데이터베이스로부터 데이터를 가져오는 것이 아니라 같은 커넥션에서 최종으로 갱신된 데이터를 조회하기 때문이다. 이번에는 유사한 [그림 7-43]에 있는 또 하나의 예제를 살펴보도록 하자.

```
Connection con1= DriverManager.getConnection(url, user, passwd);
Connection con2= DriverManager.getConnection(url, user, passwd);
con1.setAutoCommit(false);
con2.setAutoCommit(false);
stmt1 = con1.createStatement();
stmt2 = con2.createStatement();
stmt1.executeUpdate("INSERT INTO goods VALUES ('P-1004', '지우개', 200)");
ResultSet result = stmt2.executeQuery("SELECT stock FROM goods " +
                "WHERE product_code = 'P-1004'");
con1.commit();
```

[그림 7-43] SQL문이 서로 다른 커넥션으로부터 파생된 경우의 트랜잭션

위의 코드는 두 개의 서로 다른 커넥션을 통해 트랜잭션을 처리하는 경우를 예제로 보인 것이다. stmt1과 stmt2는 서로 다른 커넥션을 통해 처리되고 있으며, 이는 두 개의 서로 다른 트랜잭션이 처리되고 있음을 의미한다. 즉 한 트랜잭션 T1은 테이블에 레코드를 삽입하고 다른 트랜잭션 T2는 그 테이블로부터 삽입한 레코드의 정보를 가져오려고 한다. 이때 T1이 commit()이 호출되지 않았더라도 T2가 갱신된 데이터를 가져오느냐, 아니면 commit()이 실행되기 전이므로 이전 데이터를 가져오느냐 하는 문제가 있다. 이러한 문제를 처리하기 위해 JDBC에서는 트랜잭션 차단 레벨(isolation level)을 사용하여 5단계로 나누어 이를 처리한다(참고로, 동일한 응용프로그램을 여러 사용자가 동시에 사용하는 경우 사용자의 커넥션은 모두 서로 다르다. 따라서 한 사용자가 commit()을 실행하기 전에 수행한 갱신문의 결과를 다른 사용자가 질의하고자 하는 경우에도 이 경우에 해당하겠다). Connection 객체의 트랜잭션 차단 레벨에 따라 트랜잭션을 처리하는 방식이 조금씩 달라진다. [표 7-9]는 Connection 인터페이스에서 차단 레벨을 처리하기 위해 제공되는 필드 상수들을 나타낸 것이며, [표 7-10]은 트랜잭션 차단 레벨을 나타낸 것이다.

[표 7-9] Connection 인터페이스에서 트랜잭션 차단 레벨과 관련된 필드 상수

필드	설명	상수 값
static final int TRANSACTION_NONE	트랜잭션이 지원되지 않음을 나타내는 상수	0
static final int TRANSACTION_READ_UNCOMMITTED	dirty read, non-repeatable read와 phantom read가 발생할 수 있음을 나타내는 상수	1
static final int TRANSACTION_READ_COMMITTED	dirty read는 금지되고, non-repeatable read와 phantom read는 발생할 수 있음을 나타내는 상수	2
static final int TRANSACTION_REPEATABLE_READ	dirty read와 non-repeatable read는 금지되고, phantom read는 발생할 수 있음을 나타내는 상수	4
static final int TRANSACTION_SERIALIZABLE	dirty read, non-repeatable read와 phantom read가 모두 금지됨을 나타내는 상수	8

[표 7-10] 트랜잭션 차단 레벨

차단 레벨(isolation level)	dirty read	non-repeatable read	phantom read
TRANSACTION_READ_UNCOMMITTED	○	○	○
TRANSACTION_READ_COMMITTED	×	○	○
TRANSACTION_REPEATABLE_READ	×	×	○(×)
TRANSACTION_SERIALIZABLE	×	×	×

트랜잭션 차단 레벨이 TRANSACTION_REPEATABLE_READ인 경우에는 phantom-read를 허용하는 경우도 있지만 허용하지 않는 경우도 있음을 유의하기 바란다. MySQL에서는 TRANSACTION_

REPEATABLE_READ인 경우 phantom-read를 허용하지 않는다.

▶ dirty read

Dirty read란 한 트랜잭션 T1이 테이블의 행을 갱신하고 아직 commit가 수행되지 않은 상태에서, 다른 트랜잭션 T2가 그 테이블의 행을 읽으려고 하는 경우, T1에서 commit() 메소드가 수행되지 않았더라도 T2의 질의문에서 T1의 갱신된 행의 데이터 값으로 읽혀지는 것을 말한다. 따라서 T2의 트랜잭션 차단 레벨이 dirty read를 허용하는 경우, [그림 7-43]에 있는 소스 코드를 실행할 경우 con1의 트랜잭션에서 레코드 삽입 SQL문을 수행하고 commit()를 호출하지 않은 상태라도, 또 다른 커넥션 con2의 stmt2의 결과는 삽입한 레코드의 정보를 검색하게 된다. 즉 stmt1에서 삽입한 물품코드 P-1004가 stmt2의 질의문 결과에서 검색된다. 그러나 dirty read가 금지된 경우에는 stmt2의 질의문 결과에서 P-1004가 검색되지 않게 된다.

▶ non-repeatable read

Non-repeatable read란 (1) 하나의 트랜잭션 T1이 행의 값을 읽어오고, (2) 다른 트랜잭션 T2가 그 행의 값을 변경하고 commit한 후, (3) 트랜잭션 T1이 다시 그 행의 값을 읽게 되면, (1)에서 검색한 값과 다른 값이 검색되는 것을 말한다.

```
Connection con1= DriverManager.getConnection(url, user, passwd);
Connection con2= DriverManager.getConnection(url, user, passwd);
int stock = 0;
String query = "SELECT stock FROM goods WHERE product_code = 'P-1001' ";
con1.setAutoCommit(false);
con2.setAutoCommit(false);
stmt1 = con1.createStatement();
stmt2 = con2.createStatement();
ResultSet result1 = stmt1.executeQuery(query);
result1.next();
stock = result1.getInt(1);    // stock = 100이라 가정
stmt2.executeUpdate("UPDATE goods SET stock = 200 " +
                    "WHERE product_code = 'P-1001'");
con2.commit();
ResultSet result2 = stmt1.executeQuery(query);
result2.next();
stock = result2.getInt(1);    // stock = 200
con1.commit();
```

[그림 7-44] 차단 레벨이 non-repeatable read인 경우의 예제

[그림 7-44]에서 non-repeatable read가 허용된 경우에는 두 번째 질의문 결과에서 물품 P-1001의 재고량으로 200이 검색되지만 non-repeatable read가 금지된 경우에는 100으로 검색된다.

▶ phantom read

하나의 트랜잭션 T1이 동일한 조건으로 여러 번 읽기를 하는 경우, 중간에 다른 트랜잭션 T2에 의해 동일 조건으로 추가한 값을 읽을 수 있는 경우를 말한다. 즉 트랜잭션 T1이 특정 조건으로 행의 정보를 검색하고, 중간에 다른 트랜잭션 T2가 동일 조건의 행을 추가하고 commit을 수행한 다음, 트랜잭션 T1이 동일한 조건으로 다시 행의 정보를 검색한 경우 중간에 추가된 행의 정보를 읽을 수 있는 것을 의미한다.

```
Connection con1= DriverManager.getConnection(url, user, passwd);
Connection con2= DriverManager.getConnection(url, user, passwd);
String query = "SELECT * FROM goods WHERE stock >= 150";
con1.setAutoCommit(false);
con2.setAutoCommit(false);
stmt1 = con1.createStatement();
stmt2 = con2.createStatement();
ResultSet result1 = stmt1.executeQuery(query);
/* result1의 검색 결과가 아래와 같았다고 가정 *****
물품코드         물품명          재고량
================================
P-1002          볼펜            150
P-1004          지우개          200
================================ */
stmt2.executeUpdate("INSERT INTO goods VALUES ('P-1005', '형광펜', 200)");
con2.commit();
ResultSet result2 = stmt1.executeQuery(query);
/* phantom read가 허용된 경우 result2의 검색 결과는 아래와 같게 됨 *******
그러나 phantom read가 허용되지 않은 경우에는 마지막 행이 검색되지 않음 **
물품코드         물품명          재고량
================================
P-1002          볼펜            150
P-1004          지우개          200
P-1005          형광펜          200
================================ *************************/
con1.commit();
```

[그림 7-45] 차단 레벨이 phantom read인 경우의 예제

[표 7-11]은 트랜잭션 차단 레벨과 관련된 Connection 인터페이스의 메소드들이다. 현재 컴퓨터

에 설치된 JDBC 드라이버가 지원하는 차단 레벨을 알아보기 위해서는 DatabasedMetaData 객체의 supportsTransactionIsolationLevel() 메소드를 사용하면 된다.

[표 7-11] 트랜잭션 차단 레벨과 관련된 Connection 인터페이스의 메소드

필드	설명
int getTransactionIsolation()	현재 Connection 객체의 트랜잭션 차단 레벨 값을 반환한다.
void setTransactionIsolation(int level)	매개변수로 주어진 level 값으로 해당 Connection의 트랜잭션 차단 레벨을 변경한다.

▶ 차단 레벨 예제 1: IsolationLevelExample01.java

다음 프로그램은 디폴트로 설정된 차단 레벨과 설치된 JDBC 드라이버라 지원하는 차단 레벨(isolation level)을 보여주는 예제이다.

```java
package chap7;
import java.sql.*;

public class IsolationLevelExample01 {
    public static void main(String args[]) {
        Connection con = null;
        String url = "jdbc:mysql://127.0.0.1:3306/banksystem";
        String user = "root";
        String passwd = "test123";

        // 드라이버 로딩
        try {
            Class.forName("com.mysql.jdbc.Driver");
        } catch(java.lang.ClassNotFoundException e) {
            System.err.print("ClassNotFoundException: ");
            System.err.println(e.getMessage());
            return;
        }
        try {
            con = DriverManager.getConnection(url, user, passwd);
            IsolationLevel isoLevel = new IsolationLevel(con);
            int currentIsoLevel = isoLevel.getCurrentIsoLevel();
            isoLevel.disSupportedIsoLevel();
            // 현재 isolation 레벨을 TRANSACTION_SERIALIZABLE로 변경
            isoLevel.changeCurrentIsoLevel(con.TRANSACTION_SERIALIZABLE);
            // 다시 디폴트 트랜잭션 isolation level로 변경
            isoLevel.changeCurrentIsoLevel(currentIsoLevel);
        } catch(SQLException e) {
            System.err.println(e.getMessage());
```

```
            } finally {
                try {
                    if (con != null) con.close();
                } catch (Exception e) {}
            }
        }
}
```

```
package chap7;
import java.sql.*;

public class IsolationLevel {
    private Connection con = null;
    private int currentLevel = 0;
    private String [] levels = { "TRANSACTION_NONE",
        "TRANSACTION_READ_UNCOMMITTED","TRANSACTION_READ_COMMITTED",
        "TRANSACTION_REPEATABLE_READ", "TRANSACTION_SERIALIZABLE"};

    public IsolationLevel(Connection con) {
        this.con = con;
    }
    // 현재 트랜잭션 isolation level 얻음
    public int getCurrentIsoLevel() throws SQLException {
        currentLevel = con.getTransactionIsolation();
        System.out.print("현재 ");
        disIsoLevelName();
        return currentLevel;
    }

    public void disIsoLevelName() {
        System.out.println("트랜잭션 isolation 레벨: ");
        if (currentLevel == 0) System.out.println(levels[0]);
        else if (currentLevel == 1) System.out.println(levels[1]);
        else if (currentLevel == 2) System.out.println(levels[2]);
        else if (currentLevel == 4) System.out.println(levels[3]);
        else if (currentLevel == 8) System.out.println(levels[4]);
        System.out.println();
    }

    // 현재 트랜잭션 isolation leveL을 변경
    public void changeCurrentIsoLevel(int level) throws SQLException{
        con.setTransactionIsolation(level);
        currentLevel = level;
        System.out.print("변경된 ");
        disIsoLevelName();
    }
```

```
        // 설치된 JDBC 드라이버가 지원하는 차단 레벨 확인
    public void disSupportedIsoLevel() throws SQLException {
        DatabaseMetaData dbmd = con.getMetaData();
        System.out.println("설치된 JDBC 드라이버가 지원하는 isolation 레벨:");
        if (dbmd.supportsTransactionIsolationLevel(con.TRANSACTION_NONE))
            System.out.println(levels[0]);
        if (dbmd.supportsTransactionIsolationLevel(
            con.TRANSACTION_READ_UNCOMMITTED))
            System.out.println(levels[1]);
        if (dbmd.supportsTransactionIsolationLevel(con.TRANSACTION_READ_COMMITTED))
            System.out.println(levels[2]);
        if (dbmd.supportsTransactionIsolationLevel(con.TRANSACTION_REPEATABLE_READ))
            System.out.println(levels[3]);
        if (dbmd.supportsTransactionIsolationLevel(con.TRANSACTION_SERIALIZABLE))
            System.out.println(levels[4]);
        System.out.println();
    }
}
```

[그림 7-46] IsolationLevelExample01.java와 IsolationLevel.java 소스 코드

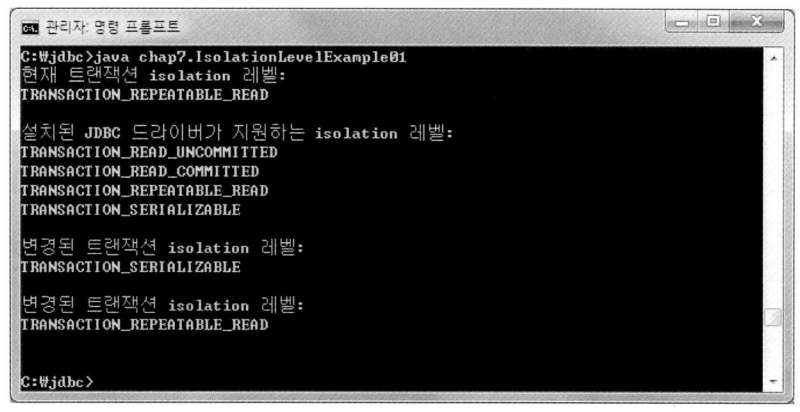

[그림 7-47] IsolationLevelExample01 클래스 실행 결과

위의 실행 결과에서 현재 트랜잭션 isolation 레벨은 dirty read와 non-repeatable read는 허용하지 않고, phantom read는 데이터베이스에 따라 허용 또는 허용하지 않는 TRANSACTION_REPEATABLE_READ임을 알 수 있다. 현재 시스템에 설치된 JDBC는 모든 isolation 레벨을 지원하므로 다른 차단 레벨을 원할 경우에는 con.setTransactionIsolation() 메소드를 이용해 변경하여 사용할 수도 있겠다. Isolation 레벨을 변경할 경우 TRANSACTION_NONE으로는 변경할 수 없음을 유의하기 바란다. 이 이유는 JDBC는 트랜잭션 지원을 원칙으로 하기 때문이다.

▶ 차단 레벨 예제 2: TransactionExample02.java

다음 프로그램은 [그림 7-43], [그림 7-44]와 [그림 7-45]에서 보인 트랜잭션 isolation 레벨에 의한 dirty read, non-repeatable read와 phantom read에 대한 트랜잭션 처리 예제를 구현하여 보인 것이다. 다중 스레드 환경에서 테스트하기에는 다소 복잡하므로 단일 스레드로 두 개의 커넥션을 이용하여 처리하도록 구현하였다.

```java
package chap7;
import java.sql.*;
import chap6.project2.DBConnection;

public class TransactionExample02 {
    public static void main(String args[]) {
        Connection con1 = null;
        Connection con2 = null;
        Statement stmt1 = null;
        Statement stmt2 = null;
        ResultSet result1 = null;
        ResultSet result2 = null;

        // 데이터베이스 연결
        DBConnection db1 = new DBConnection();
        if ((con1 = db1.connect()) == null) return;
        DBConnection db2 = new DBConnection();
        if ((con2 = db2.connect()) == null) return;

        // 현재 커넥션의 차단 레벨 표시
        try {
            IsolationLevel isoLevel = new IsolationLevel(con1);
            int level1 = isoLevel.getCurrentIsoLevel();
        } catch(SQLException e) {}

        // dirty read 테스트 ========================================
        // 현재 트랜잭션 차단 레벨이 dirty read를 허용하지 않는
        // TRANSACTION_REPEATABLE_READ이므로
        // P-1004을 goods테이블에 중간에 삽입하였을지라도
        // "P-1004 정보가 존재하지 않습니다!!!"라는 메시지가 출력되게 됨
        System.out.println("dirty read 테스트 ===============================");
        try {
            con1.setAutoCommit(false);
            con2.setAutoCommit(false);
            stmt1 = con1.createStatement();
            stmt2 = con2.createStatement();
            stmt1.executeUpdate("INSERT INTO goods VALUES ('P-1004', '지우개', 200)");
            stmt1.executeUpdate("INSERT INTO good_trans " +
```

```
                    "(product_code, trans_date, trans_type, vendor, quantity)  " +
                    "VALUES ('P-1004', '2012-08-04', 1, '구매업체4', 200)");
        result1 = stmt2.executeQuery("SELECT stock FROM goods " +
                    "WHERE product_code = 'P-1004'");
        if (!result1.next())
            System.out.println("P-1004 정보가 존재하지 않습니다!!!");
        else
            System.out.println(result1.getString(1) + ", " + result1.getString(2) +
                        ", " + result1.getString(3));
        con1.commit();
        con2.commit();

        // 트랜잭션 수행 후 auto-commit enabling
        con1.setAutoCommit(true);
        con2.setAutoCommit(true);
        stmt1.close();
        stmt2.close();
    } catch(SQLException e) {
        System.err.println(e.getMessage());
    } finally {
        try {
            if (result1 != null) result1.close();
            if (stmt2 != null) stmt2.close();
            if (stmt1 != null) stmt1.close();
        } catch (Exception e) {}
    }

    // non-repeatable read 테스트 =======================================
    // 현재 트랜잭션 차단 레벨이 non-repeatable read를 허용하지 않는
    // TRANSACTION_REPEATABLE_READ이므로
    // P-1001을 goods테이블에 중간에 갱신하여
    // commit하였을지라도 다른 트랜잭션에서 변경된 내용을 가져올 수 없게 됨
    System.out.println("non-reapeatable read 테스트 =====================");
    try {
        String query = "SELECT stock FROM goods WHERE product_code = 'P-1001'";
        con1.setAutoCommit(false);
        con2.setAutoCommit(false);
        stmt1 = con1.createStatement();
        stmt2 = con2.createStatement();

        result1 = stmt1.executeQuery(query);
        result1.next();
        System.out.println("재고량 = " + result1.getInt(1)); // 재고량 = 100

        stmt2.executeUpdate("UPDATE goods SET stock = 200 " +
                    "WHERE product_code = 'P-1001'");
        stmt2.executeUpdate("INSERT INTO good_trans " +
```

```
                        "(product_code, trans_date, trans_type, vendor, quantity) " +
                        "VALUES ('P-1001', '2012-08-04', 1, '구매업체1', 100)");
        con2.commit();

        result2 = stmt1.executeQuery(query);
        result2.next();
        System.out.println("재고량 = " + result2.getInt(1)); // 재고량 = 100
        con1.commit();
        // 트랜잭션 수행 후 auto-commit enabling
        con1.setAutoCommit(true);
        con2.setAutoCommit(true);

    } catch(SQLException e) {
        System.err.println(e.getMessage());
    } finally {
        try {
            if (result1 != null) result1.close();
            if (result2 != null) result2.close();
            if (stmt1 != null) stmt1.close();
            if (stmt2 != null) stmt2.close();
        } catch (Exception e) {}
    }

// phantom read 테스트 ============================================
// MySQL에서는 트랜잭션 차단 레벨이 TRANSACTION_REPEATABLE_READ인 경우에도
// phantom read를 허용하지 않으므로 goods테이블에 중간에 삽입한
// P-1005 정보가 검색되지 않게 됨.
System.out.println("phantom read 테스트 ============================");
try {
    String query = "SELECT * FROM goods WHERE stock >= 150";
    con1.setAutoCommit(false);
    con2.setAutoCommit(false);
    stmt1 = con1.createStatement();
    stmt2 = con2.createStatement();

    result1 = stmt1.executeQuery(query);
    while (result1.next()) {
        System.out.println(result1.getString(1) + ", " + result1.getString(2) +
                ", " + result1.getInt(3));
    }

    stmt2.executeUpdate("INSERT INTO goods VALUES ('P-1005', '형광펜', 200)");
    stmt2.executeUpdate("INSERT INTO good_trans " +
                "(product_code, trans_date, trans_type, vendor, quantity) " +
                "VALUES ('P-1005', '2012-08-05', 1, '구매업체5', 200)");
    con2.commit();
    System.out.println("=========================================");
```

```
                    result2 = stmt1.executeQuery(query);
                    while (result2.next()) {
                        System.out.println(result2.getString(1) + ", " + result2.getString(2) +
                                ", " + result2.getInt(3));
                    }
                    con1.commit();
                    // 트랜잭션 수행 후 auto-commit enabling
                    con1.setAutoCommit(true);
                    con2.setAutoCommit(true);

                } catch(SQLException e) {
                    System.err.println(e.getMessage());
                } finally {
                    try {
                        if (result1 != null) result1.close();
                        if (result2 != null) result2.close();
                        if (stmt1 != null) stmt1.close();
                        if (stmt2 != null) stmt2.close();
                    } catch (Exception e) {}
                }
                db1.close();
                db2.close();
            }
    }
```

[그림 7-48] TransactionExample02.java 소스 코드

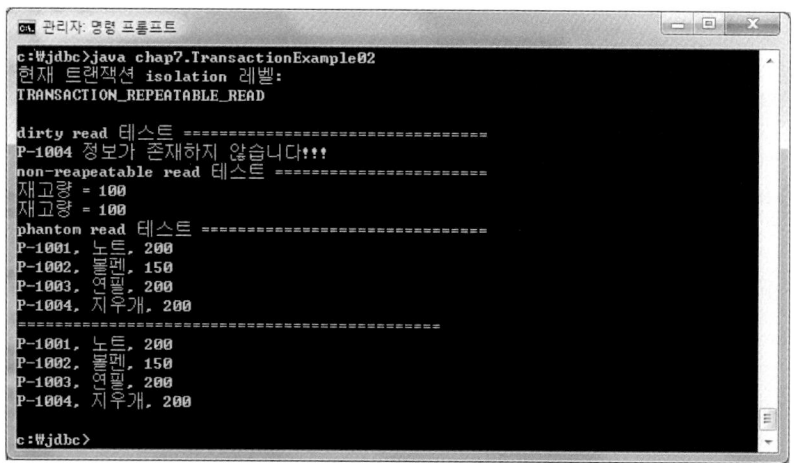

[그림 7-49] TransactionExample02 클래스 실행 결과

[그림 7-49]의 실행 결과를 얻기 위해서는 물품 테이블과 물품거래내역 테이블의 레코드 정보가

[그림 7-39]에 나타난 내용과 동일한 상태에서 시작해야 한다.

7.5.3 Savepoints

Savepoint는 한 묶음의 트랜잭션을 또 다시 몇 개의 단위로 나누어 트랜잭션을 처리할 수 있도록 지원하기 위한 것이다. 트랜잭션 묶음 중간 지점(intermediate points)에 하나의 세이브 포인트(save point)를 지정한 후 rollback을 수행하면, 세이브 포인트 이전까지의 작업에는 영향을 주지 않고 세이브 포인트 이후의 작업만을 취소할 수 있다.

[표 7-12]는 트랜잭션 savepoint와 관련된 Connection 인터페이스의 메소드들이며, [표 7-13]은 Connection에 의해 참조되는 현재 트랜잭션 내의 세이브 포인트를 나타내는 Savepoint 인터페이스의 메소드들을 나타낸 것이다. 현재 컴퓨터에 설치된 JDBC 드라이버가 세이브 포인터를 지원하는지 알아보기 위해서는 DatabaseMetaData 객체의 boolean supportsSavepoints() 메소드를 사용하면 된다.

[표 7-12] 트랜잭션의 savepoint와 관련된 Connection 인터페이스의 메소드들

필드	설명
Savepoint setSavepoint()	현재 트랜잭션에서 이름이 지정되지 않은 Savepoint를 생성하고 해당 객체를 반환한다.
Savepoint setSavepoint(String name))	현재 트랜잭션에서 주어진 이름(name)으로 Savepoint를 생성하고 해당 객체를 반환한다.
void releaseSavepoint(Savepoint savepoint)	현재 트랜잭션에서 지정된 Savepoint와 이후의 Savepoint 객체를 삭제한다.
void rollback(Savepoint savepoint)	주어진 Savepoint가 설정된 이후의 모든 변경을 되돌린다.

[표 7-13] Savepoint 인터페이스의 메소드들

필드	설명
int getSavepointId()	해당 Savepoint 객체가 나타내는 세이브 포인트의 ID를 가져온다.
String getSavepointName()	해당 Savepoint 객체가 나타내는 세이브 포인트의 이름을 가져온다.

[그림 7-50]은 하나의 세이브 포인트를 설정한 후 rollback을 수행한 예제 코드를 보인 것이다. con.rollback(sp1)을 실행하면 첫 번째 갱신문의 작업은 정상적으로 수행되고 두 번째 갱신문의 작업만 취소되게 된다.

```
Connection con= DriverManager.getConnection(url, user, passwd);
con.setAutoCommit(false);
stmt = con.createStatement();
stmt.executeUpdate("INSERT INTO table1 (column1) VALUES ('value1')");

// savepoint 지정
Savepoint sp1 = con.setSavepoint("savepoint1");
stmt.executeUpdate("INSERT INTO table1 (column1) VALUES ('value2')");
...
con.rollback(sp1);
...
con.commit();
```

[그림 7-50] 하나의 savepoint를 설정한 후 rollback을 실행한 예제 코드

7.6 예외 처리

7.6.1 예외 종류

JDBC는 데이터베이스에 엑세스하는 동안 발생하는 오류 및 경고를 처리하기 위해 SQLException 클래스와 하위 클래스들을 포함하여 총 17개의 예외 클래스를 제공하고 있다. 그림 [7-49]는 대표적인 예외 클래스와 이들 클래스 간의 상속 관계를 나타낸 것이다. java.sql 예외 클래스들은 java.lang. Throwable과 java.lang.Exception으로부터 상속된다.

- SQLException: 데이터베이스 액세스 오류 또는 그 외의 오류에 관한 정보를 제공하는 예외 클래스
- SQLBatchUpdateException: Batch update가 실행되는 도중에 발생할 수 있는 예외 클래스
- SQLWarning: 데이터베이스 액세스 경고에 관한 정보를 제공하는 예외 클래스

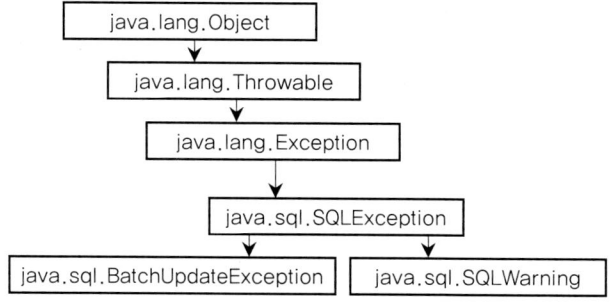

[그림 7-51] 예외 클래스의 상속 관계

7.6.2 예외 처리 형식

JDBC API에서 제공하는 인터페이스와 클래스의 거의 모든 메소드들은 예외를 SQLException으로 던진다(throws SQLException). 즉 JDBC의 메소드에서 던져진 오류들은 SQLException 클래스가 받게 된다. 던져진 오류를 받아 처리하는 전형적인 형식은 [그림 7-52]와 같다.

```java
// 예외 형식 1
try {
...
} catch (SQLException e) {
    System.err.println("오류 메시지: " + e.getMessage());  // 오류 메시지 출력
}

// 예외 형식 2
try {
...
} catch (SQLException e) {
    System.err.println("오류 메시지: " + e.getMessage());  // 오류 메시지 출력
    System.err.println("SQL 상태: " + e.getSQLState());    // SQL 상태 출력
    System.err.println("오류 코드: " + e.getErrorCode());   // 오류 코드 출력
}

// 예외 형식 3
try {
...
} catch (SQLException e) {}

// 예외 형식 4
public void getIsolationLevel() throws SQLException

// 예외 형식 5
try {
    Class.forName("com.mysql.jdbc.Driver");
    con = DriverManager.getConnection(url, user, passwd);
} catch (java.lang.ClassNotFoundException e1) {
    System.err.println("드라이버 로딩 오류: " + e1.getMessage());
} catch(SQLException e2) {
    System.err.println("데이터베이스 접속 오류: " + e2.getMessage());
}
```

[그림 7-52] 예외 처리 형식

JDBC 프로그램을 구현할 때 데이터베이스 연결 및 SQL문의 실행 등에서 발생할 수 있는 예외를 적절하게 처리하여 프로그램이 비정상적으로 종료되는 것을 막아야 할 뿐만 아니라, 오류의 원인을 파악하여 이에 쉽게 대처할 수 있도록 오류 메시지를 적절하게 출력해 주어야 할 것이다. 그러나 오류의 원인을 쉽게 파악할 수 있는 경우에는 오류 메시지를 꼭 출력하지 않아도 되겠다. 또한 오류를 매번 받아 처리할 필요가 없을 경우에는 이를 상위 메소드로 던져(throws SQLException) 상위 메소드에서 처리할 수 있도록 하는 것도 오류 처리의 적절한 방법일 것이다.

예외 처리의 또 하나의 중요한 역할은 안전한 자원 관리이다. 따라서 프로그램이 비정상적으로 종료된 경우에도, 즉 Connection이나 Statement 객체가 비정상적으로 종료된 경우에도 이에 대응되는 close() 메소드를 수행하고 빠져나갈 수 있도록 하여 자원들이 안전하게 반환될 수 있도록 해야 할 것이다. finally 문장을 이용하면 이를 효율적으로 처리할 수 있으며, [그림 7-53]은 이에 대한 예제를 보인 것이다.

```
try {
    Connection con= DriverManager.getConnection(url, user, passwd);
    Statement stmt = con.createStatement();
    stmt.executeUpdate("SELECT stock FROM goods " +
                       "WHERE product_code = 'P-1001' ");
    ResultSet result = stmt.executeQuery(query);
    ...
} catch (SQLException e) {
    System.err.println(e.getMessage());  // 오류 메시지 출력
}
finally {
    try {
        result.close();      // stmt.close()가 호출되면 수행되므로 생략해도 됨
        stmt.close();
        con.close();
    } catch (SQLException e) {}
}
```

[그림 7-53] 비정상적인 종료에 대처한 finally문 활용 예제

PART 3

웹 기반 JDBC
응용 프로그램 개발

8장 웹 기반 JDBC 응용 프로그램 개발 환경 구축

본 장에서는 웹을 기반으로 하여 자바 JDBC API를 이용해 데이터베이스 응용 프로그램 개발을 위한 환경을 먼저 구축하도록 한다. 5장에서 이미 JDBC를 이용한 데이터베이스 응용 프로그램 구현 환경은 구축하였으며, 본 장에서는 웹 프로그래밍 개발 환경을 위한 웹 서버 설치 과정만을 보인다. 본 책에서는 웹 서버로 아파치 톰캣(Apache Tomcat)을 사용하였으며, 웹 프로그래밍 언어로는 자바 언어를 기반으로 한 서블릿(Servlet)을 사용하였다.

JDK, 서블릿, 톰캣 버전 간에 호환성이 상이하므로 [표 8-1]을 참조하여 상호 호환성이 있는 버전을 선택하여 설치하도록 한다. 본 책에서는 JDK 1.6, Tomcat 7.0 및 Servlet 3.0으로 개발 환경을 구축하도록 하겠다.

[표 8-1] Tomcat 버전에 따라 지원되는 JDK 버전

Servlet/JSP	Tomcat 버전	실제 출시된 개정 버전	JDK 버전
3.0/2.2	7.0.x	7.0.27	1.6
2.5/2.1	6.0.x	6.0.35	1.5
2.4/2.0	5.5.x	5.5.35	1.4
2.3/1.2	4.1.x (archived)	4.1.40 (archived)	1.3
2.2/1.1	3.3.x (archived)	3.3.2 (archived)	1.1

8.1 아파치 톰캣 설치

아파치 톰캣(Apache Tomcat)은 아파치 소프트웨어 재단(Apache Software Foundation)에서 개발된 서블릿 컨테이너(Servlet container)이다. 이는 자바 서블릿(Java Servlet)과 JSP(Java Server Pages) 기술들에 대한 공식적인 참조 구현으로 사용되는 오픈 소스 소프트웨어이며, 현재 가장 널리 사용되고 있는 웹 애플리케이션 서버이다. 즉 톰캣은 웹 서버와 연동하여 실행할 수 있는 자바 환경을 제공하며, 웹 서버에서 자바 기반의 웹 프로그래밍 언어인 자바 서블릿과 자바 서버 페이지(JSP)를 번역하여 웹페이지로 보여 주는 역할을 한다. 톰캣은 HTTP와 같은 웹 서버 기능을 내장하고 있어 톰캣만으로도 웹 서버를 구성할 수 있다. 하지만 보통은 톰캣에 아파치를 연동하여 사용하는 경우가 많다. 이 이유는 톰캣의 웹 서버 기능은 아주 기본적인 기능만 제공하기 때문이다. 따라서 다양한 웹 서버 기능 및 대규모 사

용자를 위한 보다 안정적인 시스템 구축을 위해서는 아파치와 연동하여 사용해야 한다.

아파치 웹 서버와의 연동을 위해서는 우선 먼저 아파치를 다운로드(www.apache.org)하여 설치하고 톰캣 사이트(tomcat.apache.org/)에서 "Tomcat Connectors"를 다운로드하여 설치하면 된다. 그런 다음 아파치 서버의 몇몇 파일에서 연동을 위한 설정을 해야 한다. 이에 대한 자세한 사항은 http://tomcat.apache.org/connectors-doc/의 내용을 참조하기 바란다.

8.1.1 아파치 톰캣 다운로드 및 설치

본 책에서는 아파치 톰캣만 설치하여 사용하도록 한다. 아파치 톰캣은 톰캣 사이트 (http://tomcat.apache.org/index.html)에서 다운로드 받을 수 있으며, [그림 8-1]은 아파치 톰캣을 다운로드할 수 있는 사이트를 보인 것이다. 앞서 언급하였듯이 본 책에서는 "Tomcat 7.0"을 다운로드하여 설치하며, 이를 중심으로 설명하도록 하겠다.

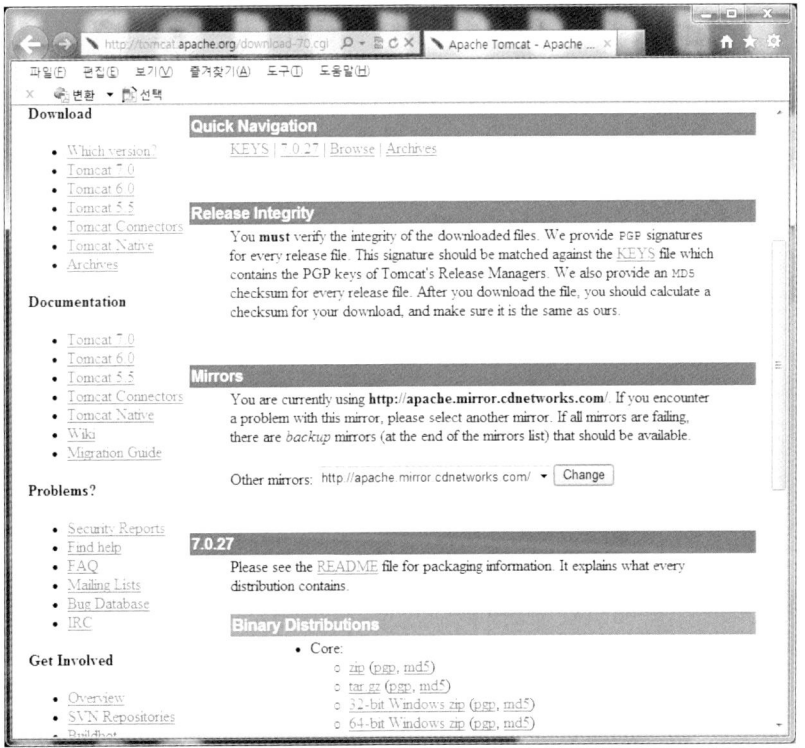

[그림 8-1] 아파치 톰캣 다운로드 사이트

[그림 8-1] 화면에서 보인 "Binary Distributions → Core"에서 개발 환경에 맞는 톰캣을 선택하여 다운로드한 후 적절한 위치에 압축을 풀도록 한다. 본 책에서는 로컬 드라이버 C:\에 압축을 풀었다. 그러면 톰캣 버전과 동일한 폴더가 루트 밑에 생성되고 그 밑에 관련 파일들이 설치된다. [그림 8-2]는 톰캣 디렉토리 밑에 생성된 폴더와 파일들을 보인 것이다.

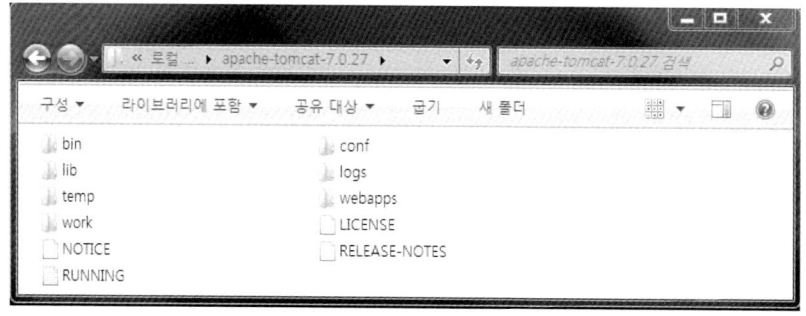

[그림 8-2] "C:\apache-tomcat-7.0.27\" 폴더의 구조

- bin: 톰캣을 실행하고 종료하는 스크립트 파일들이 위치한다.
- conf: server.xml 파일을 포함한 톰캣 설정 파일들이 위치한다.
- lib: 톰캣 실행에 필요한 .jar 등의 라이브러리 파일들이 위치한다.
- logs: 톰캣 로그 파일들이 위치한다.
- temp: 톰캣 실행 도중 생성되는 임시 파일들이 위치한다.
- webapps: 웹 애플리케이션 클래스 파일들의 위치이다.
- work: 톰캣 실행 도중 작업 파일이 저장되는 위치이다.

8.1.2 서블릿 응용 프로그램 구현을 위한 환경변수 설정

자바 표준 JDK에는 자바 서블릿이나 JSP 프로그램을 위한 API가 포함되어 있지 않다. 아파치 톰캣에 이들이 포함되어 있으며 "Apache Tomcat 7.0"에서는 Servlet 3.0/JSP 2.2를 지원하고 있다. 따라서 서블릿 응용 프로그램을 작성하기 위해서는 아파치 톰캣 라이브러리 폴더에 존재하는 "servlet-api.jar"에 대한 경로(즉 서블릿 API 클래스에 대한 경로)를 지정해 주어야 한다. 경로를 지정하는 방법에는 두 가지가 있다.

첫 번째 방법은 "C:\apache-tomcat-7.0.27\lib" 폴더에 있는 "servlet-api.jar" 파일을 자바 JDK가 설치된

"C:\Program files\Java\jdk1.6.0_27\jre\lib\ext" 경로로 복사하여 주는 것이다. 다시 말해 톰캣 라이브러리 (lib) 밑에 존재하는 서블릿 API 클래스의 jar 파일을 자바 JDK가 설치된 곳으로 복사해 준다.

두 번째 방법은 복사하지 않고 시스템 환경변수에서 "servlet-api.jar"의 경로를 지정해주는 것이다. 자바 JDK의 환경변수 설정과 유사한 방법으로 시스템 속성 화면에서 [환경 변수]를 선택하여 [시스템 변수]에서 [새로 만들기] 버튼을 선택하여 [그림 8-3]과 같이 변수 이름에 "CATALINA_HOME", 변수 값에 아파치 톰캣이 설치된 루트 디렉토리인 "C:\apache-tomcat-7.0.27"을 입력한 후 [확인] 버튼을 누른다. 그 다음 [시스템 변수]에서 CLASSPATH를 선택하여 이미 존재하는 변수 값 뒤에 [그림 8-4]와 같이 ";%CATALINA_HOME%\lib\servlet-api.jar"을 추가한 후 [확인] 버튼을 누른다. 이와 같이 환경변수의 설정이 끝나면 자바 서블릿 응용 프로그램 개발을 위한 환경변수 설정이 완료되게 된다.

[그림 8-3] 아파치 톰캣 홈 설정 화면   [그림 8-4] 서블릿 환경변수 설정 화면

[그림 8-5]는 아파치 톰캣에 설치된 Servlet 3.0 API의 명세서를 보인 것이다.

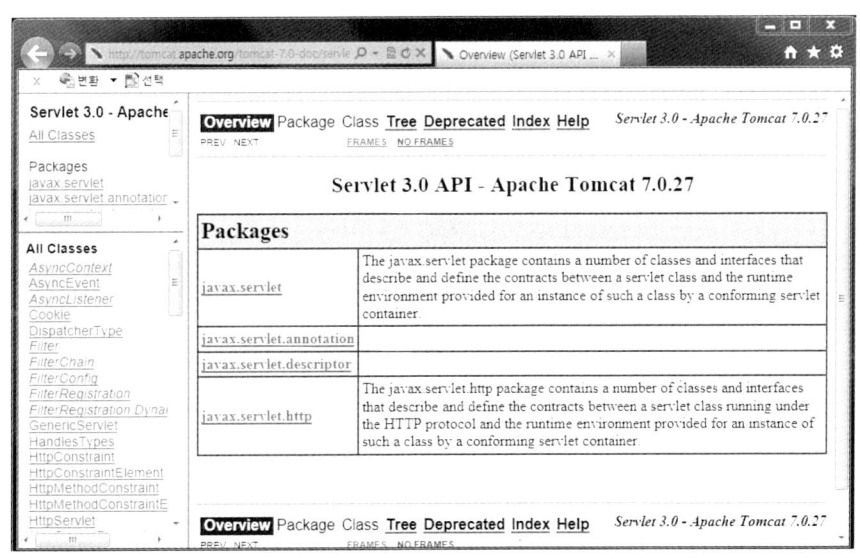

[그림 8-5] Servlet 3.0 API 명세서

8.1.3 아파치 톰캣의 실행 및 설치 확인

아파치 톰캣을 설치한 후 아파치 톰캣 서버상에서 프로그램을 실행하기 위해서는 아파치 톰캣을 구동시켜야 한다.

Windows 7인 경우 [시작 → 제어판 → 시스템 및 보안 → 관리 도구 → 서비스] (또는 [윈도우 키 + R]을 누른 후 "services.msc" 실행)에서 "Apache Tomcat 7"을 찾아 클릭한 후 [서비스 시작]을 클릭하면 된다. [그림 8-6]은 아파치 톰캣의 실행을 보인 것이다. 이를 윈도우 시작 시에 자동으로 실행시키고 싶으면 "Apache Tomcat 7"에서 오른쪽 마우스를 클릭해서 [속성]에서 시작 유형을 자동으로 변경한 후 [확인] 버튼을 누르면 된다.

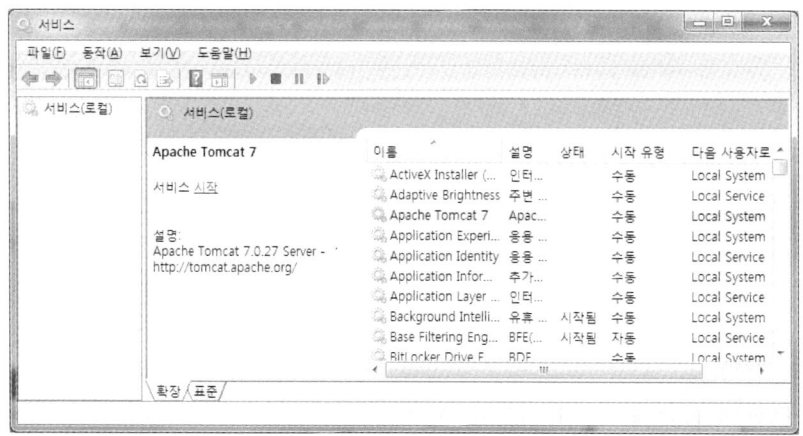

[그림 8-6] 아파치 톰캣 실행 화면

아파치 톰캣은 기본적으로 TCP/8080 포트를 통해 웹서비스를 제공한다. 인터넷 웹 브라우저를 실행시킨 후 주소창에서 "http://localhost:8080/"로 접속하여 [그림 8-7]와 같이 나타나면 톰캣이 정상적으로 설치된 것이다.

[그림 8-7] 아파치 톰캣 설치 확인

[그림 8-7]에 있는 "Examples"를 선택하여 서블릿이나 JSP 예제들을 실행시켜 볼 수 있다. [그림 8-8]은 "Examples"을 선택한 후 그 다음 화면에서 "Servlets examples" 링크를 선택하면 나타난다. 여기에서 "Execute" 링크를 클릭하면 해당 예제 프로그램의 실행 결과 및 소스 코드를 볼 수 있다. [그림 8-9]는 [그림 8-8]의 화면에 있는 "Request Headers" 예제에 대한 실행 결과를 보인 것이다.

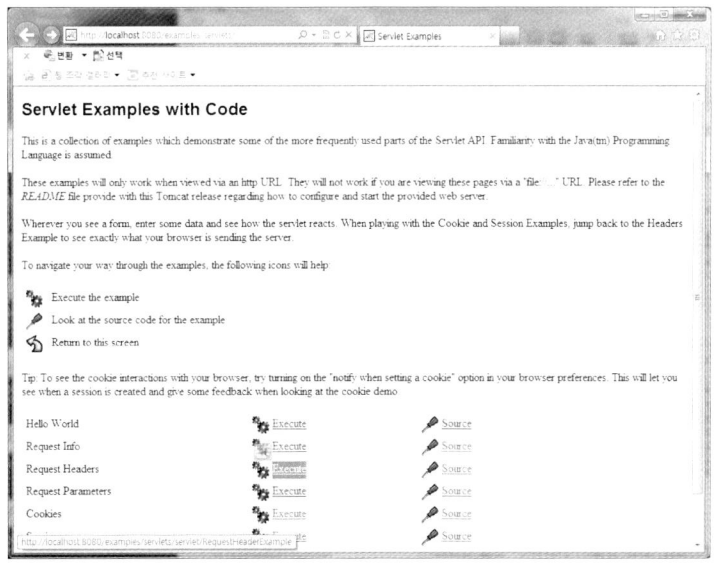

[그림 8-8] 서블릿 예제 프로그램

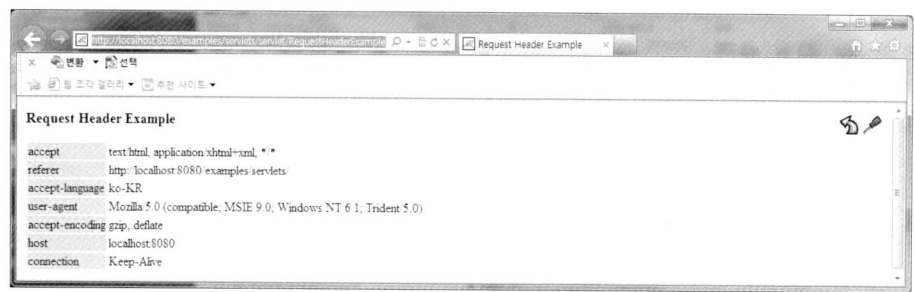

[그림 8-9] 서블릿 예제 프로그램(Request Headers) 실행 결과

8.2 서블릿 실행을 위한 서블릿 클래스 등록 및 URL 매핑

아파치 톰캣 서버에서 서블릿 응용 프로그램을 실행하기 위해서는 반드시 서블릿 클래스를 서블릿 컨테이너에 등록시키고 관련 URL을 매핑해 주는 작업이 필요하다. JSP 프로그램도 마찬가지이다. 이 과정이 맨 처음에는 복잡해 보이나 몇 번만 반복하게 되면 익숙해지게 된다. 이는 웹 애플리케이션 배치 정의자 역할을 수행하는 "web.xml"을 통해 이루어진다. 즉 해당 서블릿 클래스를 "C:\apache-tomcat-7.0.27\webapps\ROOT\WEB-INF" 존재하는 "web.xml" 파일에 기록해 주어야 한다. 또한 클래스 파일들은 "…\ROOT\WEB-INF\classes" 디렉토리에 복사해 주어야 한다. "classes" 폴더가 존재하지 않을 경우에는 폴더를 생성해주면 된다. 자바 프로그램 통합개발환경인 이클립스(Eclipse)를 사용할 경우에는 서블릿 프로젝트 생성 시에 자동으로 등록되므로 추가 작업이 필요 없다. 그러나 메모장이나 명령어 프롬프트 창을 이용해 프로그램을 할 경우에는 다음과 같이 web.xml의 파일에 반드시 등록해야 하며, 클래스 파일들도 "…\webapps\ROOT\WEB-INF\classes" 폴더에 복사해 놓아야 아파치 톰캣에서 실행시킬 수 있다. 클래스 파일들이 패키지로 관리될 경우에는 "classes" 폴더 밑에 패키지명에 대한 경로 폴더를 생성한 후, 생성한 패키지 폴더 밑에 클래스 파일들을 복사해 주면 된다. 이 경우에는 클래스명을 패키지 경로와 함께 명시해야 한다.

1) "…\webapps\ROOT\WEB-INF\classes" 폴더에 서블릿 클래스 파일 복사

"HelloWorld.class"를 "…\webapps\ROOT\WEB-INF\classes" 폴더 밑으로 복사해 준다. [그림 8-10]은 "…\webapps\ROOT\WEB-INF" 폴더의 내용을 보인 것이며, [그림 8-11]은 "HelloWorld.class"을 복사한 후 "…\webapps\ROOT\WEB-INF\classes" 폴더의 내용을 보인 것이다.

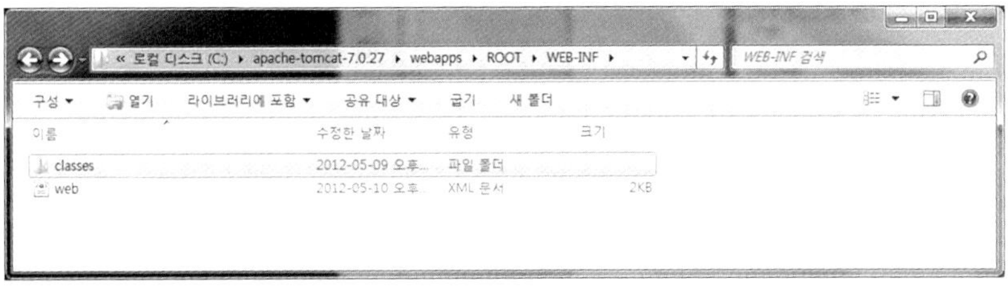

[그림 8-10] "…₩webapps₩ROOT₩WEB-INF"의 내용

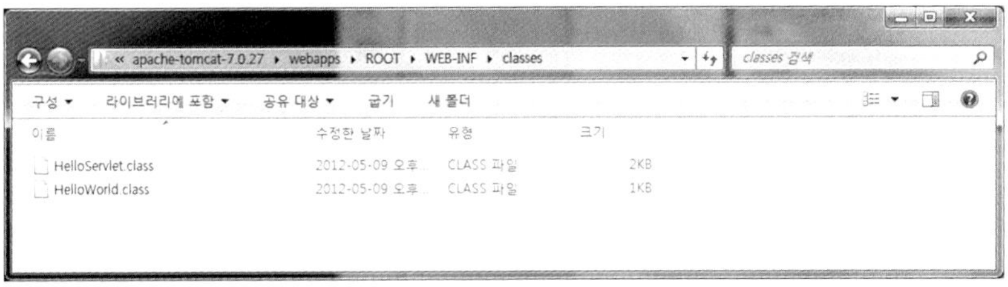

[그림 8-11] "…₩Root₩WEB-INF₩classes"에 존재하는 서블릿 클래스들

2) "…\webapps\ROOT\WEB-INF"에 존재하는 web.xml 파일 편집

메모장이나 기타 문서 편집기를 이용해 파일을 오픈한다. 그리고 <web-app></web-app> 태그 사이에 <servlet> 태그를 이용하여 서블릿명과 서블릿 클래스를 등록하고, <servlet-mapping> 태그를 이용해 서블릿에 접근할 주소에 대한 매핑을 지정한다. 예를 들어 "…\webapps\ROOT\WEB-INF\classes\HelloWorld"라는 서블릿 클래스를 실행하려 한다고 가정하자. 그러면 [그림 8-12]와 같이 web.xml 파일에 추가하도록 한다. 변경된 내용을 반영하기 위해서는 아파치 톰켓을 재실행해 주어야 한다. 서블릿 접근 주소 지정 시에 주소 앞에 '/'(즉 /servlets/) 입력을 잊지 않도록 한다. 주소 명칭은 임의로 지정할 수 있으며, 서브 폴더 형식으로도 지정할 수 있다. 이에 대한 서블릿 접근 주소는 "http://localhost:8080/servlets/HelloWorld"이다. [표 8-2]는 web.xml에서 사용되는 태그에 대한 설명이다.

```
<web-app>
    <servlet>
        <servlet-name>HelloWorld</servlet-name>
        <servlet-class>HelloWorld</servlet-class>
    </servlet>
    <servlet-mapping>
        <servlet-name>HelloWorld</servlet-name>
        <url-pattern>/servlets/HelloWorld</url-pattern>
    </servlet-mapping>
</web-app>
```

[그림 8-12] 웹 애플리케이션 배치 정의자 web.xml 파일 편집

[표 8-2] web.xml에서 사용되는 태그

엘리먼트	설명
⟨servlet⟩	서블릿 이름과 실제 서블릿 클래스 이름 매핑
⟨servlet-name⟩서블릿 이름⟨/servlet-name⟩	웹 애플리케이션 내에서 지칭하는 서블릿 이름 명시
⟨servlet-class⟩클래스 이름⟨/servlet-class⟩	실제 서블릿 클래스 이름을 명시하며, 확장자 .class는 명기하지 않음
⟨servlet-mapping⟩	서블릿에 접근하기 위한 URL을 명시
⟨servlet-name⟩서블릿 이름⟨/servlet-name⟩	URL 매핑을 원하는 서블릿 이름을 명시
⟨url-pattern⟩URL⟨/url-pattern⟩	서블릿에 접근하기 위한 URL을 명시한다. 실제 서버 연결 주소는 톰캣의 기본 주소인 "http://localhost:8080" + URL을 합하여 생성되므로 URL은 반드시 '/'로 시작해야 한다. 서블릿 클래스의 기본 루트는 "…₩webapps₩ROOT₩WEB-INF₩classes₩"이다.

3) 웹 브라우저에서 서블릿 실행

"…\webapps\ROOT\WEB-INF\classes\" 밑에 있는 클래스명을 웹 브라우저에서 실행시키는 접근 주소는 "http://localhost:8080" + "URL"이다. 예를 들어 "…\webapps\ROOT\WEB-INF\classes\" 밑에 HelloWorld라는 클래스가 존재하다고 가정할 때, 이를 실행시키려면 주소창에 "http://localhost:8080/servlets/HelloWorld"를 입력하면 된다. [그림 8-12]의 web.xml 파일에서 URL을 "/servlets/HelloWorld"을 등록하였기 때문이다. 이와 다른 명칭으로 지정할 수도 있다. [그림 8-13]은 HelloWorld 서블릿 프로그램의 실행 결과를 보인 것이다. [그림 8-14]는 이에 대한 소스 코드를 보인 것이며, [그림 8-13]은 이를 컴파일하여 "…\ROOT\WEB-INF\classes" 폴더에 복사한 후, "…\ROOT\WEB-INF"에 있는 web.xml 파일을 편집하고 아파치 톰캣을 재실행하여 웹 브라우저의 주소창에서 실행시킨 결과이다.

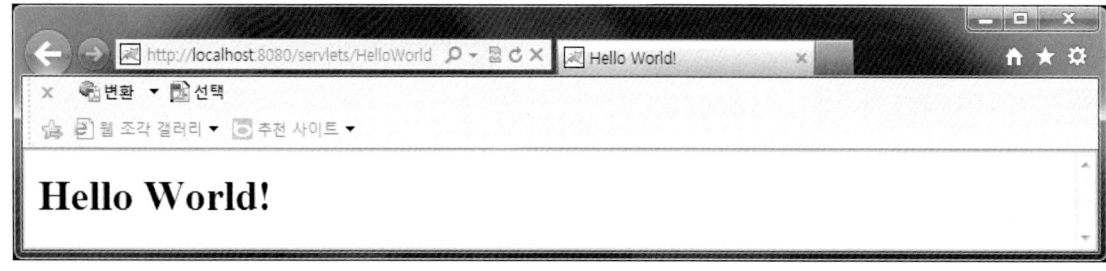

[그림 8-13] 인터넷 익스플로러의 웹 브라우저에서 HelloWorld 서블릿 실행 결과

```
import java.io.*;
import javax.servlet.*;
import javax.servlet.http.*;

public class HelloWorld extends HelloWorld.java {
    public void doGet(HttpServletRequest request, HttpServletResponse response)
    throws IOException, ServletException
    {
        response.setContentType("text/html");
        PrintWriter out = response.getWriter();
        out.println("<html>");
        out.println("<head>");
        out.println("<title>Hello World!</title>");
        out.println("</head>");
        out.println("<body>");
        out.println("<h1>Hello World!</h1>");
        out.println("</body>");
        out.println("</html>");
    }
}
```

[그림 8-14] HelloWorld.java 소스 코드

8.3 아파치 톰캣에서 HTML/XML 파일 폴더와 URL 간의 매핑 및 실행

아파치 톰캣의 웹 애플리케이션 클래스 파일들의 기본 위치는 "C:\apache-tomcat-7.0.27\webapps"이다.
즉 클래스 파일들의 시작 위치는 webapps 디렉토리이다. webapps 폴더 밑에 기본 루트인 ROOT 폴더
가 있다. 인터넷 웹 브라우저에서의 HTML/XML 파일들의 실행은 해당 파일들이 ROOT 폴더에 존재
하는 경우와 그러하지 않은 경우로 구분하여 볼 수 있다.

1) 루트 폴더 밑에 존재하는 경우
"http://localhost:8080/ + 경로 파일명" 형식으로 호출한다. 예를 들어 index.html이라는 파일이 ROOT
폴더 밑에 존재하면(즉 "…\webapps\ROOT\index.html"), 이는 "http://localhost:8080/index.html" 형식으
로 호출되어 실행된다. 서브 폴더 밑에 존재하는 파일들은 폴더명과 함께 명시하면 된다. 예를 들면
\webapps\ROOT\html\index.html"은 http://localhost:8080/html/index.html"로 실행된다.

2) 루트 폴더 밑에 존재하지 않는 경우
디렉토리 구조상에서 "ROOT"와 같은 레벨의 다른 폴더에 존재하는 HTML/XML 파일들의 호출은

폴더명도 함께 명시해야 한다(ROOT 폴더 밑에 있는 경우에는 "ROOT"가 생략됨을 상기하기 바란다). 예를 들어 webapps 폴더 밑에 examples라는 폴더가 있고 그 밑에 index.html이라는 파일이 있을 경우(즉 "…\webapps**examples****index.html**"), 이에 대한 실행은 "http://localhost:8080/**examples/index.html**" 형식으로 호출하여 실행한다.

〈종합 정리〉

1) 웹 애플리케이션 폴더와 URL 간의 매핑
- webapps/ROOT/index.html ➔ http://localhost:8080/index.html
- webapps/ROOT/html/index.html ➔ http://localhost:8080/html/index.html
- webapps/examples/index.html ➔ http://localhost:8080/examples/index.html
- webapps/examples/html/index.html ➔ http://localhost:8080/examples/html/index.html

2) webapps₩ROOT₩WEB-INF의 web.xml 파일에서 서블릿 접근 주소를
  "/servlets/클래스명"으로 지정한 경우(즉 /servlets/HelloWorld)
- webapps/ROOT/WEB-INF/classes/HelloWorld
  ➔ http://localhost:8080/servlets/HelloWorld

3) webapps₩ROOT₩WEB-INF의 web.xml 파일에서 서블릿 접근 주소를
  "/servlets/패키지 경로/클래스명"으로 지정한 경우(즉 /servlets/package1/HelloServlet)
- webapps/ROOT/WEB-INF/classes/package1/HelloServlet
  ➔ http://localhost:8080/servlets/package1/HelloServlet

4) webapps₩examples₩WEB-INF의 web.xml 파일에서 서블릿 접근 주소를
  "/servlets/servlet/클래스명"으로 지정한 경우(즉 /servlets/servlet/HelloWorld)
- webapps/examples/WEB-INF/classes/HelloWorld
  ➔ http://localhost:8080/examples/servlets/servlet/HelloWorld

5) webapps₩examples₩WEB-INF의 web.xml 파일에서 서블릿 접근 주소를
  "/servlets/servlet/패키지 경로/클래스명"으로 지정한 경우(즉 /servlets/servlet/package1/HelloServlet)
- webapps/examples/WEB-INF/classes/package1/HelloServlet
  ➔ http://localhost:8080/examples/servlets/servlet/package1/HelloServlet

---

8.4 아파치 톰캣에서 웹 애플리케이션 개념 및 폴더 구조

아파치 톰캣을 이용하는 경우 사용자는 원하는 웹 애플리케이션 폴더를 생성하여 해당 프로젝트를 관리할 수 있다. 예를 들어 project1이라는 웹 애플리케이션을 생성하고 싶은 경우에 이에 대한 폴더 구조를 webapps 폴더 밑에 [그림 8-15]와 같은 구조로 생성하여 이와 관련된 파일들을 해당 위치에 저장하여 관리하면 된다.

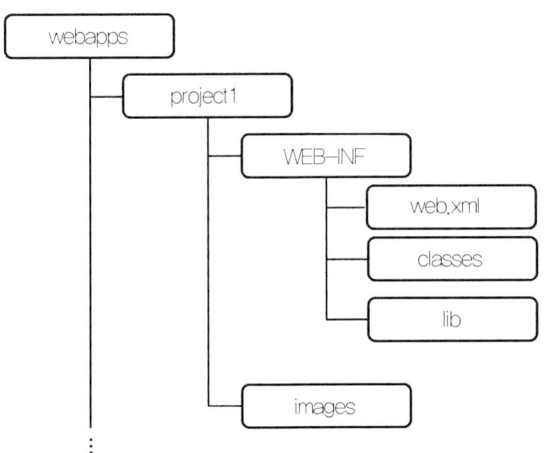

[표 8-3] 웹 애플리케이션 폴더 구조에 대한 설명

폴더 및 파일	설명
/웹 애플리케이션 폴더/(/project1/)	웹 애플리케이션의 루트(ROOT) 폴더임. 웹 애플리케이션과 관련된 모든 HTML, XML, JSP, Servlet, Java 클래스, 이미지 파일들을 이 폴더 밑에 저장함
/웹 애플리케이션 폴더/WEB-INF	웹 애플리케이션의 환경 설정, 관련 Servlet 클래스와 라이브러리들을 위치시키는 폴더임. 이 폴더에 웹 애플리케이션 배치 정의자인 web.xml이 위치함. 이곳에 위치한 파일은 클라이언트가 직접적으로 접근할 수 없음
/웹 애플리케이션 폴더/WEB-INF/web.xml	웹 애플리케이션 배치 정의자 역할을 하는 파일임
/웹 애플리케이션 폴더/WEB-INF/classes	Servlet 클래스를 포함한 여러 클래스들이 위치하는 폴더임
/웹 애플리케이션 폴더/WEB-INF/lib	라이브러리 역할을 하는 jar 파일이 위치하는 폴더임
/웹 애플리케이션 폴더/images	images라는 이름 자체는 Servlet/JSP 컨테이너와 약속이 된 것은 아니지만 보통 이 폴더 내에 웹 애플리케이션과 관련된 모든 이미지 파일을 위치시킴

8.5 이클립스를 통한 서블릿 클래스의 실행

자바 프로그램 통합개발환경인 이클립스(Eclipse)를 사용할 경우에는 서블릿 프로젝트 생성 시에 자동으로 등록되므로 8.2 및 8.3절에서 설명한 추가 작업이 필요 없다.

1) 이클립스와 웹 컨테이너와의 연동

먼저 이클립스와 웹 컨테이너를 연동시켜 주어야 한다. 본 책에서는 아파치 톰캣 서버가 웹 컨테이너로 사용되므로 이클립스와 아파치 톰캣 서버를 연동해 주도록 한다. 이를 위해 이클립스 메뉴에서 [File → New → Other]를 차례대로 선택한 후 [그림 8-16]과 같은 대화창이 나타나면, 여러 항목들 중에서 [Server → Server]에 커서를 위치시킨 후 [Next] 버튼을 클릭한다.

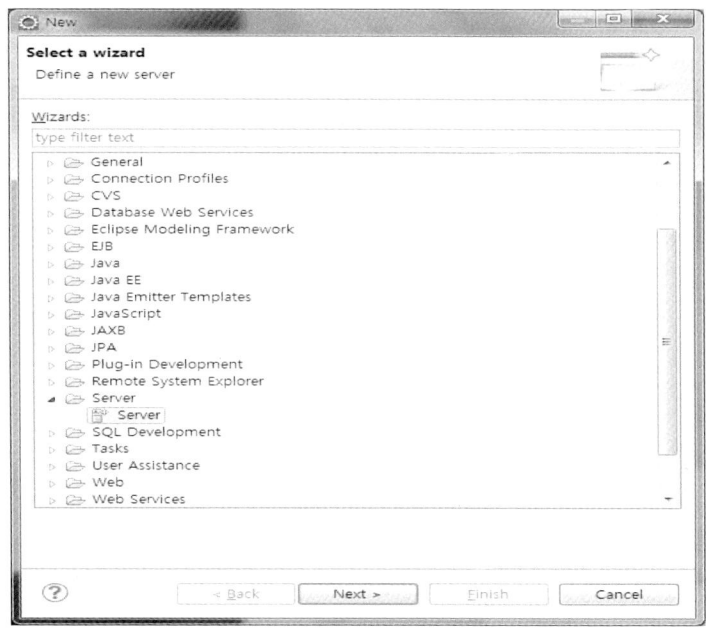

[그림 8-16] 웹 컨테이너 등록 화면

그러면 [그림 8-17]과 같이 설치와 웹 컨테이너(톰캣) 버전을 선택할 수 있는 화면이 나타난다. 본 책에서는 아파치 톰캣 버전 7.0을 설치하였으므로 Apache 폴더를 클릭한 후 Tomcat v7.0 Server를 선택하고 [Finish] 버튼을 누른다.

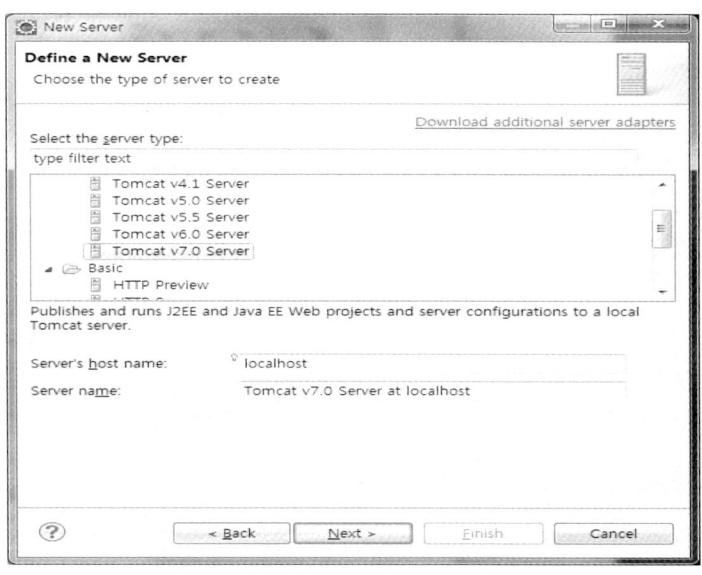

[그림 8-17] 설치된 웹 컨테이너 버전 선택 화면

그러면 [그림 8-18]과 같이 설치한 톰캣의 위치를 설정할 수 있는 화면이 나타난다. 톰캣이 설치된 홈 디렉토리 위치가 자동으로 표시된다. [Browse] 버튼을 클릭하여 아파치 톰캣이 설치된 위치를 변경할 수도 있다. 톰캣 홈 디렉토리 설정 작업을 마친 후 [Finish] 버튼을 누르면, 이클립스의 왼쪽 화면의 "Package Explorer" 밑에 "Servers"라는 항목이 추가되면서 Servlet/JSP 등의 웹 프로그래밍을 위한 서버 설정 작업이 완료되게 된다.

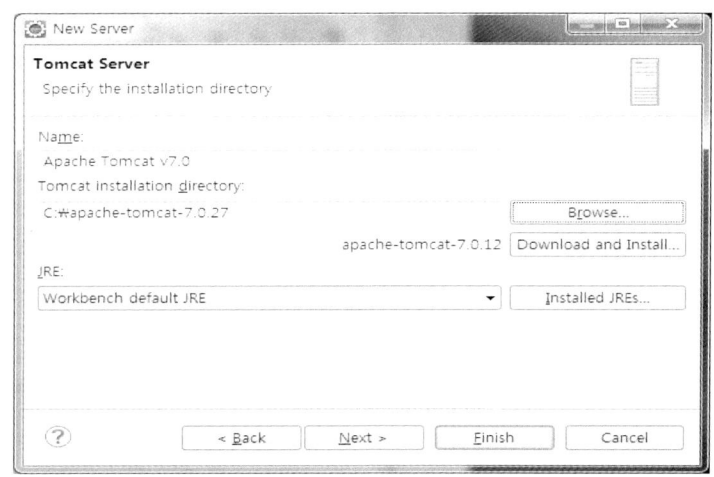

[그림 8-18] 톰캣 설치 홈 디렉토리 설정 화면

2) 웹 프로젝트 생성 및 서블릿 프로그램 실행

이제 서블릿 프로그램을 작성하여 이클립스 톰캣 서버에서 실행해 보도록 하자. 이를 위해서는 먼저 웹 프로젝트를 생성해야 한다. 이클립스 메뉴에서 [File → New → Dynamic Web Project]를 선택한다. [New] 다음에 [Dynamic Web Project]가 존재하지 않는 경우에는 [File → New → Other]를 선택한 후 나타난 대화창에서 [Web → Dynamic Web Project]를 선택하여 진행하도록 한다. 그러면 [그림 8-19]와 같이 웹 프로젝트를 등록할 수 있는 화면이 나타난다. 여기에서 웹 프로젝트명(본 책에서는 servletTest)을 입력하고 [Finish] 버튼을 누른다. 그러면 이클립스 왼쪽 화면의 Project Explorer 밑에 생성한 웹 프로젝트가 [그림 8-20]과 같이 등록되어 나타나게 된다.

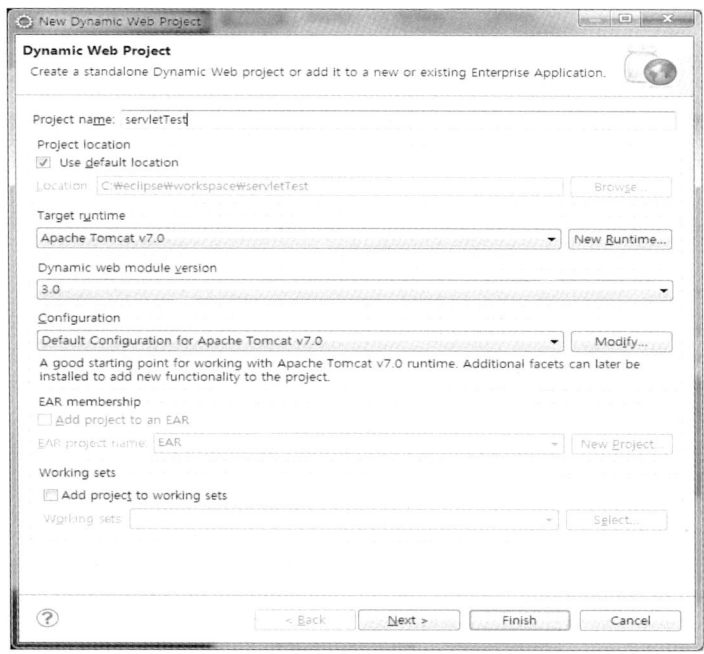

[그림 8-19] 웹 프로젝트 생성 화면

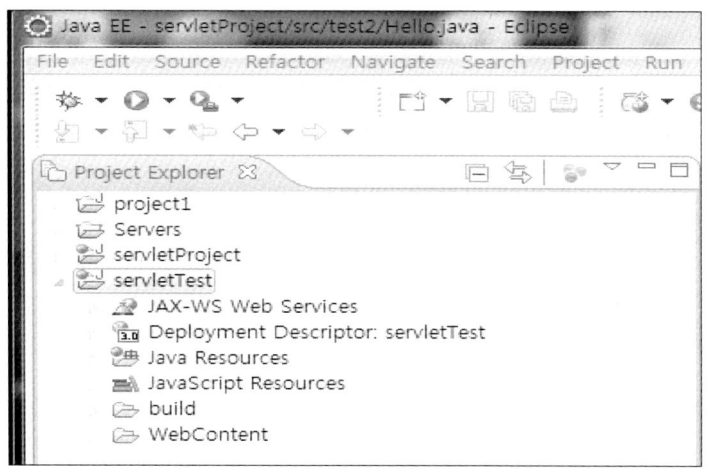

[그림 8-20] 생성된 웹 프로젝트 표시

이제 서블릿 프로그램을 작성하여 실행해 보도록 하자. [그림 8-20]에서 웹 프로젝트명(servletTest) 위에 마우스를 위치시킨 후 오른쪽 마우스 버튼을 눌러 [New → Servlet]을 선택하도록 한다. 그러면 [그림 8-21]과 같이 자바 패키지와 서블릿 클래스를 생성할 수 있는 화면이 나타난다. 여기에서 자바 패키지명은 test1, 서블릿 클래스명은 HelloServlet을 입력한 후 [Finish] 버튼을 누른다.

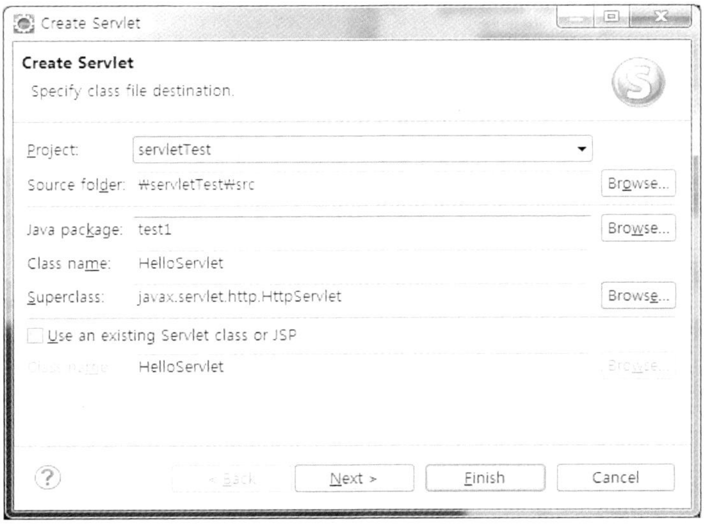

[그림 8-21] 자바 패키지 및 서블릿 클래스명 생성 화면

[그림 8-21]에서 [Finish] 버튼 전에 [Next → Next] 버튼을 누르면, [그림 8-22]와 같이 서블릿 클래스의 기본 골격에 표시될 메소드를 선택할 수 있는 화면이 나타난다. 여기에서 "Inherited abstract methods"와 "doGet"만을 선택한 후 [Finish] 버튼을 누르도록 한다. 그러면 [그림 8-23]과 같이 이클립스 왼쪽 화면의 웹 프로젝트명(servletTest) 밑에 [Java Resources → src]에 생성한 자바 패키지명과 서블릿이 추가되면서 서블릿 클래스를 구현할 수 있는 화면이 오른쪽에 나타나게 된다.

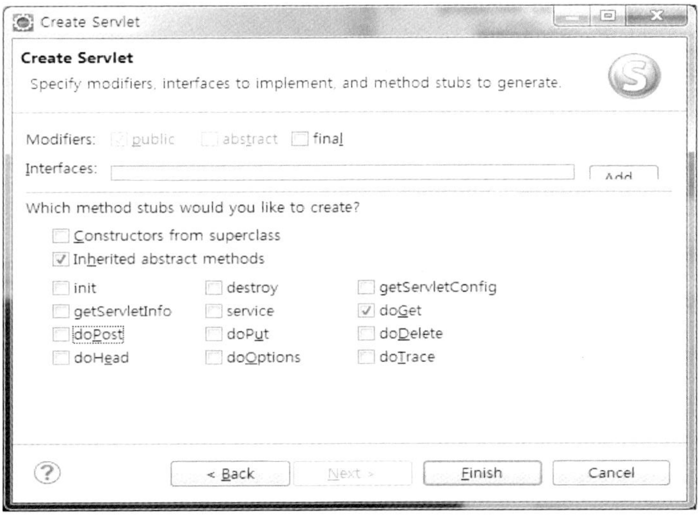

[그림 8-22] 서블릿 클래스 기본 골격 메소드 선택 화면

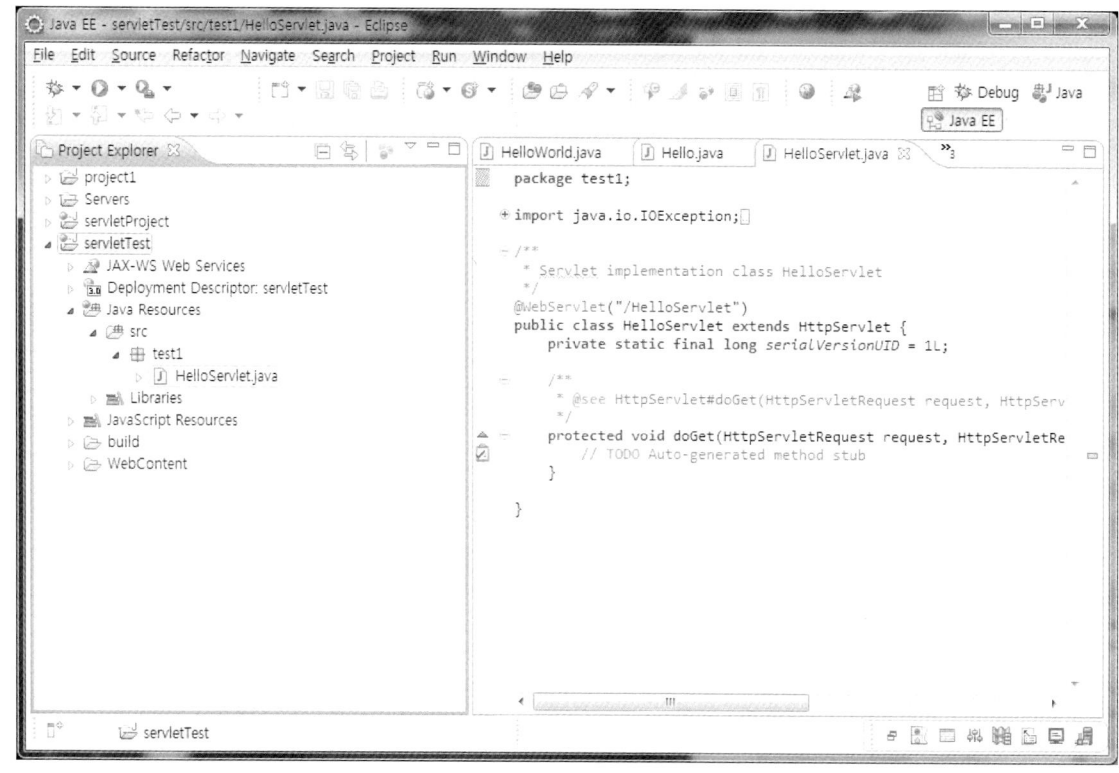

[그림 8-23] 서블릿 자바 소스 코드 편집 화면

　HelloServlet.java의 doGet() 메소드를 [그림 8-24]와 같이 수정하고 소스 코드상에서 오른쪽 마우스 버튼을 누른 후 [Run As → Run on Server]를 차례대로 선택한다. 또는 이클립스 메뉴에 있는 서블릿 실행 버튼(●)을 선택한다. 그러면 다음 단계에서 서블릿을 실행할 웹 컨테이너의 선택을 요구하게 된다. 이때 "Always use this server when running this project"의 체크박스를 클릭하고 넘어가면 다음 번 실행부터는 묻지 않게 된다. 기본으로 표시해 준 웹 컨테이너를 선택한 후 [Next] 버튼을 누르면, 생성한 웹 프로젝트(servletTest)를 웹 컨테이너에 추가하도록 요청한다. 추가한 후 [Finish] 버튼을 누른다. 처음 한 번만 추가하면 되고 그 다음부터는 추가할 필요가 없다. 이 단계가 끝나면 오류 없이 서블릿 클래스가 생성된 경우 [그림 8-25]와 같이 이클립스 오른쪽 화면에 서블릿 클래스가 톰캣 서버(웹 컨테이너)에서 실행된 결과가 보이게 된다. 오류가 발생한 경우에는 프로그램을 수정한 후 위의 과정을 다시 반복하면 된다.

```
package test1;
import java.io.IOException;
import java.io.PrintWriter;
import javax.servlet.ServletException;
import javax.servlet.annotation.WebServlet;
import javax.servlet.http.HttpServlet;
import javax.servlet.http.HttpServletRequest;
import javax.servlet.http.HttpServletResponse;
// Servlet implementation class HelloServlet

@WebServlet("/HelloServlet")
public class HelloServlet extends HttpServlet {
    private static final long serialVersionUID = 1L;
    // @see HttpServlet#doGet(HttpServletRequest request, HttpServletResponse response)
    protected void doGet(HttpServletRequest request, HttpServletResponse response)
      throws ServletException, IOException {
        // TODO Auto-generated method stub
        response.setContentType("text/html");
        PrintWriter out = response.getWriter();
        out.println("<html>");
        out.println("<head>");
        out.println("<title>Hello Servlet!!!</title>");
        out.println("</head>");
        out.println("<body>");
        out.println("<h1>Hello World!</h1>");
        out.println("</body>");
        out.println("</html>");
    }
}
```

[그림 8-24] HelloServlet.java 소스 코드

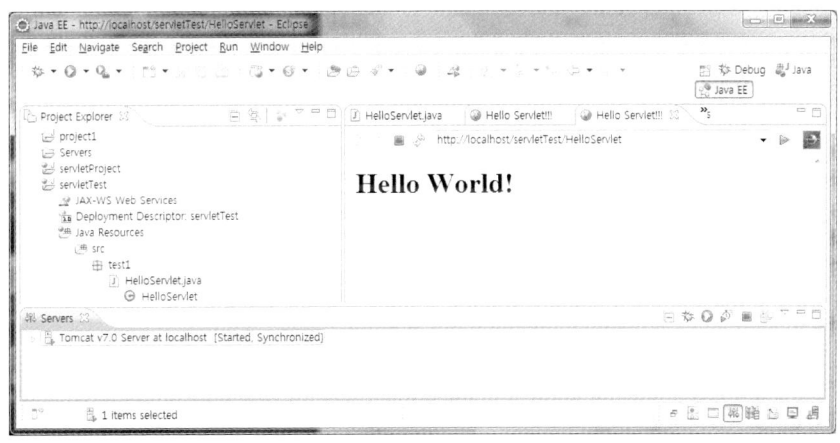

[그림 8-25] 이클립스에서 서블릿 클래스가 톰캣 서버를 통해 실행된 결과 화면

이와 같이 이클립스와 톰캣을 연동하여 이클립스에서 서블릿을 실행할 경우에는 8.2절에서 설명한 웹 애플리케이션 배치 정의자 web.xml 파일의 편집 없이 수행이 가능하다. 이를 위해 이클립스에서 서블릿 자바 소스 코드 안에 @WebServlet("/서블릿 클래스명"), 즉 @WebServlet("/HelloServlet")를 자동으로 삽입한다. 따라서 이를 삭제해서는 안 된다. 이클립스에서 톰캣과 연동되어 생성된 서블릿 클래스는 이클립스 밖에 있는 웹 브라우저를 통해서도 실행될 수 있다. 이는 이클립스에 실행된 URL의 주소에 "http://localhost/웹프로젝트명/실행할서블릿클래스명", 즉 http://localhost/servletTest/HelloServlet를 웹 브라우저 주소창에 입력하면 된다.

3) HTML 파일 작성 및 실행

이클립스 왼쪽 화면에서 HTML을 생성하고자 하는 웹 프로젝트명 위에 커서를 위치시킨 후 오른쪽 마우스를 눌러 [New → HTML File]을 차례대로 선택한다. 그러면 [그림 8-26]과 같은 대화창이 나타나면서 HTML 파일명을 묻게 된다. 파일명을 입력한 후 [Finish] 버튼을 누른다. [Finish] 버튼을 누르기 전에 [Next] 버튼을 누르면 [그림 8-27]의 대화창이 나타나면서 HTML 템플릿(Template) 형태를 묻게 된다. 기본 템플릿은 html 4.01 traditional이다. 원하는 HTML 템플릿을 선택한 후 [Finish] 버튼을 누르면 [그림 8-28]과 같이 HTML을 편집할 수 있는 화면이 이클립스 오른쪽 화면에 나타난다.

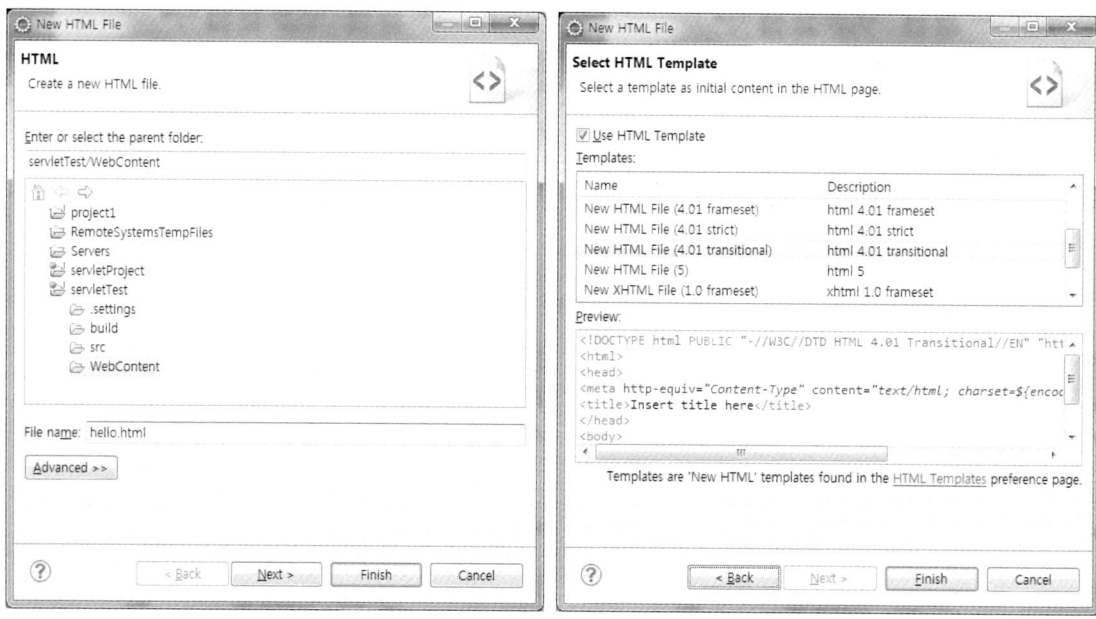

[그림 8-26] HTML 파일 생성 화면   [그림 8-27] HTML 템플릿 선택 화면

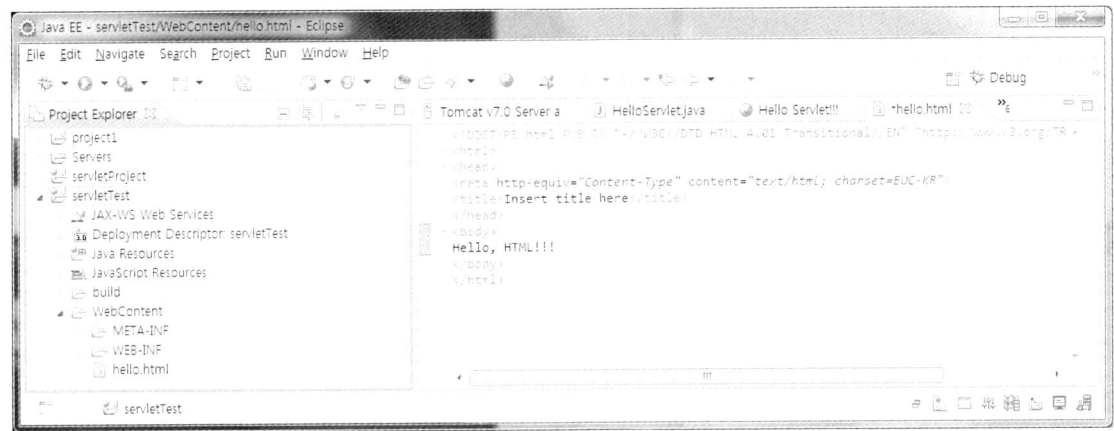

[그림 8-28] HTML 파일 편집 화면

    생성된 HTML 파일은 [웹 프로젝트명 → WebContent] 폴더 밑에 위치하게 된다. HTML 파일이 완료되면 오른쪽 마우스 버튼을 누른 후 [Run As → Run on Server]를 차례대로 선택한다. 서블릿 실행과 동일한 과정을 거친 후 [Finish] 버튼을 누르면 [그림 8-29]와 같이 이클립스 오른쪽 화면에 HTML 파일의 내용이 보이게 된다.

[그림 8-29] 이클립스에서 HTML 파일이 실행된 결과 화면

9장 웹 프로그래밍의 이해

9.1 웹 애플리케이션

 웹에서 실행되는 응용 프로그램을 웹 애플리케이션(web application)이라 한다. 웹 애플리케이션의 실행 환경은 웹 브라우저이다. 즉 웹 서비스는 웹 브라우저를 통해 이루어지며 이는 HTTP(HyperText Transfer Protocol) 프로토콜을 기반으로 클라이언트-서버(client-server) 방식으로 수행된다. [그림 9-1]은 웹 서비스의 기본 구성도를 보인 것이다.

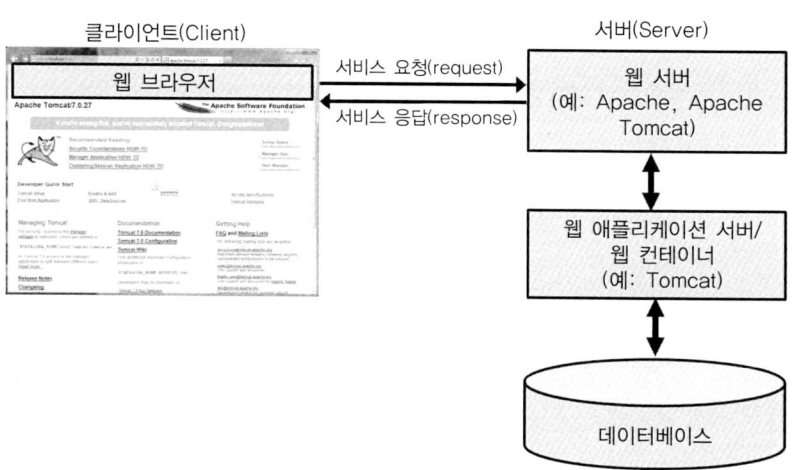

[그림 9-1] 웹 서비스의 기본 구성도

- 웹 서비스(Web Service): 웹 서비스란 표준적인 웹 프로토콜(HTTP, XML, SOAP, WSDL, UDDI 등)을 통하여 인터넷상에서 플랫폼에 독립적으로 프로그램들을 액세스하는 애플리케이션 로직이라고 할 수 있다. 다시 말해 웹 서비스는 표준적인 웹 표준 기술을 이용하여 웹을 통해 단일 또는 여러 비즈니스 간에 표준화된 방식으로 상호 작용하여 플랫폼에 독립적으로 모든 비즈니스를 가능하게 하는 비즈니스 로직이라 할 수 있다.

- 웹 브라우저(Web Browser): 웹 서비스를 요청하고 제공받는 클라이언트 역할을 수행한다. 즉 웹 서버에 서비스를 요청(request)하고 서버가 보내는 결과(response)를 받아 출력해 주는 역할을 수행한다. 대표적인 웹 브라우저로는 인터넷 익스플로러(Internet Explorer), 파이어폭스(Firefox), 크롬(Chrome), 사파리(Safari) 등이 있다.

- 웹 서버(Web Server): 웹 서버는 웹 클라이언트로부터 서비스 요청을 받고 이를 처리하여 그 결과를 전송하는 역할을 수행한다. 웹 서버는 HTTP 프로토콜을 기반으로 동작하며 다양한 형식의 문서들과 웹 애플리케이션들을 처리한다.

- 웹 애플리케이션 서버 또는 웹 컨테이너(Web Container): 하나의 웹 서버가 여러 웹 클라이언트의 요청을 처리하게 되면 서버의 부하가 가중되게 된다. 이러한 문제점을 해결하기 위해 웹 서버의 기능을 분리하여 웹 서버의 기능 중에 클라이언트로부터 서비스를 요청받는 일과 요청받은 서비스 처리 결과를 클라이언트에 전송하여 클라이언트의 화면에 표시하는 기능까지만 웹 서버가 담당하고, 나머지 다양한 비즈니스 로직(business logic) 처리 등과 관련된 기능은 웹 서버가 제공하는 웹 컨테이너가 담당하도록 하는 것이다. 여기에서 웹 컨테이너의 기능을 처리하는 부분을 웹 애플리케이션 서버라고 부르며, 서블릿(Servlet)이나 JSP(Java Server Pages) 프로그램을 실행시키고 그 결과를 웹 서버에게 전송하는 역할을 수행한다.

- 데이터베이스(Database): 웹 서비스에 필요한 데이터를 저장하고 관리하는 역할을 수행한다.

9.2 웹 프로그래밍 언어

웹 프로그래밍 언어는 웹 서비스를 구축하기 위해 웹을 기반으로 하여 클라이언트/서버 방식으로 동적으로 변화하는 데이터를 실시간으로 처리할 수 있도록 지원하는 웹 페이지를 위한 특화된 프로그래밍 방법이다. 웹 프로그래밍 언어에는 다음과 같은 종류가 있다.

- CGI(Common Gateway Interface): 전통적인 동적 웹 페이지 작성 기술로 완전한 프로그래밍 언어나 스크립트는 아니고 웹 서버와 서버에서 수행 중인 일반 프로세스(외부 프로그램) 사이에 정보를 주고받는 방법과 규칙들이다. Perl, C, C++ 등의 언어 지원을 기본으로 하고 있지만 CGI 규약만 준수한다면 어떠한 언어에서도 사용이 가능하다.

- ASP(Active Server Page): ASP는 마이크로소프트사(Microsoft)가 개발한 비주얼 베이직(Visual Basic)에 기반을 둔 웹 프로그래밍 언어이다. 동적으로 웹사이트를 구축할 수 있는 다양한 기능들을 제공하며 사용이 쉽다. ASP는 ActiveX 컴포넌트를 직접 사용할 수 있으며 비주얼 베이직 스크립트와 함께 사용이 가능한 스크립트 언어(scripting language)이다. 그러나 마이크로소프트사에서

개발한 특정 웹 서버와 플랫폼(닷넷)에서만 동작하는 단점이 있다.

- PHP(Professional HyperText Preprocessor): PHP는 처음 "Personal Home Page Tools(개별적 홈 페이지 도구)"의 의미에서 "Professional Hypertext Preprocessor(전문적 하이퍼텍스트 전처리기)"의 의미로 변경되었다. PHP는 다양한 운영 체제와 웹 서버에서 동작하며, C언어의 문법과 유사한 적은 명령어들로 기존 C언어 개발자들이 쉽게 접근할 수 있다는 장점을 가지고 있다. 또한 개발 자들이 소규모 웹 응용 프로그램 개발에 매우 쉽게 접근할 수 있도록 하며, 거의 모든 데이터베 이스를 지원한다. 그러나 지원해 주는 기능이 미약하여 중·대형 규모의 웹 애플리케이션 개발에 는 어려움이 있다. PHP도 스크립트 언어이다.

- Servlet: 서블릿(Servlet)은 썬사(Sun)에서 자바 언어를 기반으로 하여 동적 웹 콘텐츠 생성을 위해 만든 표준 규약을 바탕으로 규약에 따라 웹 프로그래밍을 할 수 있도록 만든 자바 API이다. 따라 서 서블릿은 확장된 자바 패키지의 하나로 넓은 의미에서 자바 언어이며, 바이트 코드로 컴파일 하여 사용된다. 자바를 기반으로 하므로 플랫폼에 독립적인 응용 프로그램을 개발할 수 있다. 그 러나 서블릿은 코드 안에 HTML 코드가 혼재해 있어 작업의 분리 측면에서 볼 때 복잡하고 효율 성이 떨어지는 단점이 있다.

- JSP(Java Server Pages): JSP는 썬 마이크로시스템즈(Sun Microsystems)에서 개발한 자바 언어 기 반의 웹 스크립트 언어이다. 서블릿은 프로그램이 수정되면 다시 컴파일하여 서버에 탑재해야 한다. 또한 코드 안에 HTML 코드가 혼재해 있어 프로그램이 복잡하다. 이러한 서블릿의 단점을 보완하여 스크립트 방식으로 개발한 웹 프로그래밍 언어가 JSP이다. 자바 언어에 기반을 두고 있 기 때문에 자바 언어의 특성을 그대로 활용할 수 있으며, 이 외에도 사용자 정의 태그 등의 스크 립트적인 요소를 제공하기 때문에 보다 효과적으로 웹 프로그래밍을 작성할 수 있다. JSP는 오픈 소스 형태로 제공되고 있으며 다양한 개발 환경을 지원한다. 또한 JSP는 프레젠테이션 로직 (presentation logic: 브라우저 화면 표현 기능)과 비즈니스 로직(business logic: 서비스 요청에 대한 내부적인 처리 기능)을 분리하여 동적 웹 사이트를 구축할 수 있도록 한다. 이러한 JSP의 장점 때문에 현재 웹 서비스를 제공하는 주요 기술로 함께 지속적으로 발전하고 있다. [그림 9-2]는 JSP의 처리 과정을 보인 것이다.

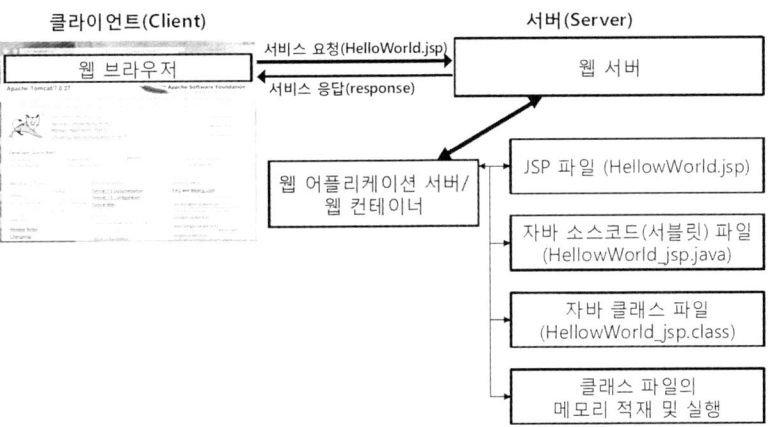

[그림 9-2] JSP의 처리 과정

JSP로 작성된 소스 코드는 웹 애플리케이션 서버나 웹 컨테이너에 의해 자동으로 서블릿인 자바 소스 코드로 변환되고 자바 클래스로 컴파일된다. 따라서 JSP 프로그램의 동작 방식을 이해하기 위해서는 서블릿 표준에 대한 이해가 선행되어야 한다. 또한 JSP는 서블릿을 대체하는 기술이 아니라 상호 보완적인 기술이다. 이러한 이유로 본 책에서는 JSP 대신 서블릿을 기반으로 하여 SQL을 이용한 데이터베이스 웹 응용 프로그래밍의 예를 보였다. 또한 본 책은 자바 언어를 기반으로 한 JDBC 응용 프로그램 개발 능력 함양을 주목적으로 하였으며, 따라서 별도로 문법을 숙지할 필요가 없는 서블릿을 이용하여 실전 데이터베이스 웹 응용 프로그래밍의 예제를 보였다. 다음 절에서 서블릿 프로그래밍에 대해 간략히 소개하도록 한다. 서블릿의 문법은 자바 언어와 동일하므로 자바 언어와 서블릿 클래스의 구성만 알면 곧바로 프로그래밍할 수 있다. 반면에 JSP는 이에 대한 문법을 별도로 숙지해야 한다.

9.3 서블릿 프로그래밍

서블릿은 확장된 자바 API의 일원이다. 따라서 다른 자바 API를 모두 사용할 수 있다. 서블릿은 멀티 스레드를 기반으로 하므로 웹 응용 서버 자원을 효율적으로 활용할 수 있다. 또한 고급 프로그래밍 기법인 서블릿 컨텍스트 리스너(context listener) 및 필터(filter) 등을 이용하여 웹 애플리케이션을 보다 효과적으로 설계할 수 있다.

9.3.1 서블릿 프로그램의 처리 과정

[그림 9-3]은 서블릿 프로그램의 처리 과정을 보이고 있다. 웹 서버가 사용자 클라이언트로부터 연결 요

청을 받으면, 웹 컨테이너는 서비스 요청 정보를 담고 있는 request 객체와 서비스 응답 정보를 담고 있는 response 객체를 생성하여 서블릿의 service() 메소드의 인자 값으로 넘겨준다. service()는 클라이언트 요청을 처리하기 위하여 정의된 메소드이다. service() 메소드는 Request 객체를 참고하여 연결 요청 방식(GET 방식 또는 POST 방식)을 파악한 후, 요청된 방식에 따라 get방식이면 doGet() 메소드를, post 방식이면 doPost() 메소드를 호출하여 처리한 뒤 service() 메소드에 인자 값으로 넘겨받은 response 객체를 이용하여 웹 서버에게 처리 결과를 넘기고, 웹 서버는 이를 클라이언트에게 전송한다. request 객체는 HttpServletRequest 클래스를 통해 인스턴스화되고, response 객체는 HttpServletResponse 클래스를 통해 생성된다.

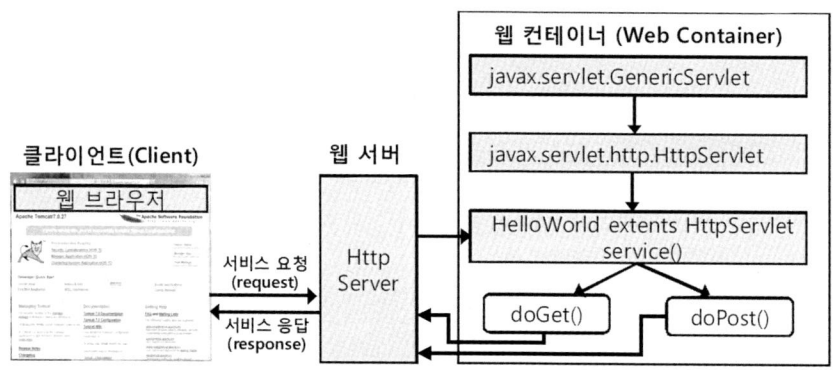

[그림 9-3] 서블릿 프로그램의 처리 과정

서블릿의 요청 방식은 GET 방식과 POST 방식으로 나눈다. GET 방식은 서버에 있는 정보를 가져오기 위해 사용된다. 즉 서버에 저장되어 있는 HTML 내용을 가져오기 위해 사용된다. POST 방식은 클라이언트에 있는 데이터를 서버로 가져오기 위해 사용된다. 다시 말해 웹 브라우저에 표시된 HTML 양식(form)에 사용자가 입력한 데이터를 서버로 전달할 때 사용된다.

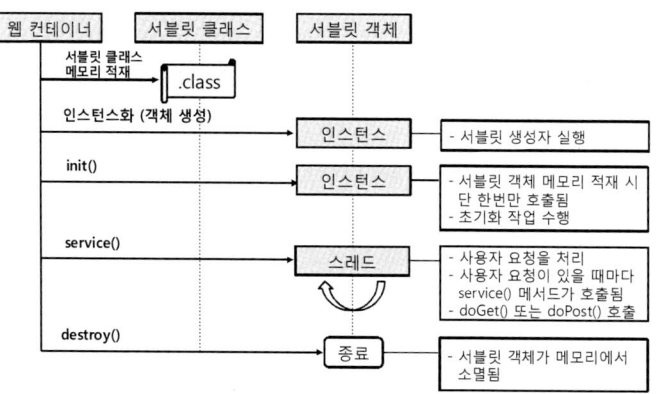

[그림 9-4] 서블릿의 기본 동작 과정

[그림 9-4]의 서블릿의 기본 동작 과정을 보이고 있다. 웹 컨테이너가 서블릿 클래스를 메모리에 적재하여 객체를 생성한다. 서블릿 객체를 생성하는 과정 중에 init() 메소드를 통해 초기화 작업을 수행한다. init() 메소드를 사용하지 않고 초기화 작업을 수행할 수도 있다. 그 다음 웹 컨테이너는 클라이언트의 요청이 있을 때마다 서블릿 스레드를 생성하여 service() 메소드를 호출한 뒤 요청 방식에 따라 doGet()이나 doPost() 메소드를 호출하여 처리한다. 사용자의 요청이 끝나면 웹 컨테이너는 destroy() 메소드를 실행시켜 서블릿 클래스를 메모리 적재로부터 없앤다.

9.3.2 서블릿 프로그램 예제

다음의 예제 서블릿 클래스들을 웹 서버에서 실행시키기 위해서는 8장에서 설명한 바와 같이 컴파일한 클래스 파일들을 톰캣 설치 폴더의 클래스 파일 위치로 복사하고 톰캣 설치 디렉토리의 "…\webapps\ROOT\WEB-INF"에 있는 "web.xml"에 해당 클래스의 등록시키고 URL을 매핑해 주어야 함을 상기하기 바란다.

▶ GET 방식에 대한 예제: HelloWorldServlet.java

```java
import java.io.*;
import javax.servlet.*;
import javax.servlet.http.*;
public class HelloWorldServlet extends HttpServlet {
    public void init() { // Servlet 객체 생성 시 한 번만 호출되어 실행
        System.out.println("Servlet initializing.....");
    }
    public void doGet(HttpServletRequest request, HttpServletResponse response)
            throws IOException, ServletException { // Servlet 요청 시마다 호출
        System.out.println("doGet!!!");
        response.setContentType("text/html");
        PrintWriter out = response.getWriter();
        out.println("<html>");
        out.println("<head>");
        out.println("<title>Hello World!</title>");
        out.println("</head>");
        out.println("<body>");
        out.println("<h1>Hello World!</h1>");
        out.println("</body>");
        out.println("</html>");
    }
    public void destroy() { // Servlet이 메모리에서 삭제될 때 호출
        System.out.println("Servlet destroying.....");
    }
}
```

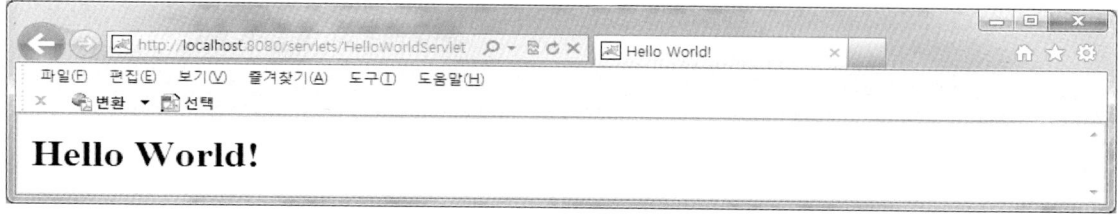

[그림 9-5] 웹 컨테이너에서 HelloWorldServlet 서블릿 실행 결과

▶ POST 방식에 대한 예제 1: servlet_post_test.html

```html
<html>
<body>
    <form action="../servlets/HelloMyFriend" method="post">
        First name: <input type="text" name="first_name"><br>
        Last name: <input type="text" name="last_name">
        <input type="submit" value="submit">
    </form>
</body>
</html>
```

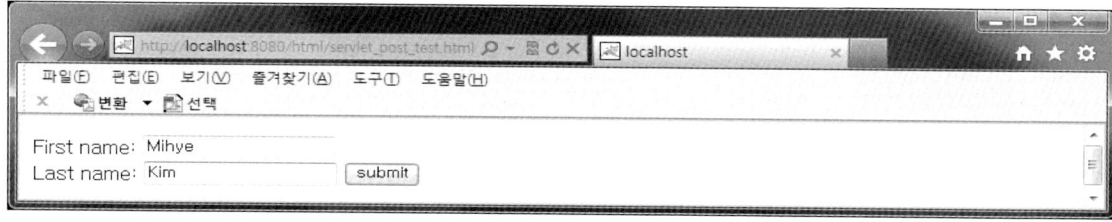

[그림 9-6] 웹 컨테이너에서 servlet_post_test.html 실행 결과

▶ POST 방식에 대한 예제 2: HelloMyFriend.java

```java
import java.io.*;
import javax.servlet.*;
import javax.servlet.http.*;

public class HelloMyFriend extends HttpServlet {
    public void doPost(HttpServletRequest request, HttpServletResponse response)
    throws IOException, ServletException {
        response.setContentType("text/html");
        PrintWriter out = response.getWriter();
        String fname=request.getParameter("first_name");
        String lname=request.getParameter("last_name");
        out.println("<html>");
        out.println("<body>");
        out.println("<h1>Hello, " + fname + " " + lname + "</h1>");
        out.println("</body>");
```

```
        out.println("</html>");
        out.close();
    }
}
```

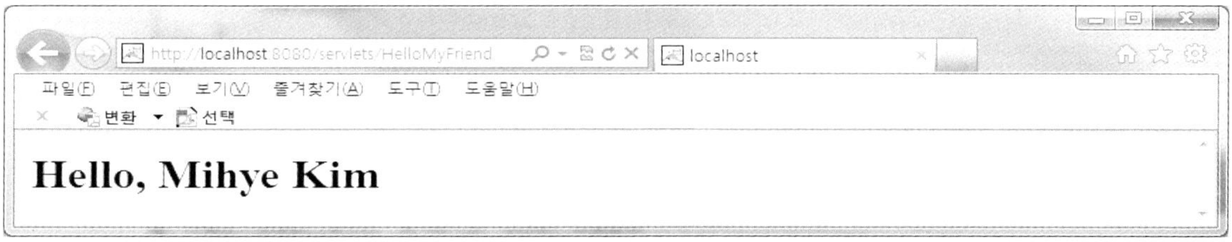

[그림 9-7] 웹 컨테이너에서 HelloMyFriend 서블릿 클래스 실행 결과

9.3.3 클라이언트 요청 데이터 받기

POST 방식에 의해 클라이언트 요청(request)으로부터 오는 모든 정보는 요청 객체(request object)로 캡슐화되어 서버로 전달된다. 즉 클라이언트에서 HTML 양식으로 입력되어 전송되는 정보들은 데이터명과 값의 쌍들(name-value pairs)을 &로 묶어 하나의 요청 객체 집합으로 전달된다. 위에 있는 "servlet_post_test.html" 파일을 예로 들어 보면, 이 파일의 form에는 두 개의 데이터명: first_name, last_name이 존재한다. 웹 브라우저에서 사용자가 이들 각각에 대해 입력한 값이 Mihye, Kim이라고 가정할 때, 이들 값은 다음 표에 있는 방법으로 form의 action에서 지정한 서버의 서블릿 클래스(HelloMyFriend)로 전달된다.

서블릿클래스명?first_name="Mihye"&last_name="Kim"

서블릿 컨테이너에게 전달되는 요청 매개변수(request parameters)는 이와 같이 문자열로 구성되어 있으며, 이는 HttpServletRequest 클래스 객체의 다음 메소드들을 통해 얻을 수 있다.

• String getParameter(String name): 주어진 매개변수명에 해당하는 값을 반환한다. 위의 HelloMyFriend.java 프로그램을 예로 들면, HttpServletRequest 클래스 객체가 request로 선언되어 있으므로 request.getParameter("first_name") 문장은 문자열 "Mihye"을 반환하게 된다. request.getParameter("last_name")는 문자열 "Kim"을 반환하게 된다.

• String[] getParameterValues(String name): 주어진 매개변수명으로 넘어오는 데이터 값들이 여러 개일 때 이들을 하나의 문자열 객체 배열로 받는다. 예를 들어 friend라는 데이터명이 있고, 서블릿 컨테이너에게 전달되는 요청 매개변수의 문자열이 friend="Kim"&friend="Lee"&friend="Park"으로 구성되어 있다고 가정할 때, String friends[] = request.getParameterValues("friend") 문장을 수행하면

friends[0] = "Kim", friends[1] = "Lee", friends[2] = "Park"으로 데이터 값이 전달된다.

- Enumeration getParameterNames(): 서블릿 컨테이너에게 전달되는 모든 매개변수의 명을 Enumeration 형으로 반환한다. HelloMyFriend.java 프로그램에 다음과 같은 소스 코드가 있다고 가정할 때, 실행 결과는 [그림 9-8]과 같다.

```
Enumeration e = request.getParameterNames();
while(e.hasMoreElements()){
    String name = (String)e.nextElement();
    out.println(name + ": " + request.getParameter(name) + "<br>");
}
```

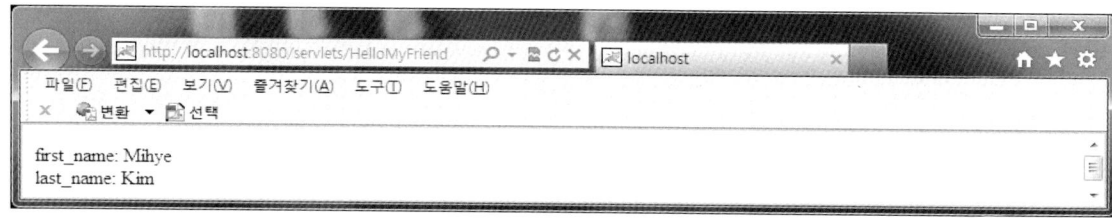

[그림 9-8] getParameterNames() 메소드를 사용한 경우의 실행 결과

- Map<String, String[]> getParameterMap(): 키로서 매개변수의 명과 맵의 값으로 매개변수의 값을 포함하는 요청 매개변수에 대한 맵을 넘겨준다. HelloMyFriend.java 프로그램에 다음과 같은 소스 코드가 있다고 가정할 때, 이에 대한 실행 결과는 [그림 9-9]와 같다.

```
Map<String, String[]> params = request.getParameterMap();
for (Map.Entry<String, String[]> entry : params.entrySet()) {
    out.println(entry.getKey() + "=");
    String values[] = entry.getValue();
    for (int i=0; i<values.length i++)
        out.println(values[i] + " ");
    out.println("<br>");
}
```

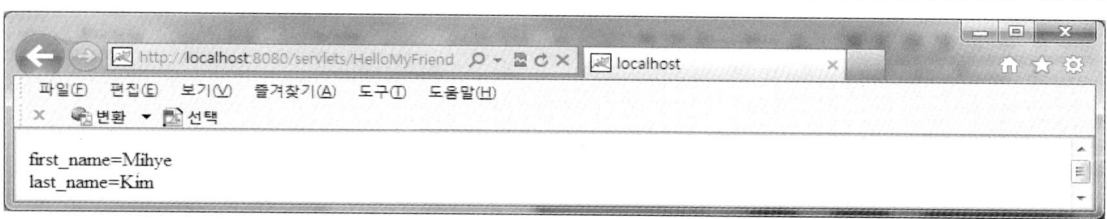

[그림 9-9] getParameterMap() 메소드를 사용한 경우의 실행 결과

10장 서블릿에서 데이터베이스 연동

본 장에서는 6장에서 명령어 창을 이용해 실행했던 JDBC 프로그램 예제들을 웹 브라우저상에서 실행할 수 있도록 웹 프로그래밍 언어인 서블릿으로 변환하여 작성해 보도록 하겠다. 즉 순수 자바 응용 프로그램을 웹 환경에서 사용할 수 있도록 웹 프로그래밍 언어 중의 하나인 서블릿으로 변환하는 작성해 보도록 한다.

10.1 고객정보 검색 예제

다음 예제(GetCustomerServlet01.java)는 고객정보 테이블(customer)에 있는 모든 레코드를 검색하여 이를 화면에 출력하는 프로그램이다. 6장의 SelectFromCustomer.java와 같은 기능을 수행하는 예제이다.

```java
package chap10;

import java.io.*;
import javax.servlet.*;
import javax.servlet.http.*;
import java.sql.*;

public class GetCustomerServlet01 extends HttpServlet {
    private String driver = null;       // MySQL JDBC 드라이버
    private String url = null;          // URL
    private String dbName = null;       // 데이터베이스명
    private String user = null;         // 데이터베이스 사용자
    private String passwd = null;       // 사용자 비밀번호

    // Servlet 객체 생성 시 한 번만 호출되어 실행되는 메소드
    public void init() throws ServletException {
        driver = "com.mysql.jdbc.Driver";
        url = "jdbc:mysql://127.0.0.1:3306/";
        dbName = "banksystem";
        user = "root";
        passwd = "test123";

        // 드라이버 로딩
        try {
            Class.forName(driver);
        } catch(java.lang.ClassNotFoundException e) {
            e.printStackTrace();
        }
```

```java
    }
    // Servlet이 메모리에서 해제될 때 호출되는 메소드
    public void destory() {
        driver = null;
        url = null;
        dbName = null;
        user = null;
        passwd = null;
    }

    public void doGet(HttpServletRequest request, HttpServletResponse response)
            throws ServletException, IOException {
        // 한글처리를 위해 문자셋: charset=euc-kr
        response.setContentType("text/html;charset=euc-kr");
        // PrintWriter 객체를 사용하여 클라이언트의 웹 브라우저에 출력할 내용 전달
        PrintWriter out = response.getWriter();

        Connection con = null;
        Statement stmt = null;
        ResultSet result = null;
        String query = "select * from customer"
        try {
            // 데이터베이스 연결
            con = DriverManager.getConnection(url+dbName, user, passwd);
            stmt = con.createStatement();
            result = stmt.executeQuery(query);
            out.println("고객정보 질의 결과<br>");
            out.println("=====================================<br>");
            out.println("고객번호   고객명   ");
            out.println("전화번호       주소<br>");
            out.println("=====================================<br>");
            while (result.next()) {
                String resultStr = result.getString(1);
                resultStr += "     "
                resultStr += result.getString(2) + "   "
                resultStr +=  result.getString(3) + "   "
                resultStr += result.getString(4);
                out.println(resultStr + "<br>");
            }
            out.println("=====================================<br>");
        } catch(SQLException e) {
            e.printStackTrace(out);
        } finally {
            try {
                if (result != null) result.close();
                if (stmt != null) stmt.close();
                if (con != null) con.close();
```

```
                } catch (SQLException e) {}
            }
        }
    }
```

[그림 10-1] GetCustomerServlet01.java 소스 코드

    8장의 서블릿 프로그래밍에서 설명하였듯이 서블릿에서는 기본적으로 다음의 세 개의 패키지를
import해야 한다.

import java.io.*;

import javax.servlet.*;

import javax.servlet.http.*;

패키지 전체를 포함하는 것 대신 다음과 같이 사용되는 클래스만을 명시하여 import할 수도 있겠다.

// 입출력 관련 클래스

import java.io.PrintWriter;

import java.io.IOException;

// 서블릿 관련 클래스

import javax.servlet.ServletException;

import javax.servlet.http.HttpSession;

import javax.servlet.http.HttpServlet;

import javax.servlet.http.HttpServletRequest;

import javax.servlet.http.HttpServletResponse;

    서블릿 클래스는 기본적으로 HttpServlet 클래스를 상속받아 구현되며, 서블릿의 요청 방식은 GET 방
식과 POST 방식으로 이루어진다. GET 방식은 서버에 있는 정보를 가져오기 위해 doGet() 메소드를,
POST 방식은 클라이언트에 있는 데이터를 서버로 가져오기 위해 doPost() 메소드를 이용하게 된다.
doGet() 메소드나 doPost() 메소드는 HttpServletRequest와 HttpServletResponse 타입의 매개변수를 가진다. 이
메소드들은 예외가 발생할 수 있으며 이들 예외는 throws ServletException, IOException 문장으로 처리된다.

    response.setContentType("text/html;charset=euc-kr"); 문장은 웹 브라우저에 응답으로 출력될 문서의

MIME 타입을 설정하며 한글 처리를 위해 charset=euc-kr 문자세트로 설정되어 있다. 클라이언트 웹 브라우저상으로의 출력 내용 전달은 문자 출력 스트림 PrintWriter 객체의 println() 메소드를 이용한다.

서블릿 클래스를 웹 브라우저에서 실행하기 위해서는 서블릿 클래스를 서블릿 컨테이너에 등록시키고 관련 URL을 매핑해 주는 작업이 필요하다. 다음은 GetCustomerServlet01 서블릿을 웹 브라우저에서 실행하기 위한 절차이다.

1) 먼저 컴파일한 서블릿 클래스(GetCustomerServlet01.class)를 다음의 디렉토리로 이동시킨다: C:\apache-tomcat-7.0.27\webapps\ROOT\WEB-INF\ROOT\WEB-INF\classes\chap10\

2) 그 다음은 "…\webapps\ROOT\WEB-INF"에 존재하는 web.xml 파일을 메모장이나 기타 문서 편집기를 이용해 오픈한 후 다음과 같이 <web-app></web-app> 태그 사이에 서블릿명과 서블릿 클래스를 등록하고, 서블릿에 접근할 주소에 대한 매핑을 지정한 후 저장한다.

```
<web-app>
   …
   <servlet>
       <servlet-name>GetCustomerServlet01</servlet-name>
       <servlet-class>chap10.GetCustomerServlet01</servlet-class>
   </servlet>
   <servlet-mapping>
       <servlet-name>GetCustomerServlet01</servlet-name>
       <url-pattern>/servlets/chap10/GetCustomerServlet01</url-pattern>
   </servlet-mapping>
   …
</web-app>
```

[그림 10-2] 웹 애플리케이션 배치 정의자 web.xml 파일 편집

3) 아파치 톰캣을 재실행시킨다. Windows 7인 경우 [시작 → 제어판 → 시스템 및 보안 → 관리 도구 → 서비스](또는 [윈도우 키 + R]를 누른 후 "services.msc" 실행)에서 "Apache Tomcat 7"을 찾아 클릭한 후 [다시 시작]을 선택하면 된다.

4) 마지막으로 웹 브라우저에서 서블릿을 실행시킨다. web.xml 파일에서 URL 매핑을 "/servlets/chap10/GetCustomerServlet01"으로 지정하였으므로 주소창에서 "http://localhost:8080/servlets/chap10/GetCustomerServlet01"

으로 입력하면 실행이 되게 된다. [그림 10-3]은 GetCustomerServlet01 클래스의 실행 결과를 보인 것이다.

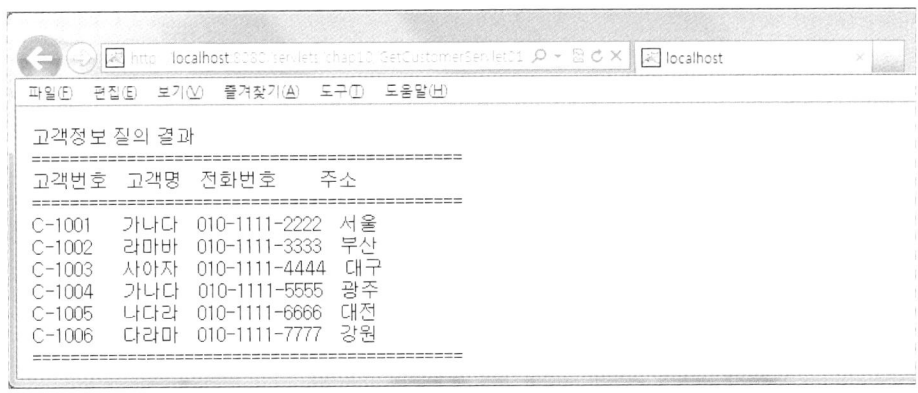

[그림 10-3] GetCustomerServlet01 서블릿의 실행 결과

프로그램을 수정한 경우에는 프로그램을 재컴파일한 후 수정한 클래스를 1)의 위치에 다시 복사하고 3)에서와 같이 아파치 톰캣을 재실행시킨 후, 웹 브라우저에서 다시 실행시키면 된다.

10.2 ServletConfig 초기화 파라미터를 이용한 고객정보 검색 예제

본 절에서는 10.1절에 있는 고객정보 검색 예제에서의 JDBC 드라이버, DB의 URL, 사용자 아이디, 비밀번호의 값을 프로그램에 하드 코드화하는 대신 ServletConfig 초기화 파라미터를 이용하여 지정한 후, 이를 이용하여 프로그래밍하는 방법에 대해서 알아보도록 한다. ServletConfig 초기화 파라미터 선언은 web.xml 파일에서 다음과 같이 <servlet> 엘리먼트의 자식 엘리먼트 <init-param>을 이용한다.

```
<web-app>
   <servlet>
      <servlet-name>GetCustomerServlet02</servlet-name>
      <servlet-class>chap10.GetCustomerServlet02</servlet-class>
      <init-param>
         <param-name>driver</param-name>
         <param-value>com.mysql.jdbc.Driver</param-value>
      </init-param>
      <init-param>
         <param-name>url</param-name>
         <param-value>jdbc:mysql://127.0.0.1:3306/</param-value>
      </init-param>
      <init-param>
```

```
            <param-name>dbName</param-name>
            <param-value>banksystem</param-value>
         </init-param>
         <init-param>
          <param-name>user</param-name>
          <param-value>root</param-value>
         </init-param>
         <init-param>
          <param-name>passwd</param-name>
          <param-value>test123</param-value>
         </init-param>
     </servlet>
     <servlet-mapping>
        <servlet-name>GetCustomerServlet02</servlet-name>
        <url-pattern>/servlets/chap10/GetCustomerServlet02</url-pattern>
     </servlet-mapping>
       …
     </web-app>
```

[그림 10-4] 〈init-param〉을 이용한 ServletConfig 초기화 파라미터 선언

엘리먼트 <init-param>에서 선언한 ServletConfig의 초기화 파라미터의 값은 서블릿의 init() 메소드에
서 getInitParameter(String name) 메소드를 이용하여 얻는다. GetCustomerServlet02의 실행 결과는 [그림
10-3]에 있는 GetCustomerServlet01 클래스의 실행 결과와 동일하다.

```java
package chap10;
import java.io.*;
import javax.servlet.*;
import javax.servlet.http.*;
import java.sql.*;

public class GetCustomerServlet02 extends HttpServlet {
     private String driver = null;       // MySQL JDBC 드라이버
     private String url = null;          // URL
     private String dbName = null;       // 데이터베이스명
     private String user = null;         // 데이터베이스 사용자
     private String passwd = null;       // 사용자 비밀번호

     // Servlet 객체 생성 시 한 번만 호출되어 실행되는 메소드
     public void init() throws ServletException {
         // ServletConfig 초기화 파라미터 선언을 통한 매개변수 지정
         // web.xml 파일의 <init-param> 엘리먼트를 이용해 선언한 값 없음
         driver = getInitParameter("driver");
         url = getInitParameter("url");
         dbName = getInitParameter("dbName");
         user = getInitParameter("user");
         passwd = getInitParameter("passwd");
         // 드라이버 로딩
```

```
        try {
            Class.forName(driver);
        } catch(java.lang.ClassNotFoundException e) {
            e.printStackTrace();
        }
    }
    // 이후 프로그램은 GetCustomerServlet01.java와 동일
    ...
}
```

[그림 10-5] GetCustomerServlet02.java 소스 코드

10.3 ServletContext 초기화 파라미터를 이용한 고객정보 검색 예제

[그림 10-4]에서와 같이 web.xml 파일에서 엘리먼트 <init-param>에서 선언한 ServletConfig의 초기화 파라미터의 값은 해당 서블릿에서만 참조할 수 있다. 웹 애플리케이션 내의 모든 서블릿에서 참조하기 위해서는 ServletContext 초기화 파라미터를 이용하면 된다. ServletContext 초기화 파라미터는 [그림 10-6]에서와 같이 <web-app> 엘리먼트의 자식 엘리먼트 <context-param>을 이용하여 선언한다.

```
<web-app>
    ...
    <context-param>
        <param-name>driver</param-name>
        <param-value>com.mysql.jdbc.Driver</param-value>
    </context-param>
    <context-param>
        <param-name>url</param-name>
        <param-value>jdbc:mysql://127.0.0.1:3306/</param-value>
    </context-param>
    <context-param>
        <param-name>dbName</param-name>
        <param-value>banksystem</param-value>
    </context-param>
    <context-param>
        <param-name>user</param-name>
        <param-value>root</param-value>
    </context-param>
    <context-param>
        <param-name>passwd</param-name>
        <param-value>test123</param-value>
    </context-param>
    ...
</web-app>
```

[그림 10-6] ⟨context-param⟩를 이용한 ServletContext 초기화 파라미터 선언

ServletContext 객체의 레퍼런스는 서블릿에서 getServletContext() 메소드를 이용하여 얻을 수 있으며, <context-param>에서 선언한 ServletContext의 초기화 파라미터는 ServletContext 객체의 getInitParameter (String name) 메소드를 이용하여 얻는다.

```java
package chap10;
import java.io.*;
import javax.servlet.*;
import javax.servlet.http.*;
import java.sql.*;

public class GetCustomerServlet03 extends HttpServlet {
    private String driver = null;       // MySQL JDBC 드라이버
    private String url = null;          // URL
    private String dbName = null;       // 데이터베이스명
    private String user = null;         // 데이터베이스 사용자
    private String passwd = null;       // 사용자 비밀번호

    public void init() throws ServletException {
        // ServletContext 초기화 파라미터 선언을 통해 드라이버, url 등의 값 지정
        // 즉 web.xml 파일의 <context-param> 엘리먼트를 이용해 선언한 값 얻음
        ServletContext sc = getServletContext();
        driver = sc.getInitParameter("driver");
        url = sc.getInitParameter("url");
        dbName = sc.getInitParameter("dbName");
        user = sc.getInitParameter("user");
        passwd = sc.getInitParameter("passwd");

        // 드라이버 로딩
        try {
            Class.forName(driver);
        } catch(java.lang.ClassNotFoundException e) {
            e.printStackTrace();
        }
    }
    // 이후 프로그램은 GetCustomerServlet01.java와 동일
    ...
}
```

[그림 10-7] GetCustomerServlet03.java 소스 코드

10.4 고객관리 시스템

본 절에서는 6장 6.6절의 고객관리 예제 2에 대한 프로그램을 웹을 기반으로 구현하여 소개하였다. 응용 프로그램은 드라이버 로딩과 데이터베이스 접속을 위한 자바 클래스 DBConnect, 고객정보 처리를 위한 클래스 Customer, SQL문 실행을 위한 클래스 CustomerSql과 고객정보 삽입을 위한 InsertCustomerServlet, 고객정보 검색을 위한 QueryCustomerServlet, 고객정보 변경을 위한 UpdateCustoemrServlet, 고객정보 삭제를 위한 DeleteCustomerServlet 및 시스템의 작업 화면을 관리하기 위한 CustomerManagement 서블릿 클래스로 구성되어 있다. [그림 10-8]은 클래스 간의 구성을 나타내 보인 것이다.

JDBC 드라이버명과 데이터베이스의 URL, 사용자 아이디 및 비밀번호의 값은 프로그램에 하드 코드화 하는 대신 10.3절에서와 같이 ServletContext 초기화 파라미터를 이용하여 선언한 후 이를 이용하였다. 즉 [그림 10-6]과 같이 web.xml 파일에서 <web-app> 엘리먼트의 자식 엘리먼트 <context-param>을 이용하여 선언한 후, 이를 서블릿 소스 코드의 init() 메소드에서 ServletContext 객체의 getInitParameter(String name) 메소드를 이용해 얻어 사용하였다. 기타 자세한 사항은 프로그램의 주석과 실행 결과를 참조하기 바란다.

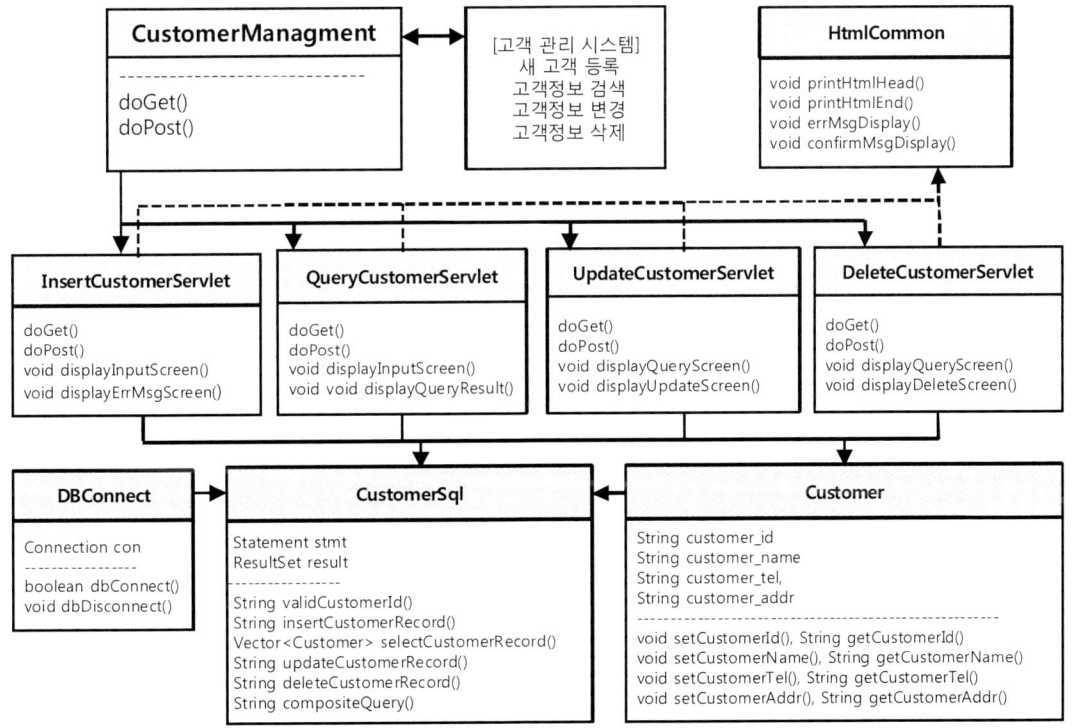

[그림 10-8] 고객관리 시스템의 클래스 구성

10.4.1 소스 코드

▶ Customer.java

```java
package chap10;
import java.sql.*;

// 고객 레코드의 열의 값을 키보드로부터 얻기 위한 클래스
public class Customer {
    private String customer_id;        // 고객번호
    private String customer_name;      // 고객명
    private String customer_tel;       // 전화번호
    private String customer_addr;      // 주소

    public Customer() {
        customer_id = null;
        customer_name = null;
        customer_tel = null;
        customer_addr = null;
    }

    public void setCustomerId(String customer_id) {
        this.customer_id = customer_id;
    }

    public String getCustomerId() {
        return customer_id;
    }

    public void setCustomerName(String customer_name) {
        this.customer_name = customer_name;
    }

    public String getCustomerName() {
        return customer_name;
    }

    public void setCustomerTel(String customer_tel) {
        this.customer_tel = customer_tel;
    }

    public String getCustomerTel() {
        return customer_tel;
    }

    public void setCustomerAddr(String customer_addr) {
```

```
        this.customer_addr = customer_addr;
    }

    public String getCustomerAddr() {
        return customer_addr;
    }
}
```

▶ DBConnect.java

```java
package chap10;
import java.sql.*;
// 드라이버 로딩 및 데이터베이스 접속을 위한 클래스
public class DBConnect {
    protected Connection con = null;
    /*******************************************************************
    // JDBC 드라이버명, 데이터베이스의 URL, 사용자 아이디, 비밀번호를
    // ServletContext 초기화 파라미터를 이용하여 선언하지 않고
    // 자바 소스 코드에서 선언하여 사용하고자 할 경우에는
    // 다음의 주석 처리된 부분을 소스 코드에 포함시켜도 됨.
    // 이에 대한 호출: 객체명.dbConnect()
    //
    // private String driver = "com.mysql.jdbc.Driver";
    // private String url = "jdbc:mysql://127.0.0.1:3306/banksystem";
    // private String user = "root";
    // private String passwd = "test123";
    //
    // public boolean dbConnect() {
    *******************************************************************/
    // 데이터베이스와 접속
    public boolean dbConnect(String driver, String url, String user, String passwd) {
        try {
            Class.forName(driver);
            con = DriverManager.getConnection(url, user, passwd);
        } catch(java.lang.ClassNotFoundException e1) {
            System.err.print("ClassNotFoundException: ");
            System.err.println("드라이버 로딩 오류: " + e1.getMessage());
            return false;
        } catch(SQLException e2) {
            System.err.println("데이터베이스 접속 오류: " + e2.getMessage());
            return false;
        }
        return true;
    }

    // 데이터베이스와의 접속 끊음
    public void dbDisconnect() {
```

```
        try {
            if (this.con != null) this.con.close();
        } catch (Exception e) {}
    }
}
```

▶ CustomerSql.java

```
package chap10;
import java.io.*;
import java.util.Vector;
import java.sql.*;
class CustomerSql extends DBConnect {
    private Statement stmt = null;
    private PreparedStatement pstmt = null;
    private ResultSet result = null;
    private String errMsg = null;
    private String tableName = "customer";

    public String validCustomerId(String customer_id) {
        if (customer_id == null || !validateNumber(customer_id, 'C'))
            return "고객번호의 형식이 잘못되었습니다(고객번호 형식: C-xxxx)!!!";
        return null;
    }

    // 고객번호 형식 확인: C-xxxx
    public boolean validateNumber(String str, char type) {
        if (str.length() == 6)
            if (str.charAt(0) == type && str.charAt(1) == '-')
                if (isInteger(str.substring(2,5))) return true;
        return false;
    }

    // 숫자 여부 확인
    public boolean isInteger(String strValue) {
        try {
            Integer.parseInt(strValue);
        } catch (Exception NumberFormatException) {
            return false;
        }
        return true;
    }

    //고객정보 삽입
    public String insertCustomerRecord(Customer customer) {
        // 삽입할 행의 정보 구성
        String sql = "INSERT INTO " + tableName + " VALUES (?, ?, ?, ?)";
```

```
        try {
            pstmt = con.prepareStatement(sql);
            pstmt.setString(1, customer.getCustomerId());
            pstmt.setString(2, customer.getCustomerName());
            pstmt.setString(3, customer.getCustomerTel());
            pstmt.setString(4, customer.getCustomerAddr());
            pstmt.executeUpdate();
        } catch(SQLException e) {
            errMsg = "Insert 오류: " + e.getMessage();
        } finally {
            try {
                if (pstmt != null) pstmt.close();
            } catch (Exception e) {}
        }
        return errMsg
    }

    // 고객정보 검색
    public Vector<Customer> selectCustomerRecord(String query) {
        Vector <Customer> customers = new Vector<Customer>();
        try {
            stmt = con.createStatement();
            result = stmt.executeQuery(query);
            while (result.next()) {
                Customer aCustomer = new Customer();
                aCustomer.setCustomerId(result.getString(1));
                aCustomer.setCustomerName(result.getString(2));
                aCustomer.setCustomerTel(result.getString(3));
                aCustomer.setCustomerAddr(result.getString(4));
                customers.addElement(aCustomer);
            }
        } catch(SQLException ex) {
            System.err.println("SQLException: " + ex.getMessage());
        } finally {
            try {
                if (result != null) result.close();
                if (stmt != null) stmt.close();
            } catch (Exception e) {}
        }
        return customers;
    }

    //고객정보 변경
    public String updateCustomerRecord(Customer customer) {
        String sql = "UPDATE " + tableName + " SET " +
                    "customer_tel = ?, customer_addr = ? WHERE customer_id = ?";
        try {
```

```
                    pstmt = con.prepareStatement(sql);
                    pstmt.setString(1, customer.getCustomerTel());
                    pstmt.setString(2, customer.getCustomerAddr());
                    pstmt.setString(3, customer.getCustomerId());
                    pstmt.executeUpdate();
        } catch(SQLException e) {
                    errMsg = "고객정보 변경 오류: " + e.getMessage();
        } finally {
            try {
                    if (pstmt != null) pstmt.close();
            } catch (Exception e) {}
        }
        return errMsg
    }


    // 고객정보 삭제
    public String deleteCustomerRecord(String customer_id) {
        String sql = "DELETE from " + tableName + " WHERE customer_id = ?";
        try {
                    pstmt = con.prepareStatement(sql);
                    pstmt.setString(1, customer_id);
                    pstmt.executeUpdate();
        } catch(SQLException e) {
                    errMsg = "고객정보 삭제 오류: " + e.getMessage();
        } finally {
            try {
                    if (pstmt != null) pstmt.close();
            } catch (Exception e) {}
        }
        return errMsg
    }


    // 질의문 구성
    public String compositeQuery(String customer_id, String customer_name) {
        // 고객번호와 고객명 모두를 입력하지 않은 경우에는 전체 고객 검색
        String query = "SELECT * from " + tableName;
        if (customer_id.length() > 0 && customer_name.length() > 0) {
            query += " where customer_id =  " + "'" + customer_id + "'";
            query += " AND customer_name = " + "'" + customer_name + "'";
        }
        else if (customer_id.length() > 0 && customer_name.length() == 0)
            query += " where customer_id =  " + "'" + customer_id + "'";
        else if (customer_id.length() == 0 && customer_name.length() > 0)
            query += " where customer_name =  " + "'" + customer_name + "'";

        return query;
    }
```

```
    // 질의문 구성
    public String compositeQuery1(String customer_id) {
        return "SELECT * FROM " + tableName +
                " WHERE customer_id = " + "'" + customer_id + "'"
    }
}
```

▶ HtmlCommon.java

```java
package chap10;
import java.io.*;

// Common methods used in the Servlets' HTML
public class HtmlCommon {
    public HtmlCommon() {}

    /*************************************************************************
    To print the header part of HTML
    *************************************************************************/
    public void printHtmlHead(PrintWriter out, String title) {
        out.println("<HTML>");
        out.println("<head>");
        out.println("<meta http-equiv=\"Content-Type\" content=\"text/html;
                charset=euc-kr\">");
        out.println("<title>" + title + "</title>");
        out.println("</head>");
        out.println("<body>");
    }

    public void printHtmlEnd(PrintWriter out) {
        out.println("</body>");
        out.println("</html>");
        out.close();
    }

    public void errMsgDisplay(PrintWriter out, String errMsg) {
        out.println("<br>");
        out.println("<FONT FACE=ARIAL size=3 color=red>");
        out.println(errMsg);
        out.println("</FONT>");
        out.println("<br>");
    }

    public void confirmMsgDisplay(PrintWriter out, String confirmMsg) {
        out.println("<br>");
        out.println("<FONT FACE=ARIAL size=3 color=blue>");
        out.println(confirmMsg);
```

```
            out.println("</FONT>");
            out.println("<br>");
        }
}
```

▶ InsertCustomerServlet.java

```
package chap10;
import java.io.*;
import javax.servlet.*;
import javax.servlet.http.*;
import java.sql.*;

public class InsertCustomerServlet extends HttpServlet {
    private String driver = null;        // MySQL JDBC 드라이버
    private String url = null;           // URL
    private String dbName = null;        // 데이터베이스명
    private String user = null;          // 데이터베이스 사용자
    private String passwd = null;        // 사용자 비밀번호

    private String submitType = null;
    // HTML 처리를 위한 클래스
    HtmlCommon htmlCommon = new HtmlCommon();

    public void init() throws ServletException {
        // ServletContext 초기화 파라미터 선언을 통해 드라이버, url 등의 값 지정
        // 즉 web.xml 파일의 <context-param> 엘리먼트를 이용해 선언한 파라미터 값 얻음
        ServletContext sc = getServletContext();
        driver = sc.getInitParameter("driver");
        url = sc.getInitParameter("url");
        dbName = sc.getInitParameter("dbName");
        user = sc.getInitParameter("user");
        passwd = sc.getInitParameter("passwd");
    }

    public void destory() {
        driver = null;
        url = null;
        dbName = null;
        user = null;
        passwd = null;
        submitType = null;
    }

    public void doGet(HttpServletRequest request, HttpServletResponse response) throws ServletException,
IOException {
        doPost(request, response);
```

```
        }
    public void doPost(HttpServletRequest request, HttpServletResponse response) throws ServletException,
IOException {
        response.setContentType("text/html;charset=euc-kr");
        PrintWriter out = response.getWriter();

        boolean dataComplete = true;
        String errMsg = null;
        String confirmMsg = null;
        Customer customer = new Customer();

        // 고객정보 지정 및 고객정보 레코드 삽입을 위한 클래스
        CustomerSql customerSql = new CustomerSql();
        // 데이터베이스 연결
        if (!customerSql.dbConnect(driver, url+dbName, user, passwd)) return;

        try {
            submitType = request.getParameter("makeSubmit");

            // 고객정보 등록 시작
            if (submitType == null || submitType.length() == 0) submitType = "Reset";
            // 고객정보 삽입
            if (submitType.compareTo("Insert") == 0) {
                // 고객번호 얻음
                String customer_id = request.getParameter("customerId");
                errMsg = customerSql.validCustomerId(customer_id);
                if (errMsg != null) dataComplete = false;
                else customer.setCustomerId(customer_id);
                // 고객명 얻음
                String customer_name = new String(((String)request.getParameter
                        ("customerName")).getBytes("iso-8859-1"),"euc-kr");
                customer.setCustomerName(customer_name);
                // 고객 전화번호 얻음
                String customer_tel = request.getParameter("customerTel");
                customer.setCustomerTel(customer_tel);
                // 고객 주소 얻음
                String customer_addr = new String(((String)request.getParameter
                        ("customerAddr")).getBytes("iso-8859-1"),"euc-kr");
                customer.setCustomerAddr(customer_addr);

                // 데이터베이스에 레코드 삽입
                if (dataComplete == true) {
                    errMsg = customerSql.insertCustomerRecord(customer);
                    if (errMsg != null) dataComplete = false;
                    else confirmMsg = customer_id + " 고객이 정상적으로 등록되었습니다."
                                    + "<br> 새로운 고객정보를 입력하십시오!!!";
                }
```

```
                }
        } catch (Exception e) {
            e.printStackTrace(out);
            errMsg = "서블릿 오류: " + e.getMessage();
            dataComplete = false;
        }
        finally {
            try {
                customerSql.dbDisconnect();
            } catch (Exception e) {}
        }

        // HTML 화면 표시
        htmlCommon.printHtmlHead(out, "고객정보 입력 화면");
        if (dataComplete == true) displayInputScreen(out, confirmMsg);
        else displayErrMsgScreen(out, errMsg);
        htmlCommon.printHtmlEnd(out);
    }

    // 고객정보 입력 화면 표시
    public void displayInputScreen(PrintWriter out, String confirmMsg) {
        if (confirmMsg != null) htmlCommon.confirmMsgDisplay(out, confirmMsg);

        out.println("<form method='post' action='InsertCustomerServlet'>");
        out.println("<table border=1>");
        out.println("<tr>");
        out.println("<td colspan=2 align=center>[고객정보 입력]</td>");
        out.println("</tr>");
        out.println("<tr>");
        out.println("<td>고객번호: </td>");
        out.println("<td><input type=text name=customerId size=6 maxlength=6></td>");
        out.println("</tr>");
        out.println("<tr>");
        out.println("<td>고객명: </td>");
        out.println("<td><input type=text name=customerName size=15></td>");
        out.println("</tr>");
        out.println("<tr>");
        out.println("<td>전화번호: </td>");
        out.println("<td><input type=text name=customerTel size=13 maxlength=13></td>");
        out.println("</tr>");
        out.println("<tr>");
        out.println("<td>주소: </td>");
        out.println("<td><input type=text name=customerAddr size=20></td>");
        out.println("</tr>");
        out.println("<tr>");
        out.println("<td colspan=2 align=center>");
        out.println("<input type=submit name=reset value='Reset'>");
```

```
        out.println("<input type=submit name=makeSubmit value='Insert'>");
        out.println("<A HREF='CustomerManagement'>Return</A>");
        out.println("</tr>");
        out.println("</table>");
        out.println("</form>");
    }

    public void displayErrMsgScreen(PrintWriter out, String errMsg) {
        htmlCommon.errMsgDisplay(out, errMsg);
        out.println("<b>고객정보 입력을 계속하려면 다음을 클릭하십시오: ");
        out.println("<A HREF='InsertCustomerServlet?'>Continue</A></b>");
    }
}
```

▶ QueryCustomerServlet.java

```
package chap10;
import java.io.*;
import java.util.Vector;
import javax.servlet.*;
import javax.servlet.http.*;
import java.sql.*;

public class QueryCustomerServlet extends HttpServlet {
    private String driver = null;       // MySQL JDBC 드라이버
    private String url = null;          // URL
    private String dbName = null;       // 데이터베이스명
    private String user = null;         // 데이터베이스 사용자
    private String passwd = null;       // 사용자 비밀번호

    private String submitType = null;
    HtmlCommon htmlCommon = new HtmlCommon();

    public void init() throws ServletException {
        ServletContext sc = getServletContext();
        driver = sc.getInitParameter("driver");
        url = sc.getInitParameter("url");
        dbName = sc.getInitParameter("dbName");
        user = sc.getInitParameter("user");
        passwd = sc.getInitParameter("passwd");
    }

    public void destory() {
        driver = null;
        url = null;
        dbName = null;
        user = null;
```

```
            passwd = null;
            submitType = null;
    }


    public void doGet(HttpServletRequest request, HttpServletResponse response) throws ServletException,
IOException {
            doPost(request, response);
    }


    public void doPost(HttpServletRequest request, HttpServletResponse response) throws ServletException,
IOException {
            response.setContentType("text/html;charset=euc-kr");
            PrintWriter out = response.getWriter();

            boolean dataComplete = false;
            String customer_id = null;
            String customer_name = null;
            Vector <Customer> customers = new Vector<Customer>();

            // 데이터베이스 연결
            CustomerSql customerSql = new CustomerSql();
            if (!customerSql.dbConnect(driver, url+dbName, user, passwd)) return;

            try {
                    submitType = request.getParameter("makeSubmit");
                    if (submitType == null || submitType.length() == 0) submitType = "Reset";

                    // 고객정보 검색
                    if (submitType.compareTo("Query") == 0) {
                            // 고객번호 얻음
                            customer_id = request.getParameter("customerId");

                            // 고객명 얻음
                            customer_name = new String(((String)request.getParameter
                                    ("customerName")).getBytes("iso-8859-1"),"euc-kr");

                            // 레코드 검색
                            String query = customerSql.compositeQuery(customer_id, customer_name);
                            customers = customerSql.selectCustomerRecord(query);
                            dataComplete = true;
                    }
            } catch (Exception e) {
                    e.printStackTrace(out);
                    dataComplete = false;
            } finally {
                    try {
                            customerSql.dbDisconnect();
```

```
                } catch (Exception e) {}
        }

        // HTML 화면 표시
        htmlCommon.printHtmlHead(out, "고객정보 검색 화면");
        if (dataComplete == false) displayInputScreen(out);
        else displayQueryResult(out, customers);
        htmlCommon.printHtmlEnd(out);
    }

    // 고객번호, 고객명 입력 화면 표시
    public void displayInputScreen(PrintWriter out) {
        out.println("<form method='post' action='QueryCustomerServlet'>");
        out.println("<table border=1>");
        out.println("<tr>");
        out.println("<td colspan=2>검색하고자 하는 고객번호 또는 고객명을 입력하세요<br>");
        out.println("<font color=green size=2>(전체고객에 대한 검색을 원할 경우에는 ");
        out.println(" [Query] 버튼만 클릭)</font></td>");
        out.println("</tr>");
        out.println("<tr>");
        out.println("<td>고객번호: </td>");
        out.println("<td><input type=text name=customerId size=6 maxlength=6></td>");
        out.println("</tr>");
        out.println("<tr>");
        out.println("<td>고객명: </td>");
        out.println("<td><input type=text name=customerName size=15></td>");
        out.println("</tr>");

        out.println("<tr>");
        out.println("<td colspan=2 align=center>");
        out.println("<input type=submit name=reset value='Reset'>");
        out.println("<input type=submit name=makeSubmit value='Query'>");
        out.println("<A HREF='CustomerManagement'>Return</A>");
        out.println("</tr>");
        out.println("</table>");
        out.println("</form>");
    }

    // 고객정보 질의 결과 화면 표시
    public void displayQueryResult(PrintWriter out, Vector <Customer>customers) {
        int size = customers.size();
        if (size == 0)
            htmlCommon.errMsgDisplay(out, "조건을 만족하는 고객이 존재하지 않습니다!!!");
        else {
            out.println("[고객정보 질의 결과]<br>");
            out.println("=====================================<br>");
            out.println("고객번호   고객명   ");
```

```
            out.println("전화번호      ");
            out.println("nbsp;   주소<br>");
            out.println("=====================================<br>");
            for (int i=0; i<size; i++) {
                Customer aCustomer = (Customer)customers.elementAt(i);
                String resultStr = " " + aCustomer.getCustomerId();
                resultStr += "     ";
                resultStr += aCustomer.getCustomerName() + "   ";
                resultStr += aCustomer.getCustomerTel() + "   ";
                resultStr += aCustomer.getCustomerAddr();
                out.println(resultStr + "<br>");
            }
            out.println("=====================================<br>");
            out.println(size + "개의 레코드가 검색되었습니다!<br><br>");
        }
        out.println("<b>고객정보 검색을 계속하려면 다음을 클릭하십시오: ");
        out.println("<A HREF='QueryCustomerServlet'>Continue</A></b>");
    }
}
```

▶ UpdateCustomerServlet.java

```
package chap10;
import java.io.*;
import java.util.Vector;
import javax.servlet.*;
import javax.servlet.http.*;
import java.sql.*;

public class UpdateCustomerServlet extends HttpServlet {
    private String driver = null;      // MySQL JDBC 드라이버
    private String url = null;         // URL
    private String dbName = null;      // 데이터베이스명
    private String user = null;        // 데이터베이스 사용자
    private String passwd = null;      // 사용자 비밀번호

    private String submitType = null;
    HtmlCommon htmlCommon = new HtmlCommon();

    public void init() throws ServletException {
        ServletContext sc = getServletContext();
        driver = sc.getInitParameter("driver");
        url = sc.getInitParameter("url");
        dbName = sc.getInitParameter("dbName");
        user = sc.getInitParameter("user");
        passwd = sc.getInitParameter("passwd");
    }
```

```java
    public void destory() {
        driver = null;
        url = null;
        dbName = null;
        user = null;
        passwd = null;
        submitType = null;
    }

    public void doGet(HttpServletRequest request, HttpServletResponse response) throws ServletException,
IOException {
        doPost(request, response);
    }

    public void doPost(HttpServletRequest request, HttpServletResponse response) throws ServletException,
IOException {
        response.setContentType("text/html;charset=euc-kr");
        PrintWriter out = response.getWriter();

        boolean dataComplete = true;
        String errMsg = null;
        String confirmMsg = null;
        String customer_id = null;
        Vector <Customer> customers = new Vector<Customer>();
        Customer customer = new Customer();

        // 데이터베이스 연결
        CustomerSql customerSql = new CustomerSql();
        if (!customerSql.dbConnect(driver, url+dbName, user, passwd)) return;
        try {
            submitType = request.getParameter("makeSubmit");
            if (submitType == null || submitType.length() == 0) submitType = "Reset";

            // 변경하고자 하는 고객정보 고객번호로 검색
            else if (submitType.compareTo("Query") == 0) {
                // 고객번호 얻음
                customer_id = request.getParameter("customerId");

                if (customer_id.length() == 0) {
                    errMsg = "변경하고자 하는 고객번호를 입력하세요!!!"
                    dataComplete = false;
                }
                else {
                    // 입력한 고객번호로 고객정보 검색
                    String query = customerSql.compositeQuery1(customer_id);
                    customers = customerSql.selectCustomerRecord(query);
                    if (customers.size() == 0) {
```

```
                          errMsg = customer_id + "는(은) 존재하지 않는 고객입니다!" +
                                      "<br>다시 입력하십시오!!!"
                          dataComplete = false;
                      }
                  }
              }
              // 고객정보 변경
              else if (submitType.compareTo("Update") == 0) {
                  // 고객번호 얻음
                  customer_id = request.getParameter("customerId");
                  customer.setCustomerId(customer_id);

                  // 고객 전화번호 얻음
                  String customer_tel = request.getParameter("customerTel");
                  customer.setCustomerTel(customer_tel);

                  // 고객 주소 얻음
                  String customer_addr = new String(((String)request.getParameter
                          ("customerAddr")).getBytes("iso-8859-1"),"euc-kr");
                  customer.setCustomerAddr(customer_addr);

                  // 고객정보 변경
                  errMsg = customerSql.updateCustomerRecord(customer);
                  if (errMsg != null) dataComplete = false;
                  else confirmMsg = customer_id +
                          " 고객정보가 정상적으로 변경되었습니다.<br>"
              }
          } catch (Exception e) {
              e.printStackTrace(out);
              dataComplete = false;
          } finally {
              try {
                  customerSql.dbDisconnect();
              } catch (Exception e) {}
          }

          // HTML 화면 표시
          htmlCommon.printHtmlHead(out, "고객정보 변경 화면");
          if (submitType.compareTo("Query") == 0 && dataComplete == true)
              displayUpdateScreen(out, customers);
          else
              displayQueryScreen(out, errMsg, confirmMsg);
          htmlCommon.printHtmlEnd(out);
      }

      // 고객번호 입력 화면 표시
      public void displayQueryScreen(PrintWriter out, String errMsg, String confirmMsg) {
```

```
        if (errMsg != null) htmlCommon.errMsgDisplay(out, errMsg);
        if (confirmMsg != null) htmlCommon.confirmMsgDisplay(out, confirmMsg);

        out.println("<form method='post' action='UpdateCustomerServlet'>");
        out.println("<table border=1>");
        out.println("<tr>");
        out.println("<td>변경하고자 하는 고객번호를 입력하세요</td>");
        out.println("</tr>");

        out.println("<tr>");
        out.println("<td>고객번호: ");
        out.println("<input type=text name=customerId size=6 maxlength=6/></td>");
        out.println("</tr>");

        out.println("<tr>");
        out.println("<td align=center>");
        out.println("<input type=submit name=reset value='Reset'>");
        out.println("<input type=submit name=makeSubmit value='Query'>");
        out.println("<A HREF='CustomerManagement'>Return</A></td>");
        out.println("</tr>");
        out.println("</table>");
        out.println("</form>");
    }

    // 고객정보 변경 화면 표시
    public void displayUpdateScreen(PrintWriter out, Vector <Customer>customers) {
        // 조건을 만족하는 고객은 하나만 존재함
        Customer customer = (Customer)customers.elementAt(0);
        out.println("<form method='post' action='UpdateCustomerServlet'>");
        out.println("<table border=1>");
        out.println("<tr>");
        out.println("<td colspan=2 align=center>[고객정보 변경]</td>");
        out.println("</tr>");
        out.println("<tr>");
        out.println("<td>고객번호: </td>");
        out.println("<td>" + customer.getCustomerId() + "</td>");
        out.println("</tr>");

        out.println("<tr>");
        out.println("<td>고객명: </td>");
        out.println("<td>" + customer.getCustomerName() + "</td>");
        out.println("</tr>");
        out.println("<tr>");
        out.println("<td><b>(변경된)전화번호: </b></td>");
        out.println("<td><input type=text name=customerTel size=13 maxlength=13 value=' ");
        out.println(customer.getCustomerTel() + " '></td>");
        out.println("</tr>");
```

```java
        out.println("<tr>");
        out.println("<td><b>(변경된)주소: </b></td>");
        out.println("<td><input type=text name=customerAddr size=20 value=' ");
        out.println(customer.getCustomerAddr() + " '></td>");
        out.println("</tr>");
        out.println("<tr>");
        out.println("<td colspan=2 align=center>");
        out.println("<input type=submit name=reset value='Reset'>");
        out.println("<input type=submit name=makeSubmit value='Update'>");
        out.println("<input type=hidden name=customerId value='" +
                    customer.getCustomerId() + " '>");
        out.println("<A HREF='CustomerManagement'>Return</A>");
        out.println("</tr>");
        out.println("</table>");
        out.println("</form>");
    }
}
```

▶ DeleteCustomerServlet.java

```java
package chap10;
import java.io.*;
import java.util.Vector;
import javax.servlet.*;
import javax.servlet.http.*;
import java.sql.*;

public class DeleteCustomerServlet extends HttpServlet {
    private String driver = null;        // MySQL JDBC 드라이버
    private String url = null;           // URL
    private String dbName = null;        // 데이터베이스명
    private String user = null;          // 데이터베이스 사용자
    private String passwd = null;        // 사용자 비밀번호

    private String submitType = null;
    HtmlCommon htmlCommon = new HtmlCommon();

    public void init() throws ServletException {
        ServletContext sc = getServletContext();
        driver = sc.getInitParameter("driver");
        url = sc.getInitParameter("url");
        dbName = sc.getInitParameter("dbName");
        user = sc.getInitParameter("user");
        passwd = sc.getInitParameter("passwd");
    }
    public void destory() {
        driver = null;
```

```
            url = null;
            dbName = null;
            user = null;
            passwd = null;
            submitType = null;
    }

    public void doGet(HttpServletRequest request, HttpServletResponse response) throws ServletException,
IOException {
            doPost(request, response);
    }

    public void doPost(HttpServletRequest request, HttpServletResponse response) throws ServletException,
IOException {
            response.setContentType("text/html;charset=euc-kr");
            PrintWriter out = response.getWriter();

            boolean dataComplete = true;
            String errMsg = null;
            String confirmMsg = null;
            String customer_id = null;
            Vector <Customer> customers = new Vector<Customer>();
            Customer customer = new Customer();

            // 데이터베이스 연결
            CustomerSql customerSql = new CustomerSql();
            if (!customerSql.dbConnect(driver, url+dbName, user, passwd)) return;
            try {
                submitType = request.getParameter("makeSubmit");
                if (submitType == null || submitType.length() == 0) submitType = "Reset";
                customer_id = request.getParameter("customerId");

                // 삭제하고자 하는 고객 고객번호로 검색
                if (submitType.compareTo("Query") == 0) {
                    if (customer_id.length() == 0) {
                        errMsg = "삭제하고자 하는 고객번호를 입력하세요!!!"
                        dataComplete = false;
                    }
                    else {
                        // 입력한 고객번호로 고객정보 검색
                        String query = customerSql.compositeQuery1(customer_id);
                        customers = customerSql.selectCustomerRecord(query);
                        if (customers.size() == 0) {
                            errMsg = customer_id + "는(은) 존재하지 않는 고객입니다." +
                                    "<br>다시 입력하십시오!!!"
                            dataComplete = false;
                        }
```

```
                    }
                }
                // 고객정보 삭제
                else if (submitType.compareTo("Yes") == 0) {
                    // 고객정보 삭제
                    errMsg = customerSql.deleteCustomerRecord(customer_id);
                    if (errMsg != null) dataComplete = false;
                    else confirmMsg = customer_id +
                        " 고객정보가 정상적으로 삭제되었습니다.<br>"
                }
                // 삭제 취소
                else if (submitType.compareTo("No") == 0) {
                    confirmMsg = customer_id + " 고객정보의 삭제가 취소되었습니다!!!"
                }
        } catch (Exception e) {
            e.printStackTrace(out);
            dataComplete = false;
        } finally {
            try {
                customerSql.dbDisconnect();
            } catch (Exception e) {}
        }

        // HTML 화면 표시
        htmlCommon.printHtmlHead(out, "고객정보 삭제 화면");
        if (submitType.compareTo("Query") == 0 && dataComplete == true)
            displayDeleteScreen(out, customers);
        else
            displayQueryScreen(out, errMsg, confirmMsg);
        htmlCommon.printHtmlEnd(out);
    }

    // 고객번호 입력 화면 표시
    public void displayQueryScreen(PrintWriter out, String errMsg, String confirmMsg) {
        if (errMsg != null) htmlCommon.errMsgDisplay(out, errMsg);
        if (confirmMsg != null) htmlCommon.confirmMsgDisplay(out, confirmMsg);

        out.println("<form method='post' action='DeleteCustomerServlet'>");
        out.println("<table border=1>");
        out.println("<tr>");
        out.println("<td align=center>[고객정보 삭제]</td>");
        out.println("</tr>");
        out.println("<tr>");
        out.println("<td>삭제하고자 하는 고객번호를 입력하세요</td>");
        out.println("</tr>");
        out.println("<tr>");
        out.println("<td>고객번호: ");
```

```java
        out.println("<input type=text name=customerId size=6 maxlength=6/></td>");
        out.println("</tr>");
        out.println("<tr>");
        out.println("<td align=center>");
        out.println("<input type=submit name=reset value='Reset'>");
        out.println("<input type=submit name=makeSubmit value='Query'>");
        out.println("<A HREF='CustomerManagement'>Return</A></td>");
        out.println("</tr>");
        out.println("</table>");
        out.println("</form>");
    }

    // 고객정보 변경 화면 표시
    public void displayDeleteScreen(PrintWriter out, Vector <Customer>customers) {
        // 조건을 만족하는 고객은 하나만 존재함
        Customer customer = (Customer)customers.elementAt(0);

        out.println("<form method='post' action='DeleteCustomerServlet'>");
        out.println("<table border=1>");
        out.println("<tr>");
        out.println("<td colspan=2 align=center>[고객정보 삭제]</td>");
        out.println("</tr>");
        out.println("<tr>");
        out.println("<td>고객번호: </td>");
        out.println("<td>" + customer.getCustomerId() + "</td>");
        out.println("</tr>");
        out.println("<tr>");
        out.println("<td>고객명: </td>");
        out.println("<td>" + customer.getCustomerName() + "</td>");
        out.println("</tr>");
        out.println("<tr>");
        out.println("<td>전화번호: </td>");
        out.println("<td>" + customer.getCustomerTel() + "</td>");
        out.println("</tr>");
        out.println("<tr>");
        out.println("<td>주소: </td>");
        out.println("<td>" + customer.getCustomerAddr() + "</td>");
        out.println("</tr>");

        out.println("<tr>");
        out.println("<td colspan=2>");
        out.println("<b>정말로 삭제하시겠습니까?</b> ");
        out.println("<input type=submit name=makeSubmit value='Yes'>");
        out.println("<input type=submit name=makeSubmit value='No'>");
        out.println("<input type=hidden name=customerId value='" +
                customer.getCustomerId() + "'>");
        out.println("</tr>");
```

```
                    out.println("</table>");
                    out.println("</form>");
          }
}
```

▶ CustomerManagement.java

```
package chap10;
import java.io.*;
import javax.servlet.*;
import javax.servlet.http.*;

public class CustomerManagement extends HttpServlet {
     public void doGet(HttpServletRequest request, HttpServletResponse response)
     throws ServletException, IOException {
          doPost(request, response);
     }

     public void doPost(HttpServletRequest request, HttpServletResponse response)
     throws ServletException, IOException {
          // 한글 처리를 위해 문자셋: charset=euc-kr
          response.setContentType("text/html;charset=euc-kr");

          // PrintWriter 객체를 사용하여 클라이언트의 웹 브라우저에 출력할 내용 전달
          PrintWriter out = response.getWriter();

          // HTML 출력 서식을 위한 클래스
          HtmlCommon htmlCommon = new HtmlCommon();

          htmlCommon.printHtmlHead(out, "고객관리 시스템");
          out.println("<table>");
          out.println("<tr>");
          out.println("<td>[고객관리 시스템]</td>");
          out.println("</tr>");

          out.println("<tr><form method='post' action='InsertCustomerServlet'>");
          out.println("<td align=center><input type=submit name=makeSubmit ");
          out.println("value='새 고객 등록'></td>");
          out.println("</form></tr>");

          out.println("<tr><form method='post' action='QueryCustomerServlet'>");
          out.println("<td align=center><input type=submit name=makeSubmit ");
          out.println("value='고객정보 검색'></td>");
          out.println("</form></tr>");

          out.println("<tr><form method='post' action='UpdateCustomerServlet'>");
          out.println("<td align=center><input type=submit name=makeSubmit ");
```

```
        out.println("value='고객정보 변경'></td>");
        out.println("</form></tr>");
        out.println("<tr><form method='post' action='DeleteCustomerServlet'>");
        out.println("<td align=center><input type=submit name=makeSubmit ");
        out.println("value='고객정보 삭제'></td>");
        out.println("</form></tr>");
        out.println("</table>");
        htmlCommon.printHtmlEnd(out);
    }
}
```

10.4.2 프로그램 컴파일 및 실행 준비

1) 먼저 10.4.1절에 있는 서블릿 자바 소스 코드를 [그림 10-9]와 같이 컴파일하도록 한다. 소스 코드
는 c:\jdbc\chap10\ 디렉토리에 존재한다고 가정하며 MySQL의 root 비밀번호는 "test123"으로 되어 있다
고 가정한다. 만약 설치된 MySQL의 root의 비밀번호가 이와 다를 경우에는 설치된 MySQL의 root 비밀
번호를 "test123"으로 변경하거나 또는 소스 코드(혹은 web.xml)의 비밀번호를 설치된 MySQL의 root 비
밀번호로 변경한 후 컴파일하도록 한다.

[그림 10-9] 고객관리 시스템 소스 코드 컴파일

2) 만약 customer 테이블이 존재하지 않는 경우에는 6.4절에 존재하는 CreateCustomer 클래스를 이용
해 customer 테이블을 생성해 주고, InsertIntoCustomer 클래스를 이용해 초기 고객정보를 삽입하도록
한다.

3) 그 다음에는 클래스 파일들을 톰캣 서버에서 실행하기 위해 톰캣 설치 폴더의 위치에 복사해 놓도
록 한다. 8장에서와 같이 톰캣을 c:\apache-tomcat-7.0.27에 설치하였다고 가정할 경우 "c:\jdbc\chap10*.class"
파일을 "c:\apache-tomcat-7.0.27\webapps\ROOT\WEB-INF\classes\chap10\" 폴더로 복사한다. 또는 [그림
10-10]과 같이 자바 컴파일의 -d 옵션을 사용하여 클래스 파일 생성 디렉토리를 지정한 후 컴파일하
도록 한다.

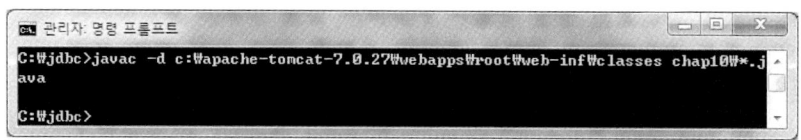

[그림 10-10] 클래스들이 아파치 톰캣 위치에 생성되도록 컴파일

4) 마지막으로 서블릿 응용 프로그램을 톰캣 서버상에서 실행시키기 위해 자바 클래스 파일들을 서블릿 컨테이너에 등록시키고 관련 URL을 매핑해 주도록 한다. [그림 10-11]에 있는 내용을 "… \webapps\ROOT\WEB-INF"에 있는 "web.xml" 파일의 <web-app> </web-app>의 태그 사이에 추가하면 된다. 서블릿 클래스를 등록할 때 클래스 파일들이 chap10 패키지에 존재하므로 "패키지명.클래스명" 형식으로 등록해 주도록 한다.

또한 앞서 설명한 바와 같이 JDBC 드라이버명과 데이터베이스의 URL, 사용자 아이디 및 비밀번호 의 값들이 web.xml 파일에 <web-app> 엘리먼트의 자식 엘리먼트 <context-param>을 이용하여 선언되 어 있어야 하므로 [그림 10-6]의 내용이 web.xml 파일에 존재한다고 가정한다.

```
</web-app>
    …

  <servlet>
      <servlet-name>Customer</servlet-name>
      <servlet-class>chap10.Customer</servlet-class>
  </servlet>
  <servlet-mapping>
      <servlet-name>Customer</servlet-name>
      <url-pattern>/servlets/chap10/Customer</url-pattern>
  </servlet-mapping>
  <servlet>
      <servlet-name>DBConnect</servlet-name>
      <servlet-class>chap10.DBConnect</servlet-class>
  </servlet>
  <servlet-mapping>
      <servlet-name>DBConnect</servlet-name>
      <url-pattern>/servlets/chap10/DBConnect</url-pattern>
  </servlet-mapping>
  <servlet>
      <servlet-name>CustomerSql</servlet-name>
      <servlet-class>chap10.CustomerSql</servlet-class>
  </servlet>
  <servlet-mapping>
      <servlet-name>CustomerSql</servlet-name>
      <url-pattern>/servlets/chap10/CustomerSql</url-pattern>
  </servlet-mapping>
```

```xml
  <servlet>
      <servlet-name>HtmlCommon</servlet-name>
      <servlet-class>chap10.HtmlCommon</servlet-class>
  </servlet>
  <servlet-mapping>
      <servlet-name>HtmlCommon</servlet-name>
      <url-pattern>/servlets/chap10/HtmlCommon</url-pattern>
  </servlet-mapping>
  <servlet>
      <servlet-name>InsertCustomerServlet</servlet-name>
      <servlet-class>chap10.InsertCustomerServlet</servlet-class>
  </servlet>
  <servlet-mapping>
      <servlet-name>InsertCustomerServlet</servlet-name>
      <url-pattern>/servlets/chap10/InsertCustomerServlet</url-pattern>
  </servlet-mapping>
  <servlet>
      <servlet-name>QueryCustomerServlet</servlet-name>
      <servlet-class>chap10.QueryCustomerServlet</servlet-class>
  </servlet>
  <servlet-mapping>
      <servlet-name>QueryCustomerServlet</servlet-name>
      <url-pattern>/servlets/chap10/QueryCustomerServlet</url-pattern>
  </servlet-mapping>
  <servlet>
      <servlet-name>UpdateCustomerServlet</servlet-name>
      <servlet-class>chap10.UpdateCustomerServlet</servlet-class>
  </servlet>
  <servlet-mapping>
      <servlet-name>UpdateCustomerServlet</servlet-name>
      <url-pattern>/servlets/chap10/UpdateCustomerServlet</url-pattern>
  </servlet-mapping>
  <servlet>
      <servlet-name>DeleteCustomerServlet</servlet-name>
      <servlet-class>chap10.DeleteCustomerServlet</servlet-class>
  </servlet>
  <servlet-mapping>
      <servlet-name>DeleteCustomerServlet</servlet-name>
      <url-pattern>/servlets/chap10/DeleteCustomerServlet</url-pattern>
  </servlet-mapping>
  <servlet>
      <servlet-name>CustomerManagement</servlet-name>
      <servlet-class>chap10.CustomerManagement</servlet-class>
  </servlet>
  <servlet-mapping>
      <servlet-name>CustomerManagement</servlet-name>
      <url-pattern>/servlets/chap10/CustomerManagement</url-pattern>
  </servlet-mapping>
...
</web-app>
```

[그림 10-11] 자바 클래스 파일의 서블릿 컨테이너 등록 및 URL 매핑

10.4.3 프로그램 실행 및 사용 예제

웹 서버를 실행시킨 후 웹 서버 주소창에서 "http://localhost:8080/servlets/chap10/CustomerManagement" 을 입력하면 [그림 10-12]와 같이 고객관리 시스템의 메인 화면이 나타나게 된다.

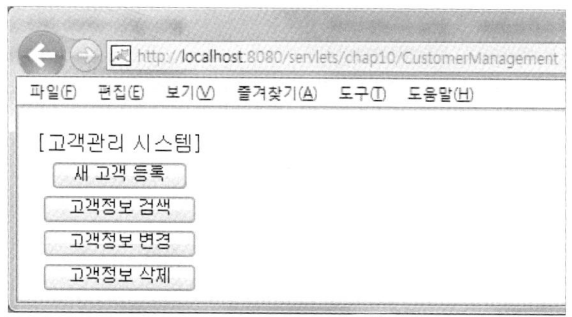

[그림 10-12] 고객관리 시스템의 메인 화면

▶ 새 고객 등록

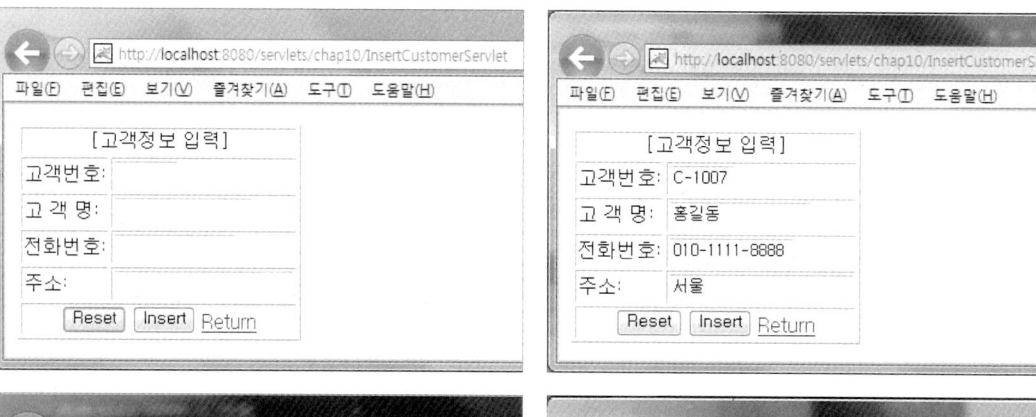

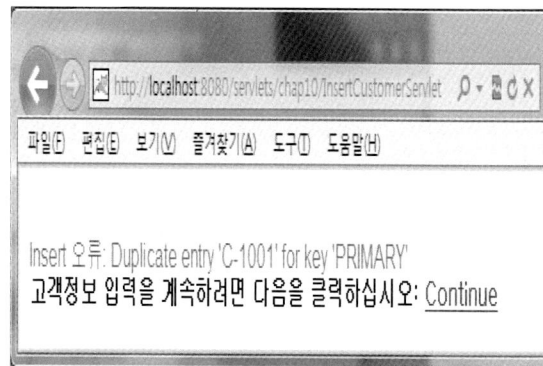

[그림 10-13] 고객 등록 화면

[그림 10-12]에서 [새 고객 등록] 버튼을 선택하면 [그림 10-13]의 좌측 상에 있는 화면이 나타나게 된다. 우측 상의 화면에서와 같이 고객정보를 입력한 후 [Insert] 버튼을 누르면, 고객정보가 정상적으로 입력되어 데이터베이스 테이블에 정상적으로 삽입된 경우에는 [그림 10-13]의 좌측 하에 있는 화면이 나타나면서 새로운 고객정보를 등록할 수 있는 상태가 된다. 그러나 이미 존재하는 고객번호(주키), 고객번호의 형식이 잘못된 경우, 고객명(not null)을 입력하지 않은 경우에는 이에 상응하는 오류 메시지를 출력하게 된다. 링크 Return을 클릭하면 메인 작업 화면으로 돌아간다.

▶ 고객정보 검색

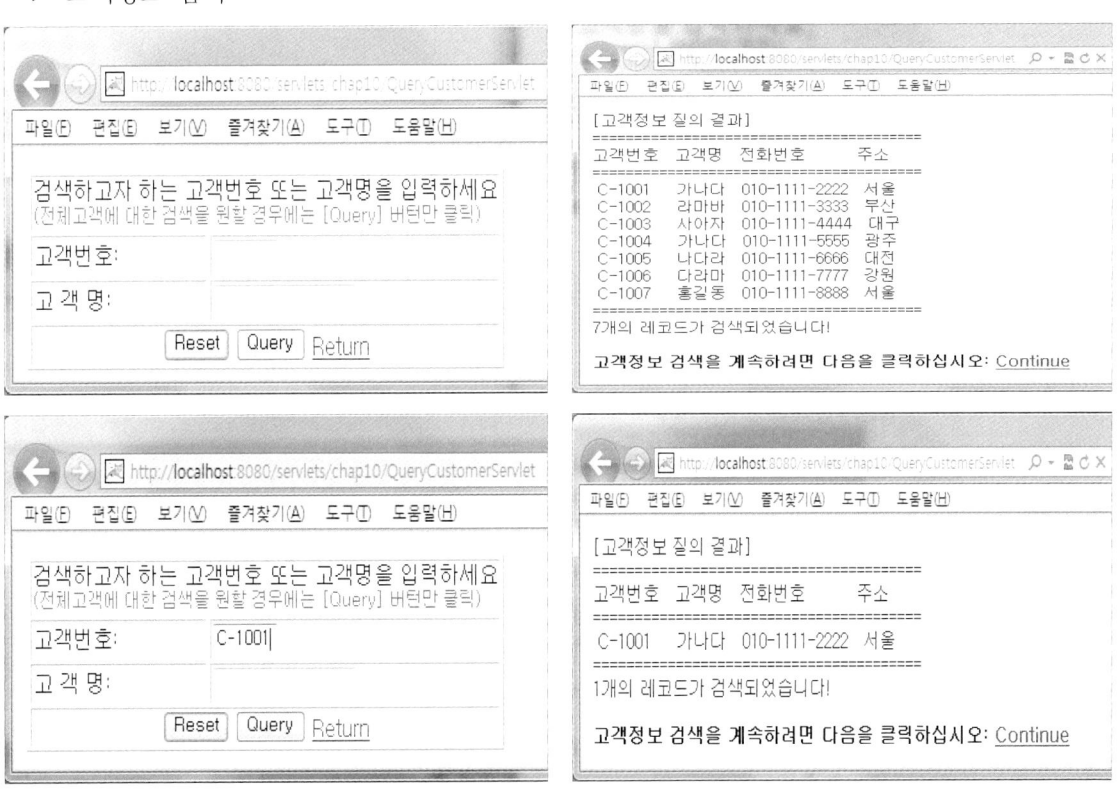

[그림 10-14] 고객정보 검색 예제 1

[그림 10-14]의 좌측 상에 있는 화면은 [그림 10-12]의 고객관리 시스템의 메인 작업 화면에서 [고객정보 검색] 버튼을 선택하면 나타나게 된다. 고객번호와 고객명을 입력하지 않고 [Query] 버튼만을 클릭하면 우측 상에 있는 화면과 같이 모든 고객정보가 검색되게 된다. 좌측 하에 있는 화면과 같이 고객번호만을 입력한 후 [Query] 버튼을 누른 경우에는 입력한 고객번호가 존재하면 우측 하에 있는 화면과 같이 검색 결과가 나타나게 된다.

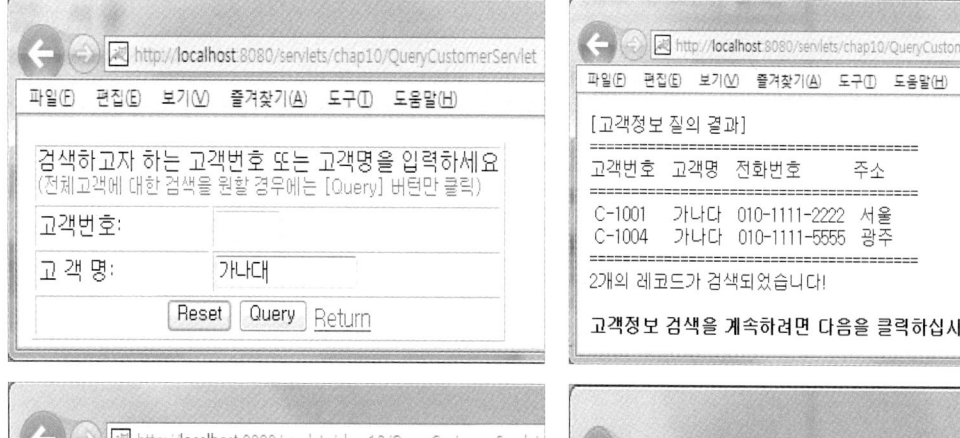

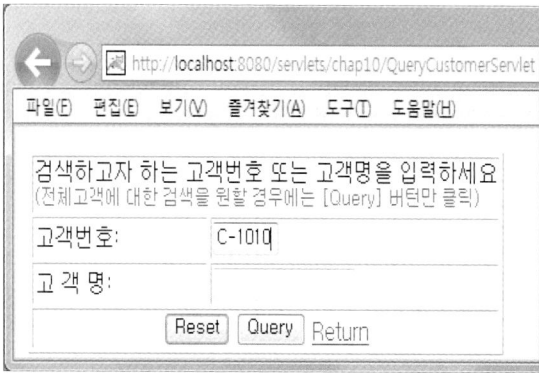
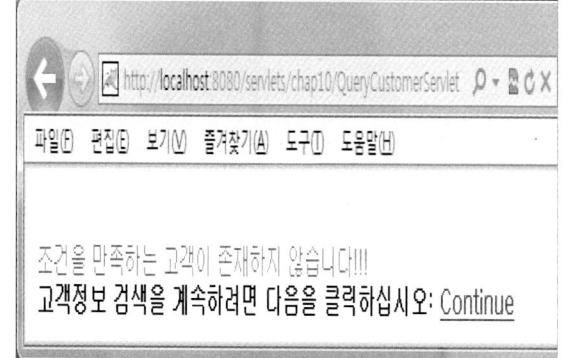

[그림 10-15] 고객정보 검색 예제 2

[그림 10-15]의 좌측 상에 있는 화면은 고객명으로 검색한 예제이며 우측 상에 있는 화면은 이에 대한 결과를 보인 것이다. 고객번호와 고객명 모두를 입력한 후 검색을 하면 고객번호와 고객명을 동시에 만족하는 고객정보를 검색하게 된다. [그림 10-15]의 좌측 하에 있는 화면은 존재하지 않는 고객번호로 고객정보를 검색한 경우이며 우측 하에 있는 화면은 이에 대한 오류 결과를 보인 것이다.

▶ 고객정보 변경

[그림 10-12]의 고객관리 시스템의 메인 작업 화면에서 [고객정보 변경] 버튼을 선택하면 [그림 10-16]의 좌측 상에 있는 고객정보 변경 화면이 나타나게 된다. 변경하고자 하는 고객번호를 입력한 후 [Query] 버튼을 누르면 우측 상에 있는 화면과 같이 고객정보를 변경할 수 있는 화면이 나타난다. 고객번호와 고객명은 변경할 수 없으며 전화번호와 주소만 변경이 가능하다. 기존 데이터를 변경된 데이터로 수정한 후 [Update] 버튼을 누르면 [그림 10-16]의 좌측 하에 있는 화면에서와 같이 정상적으로 변경되었다는 메시지와 함께 고객정보 변경 작업을 계속할 수 있는 상태가 된다. 존재하지 않는 고객번호를 입력한 경우에는 우측 하에 있는 화면과 같이 오류메시지가 출력된다.

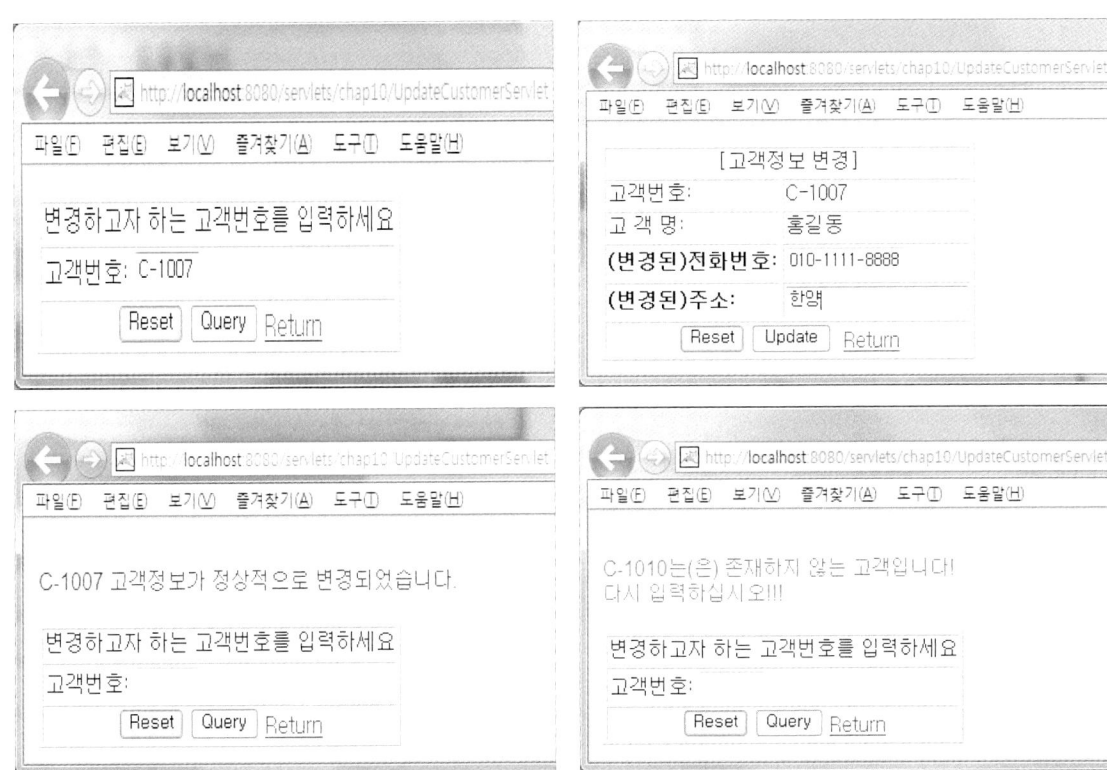

[그림 10-16] 고객정보 변경 화면

▶ 고객정보 삭제

[그림 10-17]의 좌측 상에 있는 고객정보 삭제 화면은 고객관리 시스템의 메인 작업 화면에서 [고객정보 삭제] 버튼을 선택하면 나타나게 된다. 삭제하고자 하는 고객번호를 입력한 후 [Query] 버튼을 누르면, 우측 상에 있는 화면과 같이 고객정보를 삭제할 수 있는 화면이 나타나면서 삭제 여부를 다시 한 번 묻게 된다. 이때 [No] 버튼을 선택하면 좌측 하에 있는 화면과 같이 삭제가 취소되었다는 메시지가 나타난다. [Yes] 버튼을 선택하면 우측 하에 있는 화면에서와 같이 고객정보의 삭제가 정상적으로 이루어졌다는 메시지가 나타나게 된다.

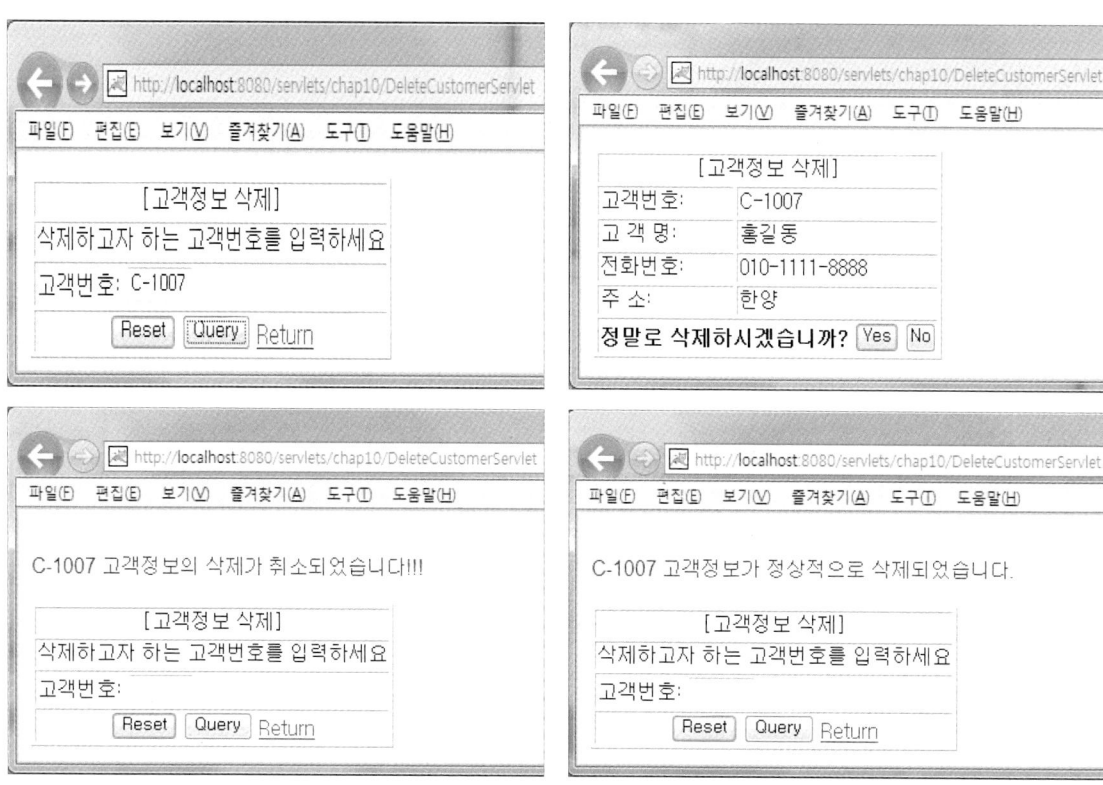

[그림 10-17] 고객정보 삭제 화면

참고로, 본 절에서 소개된 고객관리 시스템에서는 고객번호를 일정한 형식으로 (C-xxxx, x: 양의 정수) 직접 입력하도록 구현되어 있으나 실제 응용 프로그램 개발에서는 고객번호, 코드번호 등과 같은 데이터는 자동 생성하여 부여하는 것이 일반적이다. 예를 들면 고객번호 형식을 C-xxxx(x: 양의 정수)로 하고 시작 번호를 C-0001로 한 경우 첫 번째 고객은 C-0001, 그 다음 고객은 C-0002 등으로 자동 생성하여 부여한다. 이 경우에는 그 다음에 부여할 고객번호 정보를 특정 테이블에 저장하고 관리하여 부여해야 한다. 이와 같은 방법으로 본 절에서 소개된 프로그램을 수정해 보도록 한다.

11장 수강관리 시스템

본장에서는 JDBC를 이용하여 팀 프로젝트 수준으로 수행할 수 있는 실전 데이터베이스 웹 응용 프로그램을 개발하여 소개한다. 개발하여 소개되는 시스템은 자바 기반의 웹 프로그래밍 언어인 서블릿(Servlet)을 이용하여 개발한 수강관리 시스템으로 이에 대한 개요, 기능, 자바 클래스 설계, 데이터베이스 설계, 사용자 인터페이스 설계, 시스템 구현 및 프로그램 실행에 대해 차례대로 살펴보도록 하겠다.

11.1 시스템 개요

현재 대부분의 대학교에서는 학교 행정 업무를 전산화하여 이용하고 있으며, 대표적인 시스템으로는 입시, 학사, 연구 및 문서관리 등의 전반적인 업무를 총괄하는 종합정보시스템, 교육과정 안내를 위한 교육과정 안내 시스템, 학생들의 수강 신청을 도와주기 위한 수강관리 시스템, 학생들의 강의를 지원하기 위한 강의지원 시스템 등이 있다. 이들 중 학생들이 실제로 가장 많이 활용하는 것은 수강 및 강의지원 시스템이라 할 수 있겠다. 따라서 본 책에서는 학생들이 가장 많이 활용하는 시스템 중 하나인 수강관리 시스템의 일부를 개발하여 소개하였다.

본 책에서 소개하는 수강관리 시스템은 대학교에서 일반적으로 사용하는 수강관리 시스템하고는 조금은 차이가 있다. 대학교에서 사용되고 있는 수강관리 시스템은 일반적으로 해당 대학교만을 대상으로 하고 있지만, 본 책에서 개발하여 소개하는 시스템은 여러 대학교의 수강관리 시스템을 개발하여 관리할 수 있도록 구현되어 있다.

11.2 시스템 기능

개발한 수강관리 시스템은 JBoard로 명명하였으며, 주요 기능은 다음과 같다.

- 계정 만들기
- 로그인하기
- 학교등록 및 삭제하기
- 과목등록 및 삭제하기

- 강의 개설하기
- 강의 신청하기
- 성적 입력 및 정정하기
- 성적 확인하기

계정 만들기에서는 사용자 아이디를 생성하여 부여하는 기능을 담당한다. 즉 시스템을 사용하기 위해서는 우선 먼저 시스템 사용을 위한 사용자 아이디를 발급받아야 하며, 계정 만들기가 바로 이 기능을 수행하는 것이다. 시스템의 주요 사용자는 크게 관리자, 교수(교사) 및 학생으로 구분되어 있으며, 계정 만들기에서 이러한 사용자의 종류가 구분되게 된다. 사용자에 따라 시스템의 사용 영역의 권한이 달라진다.

로그인하기에서는 실제로 시스템에 로그인하는 과정 및 권한에 따라 각 권한에 맞는 기능만을 사용할 수 있도록 시스템 화면을 구성하여 보여주는 기능을 담당한다.

관리자는 학교, 단과대학, 학과 및 해당 학과에 개설된 과목을 등록하고 삭제하는 기능을 수행할 수 있다.

교수는 강의 개설 및 개설한 과목의 성적을 입력하고 정정하는 기능을 수행할 수 있다. 관리자 기능을 통해 등록된 교과목에 대해서만 강의 개설을 할 수 있으며, 교수가 개설한 교과목에 대해서만 성적 관리를 할 수 있도록 되어 있다. JBoard에서는 교수가 관리자의 기능도 함께 수행할 수 있도록 구현되어 있으나, 실제로는 구분하여 구현하는 것이 업무 흐름에 더 적합한 방법이다.

학생들은 개설된 과목에 대해 수강 신청을 할 수 있으며 수강 신청한 과목에 대한 성적을 확인할 수 있다. 교수가 개설한 교과목만 강의 신청하기에서 보이게 된다.

11.3 클래스 설계

자바는 객체지향 프로그래밍 언어이다. 따라서 자바 JDBC 프로그램 개발을 위해서는 프로그램을 구성하고 있는 객체들을 분석하여 객체들이 갖는 속성과 적용 연산을 바탕으로 클래스를 설계해야 한다. 또한 이를 바탕으로 클래스 속성과 데이터베이스 테이블 매핑을 통해 데이터베이스를 설계해야 한다. 여기에서는 클래스 분석 설계 과정을 자세히 다루지 않고 설계한 결과를 중심으로 설명하도록 하겠다.

클래스 설계는 시스템의 주요 사용자들과 시스템을 구성하고 있는 주요 데이터를 바탕으로 하였다. 수강관리 시스템(JBoard)의 사용자에는 관리자, 교수, 학생이 있으며, 이들이 시스템의 주요 개체가 되므로 이들의 기능을 중심으로 클래스를 설계하였다. 수강관리 시스템의 주요 데이터에는 대학, 과목, 학생들의 성적이 있으며, 따라서 이들도 클래스로 설계하였다. 본 프로젝트는 JDBC API를 기반으로 한 응용 프로그램 개발이므로, 데이터베이스 연결, 해제 및 사용자 클래스에서 사용하게 될 테이블 정보를 얻기 위한 클래스를 추가하였다. 넓은 의미에서 관리자, 교수, 학생은 모두 사용자이므로 사용자 클래스를 기본 클래스로 하여 관리자, 교수, 학생 클래스는 사용자 클래스를 상속받도록 설계하였다. 또한 모든 사용자는 데이터베이스에 접근하여야 하므로 데이터베이스 처리를 위한 클래스를 상속받도록 설계하였다.

데이터베이스 연결, 해제 및 테이블 정보를 얻기 위한 클래스는 DBConnection, 사용자 클래스는 User, 관리자 클래스는 Manager, 교수 클래스는 Teacher, 학생 클래스는 Student, 학교 클래스는 School, 과목 클래스는 Subject, 성적 클래스는 Record로 명명하였다. [그림 11-1]은 JBoard에서 설계한 클래스들을 도표로 나타낸 것이다.

User 클래스는 DBConnection 클래스를 상속받아 사용자의 속성과 모든 사용자(관리자, 교수, 학생)들이 공동으로 수행하는 메소드들로 구성되어 있다. Manager, Teacher, Student 클래스는 User 클래스를 상속받아 각 권한별로 수행할 수 있는 특화된 메소드들을 가지고 있다. School, Subject, Record 클래스는 학교 정보, 과목 정보, 과목에 대한 점수 정보를 저장하기 위한 속성 및 속성 처리와 관련된 연산 메소드들로 구성되어 있다.

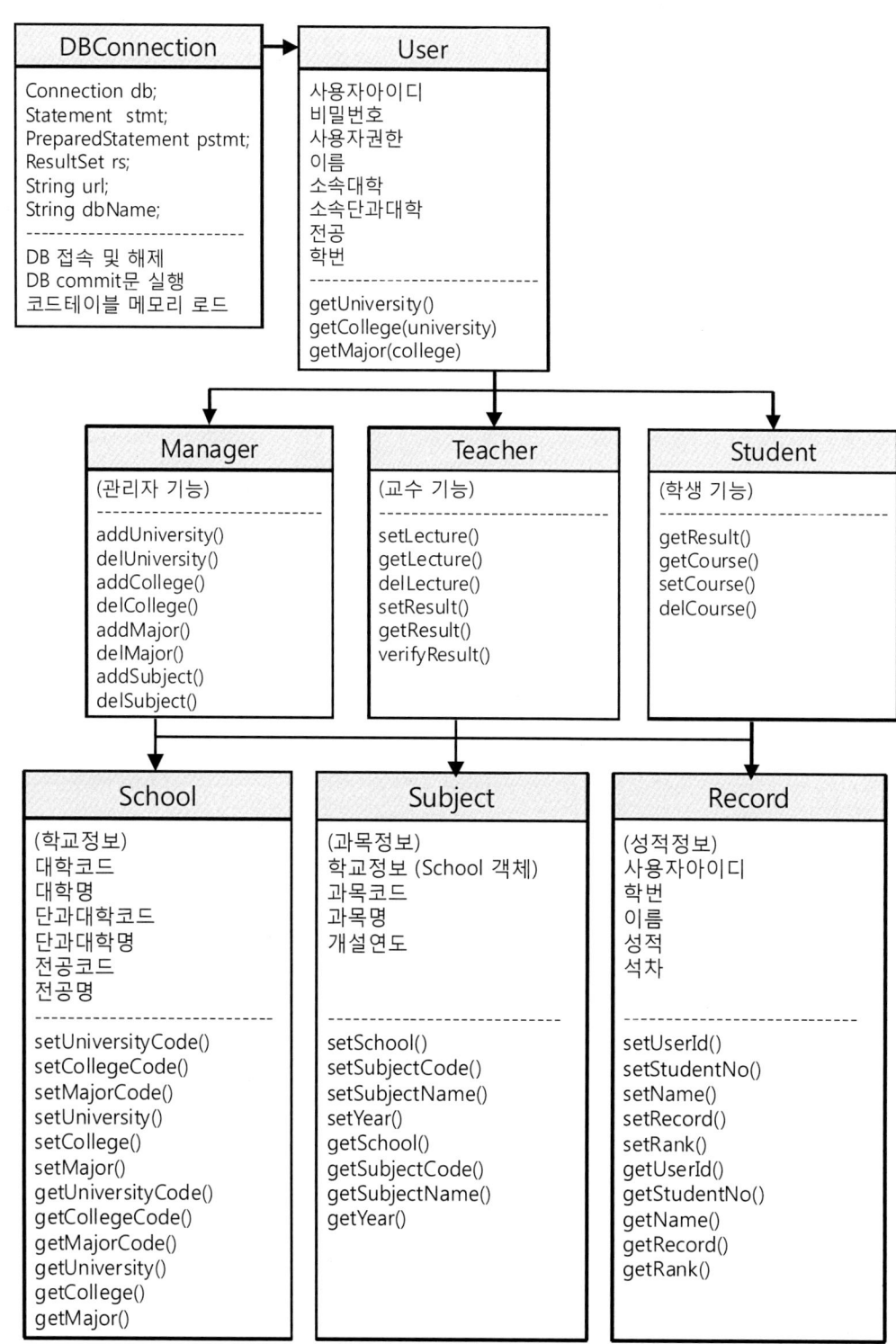

[그림 11-1] JBoard 클래스 설계

다음은 JBoard 클래스들의 속성 및 기능들을 좀 더 구체적으로 설명한 것이다.

• DBConnection

데이터베이스의 접근을 담당하기 위한 클래스로 DB 접속 및 해제를 위한 메소드들이 기본적으로 포함되어 있다.

JBoard에서는 대학교명, 단과대학명, 학과(전공) 및 과목명을 코드 테이블로 관리하였다. 모든 사용자들은 JBoard를 이용할 경우 이들 코드 테이블 정보를 자주 이용하게 된다. 따라서 이들 정보를 메모리상의 해시테이블로 저장하여 이용할 수 있도록 함으로써 코드명을 얻기 위해 DB에 자주 접근하여 생길 수 있는 속도 저하를 최소화하였다. 이를 위한 연산 메소드들을 DBConnection 클래스에 두고 모든 사용자 클래스들이 DBConnection 클래스를 상속받아 이들 메소드들을 이용할 수 있도록 하였다.

• User

User 클래스는 DBConnection 클래스를 상속받아 사용자 아이디, 비밀번호, 사용권한, 이름, 학번, 대학, 단과대학, 학과, 과목 자료를 데이터베이스에 저장하고 데이터베이스에 저장되어 있는 정보를 얻어 올 수 있는 기능들을 포함하고 있다. 또한 사용자가 소속되어 있는 대학 정보, 대학의 단과 대학 정보, 단과 대학 소속의 학과 정보, 학과에 개설되어 있는 과목 정보 등을 얻을 수 있는 기능도 포함되어 있다.

• Manager

Manager 클래스는 User 클래스를 상속받아 학교, 단과대학, 학과 및 과목을 등록하고 삭제할 수 있는 기능을 포함하고 있다. 즉 특정 학교에 존재하는 단과 대학 정보, 단과 대학에 존재하는 학과 정보, 학과에 개설되어 있는 과목 등을 등록 관리하는 기능들을 가지고 있다. 교수는 본인이 소속된 학과의 Manager 클래스를 통해 등록된 교과목만을 개설할 수 있도록 되어 있다.

• Teacher

Teacher 클래스도 User 클래스를 상속받아 User 클래스의 기본 기능들을 수행할 수 있다. Teacher 클래스의 주요 기능은 관리자가 등록한 과목에 대한 강의 개설, 교수 자신이 개설한 강의 삭제, 개설한 과목에 대한 성적 입력 및 정정, 성적 열람 등이다.

- **Student**

Student 클래스도 User 클래스를 상속받아 User 클래스의 기본 기능들을 수행할 수 있다. Student 클래스는 학생 자신이 수강할 과목 등록, 수강 과목 삭제 및 수강하고 있는 과목에 대한 성적을 확인할 수 있는 기능을 포함하고 있다.

- **School**

대학코드, 대학명, 단과대학코드, 단과대학명, 학과코드 및 학과명의 속성과 이들 데이터를 저장하고 얻을 수 있는 메소드들로 구성되어 있다.

- **Subject(J_Subject)**

School 객체와 과목코드, 과목명, 과목 개설연도의 속성으로 구성되어 있으며, 이들 데이터를 저장하고 얻을 수 있는 메소드들로 구성되어 있다.

- **Record**

과목 성적을 위한 클래스로 사용자 아이디, 학번, 이름, 성적, 석차의 속성으로 구성되어 있으며, 이들 데이터를 저장하고 얻을 수 있는 메소드들로 구성되어 있다.

11.4 데이터베이스 설계

[그림 11-2]는 JBoard의 전체 데이터베이스 설계 구조를 나타낸 것이다. JBoard에는 기본으로 info와 code 데이터베이스가 존재한다. 데이터베이스 info는 사용자와 관련된 정보를 관리하기 위한 것이며, JBoard에는 하나의 info 데이터베이스가 존재한다. 데이터베이스 code는 학교명, 단과대학명, 학과명, 과목명에 대한 코드들을 관리하기 위한 것이다. code 데이터베이스 또한 info 데이터베이스와 마찬가지로 JBoard에 하나 존재한다. 그리고 관리자가 하나의 대학을 생성할 때마다 해당 대학의 정보를 별도로 관리하기 위하여 대학명으로 한 별도의 데이터베이스가 생성된다. 만약 JBoard에 두 개의 대학이 등록되어 있다면 JBoard에 각각의 대학명으로 된 두 개의 데이터베이스가 추가되어 있게 된다. 또한 등록된 대학에 새로운 단과대학이 등록될 때마다 단과대학 내에서 개설되는 강의를 관리하기 위해 대학명_단과대학명으로 한 별도의 데이터베이스가 생성된다. 따라서 한 개의 대학에 세 개의 단과대학이 등록되어 있을 경우에는 세 개의 데이터베이스가 추가로 더 존재하게 된다.

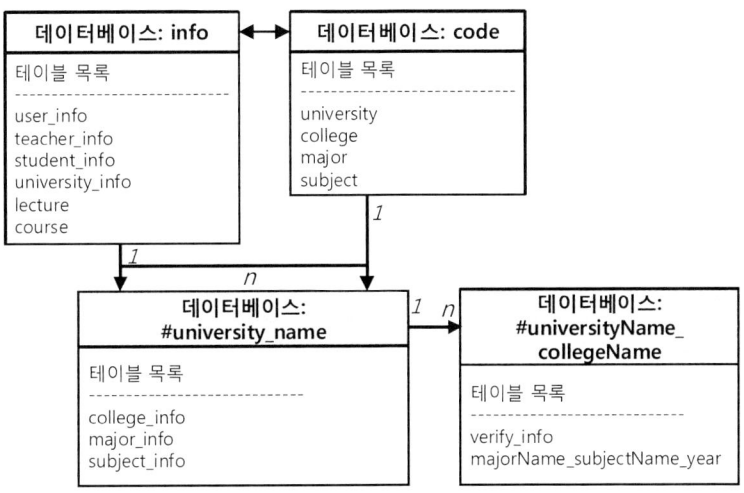

[그림 11-2] JBoard 데이터베이스 구조

[그림 11-2]에 나타나 있는 것과 같이 데이터베이스 info에는 user_info, student_info, teacher_info, university_info, lecture 및 course 이름으로 된 6개의 테이블이 존재한다. 데이터베이스 code에는 university, college, major, subject 이름으로 된 4개의 코드 테이블이 존재한다. 대학명으로 생성된 데이터베이스 (#university_name)는 college_info, major_info, subject_info 이름의 3개의 테이블이 존재한다. 테이블들은 해당 대학의 단과대학, 학과, 과목 정보를 관리하게 된다. 대학명_단과대학명으로 생성된 데이터베이스(#universityName_collegeName)에는 verify_info와 majorName_subjectName_year 이름의 2개의 테이블이 존재한다. 데이터베이스명 앞에 있는 #는 데이터베이스를 생성할 경우에는 추가되지 않으며, 테이블 명이나 칼럼명과의 구분을 위해 편의상 삽입하였다.

참고로, code 데이터베이스는 info 데이터베이스와 통합하여 하나로 관리될 수 있으며, 대학명으로 생성된 데이터베이스와 대학명_단과대학명으로 생성된 데이터베이스도 통합하여 관리할 수 있겠다. 즉 대학명_단과대학명의 데이터베이스(#universityName_collegeName)는 별도의 데이터베이스 대신 대학명으로 생성된 데이터베이스(#university_name)의 테이블로 처리될 수 있겠다. JBoard는 여러 대학의 수강관리 시스템을 처리할 수 있도록 설계하였으나, 만약 하나의 대학에 대한 수강관리만 가능하도록 JBoard를 설계하였을 경우에는 관련된 모든 데이터베이스를 하나로 통합하여 설계하는 것이 일반적인 방법이다.

▶ info 데이터베이스

[표 11-1]에서 [표 11-5]까지는 데이터베이스 info에 존재하는 6개 테이블의 구조를 나타낸 것이다.

[표 11-1] user_info 테이블

사용자 아이디	비밀번호	권한
userId	password	authrized
Char(30)	Char(30)	Char(7)

[표 11-2] teacher_info 테이블

아이디	이름	대학코드	단과대학코드	전공코드
userId	name	university_code	college_code	major_code
Char(30)	Char(30)	Int(11)	Int(11)	Int(11)

[표 11-3] student_info 테이블

아이디	이름	학생번호	대학코드	단과대학코드	전공코드
userId	name	student_no	university_code	college_code	major_code
Char(30)	Char(30)	Int(11)	Int(11)	Int(11)	Int(11)

[표 11-4] university_info 테이블

대학코드
university_code
Int(11)

[표 11-5] course/lecture 테이블

아이디	대학코드	단과대학코드	전공코드	과목코드	개설연도
userId	university_code	college_code	major_code	subject_code	year
Char(30)	Int(11)	Int(11)	Int(11)	Int(11)	Int(11)

테이블 user_info는 JBoard 시스템으로의 로그인을 위한 사용자 아이디, 비밀번호 및 사용자 권한에 대한 정보를 관리한다. 사용권한에 따라 교수인 경우는 teacher_info 테이블에, 학생인 경우는 student_info 테이블에 각각의 개인정보가 저장된다. 클래스 설계에서는 JBoard의 주요 사용자를 관리자, 교수 및 학생으로 구분하였다. 그러나 구현에서는 교수자가 관리자의 기능을 대신 수행할 수 있도록 하였으며, 따라서 관리자의 정보를 저장하기 위한 테이블은 별도로 관리하지 않았다. 교수의 정보를 관리하

는 teacher_info 테이블에는 교수의 사용자 아이디, 이름, 소속 대학, 소속 단과대학 및 전공(학과) 데이터가 관리된다. student_info 테이블에는 학생 정보가 관리되며, 교수 정보 테이블과 마찬가지로 사용자 아이디, 이름, 소속 대학, 단과대학 및 전공 데이터에 추가로 학생번호가 포함되어 있다. 이들 테이블에서 사용자 아이디와 이름 칼럼은 char형을 사용하여 충분히 크게 할당하였으나, 상황에 따라서는 char형 대신 varchar형을 사용하는 것이 더 효율적일 수도 있겠다. 학생번호, 대학코드, 단과대학코드 등의 칼럼에서도 기존 응용 프로그램에서와 같이 int형 대신 char형을 사용하는 것이 더 타당하리라 여긴다. 그러나 본 시스템에서는 구현의 편의상 int형으로 설계하였다.

테이블 university_info는 생성된 대학 정보를 관리하기 위한 것이다. 테이블 lecture는 교수의 강의 개설 정보를, course 테이블은 학생의 수강 과목 정보를 관리하기 위한 것이다. 이 두 테이블의 구조는 [표 11-5]에서 보인 바와 같이 서로 동일하다. lecture/course 테이블에는 어떠한 사용자가 어떤 대학의 어떤 전공을, 어떤 교과목을 강의/수강하는지를 나타내기 위하여 사용자 아이디, 소속 대학, 소속 단과대학, 학과 및 과목코드와 해당 교과목이 개설된 개설연도가 포함되어 있다. 칼럼 개설연도의 자료형은 int형으로 하여 설계하였으나, int형 대신 date형으로 설계할 수도 있겠다. 데이터베이스 info에 있는 테이블에서 사용하는 코드들은 데이터베이스 code에서 관리하는 코드 테이블의 코드들이다.

▶ code 데이터베이스
다음 도표들은 데이터베이스 code에 있는 4개의 코드 테이블 구조를 나타낸 것이다.

[표 11-6] university 코드 테이블

대학코드	대학명
university_code	university_name
Int(11)	Char(30)

[표 11-7] college 코드 테이블

단과대학코드	단과대학명
college_code	college_name
Int(11)	Char(30)

[표 11-8] major 코드 테이블

전공코드	전공명
major_code	major_name
Int(11)	Char(30)

[표 11-9] subject 코드 테이블

과목코드	과목명
subject_code	subject_name
Int(11)	Char(30)

데이터베이스 code는 학교명, 단과대학명, 학과명, 과목명에 대한 코드들을 관리하기 위한 것이다. 이들 데이터를 코드로 처리하는 이유는 이름을 직접 사용할 경우에 발생할 수 있는 검색 오류의 가능성을 줄이고 메모리 사용의 효율성을 높이기 위한 것이다. 대학명에 대한 코드는 university 코드 테이블에서, 단과대학명에 대한 코드는 college 테이블에서, 전공명(학과명)에 대한 코드는 major 테이블에서, 과목명에 대한 코드는 subject 테이블에서 각각 관리된다.

참고로 코드 칼럼의 자료형은 char형으로 처리하는 것이 더 일반적이나, 본 시스템에서는 구현의 편의상 int형으로 처리하였다. 즉 int형으로 정의할 경우에는 코드 값만으로는 해당 코드가 어떤 코드 테이블의 값인지 쉽게 구분할 수 없기 때문에 char형을 사용하여, 예를 들면 대학 코드의 경우는 U-xxxx, 단과대학 코드의 경우는 C-xxxx, 전공 코드의 경우는 M-xxxx, 과목 코드의 경우는 S-xxxx 등을 정의하여 처리함으로써 코드 값만으로도 해당 코드가 어떤 코드 테이블의 값인지 알 수 있도록 구분하여 관리하는 것이 일반적인 방법이다.

▶ #university_name 데이터베이스

[표 11-10]에서 [표 11-12]까지는 데이터베이스 #university_name에 있는 3개의 테이블 구조를 나타낸 것이다.

[표 11-10] college_info 테이블

단과대학코드
college_code
Int(11)

[표 11-11] major_info 테이블

단과대학코드	전공코드
college_code	major_code
Int(11)	Int(11)

[표 11-12] subject_info 테이블

전공코드	과목코드	개설연도
major_code	subject_code	year
Int(11)	Int(11)	Int(11)

데이터베이스 #university_name는 생성된 대학에 존재하는 단과대학(college_info), 단과대학에 존재하는 전공(major_info), 전공에 개설되어 있는 과목에 대한 정보(subject_info)를 관리하기 위한 것이다. 이들 테이블들은 서로 조인되어 있으며, 조인된 정보를 통해 특정 대학의 전체 구조를 알 수 있다. 즉 특정 대학에 존재하는 단과대학, 단과대학에 존재하는 전공, 전공에 개설되어 있는 과목에 대한 정보가 무엇인지를 알 수 있다. 데이터베이스 #university_name에서 사용하는 코드들은 code 데이터베이스의 코드 테이블에서 정의하여 관리하는 것이다. 코드 테이블에 존재하지 않는 코드들은 college_info, major_info, subject_info 테이블에 삽입할 수 없다.

▶ #universityName_collegeName 데이터베이스

[표 11-13]과 [표 11-14]는 데이터베이스 #universityName_collegeName에 있는 테이블 구조를 나타낸 것이다.

[표 11-13] majorName_subjectName_year 테이블

사용자 아이디	성적
userId	result
Char(30)	Int(11)

[표 11-14] verify_info 테이블

과목코드	성적 수정횟수
subject_code	verify_count
Int(11)	Int(11)

데이터베이스 #universityName_collegeName는 단과대학에 존재하는 전공에 개설된 과목에 대한 성적을 관리하기 위한 것이다. 과목이 개설될 때마다 majorName_subjectName_year 형식의 이름을 갖는 테이블이 생성되며, 생성된 테이블에는 해당 과목을 수강한 학생의 사용자 아이디와 성적이 관리되게 된다. 또한 성적 처리에 관한 히스토리(history)를 관리하기 위해 성적을 입력하거나 수정할 때마다 verify_info 테이블에 기록하게 된다.

11.5 사용자 인터페이스 설계

본 절에서는 JBoard의 주요 기능과 자료 흐름을 중심으로 웹 기반 사용자 인터페이스와 관련된 서블릿 클래스의 설계에 관해 다룬다. 구현된 JBoard의 주요 기능들의 자료 흐름을 중심으로 시스템의 전체 구성에 관해 설명하도록 하겠다. 이를 통해 JBoard의 사용자 인터페이스 클래스의 전체적인 구성과 서블릿 사이에서 전달되는 데이터 값들 및 서블릿 사이의 관계를 가시적으로 볼 수 있게 될 것이다.

11.5.1 시스템 로그인

JBoard에 접속하게 되면 먼저 사용자 인증 및 권한을 확인하기 위해 로그인(login) 과정을 거치게 된다. 따라서 JBoard의 첫 화면은 로그인 화면이 된다. [그림 11-3]은 시스템 로그인을 위한 프로그램 구조를 보인 것이다.

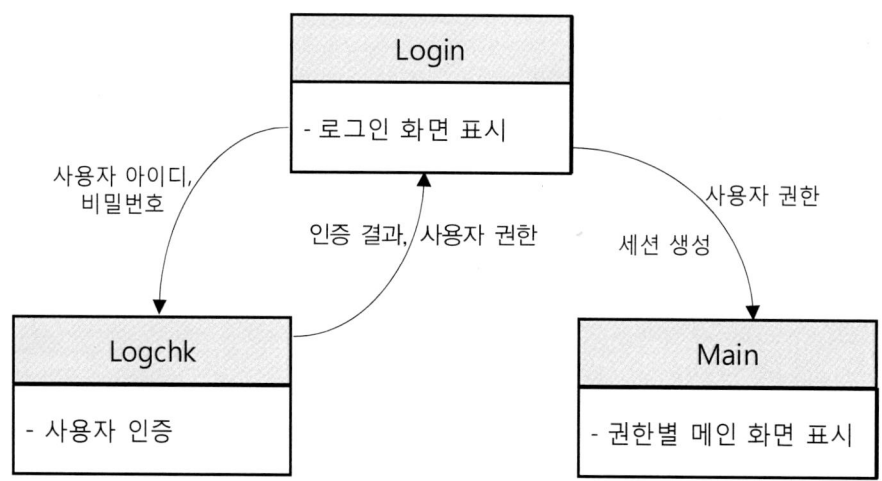

[그림 11-3] 시스템 로그인을 위한 프로그램 구조

그림에 나타나 있는 하나의 텍스트 상자는 하나의 서블릿 프로그램에 대응된다. 서블릿 Login 페이지에서는 사용자 아이디와 비밀번호를 입력받아 서블릿 Logchk 페이지로 전달한다. 서블릿 Logchk는 전달받은 사용자 아이디와 비밀번호를 검증하여 검증 결과를 Login으로 전달한다. 서블릿 Logchk는 검증 결과를 Login으로 전달하기 전에 만약 검증이 실패한 경우에는 인증 실패 메시지(아이디가 존재하지 않는 것인지 혹은 비밀번호가 잘못된 것인지의 메시지)를 화면에 표시하게 된다. 검증이 성공한 경우에는 사용자 권한 정보를 "user_info" 테이블로부터 얻게 된다. 검증 결과를 전달받은 서블릿 Login은 검증이 실패한 경우에는 사용자 아이디와 비밀번호를 다시 입력받게 된다. 검증이 성공한 경우에는 하나의 세션(session)을 만들어 사용자와 연결 상태를 유지한 후 서블릿 Main 페이지로 넘어가게 된다. 서블릿 Main은 사용자 권한에 대한 정보를 바탕으로 권한에 맞는 화면을 표시한 후 사용자로부터 그 다음 작업의 진행을 기다리게 된다.

11.5.2 회원 가입

JBoard를 사용하기 위해서는 먼저 회원 가입 절차를 통해 사용자 아이디, 비밀번호, 사용자 유형 등의 사용자 정보를 등록하여 사용자 계정을 부여받아야 한다. [그림 11-4]는 회원 가입을 위한 프로그램 구조를 보인 것이다.

회원 가입은 서블릿 Login 페이지에서 하이퍼링크로 연결하여 호출할 수 있도록 하였다. 회원으로 가입되어 있지 않은 경우에는 회원 가입 링크를 클릭하여 회원 가입을 한 후 시스템을 사용하면 된다. 사용자가 회원 가입 링크를 클릭하게 되면 서블릿 J_Member 페이지가 호출되게 된다. 서블릿 J_Member는 회원 정보를 입력할 수 있는 화면을 표시한 후 회원 정보를 입력받게 된다. 사용자가 시스템에서 요구한 회원 정보를 모두 입력한 후 회원가입 버튼을 누르면 서블릿 J_Member 페이지에서 서블릿 Add_Member 페이지로 이동하게 된다. Add_Member는 사용자가 입력한 정보를 얻어 이들 데이터를 검증한 후, 만약 모든 데이터가 정상적으로 입력되지 않은 경우에는 적절한 오류 메시지를 보여주고 해당 데이터를 다시 입력하도록 한다. 모든 데이터가 정상적으로 입력된 경우에는 user_info 테이블에 사용자 아이디, 비밀번호, 사용자 권한 데이터를 저장하고 사용자 유형이 교사인 경우에는 teacher_info 테이블에, 학생인 경우에는 student_info 테이블에 사용자 정보를 삽입한 후 서블릿 Login 페이지로 돌아가게 된다. 사용자는 생성한 사용자 아이디와 비밀번호를 이용하여 시스템에 로그인한 후 시스템을 이용하면 된다.

참고로, JBoard는 사용자가 회원에 가입한 후 바로 시스템을 사용할 수 있도록 설계하였다. 즉 사용자가 사용자 유형을 선택하도록 하였으며, 이에 따라 사용자 권한을 부여하고 그 권한에 따라 바로 시스템을 사용할 수 있도록 하였다. 그러나 실제로 사용자에게 시스템 사용을 허용하기 이전에 시스템 관리자가 사용자가 입력한 정보와 사용자 유형을 바탕으로 사용자를 인증하여 사용자에게 최종 권한을 부여한 후 시스템을 이용할 수 있도록 하는 것이 일반적인 방법이다. 이와 같이 처리하도록 프로그램을 수정해 보도록 한다.

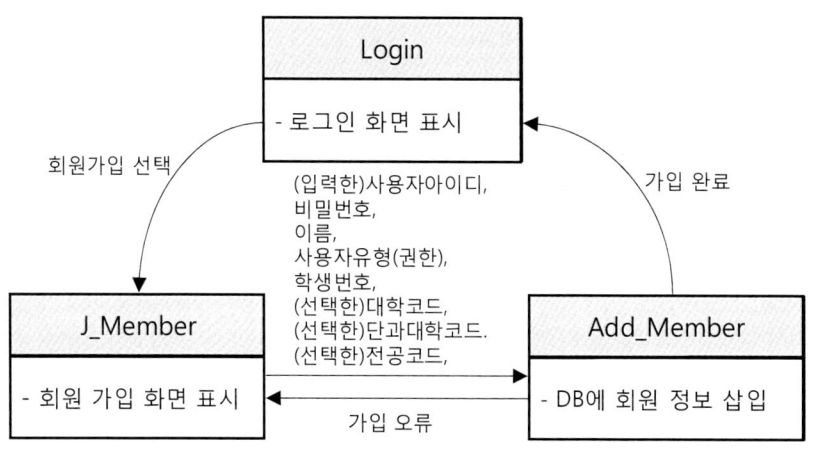

[그림 11-4] 회원 가입을 위한 프로그램 구조

11.5.3 교수 기능

서블릿 Main 페이지는 사용자 권한에 따라 권한에 맞는 사용자 메뉴 화면을 표시하여 준다. [그림 11-5]는 교수의 기능에 대한 프로그램 구조를 보인 것이다. 교수는 강의 개설 및 개설한 강의에 수강한 학생들의 성적 입력 기능들을 수행할 수 있으며, 서블릿 Main 페이지는 이러한 작업을 진행할 수 있는 교수 메뉴 화면을 보여주게 된다. 앞서 언급하였듯이 JBoard에서는 교수가 관리자의 역할까지를 수행하도록 시스템을 구현하였으며, 따라서 관리자의 역할을 수행할 수 있는 기능도 교수 기능 메뉴 화면에 포함되어 있다. 관리자의 주요 기능은 학교, 단과대학, 학과 및 과목에 대한 정보를 등록하고 삭제하는 것이다. 즉 특정 학교에 존재하는 단과대학 정보, 단과대학에 존재하는 학과 정보, 학과에 개설되어 있는 과목 정보 등을 등록 관리하는 기능들이다.

즉 교수의 주요 기능은 대학, 단과대학, 전공, 과목 관리 및 강의 개설, 성적 입력 등의 기능을 수행할 수 있으며, 서블릿 Main의 교수 메인 화면에서 "정보 관리"를 선택한 경우에는 Management, "강의 개설"을 선택한 경우에는 Edit_Lecture, "성적 관리"를 선택한 경우에는 Lecture_List를 거쳐 개설 과목을 선택한 후 Edit_Result 서블릿 페이지로 작업이 이동하게 된다. 성적 관리의 경우에는 해당 교수가 개설한 교과목을 표시하여 성적 입력 과목을 선택하도록 한 후(Lecture_List), 과목이 선택되면 해당 과목의 성적을 입력할 수 있는 페이지(Edit_Result)로 이동하도록 되어 있다.

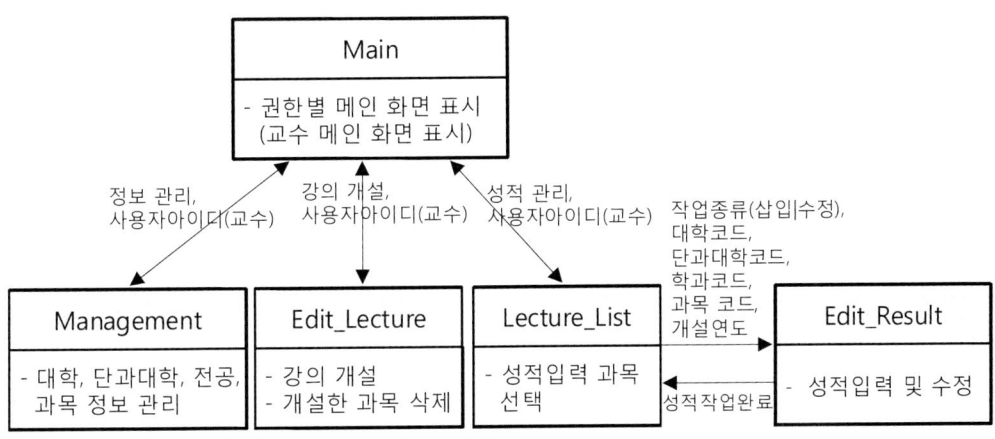

[그림 11-5] 교수 기능에 대한 프로그램 구조

참고로, 구현한 시스템에서는 교수가 관리자의 기능(서블릿 Management)까지를 수행할 수 있도록 하였다. 그 결과 여러 교수가 대학, 단과대학 등의 정보 관리를 동시에 수행할 수 있는 상황이 발생할 수 있어 정보 관리에 혼란을 초래할 수 있다. 따라서 관리자와 교수의 기능을 분리하여 프로그램을 설계하는 것이 더 합당하다. 이를 개선하여 프로그램을 수정해 보도록 한다.

▶ 대학, 단과대학, 학과, 과목 정보 관리

[그림 11-6]은 대학, 단과대학, 학과, 과목 정보 관리를 위한 프로그램 흐름 구조를 보인 것이다. [그림 11-5]에 있는 교수 기능에서 "정보 관리"를 선택하게 되면 Management 서블릿 클래스가 호출되고, 학교, 단과대학, 학과, 과목을 추가 삭제할 수 있게 된다. 즉 서블릿 Management 페이지에서 특정 학교에 존재하는 단과대학, 단과대학에 존재하는 학과, 학과에 개설되어 있는 과목 등의 정보를 추가 삭제할 수 있다. Management 초기 화면에서는 학교를 추가 삭제할 수 있도록 되어 있으며, 학교를 선택하여 검색을 하면 그 학교에 소속된 단과대학을 삭제하거나 추가할 수 있도록 되어 있다. 마찬가지로 학과를 추가, 삭제하기 위해서는 먼저 단과대학을 선택하여 검색하여야 하고, 과목의 경우에도 학과를 선택하여 해당 학과에 개설된 과목을 검색하여 추가하거나 삭제할 수 있도록 하였다. 과목은 연도별로 생성될 수 있도록 되어 있다.

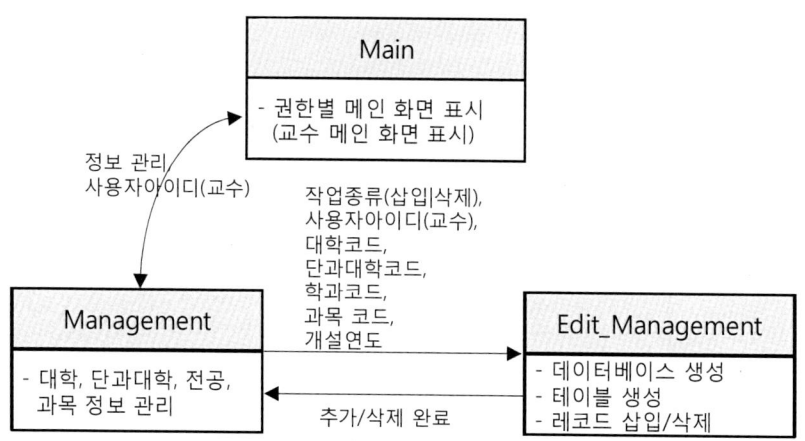

[그림 11-6] 대학, 단과대학, 학과, 과목 정보 관리를 위한 프로그램 구조

추가 (또는 삭제) 작업이 완료되면 Edit_Management 서블릿이 호출되면서 추가하고자 하는 학교, 단과대학, 학과, 과목 코드 및 개설연도에 대한 정보가 전달된다. Edit_Management 서블릿은 전달받은 코드 정보를 이용하여 필요한 작업을 수행하게 된다. 만약에 새로운 학교가 추가된 경우에는 #university_name의 데이터베이스를 생성하고 #university_name의 데이터베이스에 존재해야 하는 단과대학(college_info), 단과대학에 존재하는 전공(major_info), 전공에 개설되어 있는 과목에 대한 정보(subject_info) 테이블을 생성한 후 해당 테이블에 레코드를 삽입하게 된다. 새로운 단과대학이 추가된 경우에도 #universityName_collegeName의 데이터베이스를 생성하게 된다. #universityName_collegeName의 데이터베이스에 존재해야 하는 학생들의 성적을 관리하기 위한 majorName_subjectName_year 형식의 테이블과 성적 처리에 관한 히스토리를 위한 verify_info 테이블은 이 시점에서가 아닌 교수가 강의를 개설하는 시점에서 생성되게 된다. 학과 및 과목만 추가한 경우에는 해당 대학의 데이터베이스에 있는 major_info과 subject_info 테이블에 해당 정보의 레코드만 삽입된다.

▶ 강의 개설

[그림 11-7]은 강의 개설을 위한 프로그램 흐름을 보인 것이다. 교수는 학교, 단과대학, 학과, 개설연도 순으로 특정 학과의 당해 연도에 개설 가능한 과목을 검색하여 강의를 개설할 수 있다. 학교, 단과대학, 학과, 개설연도를 선택하면 해당 학과에서 당해 연도에 개설 가능한 과목 중 미개설된 과목들이 검색되어 보이게 된다. 즉 다른 교수에 의해 이미 개설된 과목은 검색 목록에서 보이지 않게 된다. 검색된 과목 목록에서 개설하고자 하는 과목을 선택하여 강의를 개설하면 된다. 개설할 과목을 선택하고 나면 서블릿 Verify_Lecture 호출되면서 학교, 단과대학, 학과, 과목에 대한 코드가 전달되고 서블릿 Verity_Lecture는 이들 정보를 해당 테이블에 저장하게 된다.

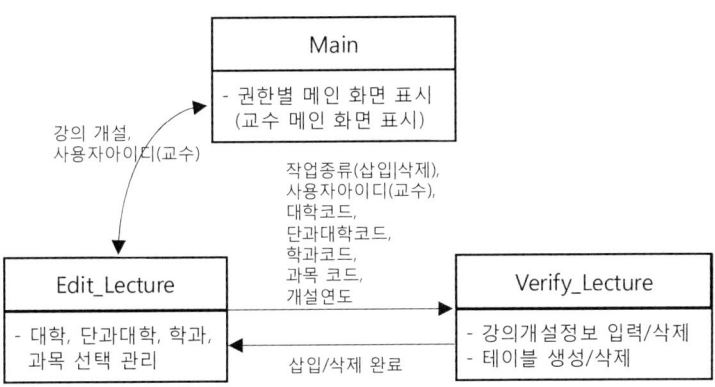

[그림 11-7] 강의 개설을 위한 프로그램 구조

개설된 강의 정보는 info 데이터베이스의 lecture 테이블에 저장된다. 그 다음 #universityName_collegeName 으로 생성된 데이터베이스에 해당 과목의 학생들의 성적을 관리하기 위한 majorName_subjectName_year 형식으로 된 테이블과 성적 처리 히스토리 관리를 위한 verify_info 테이블을 생성한다. 이와 같이 강의 개설이 완료되고 나면 프로그램의 흐름은 다시 서블릿 Edit_Lecture 페이지로 되돌아가 다른 과목을 개설할 수 있는 상태가 된다. 강의 개설과 유사한 방법으로 개설한 강의를 삭제할 수 있다.

▶ 성적 관리

[그림 11-8]은 성적 관리를 위한 프로그램 구조를 보인 것이다. 교수는 자신이 개설한 과목의 성적을 관리할 수 있다. 개설한 교과목 중 성적 관리를 원하는 과목을 선택한 후(서블릿 Lecture_List) 성적을 입력하거나 수정할 수(서블릿 Edit_Result) 있다. 학생들의 성적 입력이 완료되면 학생들의 석차가 자동 계산되어 보이게 된다. 서블릿 Lecture_List 페이지를 통해 성적 처리를 위한 과목을 선택하면, 서

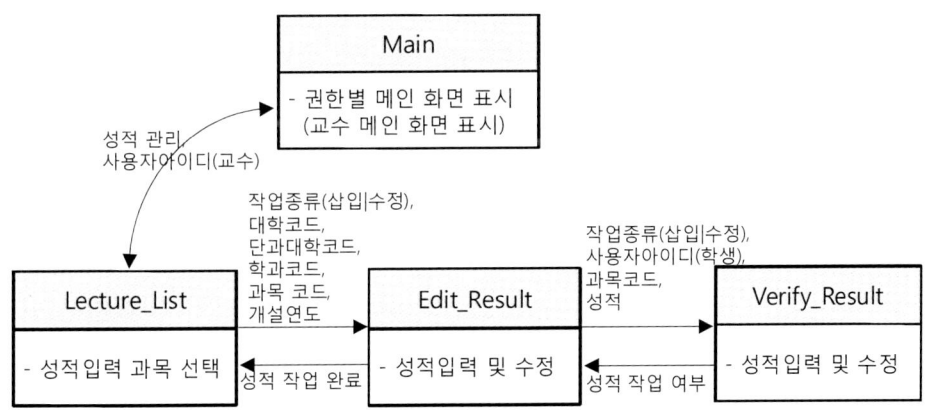

[그림 11-8] 성적 관리를 위한 프로그램 구조

블릿 Edit_Result가 호출되면서 선택한 과목의 학교, 단과대학, 학과, 과목 코드 및 개설연도의 정보가 전달된다. Edit_Result를 통해 선택한 과목에 수강한 학생들의 성적을 입력하거나 수정할 수 있으며, 성적 처리된 결과는 서블릿 Verify_Result를 통해 해당 과목의 성적 테이블에 저장되게 된다.

11.5.4 학생 기능

[그림 11-9]는 JBoard의 학생 기능에 대한 프로그램 구조를 보인 것이다. 학생은 수강 신청 및 수강 신청한 과목의 성적 확인을 할 수 있으며, 서블릿 Main은 로그인된 사용자 아이디의 권한을 체크하여 학생인 경우는 학생 메뉴 화면을 표시하여 준다.

학생 메인 화면에서 수강 신청을 선택한 경우에는 서블릿 Edit_Course, 성적 확인인 경우에는 서블릿 Course_List 페이지를 거쳐 성적을 확인하고자 하는 과목을 선택한 후 성적 확인 화면인 Course_Result 페이지로 작업이 이동하게 된다. 수강 신청(Edit_Course)의 경우에는 교수가 개설한 학과의 과목만 보이며, 자신이 이미 수강 신청한 과목은 보이지 않게 된다. Course_List에서는 사용자가 수강 신청한 과목만이 표시된다. 성적 확인의 경우에는 해당 과목에 수강한 모든 학생들의 점수가 보이게 하여, 자신의 성적이 어느 수준에 있는지 점검해 볼 수 있도록 하였다. 그러나 개인 정보 보호를 위해 다른 학생의 개인정보(이름, 학번 등)는 ******로 출력하였으며 성적과 석차만 보이도록 하였다.

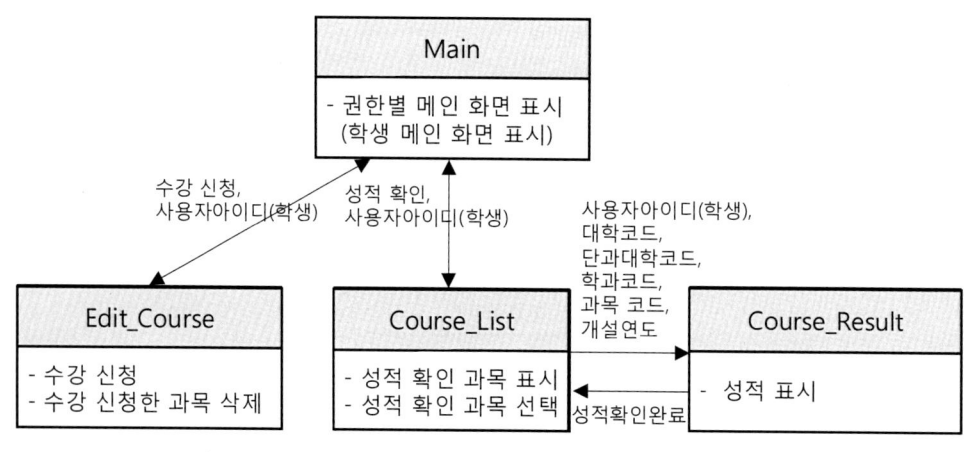

[그림 11-9] 학생 기능에 대한 프로그램 구조

▶ 수강 신청

[그림 11-10]은 수강 신청 절차에 대한 프로그램 구조를 보인 것이다. 학생은 수강하고자 하는 학교,

단과대학, 학과, 개설연도를 선택한 후, 수강하고자 하는 과목을 선택하여 수강 신청을 할 수 있다. 서블 릿 Edit_Course 페이지에서 수강 신청할 과목을 선택하면 서블릿 Verify_Course가 호출되면서 수강 신청에 필요한 정보들이 넘겨지게 된다. 또한 수강 신청한 과목을 삭제할 수 있으며 이는 수강 신청된 과목 목록에서 삭제하고자 하는 과목을 선택하여 삭제 버튼을 이용하여 삭제하면 된다. 삭제할 과목의 선택은 Edit_Course에서 이루어지며 삭제할 과목을 선택한 후 삭제 버튼을 누르면 서블릿 Verify_Course가 호출되면서 삭제에 필요한 정보가 파라미터로 전달되게 된다. 서블릿 Verify_Course에서는 파라미터로 전달된 사용자 정보를 바탕으로 수강 신청 또는 수강 신청한 과목에 대한 삭제 작업을 진행하게 된다.

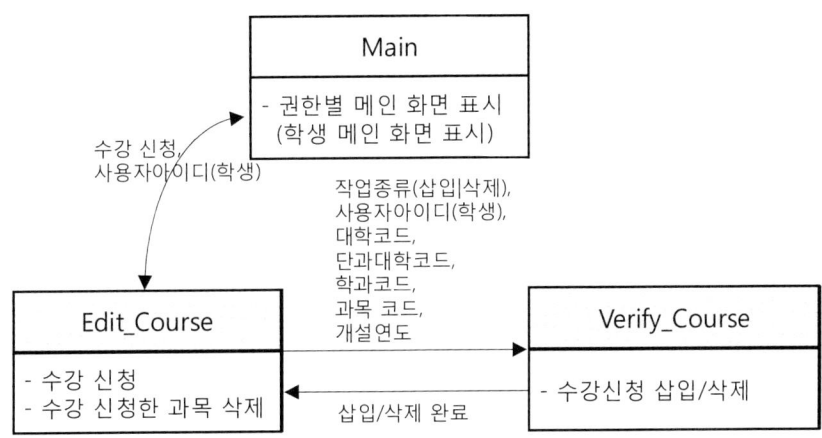

[그림 11-10] 수강 신청을 위한 프로그램 구조

▶ 성적 확인

[그림 11-11]은 성적 확인에 대한 프로그램 구조를 보인 것이다.

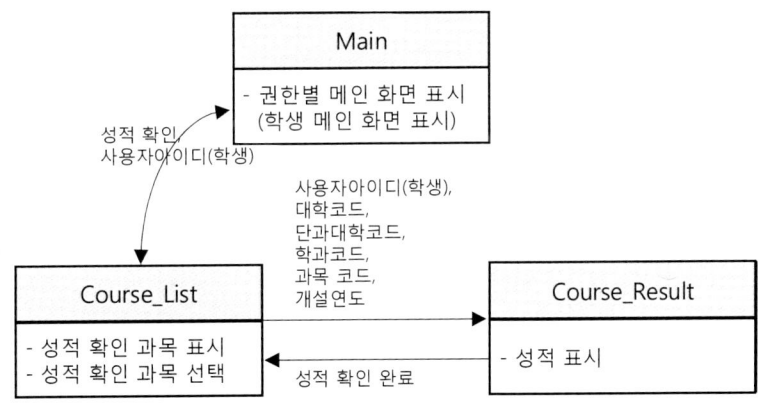

[그림 11-11] 성적 확인을 위한 프로그램 구조

학생들은 자신이 수강한 과목에 대한 성적을 확인할 수 있다. 서블릿 Course_List를 통해 성적 확인 과목을 선택하여 성적 확인을 하면 된다. Course_List는 사용자가 수강 신청한 과목만 표시되게 된다. 성적을 확인할 과목을 선택하게 되면 성적 확인과 성적 열람에 필요한 정보들과 함께 서블릿 Course_Result 페이지가 호출되면서 사용자의 점수, 석차와 성적 분포에 대한 정보들이 보이게 된다.

11.6 시스템 구현

본 절에서는 시스템 구현에 대해서 다루기로 하겠다. 여기에서는 JBoard의 주요 기능에 대한 소스 코드만을 다루고 나머지 부분과 시스템 전체 소스 코드는 부록에 수록하였다. JBoard는 jboard라는 패키지로 구현하였다. 우선 먼저 데이터베이스와의 연결 및 SQL문 처리를 위한 클래스들을 설명하고 이들 클래스들을 바탕으로 하여 웹 사용자 인터페이스 처리를 위한 서블릿 클래스들에 대해 설명하도록 하겠다. [그림 11-12]는 데이터베이스 처리를 위한 클래스의 구조 및 이들 사이의 관계를 나타낸 것이다.

11.6.1 데이터베이스 처리를 위한 클래스

▶ DBConnection.java

클래스 DBConnection은 데이터베이스 접속과 관련된 메소드들과 JBoard에서 사용하게 되는 대학, 단과대학, 학과, 과목 코드 테이블의 데이터를 메모리로 로드하는 메소드들이 포함되어 있다. 코드 테이블에 있는 코드 값, 코드 값에 대응되는 코드명은 JBoard의 모든 기능에서 빈번히 사용되는 데이터들이다. 빈번히 요구되는 이들 데이터를 매번 테이블로부터 검색하여 사용하는 것은 데이터베이스에 과부하를 줄 수 있고, 이는 시스템 속도 저하의 주원인으로 작용할 수 있으므로 코드 테이블의 내용들을 메모리로 로드하여 사용하는 것이 효율적인 방법이다. 따라서 모든 코드 테이블의 내용을 데이터베이스에 연결 시에 자동으로 검색하여 해시맵을 이용하여 메모리에 적재한 후 사용하였다. getUniversityCodeTable(), getCollegeCodeTable(), getMajorCodeTable()과 getSubjectCodeTable()이 코드 테이블을 메모리로 로드하기 위한 메소드들이다.

자바의 해시맵(HashMap) 클래스는 해시 구조를 이용하여 빠른 데이터 검색을 지원하는 자료구조이다. 해시맵 구조는 코드 테이블의 구조와 동일하게 지정하여 생성하였다. 즉 코드 테이블의 코드 값에 대응되는 Integer, 코드 값의 코드명에 대응되는 String의 쌍인 <Integer, String>를 하나의 객체로 구성하여 해시맵의 put() 메소드를 이용하여 해시맵에 저장하였다.

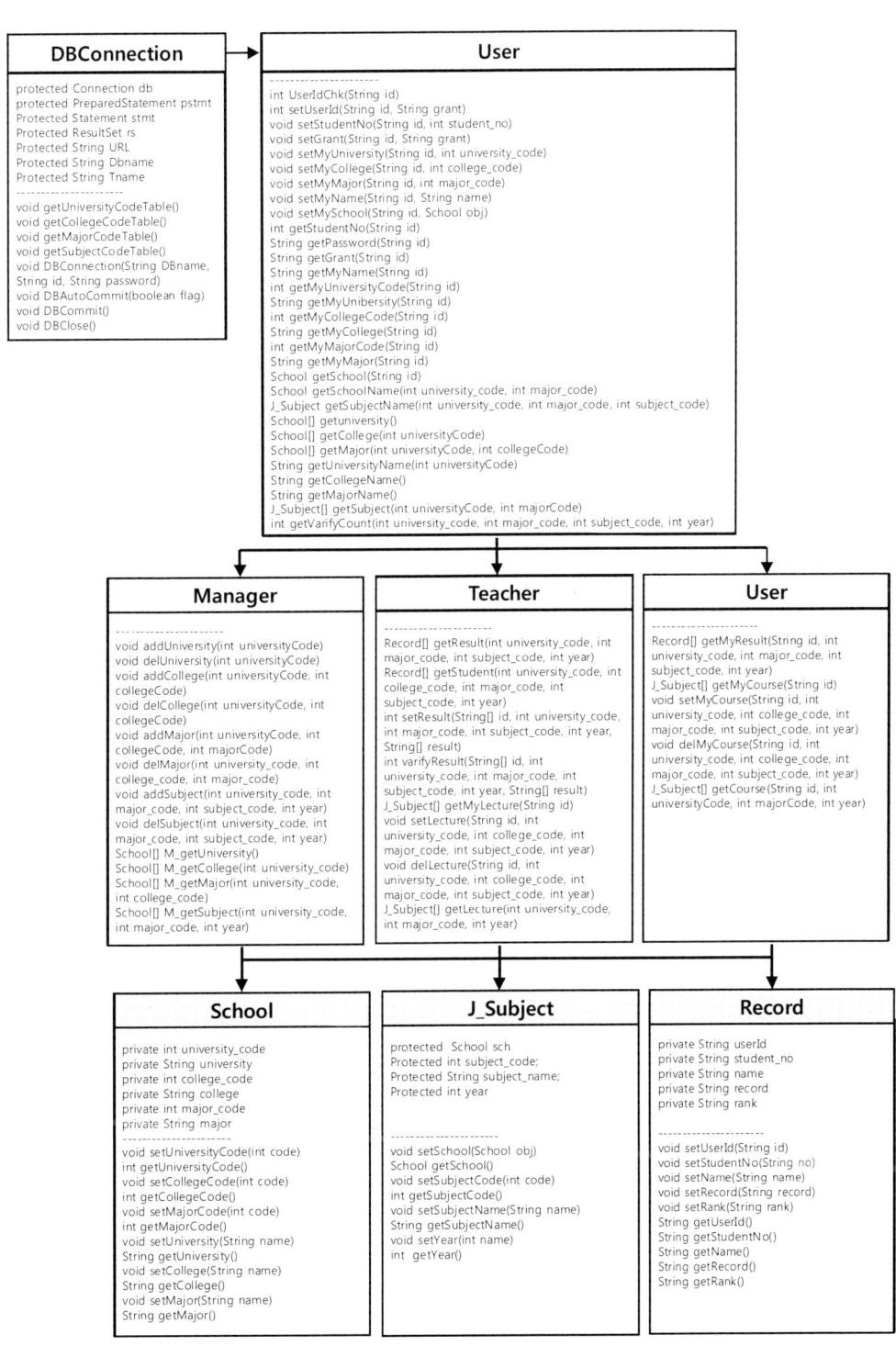

DBConnection

----
protected Connection db
protected PreparedStatement pstmt
Protected Statement stmt
Protected ResultSet rs
Protected String URL
Protected String Dbname
Protected String Tname
----
void getUniversityCodeTable()
void getCollegeCodeTable()
void getMajorCodeTable()
void getSubjectCodeTable()
void DBConnection(String DBname,
String id, String password)
void DBAutoCommit(boolean flag)
void DBCommit()
void DBClose()

User

----
int UserIdChk(String id)
int setUserId(String id, String grant)
void setStudentNo(String id, int student_no)
void setGrant(String id, String grant)
void setMyUniversity(String id, int university_code)
void setMyCollege(String id, int college_code)
void setMyMajor(String id, int major_code)
void setMyName(String id, String name)
void setMySchool(String id, School obj)
int getStudentNo(String id)
String getPassword(String id)
String getGrant(String id)
String getMyName(String id)
int getMyUniversityCode(String id)
String getMyUnibersity(String id)
int getMyCollegeCode(String id)
String getMyCollege(String id)
int getMyMajorCode(String id)
String getMyMajor(String id)
School getSchool(String id)
School getSchoolName(int university_code, int major_code)
J_Subject getSubjectName(int university_code, int major_code, int subject_code)
School[] getuniversity()
School[] getCollege(int universityCode)
School[] getMajor(int universityCode, int collegeCode)
String getUniversityName(int universityCode)
String getCollegeName()
String getMajorName()
J_Subject[] getSubject(int universityCode, int majorCode)
int getVarifyCount(int university_code, int major_code, int subject_code, int year)

Manager

----
void addUniversity(int universityCode)
void delUniversity(int universityCode)
void addCollege(int universityCode, int collegeCode)
void delCollege(int universityCode, int collegeCode)
void addMajor(int universityCode, int collegeCode, int majorCode)
void delMajor(int university_code, int college_code, int major_code)
void addSubject(int university_code, int major_code, int subject_code, int year)
void delSubject(int university_code, int major_code, int subject_code, int year)
School[] M_getUniversity()
School[] M_getCollege(int university_code)
School[] M_getMajor(int university_code, int college_code)
School[] M_getSubject(int university_code, int major_code, int year)

Teacher

Record[] getResult(int university_code, int major_code, int subject_code, int year)
Record[] getStudent(int university_code, int college_code, int major_code, int subject_code, int year)
int setResult(String[] id, int university_code, int major_code, int subject_code, int year, String[] result)
int varifyResult(String[] id, int university_code, int major_code, int subject_code, int year, String[] result)
J_Subject[] getMyLecture(String id)
void setLecture(String id, int university_code, int college_code, int major_code, int subject_code, int year)
void delLecture(String id, int university_code, int college_code, int major_code, int subject_code, int year)
J_Subject[] getLecture(int university_code, int major_code, int year)

User

Record[] getMyResult(String id, int university_code, int major_code, int subject_code, int year)
J_Subject[] getMyCourse(String id)
void setMyCourse(String id, int university_code, int college_code, int major_code, int subject_code, int year)
void delMyCourse(String id, int university_code, int college_code, int major_code, int subject_code, int year)
J_Subject[] getCourse(String id, int universityCode, int majorCode, int year)

School

----
private int university_code
private String university
private int college_code
private String college
private int major_code
private String major
----
void setUniversityCode(int code)
int getUniversityCode()
void setCollegeCode(int code)
int getCollegeCode()
void setMajorCode(int code)
int getMajorCode()
void setUniversity(String name)
String getUniversity()
void setCollege(String name)
String getCollege()
void setMajor(String name)
String getMajor()

J_Subject

----
protected School sch
Protected int subject_code;
Protected String subject_name;
Protected int year
----
void setSchool(School obj)
School getSchool()
void setSubjectCode(int code)
int getSubjectCode()
void setSubjectName(String name)
String getSubjectName()
void setYear(int name)
int getYear()

Record

----
private String userId
private String student_no
private String name
private String record
private String rank
----
void setUserId(String id)
void setStudentNo(String no)
void setName(String name)
void setRecord(String record)
void setRank(String rank)
String getUserId()
String getStudentNo()
String getName()
String getRecord()
String getRank()

[그림 11-12] 데이터베이스 처리를 위한 클래스의 구조 및 이들 사이의 관계

메소드 DBConnection()에서 드라이버가 없을 경우에는 예외처리를 해주어야 하지만, JDBC 4.0부터는 생략이 가능하여 이를 생략하였다. 메소드 DBAutoCommit()은 JDBC에서 기본으로 true로 지정되는 autoCommit의 값을 변경하기 위한 것이다. 즉 JDBC에서 autoCommit의 값은 기본으로 true로 지정되기 때문에 Statement나 PreparedStatement를 이용해 SQL문을 실행할 경우 즉시 데이터베이스의 값이 변경되게 된다. 그러나 여러 연산을 하나의 트랜잭션으로 묶어 처리할 경우에는 하나의 연산을 수행한 후에 즉시 데이터베이스의 값을 변경하지 않고 데이터의 무결성을 위해 트랜잭션으로 묶은 모든 연산이 정상적으로 수행되었을 경우에 데이터베이스에 저장될 수 있도록 하기 위해 autoCommit의 값을 false로 변경하고 트랜잭션의 모든 연산이 수행되면 Connection의 commit() 메소드를 이용하여 일괄 수행되도록 하였다. 예를 들면 학생들의 성적 입력 경우의 관련 테이블 변경, 수강 신청 경우의 관련 테이블 변경 등에 있어 관련 테이블 중 어느 하나의 내용만 변경 처리되지 않도록 일련의 SQL문을 트랜잭션으로 묶어 처리하였고 이때 DBAutoCommit(), DBCommit() 메소드들이 사용되게 된다.

```java
package jboard;

import java.util.*;

import java.sql.Connection;
import java.sql.DriverManager;
import java.sql.SQLException;
import java.sql.PreparedStatement;
import java.sql.ResultSet;
import java.sql.Statement;

public class DBConnection {
    protected Connection db;
    protected PreparedStatement pstmt;
    protected Statement stmt;
    protected ResultSet rs;
    protected String URL = "jdbc:mysql://localhost:3306/";
    protected String DBname = ""; // 데이터베이스 이름
    protected String Tname = "";  // 테이블 이름

    //CodeTable HashMap
    protected HashMap<Integer,String> UniversityCodeTable = new HashMap<Integer,String>();
    protected HashMap<Integer,String> CollegeCodeTable = new HashMap<Integer,String>();
    protected HashMap<Integer,String> MajorCodeTable = new HashMap<Integer,String>();
    protected HashMap<Integer,String> SubjectCodeTable = new HashMap<Integer,String>();

    public void getUniversityCodeTable() {
        String sql = "select university_code, university_name from code.university";
        try {
```

```
            stmt = db.createStatement();
            rs = stmt.executeQuery(sql);
            while(rs.next()){
                UniversityCodeTable.put(rs.getInt(1), rs.getString(2));
            }
        } catch(SQLException e) {
        }
    }

    public void getCollegeCodeTable() {
        String sql = "select college_code, college_name from code.college";
        try {
            stmt = db.createStatement();
            rs = stmt.executeQuery(sql);
            while(rs.next()){
                CollegeCodeTable.put(rs.getInt(1), rs.getString(2));
            }
        } catch(SQLException e) {
        }
    }

    public void getMajorCodeTable() {
        String sql = "select major_code, major_name from code.major";
        try {
            stmt = db.createStatement();
            rs = stmt.executeQuery(sql);
            while(rs.next()) {
                MajorCodeTable.put(rs.getInt(1), rs.getString(2));
            }
        } catch(SQLException e) {
        }
    }

    public void getSubjectCodeTable() {
        String sql = "select subject_code, subject_name from code.subject";
        try {
            stmt = db.createStatement();
            rs = stmt.executeQuery(sql);
            while(rs.next()) {
                SubjectCodeTable.put(rs.getInt(1), rs.getString(2));
            }
        } catch(SQLException e) {
        }
    }

    // 데이터 베이스 연결
    public void DBConnection(String DBname, String id, String password) {
```

```
      try {
          Class.forName("com.mysql.jdbc.Driver");
      } catch(ClassNotFoundException e) {
          System.err.println("Class Not Found : " + e.getMessage());
      } // JDBC 4.0에서부터는 드라이버가 없을 경우 예외처리 생략 가능
      try {
          // DB 연결 설정
          // 지정 URL에 매개변수로 전달된 데이터베이스명을 추가하여 사용
          // id, password: 데이터베이스의 사용자 아이디와 비밀번호
          db = DriverManager.getConnection(URL+DBname, id, password);
          getUniversityCodeTable();
          getCollegeCodeTable();
          getMajorCodeTable();
          getSubjectCodeTable();
      } catch(SQLException e) {
      }
  }

  // 질의문 즉시 실행 및 지연 실행 설정
  public void DBAutoCommit(boolean flag) {
      try {
          db.setAutoCommit(flag);
      } catch(SQLException e) {
      }
  }

  // 질의문 지연 실행 설정 후 질의문 일괄 갱신 시점에서 사용
  public void DBCommit() {
      try {
          db.commit();
      } catch(SQLException e) {
      }
  }

  public void DBClose() {
      try {
          db.close();
      } catch(SQLException e) {
      }
  }

  // 사용할 테이블 설정
  public void setTable(String Table_name) {
      Tname = Table_name;
  }

  // 존재하는 테이블 얻기
```

```java
    public String[] getTable() {
        String table[] = null;
        String sql = "show tables";
        int num = 0;
        try {
            pstmt = db.prepareStatement(sql);
                    rs = pstmt.executeQuery();
                    while(rs.next()) num++;

                    table = new String[num];
                    num = 0;
                    rs = pstmt.executeQuery();
                    while(rs.next()) {
                        table[num] = rs.getString(1);
                        num++;
                    }
        } catch(SQLException e) {
        }
        return table;
    }

    //존재하는 데이터베이스 얻기
    public String[] getDatabase() {
        String databases[] = null;
        String sql = "show databases";
        int num = 0;
        try {
            pstmt = db.prepareStatement(sql);
            System.out.println(pstmt);
            rs = pstmt.executeQuery();
            while(rs.next()) num++;

            databases = new String[num];
            num = 0;
            rs = pstmt.executeQuery();
            while(rs.next()) {
                databases[num] = rs.getString(1);
                num++;
            }
        } catch(SQLException e) {
        }
        return databases;
    }
}
```

[그림 11-13] DBConnection.java 소스 코드

▶ User.java

클래스 User는 관리자, 교수, 학생 모두에게 공동으로 필요한 테이블들을 이용한 정보 검색, 삽입, 수정, 삭제 기능 등을 수행하는 SQL문이 포함되어 있다. 클래스 DBConnection을 상속받아 DBConnection 클래스의 메소드들을 이용하여 데이터베이스에 접속, 해제, commit문 등을 수행하게 된다. 클래스에서 사용된 JDBC SQL문 관련 문법은 6장과 7장의 내용을 참조하기 바란다.

```java
package jboard;
import java.sql.SQLException;

public class User extends DBConnection {
    public int UserIdChk(String id) {
        String sql = "select * from user_info where userId = ?";
        int flag = 0; //id 존재 : 1, id 없음 : 0
        try {
            pstmt = db.prepareStatement(sql);
            pstmt.setString(1,id);
            rs = pstmt.executeQuery();
            if(rs.next())
                flag = 1;
            pstmt.close();
        } catch(SQLException e) {
        }
        return flag;
    }

    // 사용자 아이디 입력
    public int setUserId(String id, String grant) {
        String sql = "insert into user_info(userId) values(?)";
        String sql1 = "insert into "+grant+"_info(userId) values(?)";
        int flag= 0; //삽입성공 1 ;삽입실패 0
        try {
            if(UserIdChk(id)==1)
                return flag;
            pstmt = db.prepareStatement(sql);
            pstmt.setString(1,id);
            pstmt.executeUpdate();
            pstmt = db.prepareStatement(sql1);
            pstmt.setString(1,id);
            pstmt.executeUpdate();
            flag = 1;
            pstmt.close();
        } catch(SQLException e) {
        }
        return flag;
```

```
        }

        // 학번 입력
        public void setStudentNo(String id, int student_no) {
            String sql = "update "+getGrant(id)+"_info set student_no = ? where userId = ?";
            try {
                pstmt = db.prepareStatement(sql);
                pstmt.setInt(1, student_no);
                pstmt.setString(2, id);
                pstmt.executeUpdate();
                pstmt.close();
            } catch(SQLException e) {
            }
        }

        // 비밀번호 설정
        public void setPassword(String id, String password) {
            String sql = "update user_info set password=? where userId = ?";
            try {
                pstmt = db.prepareStatement(sql);
                pstmt.setString(1, password);
                pstmt.setString(2, id);
                pstmt.executeUpdate();
            } catch(SQLException e) {
            }
        }

        // 사용자 권한 설정
        public void setGrant(String id, String grant) {
            String sql = "update user_info set authorized = ? where userId = ?";
            try {
                pstmt = db.prepareStatement(sql);
                pstmt.setString(1, grant);
                pstmt.setString(2, id);
                pstmt.executeUpdate();
                pstmt.close();
            } catch(SQLException e) {
            }
        }

        // 내 대학 설정
        public void setMyUniversity(String id, int university_code) {
            String sql = "update "+getGrant(id)+"_info set university_code = ? where userId = ?";
            try {
                pstmt = db.prepareStatement(sql);
                pstmt.setInt(1, university_code);
                pstmt.setString(2, id);
                pstmt.executeUpdate();
```

```
            pstmt.close();
        } catch(SQLException e) {
        }
    }

    // 내 단과 대학 설정
    public void setMyCollege(String id, int college_code) {
        String sql = "update "+getGrant(id)+"_info set college_code = ? where userId = ?";
        try {
            pstmt = db.prepareStatement(sql);
            pstmt.setInt(1, college_code);
            pstmt.setString(2, id);
            pstmt.executeUpdate();
            pstmt.close();
        } catch(SQLException e) {
        }
    }

    // 내 전공 설정
    public void setMyMajor(String id, int major_code) {
        String sql = "update " + getGrant(id) + "_info set major_code = ? where userId = ?";
        try {
            pstmt = db.prepareStatement(sql);
            pstmt.setInt(1, major_code);
            pstmt.setString(2, id);
            pstmt.executeUpdate();
            pstmt.close();
        } catch(SQLException e) {
        }
    }

    // 내 이름 설정
    public void setMyName(String id, String name) {
        String grant = getGrant(id);
        String sql = "update "+grant+"_info set name = ? where userId = ?";
        try {
            pstmt = db.prepareStatement(sql);
            pstmt.setString(1, name);
            pstmt.setString(2, id);
            pstmt.executeUpdate();
            pstmt.close();
        } catch(SQLException e) {
        }
    }

    // 내 학교정보 설정
    public void setMySchool(String id, School obj) {
        setMyUniversity(id,obj.getUniversityCode());
```

```
        setMyCollege(id,obj.getCollegeCode());
        setMyMajor(id,obj.getMajorCode());
    }

    // 내 학번 얻음
    public int getStudentNo(String id) {
        String sql = "select student_no from student_info where userId = ?";
        int student_no = 0;
        try {
            pstmt = db.prepareStatement(sql);
            pstmt.setString(1, id);
            rs = pstmt.executeQuery();
            if(rs.next()) {
                student_no = rs.getInt(1);
            }
            pstmt.close();
            rs.close();
        } catch(SQLException e) {
        }
        return student_no;
    }

    // 비밀번호 얻음
    public String getPassword(String id) {
        String sql = "select password from user_info where userId = ?";
        String password = null;
        try {
            pstmt = db.prepareStatement(sql);
            pstmt.setString(1, id);
            rs = pstmt.executeQuery();
            if(rs.next())
                password = rs.getString(1);
            pstmt.close();
            rs.close();
        } catch(SQLException e) {
        }
        return password;
    }

    // 사용자 권한 얻음
    public String getGrant(String id) {
        String sql = "select authorized from user_info where userId = ?";
        String grant = null;
        try {
            pstmt = db.prepareStatement(sql);
            pstmt.setString(1, id);
            rs = pstmt.executeQuery();
            if(rs.next()) {
```

```
                grant = rs.getString(1);
            }
            pstmt.close();
            rs.close();
        } catch(SQLException e) {
        }
        return grant;
    }

    // 내 이름 얻음
    public String getMyName(String id) {
        String grant = getGrant(id);
        String sql = "select name from "+grant+"_info where userId = ?";
        String name = "";
        try {
            pstmt = db.prepareStatement(sql);
            pstmt.setString(1, id);
            rs = pstmt.executeQuery();
            if(rs.next()){
                name = rs.getString(1);
            }
            pstmt.close();
            rs.close();
        } catch(SQLException e) {
        }
        return name;
    }
    // 내 대학 코드 얻음
    public int getMyUniversityCode(String id) {
        String sql = "select university_code from "+getGrant(id)+"_info where userId = ?";
        int university_code = 0;
        try {
            pstmt = db.prepareStatement(sql);
            pstmt.setString(1, id);
            rs = pstmt.executeQuery();
            if(rs.next())
                university_code = rs.getInt(1);
            pstmt.close();
            rs.close();
        } catch(SQLException e) {
        }
        return university_code;
    }

    // 내 대학명 얻음
    public String getMyUniversity(String id) {
        return UniversityCodeTable.get(getMyUniversityCode(id));
    }
```

```java
// 내 단과대학 코드 얻음
public int getMyCollegeCode(String id) {
    String sql = "select college_code from "+getGrant(id)+"_info where userId = ?";
    int college_code = 0;
    try {
        pstmt = db.prepareStatement(sql);
        pstmt.setString(1, id);
        rs = pstmt.executeQuery();
        if(rs.next())
            college_code = rs.getInt(1);
        pstmt.close();
        rs.close();
    } catch(SQLException e) {
    }
    return college_code;
}

// 내 단과대학명 얻음
public String getMyCollege(String id) {
    return CollegeCodeTable.get(getMyCollegeCode(id));
}

// 내 전공 코드 얻음
public int getMyMajorCode(String id) {
    String sql = "select major_code from "+getGrant(id)+"_info where userId = ?";
    int major_code = 0;
    try {
        pstmt = db.prepareStatement(sql);
        pstmt.setString(1, id);
        rs = pstmt.executeQuery();
        if(rs.next()){
            major_code = rs.getInt(1);
        }
        pstmt.close();
        rs.close();
    } catch(SQLException e) {
    }
    return major_code;
}

// 내 전공명 얻음
public String getMyMajor(String id) {
    return MajorCodeTable.get(getMyMajorCode(id));
}

// 내 학교정보 얻음
public School getSchool(String id) {
```

```
        int university_code = getMyUniversityCode(id);
        int college_code = getMyCollegeCode(id);
        int major_code = getMyMajorCode(id);
        School obj = new School();
        obj.setUniversity(UniversityCodeTable.get(university_code));
        obj.setCollege(CollegeCodeTable.get(college_code));
        obj.setMajor(MajorCodeTable.get(major_code));
        obj.setUniversityCode(university_code);
        obj.setCollegeCode(college_code);
        obj.setMajorCode(major_code);
        return obj;
    }

    // 대학 얻음
    public School getSchoolName(int university_code, int major_code) {
        String sql = "select college_code from "+UniversityCodeTable.get(university_code)+
        ".major_info where major_code = ?";
        School obj = null;
        try {

            pstmt = db.prepareStatement(sql);
            pstmt.setInt(1,major_code);
            rs = pstmt.executeQuery();
            if(rs.next()) {
                obj= new School();
                obj.setUniversity(UniversityCodeTable.get(university_code));
                obj.setCollege(CollegeCodeTable.get(rs.getInt(1)));
                obj.setMajor(MajorCodeTable.get(major_code));
                obj.setUniversityCode(university_code);
                obj.setCollegeCode(rs.getInt(1));
                obj.setMajorCode(major_code);

            }
            pstmt.close();
            rs.close();
        } catch(SQLException e) {
        }
        return obj;
    }

    // 과목명 얻음
    public J_Subject getSubjectName(int university_code, int major_code, int subject_code) {
        String sql = "select college_code from "+UniversityCodeTable.get(university_code)
                        +".subject_info as S, "+UniversityCodeTable.get(university_code)
                            +".major_info as M where S.major_code = M.major_code and "
                                +"S.subject_code = ? and S.major_code = ?";
        J_Subject obj = new J_Subject();
        School obj1 = new School();
```

```
      try {
         pstmt = db.prepareStatement(sql);
         pstmt.setInt(1, subject_code);
         pstmt.setInt(2, major_code);
         rs = pstmt.executeQuery();
         if(rs.next()){
            obj1.setUniversityCode(university_code);
            obj1.setCollegeCode(rs.getInt(1));
            obj1.setMajorCode(major_code);
            obj1.setUniversity(UniversityCodeTable.get(university_code));
            obj1.setCollege(CollegeCodeTable.get(rs.getInt(1)));
            obj1.setMajor(MajorCodeTable.get(major_code));
            obj.setSchool(obj1);
            obj.setSubjectCode(subject_code);
            obj.setSubjectName(SubjectCodeTable.get(subject_code));
         }
         pstmt.close();
         rs.close();
      } catch(SQLException e) {
      }
      return obj;
   }

// 대학명 얻음
public School[] getUniversity() {
   String sql = "select university_code from university_info";
   int row_cnt = 0;
   int i = 0;
   School[] sch = null;
   try {
      pstmt = db.prepareStatement(sql);
      rs = pstmt.executeQuery();
      rs.last();
      row_cnt = rs.getRow();
      rs.beforeFirst();
      sch = new School[row_cnt];
      for(i = 0;i<row_cnt;i++) {
         sch[i] = new School();
      }

      i=0;
      while(rs.next()) {
         sch[i].setUniversityCode(rs.getInt(1));
         sch[i].setUniversity(UniversityCodeTable.get(rs.getInt(1)));
         i++;
      }
      pstmt.close();
      rs.close();
```

```
        } catch(SQLException e) {
        }
        return sch;
    }

    // 대학 소속의 단과대학 얻음
    public School[] getCollege(int universityCode) {
        String sql = "select college_code from "+UniversityCodeTable.get(universityCode)
                            +".college_info";
        int row_cnt = 0;
        int i = 0;
        School[] sch = null;
        try {
            stmt = db.createStatement();
            rs = stmt.executeQuery(sql);
            rs.last();
            row_cnt = rs.getRow();
            rs.beforeFirst();
            sch = new School[row_cnt];
            for(i = 0;i<row_cnt;i++) {
                sch[i] = new School();
            }
            i=0;
            while(rs.next()) {
                sch[i].setUniversityCode(universityCode);
                sch[i].setUniversity(UniversityCodeTable.get(universityCode));
                sch[i].setCollegeCode(rs.getInt(1));
                sch[i].setCollege(CollegeCodeTable.get(rs.getInt(1)));
                i++;
            }
            stmt.close();
            rs.close();
        } catch(SQLException e) {
        }
        return sch;
    }

    // 단과대학 소속의 전공 얻음
    public School[] getMajor(int universityCode, int collegeCode) {
        String sql = "select major_code from "+UniversityCodeTable.get(universityCode)
                            +".major_info where college_code = ?";
        int row_cnt = 0;
        int i =0;
        School[] sch = null;
        try {
            pstmt = db.prepareStatement(sql);
            pstmt.setInt(1,collegeCode);
            rs = pstmt.executeQuery();
```

```
        rs.last();
        row_cnt = rs.getRow();
        rs.beforeFirst();
        sch = new School[row_cnt];
        for(i = 0; i<row_cnt; i++) {
            sch[i] = new School();
        }

        i=0;
        while(rs.next()) {
            sch[i].setUniversityCode(universityCode);
            sch[i].setUniversity(UniversityCodeTable.get(universityCode));
            sch[i].setCollegeCode(collegeCode);
            sch[i].setCollege(CollegeCodeTable.get(collegeCode));
            sch[i].setMajorCode(rs.getInt(1));
            sch[i].setMajor(MajorCodeTable.get(rs.getInt(1)));
            i++;
        }
        pstmt.close();
        rs.close();
    } catch(SQLException e) {
    }
    return sch;
}

// 대학명 얻음
public String getUniversityName(int universityCode) {
    return UniversityCodeTable.get(universityCode);
}

// 단과대학명 얻음
public String getCollegeName(int collegeCode) {
    return CollegeCodeTable.get(collegeCode);
}

// 전공명 얻음
public String getMajorName(int majorCode) {
    return MajorCodeTable.get(majorCode);
}

// 전공에 개설된 과목 얻음
public J_Subject[] getSubject(int universityCode, int majorCode) {
    String sql = "select subject_code, year from "+UniversityCodeTable.get(universityCode)
                    +".subject_info as S where S.major_code = ?";

    J_Subject[] sub = null;
    School obj1 = getSchoolName(universityCode,majorCode);
    int row_cnt = 0;
```

```
        int i = 0;

        try {
            pstmt = db.prepareStatement(sql);
            pstmt.setInt(1,majorCode);
            rs = pstmt.executeQuery();
            rs.last();
            row_cnt = rs.getRow();
            sub = new J_Subject[row_cnt];
            rs.beforeFirst();
            for (i = 0;i<row_cnt;i++) {
                sub[i] = new J_Subject();
            }
            i=0;
            while(rs.next()) {
                sub[i].setSchool(obj1);
                sub[i].setSubjectCode(rs.getInt(1));
                sub[i].setSubjectName(SubjectCodeTable.get(rs.getInt(1)));
                sub[i].setYear(rs.getInt(2));
                i++;
            }
            pstmt.close();
            rs.close();
        } catch(SQLException e) {
        }
        return sub;
    }

    // 과목 성적 수정횟수 얻음
    public int getVerifyCount(int university_code, int major_code, int subject_code, int year) {
        J_Subject subject_name = getSubjectName(university_code, major_code, subject_code);
        String database_name = subject_name.getSchool().getUniversity() + "_"
                            + subject_name.getSchool().getCollege();
        String table_name = subject_name.getSchool().getMajor()+"_"
                        +subject_name.getSubjectName() + "_" + year;
        String sql = "select verify_count from "+database_name+".verify_info "
                    + "where subject_code = ?";
        int count = 0;

        try {
            pstmt = db.prepareStatement(sql);
            pstmt.setString(1,table_name);
            rs = pstmt.executeQuery();
            if(rs.next()) {
                count = Integer.parseInt(rs.getString(1));
            }
            pstmt.close();
            rs.close();
```

```
    } catch(SQLException e) {
    }
    return count;
  }
}
```

[그림 11-14] User.java 소스 코드

▶ Manager.java

클래스 Manager는 클래스 User를 상속받아 학교, 단과대학, 학과 및 과목을 등록하고 삭제할 수 있는 기능이 포함되어 있다. 즉 특정 학교에 존재하는 단과대학 정보, 단과대학에 존재하는 학과 정보, 학과에 개설되어 있는 과목 등을 등록 관리하는 기능들이 포함되어 있다. 대부분 메소드들은 데이터의 무결성을 위해 트랜잭션으로 처리되어 있다.

하나의 예를 들어 보면, 새로운 대학이 추가되는 경우 학교명으로 된 데이터베이스를 생성한 후 생성된 대학에 존재하는 단과대학(college_info), 단과대학에 존재하는 전공(major_info), 전공에 개설되어 있는 과목에 대한 정보(subject_info)를 관리하기 위한 테이블들을 생성하게 되어 있다. 데이터베이스와 관련된 테이블들이 오류가 발생하여 일부만 생성되는 것을 막기 위해 이들을 트랜잭션으로 묶어 트랜잭션에 있는 모든 SQL문이 정상적으로 실행되든지 아니면 모두 실행되지 않도록 해야 한다. 이를 위해 트랜잭션 시작 시점에서 autoCommit를 false로 변경하고 트랜잭션의 모든 연산이 수행되면 commit문을 수행한 후 다시 autoCommit를 true로 변경하였다. 앞서 언급하였듯이 JDBC에서 autoCommit의 값은 기본적으로 true로 지정되기 때문에 Statement나 PreparedStatement를 이용해 SQL문을 실행할 경우, 즉시 데이터베이스의 값이 변경되게 된다. 그러나 여러 연산을 하나의 트랜잭션으로 묶어 처리할 경우에는 하나의 연산을 수행한 즉시 데이터베이스의 값을 변경하지 않고 데이터의 무결성을 위해 트랜잭션으로 묶은 모든 연산이 정상적으로 수행되었을 경우에 데이터베이스에 저장될 수 있도록 하여야 한다.

```
package jboard;
import java.sql.SQLException;

public class Manager extends User {
    public void addUniversity(int universityCode) {
        try {
            String sql = "insert into university_info(university_code) values(?)";
            pstmt = db.prepareStatement(sql);
```

```
            pstmt.setInt(1,universityCode);
            pstmt.executeUpdate();

            String sql1 = "create database "+UniversityCodeTable.get(universityCode);
            String sql2 = "create table "+UniversityCodeTable.get(universityCode)
                +".college_info (college_code int(11) NOT NULL, PRIMARY KEY(college_code), "
                +"FOREIGN KEY (college_code) REFERENCES code.college (college_code) "
                +"ON DELETE CASCADE ON UPDATE CASCADE)";
            String sql3 = "create table "+UniversityCodeTable.get(universityCode)"
                + ".major_info (college_code int(11) NOT NULL, major_code int(11) NOT NULL, "
                + "PRIMARY KEY(major_code), FOREIGN KEY (college_code) "
                + "REFERENCES "+UniversityCodeTable.get(universityCode) "
                + ".college_info (college_code) ON DELETE CASCADE ON "
                + "UPDATE CASCADE, FOREIGN KEY (major_code) "
                + "REFERENCES code.major (major_code) ON DELETE CASCADE ON  "
                + "UPDATE CASCADE)";
            String sql4 = "create table "+UniversityCodeTable.get(universityCode) "
                + ".subject_info (no int(11) NOT NULL AUTO_INCREMENT, "
                + "major_code int(11) NOT NULL, "
                + "subject_code int(11) NOT NULL, "
                + "year int(4) NOT NULL,
                + "PRIMARY KEY(no), FOREIGN KEY (major_code) REFERENCES "
                + UniversityCodeTable.get(universityCode)
                + ".major_info (major_code) ON DELETE CASCADE ON "
                + "UPDATE CASCADE, FOREIGN KEY (subject_code) REFERENCES "
                + "code.subject (subject_code) ON DELETE CASCADE ON UPDATE CASCADE)";

            // 데이터 무결성을 위한 트랜잭션 처리를 위해 autoCommit를 false로 설정한 후
            // 트랜잭션의 처리가 완료된 후 이를 다시 true로 설정한다.
            // 따라서 트랜잭션에 있는 모든 SQL문은 전부 수행되든지
            // 수행 중 오류가 발생한 경우에 전부 수행되지 않든지 하게 된다.
            db.setAutoCommit(false);
            stmt = db.createStatement();

            // 일괄 갱신할 질의문 등록
            // executeBatch()와 excuteUpdate()와의 차이점은
            // executeUpdate()는 SQL문이 하나씩 실행하는 반면
            // executeBatch()는 addBatch()로 등록된 모든 SQL문을 일괄 행한다.
            stmt.addBatch(sql1); // stmt.executeUpdate(sql1);
            stmt.addBatch(sql2); // stmt.executeUpdate(sql2);
            stmt.addBatch(sql3); // stmt.executeUpdate(sql3);
            stmt.addBatch(sql4); // stmt.executeUpdate(sql4);

            // 등록된 질의문 모두 일괄 갱신 후 commit문 실행
            stmt.executeBatch();
            db.commit();
```

```
            // 트랜잭션이 완료된 후 autoCommit를 true로 설정
            db.setAutoCommit(true);
            stmt.close();
            pstmt.close();
        } catch(SQLException e) {
        }
    }

public void delUniversity(int universityCode) {
    try {
        db.setAutoCommit(false);
        String sql = "delete from university_info where university_code = ?";
        pstmt = db.prepareStatement(sql);
        pstmt.setInt(1, universityCode);
        pstmt.executeUpdate();

        String sql1 = "drop database "+UniversityCodeTable.get(universityCode);
        stmt = db.createStatement();
        stmt.executeUpdate(sql1);
        db.commit();

        db.setAutoCommit(true);
        pstmt.close();
        stmt.close();
    } catch(SQLException e) {
    }
}

public void addCollege(int universityCode, int collegeCode) {
    String sql = "insert into "+UniversityCodeTable.get(universityCode)
                + ".college_info(college_code) values(?)";

    try {
        // 트랜잭션 시작
        db.setAutoCommit(false);
        pstmt = db.prepareStatement(sql);
        pstmt.setInt(1, collegeCode);
        pstmt.executeUpdate();

        String sql1 = "create database " + UniversityCodeTable.get(universityCode)
            + "_" + CollegeCodeTable.get(collegeCode);
        String sql2 = "create table "
            + UniversityCodeTable.get(universityCode)+"_"+CollegeCodeTable.get(collegeCode)
            + ".verify_info (no int(11) NOT NULL AUTO_INCREMENT, "
            + "subject_code char(30) NOT NULL, "
            + "verify_count int(11) NOT NULL, PRIMARY KEY(no))";
```

```
            stmt = db.createStatement();
            stmt.addBatch(sql1);
            stmt.addBatch(sql2);
            stmt.executeBatch();
            db.commit();
            // 트랜잭션 완료
            db.setAutoCommit(true);
            pstmt.close();
            stmt.close();
        } catch(SQLException e) {
        }
    }
    public void delCollege(int universityCode, int collegeCode) {
        try {
            db.setAutoCommit(false);
            String sql = "delete from "+UniversityCodeTable.get(universityCode)
                    + ".college_info where college_code = ?";
            pstmt = db.prepareStatement(sql);
            pstmt.setInt(1,collegeCode);
            pstmt.executeUpdate();

            String sql1 = "drop database "+UniversityCodeTable.get(universityCode)
                    + "_"+CollegeCodeTable.get(collegeCode);
            stmt = db.createStatement();
            stmt.executeUpdate(sql1);
            db.commit();
            db.setAutoCommit(true);
            pstmt.close();
            stmt.close();
        } catch(SQLException e) {
        }
    }


// 전공 추가
public void addMajor(int universityCode, int collegeCode, int majorCode) {
    String sql = "insert into "+UniversityCodeTable.get(universityCode)
            + ".major_info(college_code,major_code) values(?,?)";
    try {
        pstmt = db.prepareStatement(sql);
        pstmt.setInt(1,collegeCode);
        pstmt.setInt(2,majorCode);
        pstmt.executeUpdate();
        pstmt.close();

    } catch(SQLException e) {
    }
}
```

```java
// 전공 삭제
public void delMajor(int university_code,int college_code, int major_code) {
    String sql = "delete from "+UniversityCodeTable.get(university_code)
                + ".major_info where college_code = ? and major_code = ?";
    try {
        pstmt = db.prepareStatement(sql);
        pstmt.setInt(1,college_code);
        pstmt.setInt(2,major_code);
        pstmt.executeUpdate();
        pstmt.close();
    } catch(SQLException e) {
    }
}

//강의 추가
public void addSubject(int university_code, int major_code, int subject_code, int year) {
    String sql = "insert into "+UniversityCodeTable.get(university_code)
                + ".subject_info(major_code,subject_code,year) values(?,?,?)";
    try {
        pstmt = db.prepareStatement(sql);
        pstmt.setInt(1,major_code);
        pstmt.setInt(2,subject_code);
        pstmt.setInt(3,year);
        pstmt.executeUpdate();
        pstmt.close();
    } catch(SQLException e) {
    }
}

public void delSubject(int university_code, int major_code, int subject_code, int year) {
    String sql = "delete from "+UniversityCodeTable.get(university_code)
                + ".subject_info where major_code = ? and subject_code = ? and year = ?";
    try {
        pstmt = db.prepareStatement(sql);
        pstmt.setInt(1,major_code);
        pstmt.setInt(2,subject_code);
        pstmt.setInt(3,year);
        pstmt.executeUpdate();
        pstmt.close();
    } catch(SQLException e) {
    }
}

public School[] M_getUniversity() {
    String sql = "select university_code from code.university where university_code "
                + "NOT IN(select university_code from info.university_info)";
    School[] sch = null;
```

```
    int row_cnt = 0;
    int i = 0;
    try{
        stmt = db.createStatement();
        rs = stmt.executeQuery(sql);
        rs.last();
        row_cnt = rs.getRow();
        rs.beforeFirst();
        sch = new School[row_cnt];
        for (i=0;i<row_cnt;i++) {
            sch[i] = new School();
        }
        i=0;
        while(rs.next()) {
            sch[i].setUniversityCode(rs.getInt(1));
            sch[i].setUniversity(UniversityCodeTable.get(rs.getInt(1)));
            i++;
        }
        rs.close();
        stmt.close();
    } catch(SQLException e) {
    }
    return sch;
}

public School[] M_getCollege(int university_code) {
    String sql = "select college_code from code.college where college_code "
                + "NOT IN(select college_code from "
                + UniversityCodeTable.get(university_code)+".college_info)";
    School[] sch = null;
    int row_cnt = 0;
    int i = 0;
    try {
        stmt = db.createStatement();
        rs = stmt.executeQuery(sql);
        rs.last();
        row_cnt = rs.getRow();
        rs.beforeFirst();
        sch = new School[row_cnt];
        for (i=0;i<row_cnt;i++) {
            sch[i] = new School();
        }
        i=0;
        while(rs.next()) {
            sch[i].setUniversityCode(university_code);
            sch[i].setUniversity(UniversityCodeTable.get(university_code));
            sch[i].setCollegeCode(rs.getInt(1));
```

```
                    sch[i].setCollege(CollegeCodeTable.get(rs.getInt(1)));
                    i++;
                }
            rs.close();
            stmt.close();
        } catch(SQLException e) {
        }
        return sch;
    }

    public School[] M_getMajor(int university_code, int college_code) {
        String sql = "select major_code from code.major where major_code "
                    + "NOT IN(select major_code from "
                    + UniversityCodeTable.get(university_code)
                    + ".major_info as M where M.college_code = ?)";
        School[] sch = null;
        int row_cnt = 0;
        int i = 0;
        try {
            pstmt = db.prepareStatement(sql);
            pstmt.setInt(1,college_code);
            rs = pstmt.executeQuery();
            rs.last();
            row_cnt = rs.getRow();
            rs.beforeFirst();
            sch = new School[row_cnt];
            for (i=0;i<row_cnt;i++)
                sch[i] = new School();

            i=0;
            while (rs.next()) {
                sch[i].setUniversityCode(university_code);
                sch[i].setUniversity(UniversityCodeTable.get(university_code));
                sch[i].setCollegeCode(college_code);
                sch[i].setCollege(CollegeCodeTable.get(college_code));
                sch[i].setMajorCode(rs.getInt(1));
                sch[i].setMajor(MajorCodeTable.get(rs.getInt(1)));
                i++;
            }
            rs.close();
            pstmt.close();
        } catch(SQLException e) {
        }
        return sch;
    }

    public J_Subject[] M_getSubject(int university_code, int major_code, int year) {
```

```
        String sql = "select subject_code from code.subject where subject_code "
                + "NOT IN(select subject_code from "
                + UniversityCodeTable.get(university_code)
                + ".subject_info as S where S.major_code = ? and year = ?)";
        String sql1 = "select college_code from "
                + UniversityCodeTable.get(university_code)
                + ".major_info where major_code = ?";
    School sch = new School();
    J_Subject[] sub = null;
    int college_code = 0;
    int row_cnt = 0;
    int i = 0;
    try {
        pstmt = db.prepareStatement(sql1);
        pstmt.setInt(1,major_code);
        rs = pstmt.executeQuery();
        if (rs.next())
                    college_code = rs.getInt(1);

        pstmt = db.prepareStatement(sql);
        pstmt.setInt(1,major_code);
        pstmt.setInt(2,year);
        rs = pstmt.executeQuery();
        rs.last();
        row_cnt = rs.getRow();
        rs.beforeFirst();
        sub = new J_Subject[row_cnt];
        for (i=0;i<row_cnt;i++)
            sub[i] = new J_Subject();

        i=0;
        sch.setUniversityCode(university_code);
        sch.setUniversity(UniversityCodeTable.get(university_code));
        sch.setCollegeCode(college_code);
        sch.setCollege(CollegeCodeTable.get(college_code));
        sch.setMajorCode(major_code);
        sch.setMajor(MajorCodeTable.get(major_code));
        while(rs.next()) {
            sub[i].setSchool(sch);
            sub[i].setSubjectCode(rs.getInt(1));
            sub[i].setSubjectName(SubjectCodeTable.get(rs.getInt(1)));
            sub[i].setYear(year);
            i++;
        }
        rs.close();
        pstmt.close();
    }catch(SQLException e){
```

```
        }
        return sub;
    }
}
```

[그림 11-15] Manager.java 소스 코드

▶ Teacher.java

클래스 Teacher 또한 클래스 User를 상속받아 User의 기본 기능들과 함께, 교수의 주요 기능인 관리자가 등록한 과목에 대한 강의 개설, 교수 자신이 개설한 강의 삭제, 개설한 과목에 대한 성적 입력 및 정정, 성적 열람 등을 할 수 있는 기능들이 포함되어 있다. 클래스 Manager와 같이 대부분 메소드들은 트랜잭션으로 처리되어 있다.

하나의 예를 들어 보면 강의를 개설할 경우에 강의와 관련된 정보들이 Lecture 테이블에 저장되고, 개설한 강의의 성적관리를 위한 테이블이 생성되게 된다. 이때 강의가 개설되었다는 정보만 Lecture 테이블에 저장되고, 성적관리를 위한 테이블은 생성되지 않는다면 프로그램이 정상적으로 수행되지 않게 된다. 따라서 이들을 트랜잭션으로 묶어 트랜잭션에 있는 모든 SQL문들이 모두 실행되든지, 아니면 모두 실행되지 않도록 해야 한다.

```
package jboard;
import java.sql.SQLException;

public class Teacher extends User {
    // 과목 성적 보기
    public Record[] getResult(int university_code, int major_code, int subject_code, int year) {
        Record[] rec = null;
        J_Subject subject_name = getSubjectName(university_code, major_code, subject_code);
        String database_name = subject_name.getSchool().getUniversity() + "_"
                            + subject_name.getSchool().getCollege();
        String table_name = subject_name.getSchool().getMajor()+"_"
                        +subject_name.getSubjectName() + "_" + year;
        String sql = "select SU.userId, student_no, name, result, (select count(*)+1 from "
                    + database_name+"."+table_name+" AS T where T.result > SU.result) "
                    + "AS rank from "+database_name+"."+table_name+" as SU, student_info "
                    + "AS SI where SU.userId = SI.userId order by rank asc";
        int row_cnt = 0;
        int i = 0;
        try {
            pstmt = db.prepareStatement(sql);
```

```
            rs = pstmt.executeQuery();
            rs.last();
            row_cnt = rs.getRow();
            rs.beforeFirst();
            rec = new Record[row_cnt];
            for (i=0;i<row_cnt;i++) {
                rec[i] = new Record();
            }

            i = 0;
            while (rs.next()) {
                rec[i].setUserId(rs.getString(1));
                rec[i].setStudentNo(rs.getString(2));
                rec[i].setName(rs.getString(3));
                rec[i].setRecord(rs.getString(4));
                rec[i].setRank(rs.getString(5));
                i++;
            }
            pstmt.close();
            rs.close();
        } catch(SQLException e) {
        }
        return rec;
    }

    public Record[] getStudent(int university_code, int college_code, int major_code,
                               int subject_code,int year) {
        Record[] rec = null;
        String sql = "select C.userId, student_no, name from course as C, student_info as SI "
                   + "where SI.userId = C.userId and C.university_code = ? and "
                   + "college_code = ? and C.major_code = ? and "
                   + "C.subject_code = ? and C.year = ?";
        int row_cnt = 0;
        int i = 0;
        try {
            pstmt = db.prepareStatement(sql);
            pstmt.setInt(1,university_code);
            pstmt.setInt(2,college_code);
            pstmt.setInt(3,major_code);
            pstmt.setInt(4,subject_code);
            pstmt.setInt(5,year);
            rs = pstmt.executeQuery();
            rs.last();
            row_cnt = rs.getRow();
            rs.beforeFirst();
            rec = new Record[row_cnt];
            for (i=0;i<row_cnt;i++) {
```

```
            rec[i] = new Record();
        }

        i = 0;
        while(rs.next()) {
            rec[i].setUserId(rs.getString(1));
            rec[i].setStudentNo(rs.getString(2));
            rec[i].setName(rs.getString(3));
            i++;
        }
        pstmt.close();
        rs.close();
    } catch(SQLException e) {
    }
    return rec;
}


// 과목 성적 입력
public int setResult(String[] id, int university_code, int major_code, int subject_code,
                    int year, String[] result) {
    J_Subject subject_name = getSubjectName(university_code, major_code, subject_code);
    String database_name = subject_name.getSchool().getUniversity() + "_"
                            + subject_name.getSchool().getCollege();
    String table_name = subject_name.getSchool().getMajor()+"_"
                        +subject_name.getSubjectName() + "_" + year;
    String sql = "select verify_count from "+database_name+".verify_info "
                + "where subject_code = ?";
    String sql1 = "update "+database_name+"."+table_name+" set result = ? "
                + "where userId = ?";
    String sql2 = "update "+database_name+".verify_info set verify_count=verify_count +1 "
                + "where subject_code = ?";
    int flag = 0; //0 = 삽입 실패, 1 = 삽입 성공
    int count = 0;
    try {
        pstmt = db.prepareStatement(sql);
        pstmt.setString(1,table_name);
        rs = pstmt.executeQuery();
        if (rs.next()) {
            count = Integer.parseInt(rs.getString(1));
        }
        if (count !=0 || id.length != result.length) {
            return flag;
        }
        db.setAutoCommit(false);
        pstmt = db.prepareStatement(sql1);
        for (int i = 0; i<id.length;i++) {
            pstmt.setString(2,id[i]);
```

```
                pstmt.setString(1,result[i]);
                pstmt.executeUpdate();
            }
            pstmt = db.prepareStatement(sql2);
            pstmt.setString(1,table_name);
            pstmt.executeUpdate();
            flag++;
            db.commit();
            db.setAutoCommit(true);
            pstmt.close();
            rs.close();
        } catch(SQLException e) {
        }
        return flag;
    }


// 과목 성적 변경
public int verifyResult(String[] id, int university_code, int major_code, int subject_code,
                        int year, String[] result) {
    J_Subject subject_name = getSubjectName(university_code, major_code, subject_code);
    String database_name = subject_name.getSchool().getUniversity() + "_"
                            + subject_name.getSchool().getCollege();
    String table_name = subject_name.getSchool().getMajor()+"_"
                            + subject_name.getSubjectName() + "_" + year;
    String sql = "select verify_count from "+database_name+".verify_info "
                + "where subject_code = ?";
    String sql1 = "update "+database_name+"."+table_name+" set result = ? "
                + "where userId = ?";
    String sql2 = "update "+database_name+".verify_info set verify_count=varify_count +1 "
                + "where subject_code = ?";
    int flag = 0; //0 = 변경 실패, 1 = 변경 성공
    int count = 0;
    try {
        pstmt = db.prepareStatement(sql);
        pstmt.setString(1,table_name);
        rs = pstmt.executeQuery();
        if (rs.next()) {
            count = Integer.parseInt(rs.getString(1));
        }
        if (count == 0 || id.length != result.length) {
            return flag;
        }
        db.setAutoCommit(false);
        pstmt = db.prepareStatement(sql1);
        for (int i =0;i<id.length;i++) {
            pstmt.setString(1,result[i]);
            pstmt.setString(2,id[i]);
```

```
                pstmt.executeUpdate();
            }
        pstmt = db.prepareStatement(sql2);
        pstmt.setString(1,table_name);
        pstmt.executeUpdate();
        flag++;
        db.commit();
        db.setAutoCommit(true);
        pstmt.close();
        rs.close();
    } catch(SQLException e) {
    }
    return flag;
}

// 내 강의 보기
public J_Subject[] getMyLecture(String id) {
    J_Subject[] sub = null;
    School[] sch = null;
    String sql = "select university_code, college_code, major_code, subject_code, year "
                + "from lecture where userId = ?";
    int row_cnt = 0;
    int i = 0;
    try {
        pstmt = db.prepareStatement(sql);
        pstmt.setString(1,id);
        rs = pstmt.executeQuery();

        rs.last();
        row_cnt = rs.getRow();
        rs.beforeFirst();
        sub = new J_Subject[row_cnt];
        sch = new School[row_cnt];
        for (i=0;i<row_cnt;i++) {
            sub[i] = new J_Subject();
            sch[i] = new School();
        }

        i=0;
        while (rs.next()) {
            System.out.println(rs.getString(1)+rs.getString(2)+rs.getString(3)+rs.getString(4));
            sch[i].setUniversityCode(rs.getInt(1));
            sch[i].setCollegeCode(rs.getInt(2));
            sch[i].setMajorCode(rs.getInt(3));
            sch[i].setUniversity(UniversityCodeTable.get(rs.getInt(1)));
            sch[i].setCollege(CollegeCodeTable.get(rs.getInt(2)));
            sch[i].setMajor(MajorCodeTable.get(rs.getInt(3)));
```

```
            sub[i].setSchool(sch[i]);
            sub[i].setSubjectName(SubjectCodeTable.get(rs.getInt(4)));
            sub[i].setSubjectCode(rs.getInt(4));
            sub[i].setYear(rs.getInt(5));
            i++;
        }
        pstmt.close();
        rs.close();
    } catch(SQLException e) {
    }
    return sub;
}


// 내 강의 개설
public void setLecture(String id, int university_code, int college_code, int major_code,
                    int subject_code, int year) {
    J_Subject subject_name = getSubjectName(university_code, major_code, subject_code);
    String database_name = subject_name.getSchool().getUniversity() + "_"
                            + subject_name.getSchool().getCollege();
    String table_name = subject_name.getSchool().getMajor()+"_"
                        + subject_name.getSubjectName() + "_" + year;
    String sql = "insert into lecture(userId,university_code,college_code,major_code, "
                + "subject_code, year) values(?,?,?,?,?,?)";
    String sql1 = "create table "+database_name+"."+table_name+" (userId char(30) "
                + "NOT NULL, result int(11) NOT NULL, PRIMARY KEY(userId))";
    String sql2 = "insert into "+database_name+".verify_info(subject_code, verify_count) "
                + "values('"+table_name+"',0)";
    try {
        db.setAutoCommit(false);
        pstmt = db.prepareStatement(sql);
        pstmt.setString(1,id);
        pstmt.setInt(2,university_code);
        pstmt.setInt(3,college_code);
        pstmt.setInt(4,major_code);
        pstmt.setInt(5,subject_code);
        pstmt.setInt(6,year);
        pstmt.executeUpdate();
        pstmt = db.prepareStatement(sql1);
        pstmt.executeUpdate();
        pstmt = db.prepareStatement(sql2);
        pstmt.executeUpdate();
        db.commit();
        db.setAutoCommit(true);
        pstmt.close();
    } catch(SQLException e) {
    }
}
```

```
// 내 강의 삭제
public void delLecture(String id, int university_code, int college_code, int major_code,
                       int subject_code, int year) {
    J_Subject subject_name = getSubjectName(university_code, major_code, subject_code);
    String database_name = subject_name.getSchool().getUniversity() + "_"
                         + subject_name.getSchool().getCollege();
    String table_name = subject_name.getSchool().getMajor()+"_"
                      + subject_name.getSubjectName() + "_" + year;

    String sql = "drop table "+database_name+"."+table_name;
    String sql1 = "delete from lecture where userId = ? and university_code = ? "
                + "and college_code = ? and major_code = ? and subject_code = ? "
                + "and year = ?";
    String sql2 = "delete from "+database_name+".verify_info where subject_Code = ?";

    try {
        db.setAutoCommit(false);
        pstmt = db.prepareStatement(sql);
        pstmt.executeUpdate();
        pstmt = db.prepareStatement(sql1);
        pstmt.setString(1,id);
        pstmt.setInt(2,university_code);
        pstmt.setInt(3,college_code);
        pstmt.setInt(4,major_code);
        pstmt.setInt(5,subject_code);
        pstmt.setInt(6,year);
        pstmt.executeUpdate();
        pstmt = db.prepareStatement(sql2);
        pstmt.setString(1,table_name);
        pstmt.executeUpdate();
        db.commit();
        db.setAutoCommit(true);
        pstmt.close();
    } catch(SQLException e) {
    }
}

public J_Subject[] getLecture(int university_code, int major_code, int year) {
    String sql = "select subject_code, year from "+UniversityCodeTable.get(university_code)
               + ".subject_info where subject_code NOT IN(select SI.subject_code from "
               + UniversityCodeTable.get(university_code)+".subject_info as SI, lecture "
               + "as L WHERE SI.subject_code = L.subject_code and SI.major_code = ? "
               + "and L.university_code = ? and L.year = ?) and major_code = ? "
               + "and year = ?";
    J_Subject[] sub = null;
    School obj1 = getSchoolName(university_code,major_code);
    int row_cnt = 0;
```

```
        int i = 0;

        try {
            pstmt = db.prepareStatement(sql);
            pstmt.setInt(1,major_code);
            pstmt.setInt(2,university_code);
            pstmt.setInt(3,year);
            pstmt.setInt(4,major_code);
            pstmt.setInt(5,year);
            rs = pstmt.executeQuery();

            rs.last();
            row_cnt = rs.getRow();
            rs.beforeFirst();
            sub = new J_Subject[row_cnt];
            for (i = 0;i<row_cnt;i++) {
                sub[i] = new J_Subject();
            }

            i=0;
            while (rs.next()) {
                sub[i].setSchool(obj1);
                sub[i].setSubjectCode(rs.getInt(1));
                sub[i].setSubjectName(SubjectCodeTable.get(rs.getInt(1)));
                sub[i].setYear(rs.getInt(2));
                i++;
            }
            rs.close();
            pstmt.close();
        } catch(SQLException e) {
        }
        return sub;
    }

    public static void main(String[] args) {
        Teacher t = new Teacher();
        t.DBConnection("info","root","test123");
        t.setLecture("test", 1, 1, 1, 1, 2012);
    }
}
```

[그림 11-16] Teacher.java 소스 코드

▶ Student.java

클래스 Student 또한 클래스 User를 상속받아 User의 기본 기능들과 함께, 학생 자신이 수강할 과목의 등록, 수강 과목 삭제 및 수강하고 있는 과목에 대한 성적을 확인할 수 있는 기능들을 포함하고 있다.

```java
package jboard;
import java.sql.SQLException;

public class Student extends User {
    // 내 성적 얻기
    public Record[] getMyResult(String id, int university_code, int major_code,
                                int subject_code,int year) {
        Record[] rec = null;
        J_Subject subject_name = getSubjectName(university_code, major_code, subject_code);
        String database_name = subject_name.getSchool().getUniversity() + "_"
                            + subject_name.getSchool().getCollege();
        String table_name = subject_name.getSchool().getMajorCode()+"_"
                            + subject_name.getSubjectCode() + "_" + year;
        String sql = "select SU.userId, student_no, name, result, (select count(*)+1 "
                    + "from database_name+"."+table_name+" AS T "
                    + "where T.result > SU.result) AS rank "
                    + "from database_name+"."+table_name+" as SU, student_info as SI "
                    + "where SU.userId = SI.userId order by rank asc";
        int row_cnt = 0;
        int i = 0;
        try {
            pstmt = db.prepareStatement(sql);
            rs = pstmt.executeQuery();

            rs.last();
            row_cnt = rs.getRow();
            rs.beforeFirst();

            rec = new Record[row_cnt];
            for (i=0;i<row_cnt;i++)
             rec[i] = new Record();
             i = 0;
             while(rs.next()) {
               if (rs.getString(1).equals(id)) {
                  rec[i].setUserId(rs.getString(1));
                  rec[i].setStudentNo(rs.getString(2));
                  rec[i].setName(rs.getString(3));
               }
               else {
                  rec[i].setUserId("******");
                  rec[i].setStudentNo("******");
                  rec[i].setName("******");
               }
               rec[i].setRecord(rs.getString(4));
```

```
                rec[i].setRank(rs.getString(5));
                i++;
            }
            pstmt.close();
            rs.close();

        } catch(SQLException e) {
        }
        return rec;
    }

    // 내 수강 과목 얻기
    public J_Subject[] getMyCourse(String id) {
        J_Subject[] sub = null;
        School[] sch = null;
        String sql = "select university_code, college_code, major_code, subject_code, year "
                    + "from course where userId = ?";
        J_Subject sub_obj = null;

        int row_cnt = 0;
        int i = 0;
        try {
            pstmt = db.prepareStatement(sql);
            pstmt.setString(1, id);
            rs = pstmt.executeQuery();
            rs.last();
            row_cnt = rs.getRow();
            rs.beforeFirst();

            sub = new J_Subject[row_cnt];
            sch = new School[row_cnt];
            for (i=0;i<row_cnt;i++) {
                sub[i] = new J_Subject();
                sch[i] = new School();
            }
            i = 0;
            while(rs.next()) {
                sch[i].setUniversityCode(rs.getInt(1));
                sch[i].setCollegeCode(rs.getInt(2));
                sch[i].setMajorCode(rs.getInt(3));
                sch[i].setUniversity(UniversityCodeTable.get(rs.getInt(1)));
                sch[i].setCollege(CollegeCodeTable.get(rs.getInt(2)));
                sch[i].setMajor(MajorCodeTable.get(rs.getInt(3)));
                sub[i].setSchool(sch[i]);
                sub[i].setSubjectCode(rs.getInt(4));
                sub[i].setSubjectName(SubjectCodeTable.get(rs.getInt(4)));
                sub[i].setYear(rs.getInt(5));
```

```
                i++;
            }
        pstmt.close();
        rs.close();
    } catch(SQLException e) {
    }
    return sub;
}


// 수강 과목 설정
public void setMyCourse(String id, int university_code, int college_code, int major_code,
                        int subject_code, int year) {
    J_Subject subject_name = getSubjectName(university_code, major_code, subject_code);
    String database_name = subject_name.getSchool().getUniversity() + "_"
                            + subject_name.getSchool().getCollege();
    String table_name = subject_name.getSchool().getMajorCode()+"_"
                        + subject_name.getSubjectCode() + "_" + year;

    String sql = "insert into course(userId,university_code,college_code,major_code,"
                + "subject_code,year) values(?,?,?,?,?,?)";
    String sql1 = "insert into "+database_name+"."+table_name+"(userId,result) values(?,?)";

    try {
        db.setAutoCommit(false);
        pstmt = db.prepareStatement(sql);
        pstmt.setString(1,id);
        pstmt.setInt(2,university_code);
        pstmt.setInt(3,college_code);
        pstmt.setInt(4,major_code);
        pstmt.setInt(5,subject_code);
        pstmt.setInt(6,year);
        pstmt.executeUpdate();
        pstmt = db.prepareStatement(sql1);
        pstmt.setString(1,id);
        pstmt.setInt(2,0);
        pstmt.executeUpdate();
        db.commit();
        db.setAutoCommit(true);
        pstmt.close();
    } catch(SQLException e) {
    }
}
// 수강 과목 삭제
public void delMyCourse(String id, int university_code, int college_code, int major_code,
                        int subject_code, int year) {
    J_Subject subject_name = getSubjectName(university_code, major_code, subject_code);
        String database_name = subject_name.getSchool().getUniversity() + "_"
```

```java
                                    + subject_name.getSchool().getCollege();
        String table_name = subject_name.getSchool().getMajorCode()+"_"
                            + subject_name.getSubjectCode() + "_" + year;
        String sql = "delete from course where userId = ? and university_code = ? and "
                    + "college_code=? and major_code=? and subject_code = ? and year=?";
        String sql1 = "delete from "+database_name+"."+table_name+" where userId = ?";

        try {
            db.setAutoCommit(false);
            pstmt = db.prepareStatement(sql);
            pstmt.setString(1,id);
            pstmt.setInt(2,university_code);
            pstmt.setInt(3,college_code);
            pstmt.setInt(4,major_code);
            pstmt.setInt(5,subject_code);
            pstmt.setInt(6,year);
            pstmt.executeUpdate();
            pstmt = db.prepareStatement(sql1);
            pstmt.setString(1,id);
            pstmt.executeUpdate();
            db.commit();
            db.setAutoCommit(true);
        } catch(SQLException e) {
        }
    }

    public J_Subject[] getCourse(String id, int universityCode, int majorCode, int year) {
        String sql = "select subject_code, year "
            +"from UniversityCodeTable.get(universityCode)+".subject_info "
            +"where subject_code IN(select SI.subject_code "
            +"from "+UniversityCodeTable.get(universityCode)+".subject_info as SI, lecture as L "
            +"WHERE SI.subject_code = L.subject_code and SI.major_code = L.major_code "
            +"and L.major_code = ? and L.university_code = ? and L.year = ?) "
            +"and subject_code NOT IN(select SI.subject_code "
            +"from UniversityCodeTable.get(universityCode)+".subject_info as SI, course as C "
            +"WHERE SI.subject_code = C.subject_code and SI.major_code = C.major_code "
            +"and C.userId = ? and C.university_code = ? and C.major_code = ? and C.year = ?) "
            +"and year = ?";

        J_Subject[] sub = null;
        int row_cnt = 0;
        int i = 0;
        try {
            pstmt = db.prepareStatement(sql);
            pstmt.setInt(1,majorCode);
            pstmt.setInt(2,universityCode);
            pstmt.setInt(3,year);
```

```
                pstmt.setString(4,id);
                pstmt.setInt(5,universityCode);
                pstmt.setInt(6,majorCode);
                pstmt.setInt(7,year);
                pstmt.setInt(8,year);
                rs = pstmt.executeQuery();
                rs.last();
                row_cnt = rs.getRow();
                rs.beforeFirst();
                sub = new J_Subject[row_cnt];
                for (i = 0;i<row_cnt;i++)
                    sub[i] = new J_Subject();
                i=0;
                while (rs.next()) {
                    sub[i].setSubjectCode(rs.getInt(1));
                    sub[i].setSubjectName(SubjectCodeTable.get(rs.getInt(1)));
                    sub[i].setYear(rs.getInt(2));
                    i++;
                }
                pstmt.close();
                rs.close();
        } catch(SQLException e) {
        }
        return sub;
    }

    public static void main(String[] args) {
        Student st = new Student();
        J_Subject[] sub = null;
        Record rec[] = null;
        int num = 0;
        st.DBConnection("info","root","test123");
        st.delMyCourse("zx", 1, 1, 1, 1, 2012);
    }
}
```

[그림 11-17] Student.java 소스 코드

▶ School.java

클래스 School은 대학코드, 대학명, 단과대학코드, 단과대학명, 전공코드 및 전공명의 속성과 이들 데이터를 저장하고 얻을 수 있는 메소드들로 구성되어 있다. 즉 학교 정보를 하나의 객체로 묶어 처리하기 위한 클래스이다.

```
package jboard;

// 학교 정보 클래스
public class School {
    private int university_code;      // 대학코드
    private String university;        // 대학명
    private int college_code;         // 단과대학코드
    private String college;           // 단과대학명
    private int major_code;           // 전공코드
    private String major;             // 전공명

    public void setUniversityCode(int code) {
            university_code = code;
    }

    public int getUniversityCode() {
            return university_code;
    }

    public void setCollegeCode(int code) {
            college_code = code;
    }

    public int getCollegeCode() {
            return college_code;
    }

    public void setMajorCode(int code) {
            major_code = code;
    }

    public int getMajorCode() {
            return major_code;
    }

    public void setUniversity(String name) {
            university = name;
    }

    public String getUniversity() {
            return university;
    }

    public void setCollege(String name) {
            college = name;
    }
```

```
public String getCollege() {
        return college;
    }

    public void setMajor(String name) {
        major = name;
    }

    public String getMajor() {
        return major;
    }
}
```

[그림 11-18] School.java 소스 코드

▶ J_Subject.java

클래스 J_Subject는 학교 정보 객체, 과목코드, 과목명, 과목 개설연도의 속성으로 구성되어 있으며, 이들 데이터를 저장하고 얻을 수 있는 메소드들로 구성되어 있다. 이 클래스는 과목 정보를 하나의 객체로 묶어 처리하기 위한 것이다.

```
package jboard;

// 과목 정보 클래스
public class J_Subject {
    private School sch;           // 학교정보
    private int subject_code;     // 과목코드
    private String subject_name;  // 과목명
    private int year;             // 개설연도

    public void setSchool(School obj) {
        sch = obj;
    }

    public School getSchool() {
        return sch;
    }

    public void setSubjectCode(int code) {
        subject_code = code;
    }
    public int getSubjectCode() {
        return subject_code;
    }
```

```
    public void setSubjectName(String name) {
        subject_name = name;
    }

    public String getSubjectName() {
        return subject_name;
    }

    public void setYear(int name) {
        year = name;
    }

    public int getYear()
        return year;
    }
}
```

[그림 11-19] J_Subject.java 소스 코드

▶ Record.java

클래스 Record는 과목 성적 처리를 위한 클래스로 사용자 ID, 학번, 이름, 성적, 석차의 속성으로
구성되어 있으며, 이들 데이터를 저장하고 얻을 수 있는 메소드들로 구성되어 있다. 즉 성적 정보를
하나의 객체로 묶어 처리하기 위한 클래스이다.

```
package jboard;

// 성적 클래스
public class Record {
    private String userId;       // 사용자 아이디(학생)
    private String student_no;   // 학번
    private String name;         // 이름
    private String record;       // 성적
    private String rank;         // 석차

    public void setUserId(String id) {
        userId = id;
    }

    public void setStudentNo(String no) {
        student_no = no;
    }

    public void setName(String name) {
```

```
            this.name = name;
    }

    public void setRecord(String record) {
            this.record = record;
    }

    public void setRank(String rank) {
            this.rank = rank;
    }

    public String getUserId() {
            return userId;
    }

    public String getStudentNo() {
            return student_no;
    }

    public String getName() {
            return name;
    }

    public String getRecord() {
            return record;
    }

    public String getRank(){
            return rank;
    }
}
```

[그림 11-20] Record.java 소스 코드

11.6.2 웹 인터페이스를 위한 서블릿 클래스

본 절에서는 11.6.1절에서 기술한 클래스들을 바탕으로 웹 기반 사용자 인터페이스 처리를 위한 서블릿 클래스들에 대해 설명하도록 한다. 서블릿 클래스들 사이의 관계 및 서블릿 클래스들 간에 전달되는 데이터 값들의 흐름, 즉 웹을 기반으로 한 사용자 인터페이스의 흐름에 대해서는 11.5절에서 자세히 다루었으므로 이를 참조하여 서블릿 클래스들을 이해하길 바란다. 서블릿 클래스들은 웹 페이지의 내용만 다를 뿐 기본적인 동작은 유사하여 본 절에서는 두 개의 소스 코드(Login.java와 Add_Member.java)만 소개하고 나머지는 부록에 수록하였다.

▶ Login.java

JBoard에 접속하게 되면 우선 먼저 사용자 인증 및 권한을 확인하기 위해 로그인(login) 과정을 거치게 된다. 즉 JBoard의 첫 화면은 로그인 화면이 된다. 로그인 화면에서 로그인 과정을 성공적으로 마치게 되면, 즉 오류 없이 웹 서버에 요청을 하게 되면 사용자와 웹 서버와의 사이에 세션(session)이 형성되게 된다. 이 세션 값을 확인하여(req.getSession()), 세션 값이 존재하며 서블릿 Main 페이지로 리디렉션한다. 즉 서블릿 Main 페이지로 이동하게 된다. 서블릿 Main 페이지에서는 사용자의 권한을 체크하여 권한에 맞는 화면을 표시하여 작업을 진행하게 된다. 로그인 과정 중에 오류가 발생하여 로그인을 성공적으로 마치지 못한 경우에는 세션이 형성되지 않게 된다. 이 경우에는 사용자 아이디 및 비밀번호를 다시 입력받게 된다.

참고로, 사용자의 웹 서버 접속 여부를 확인하는 방법에는 쿠키(cookie)와 세션을 이용하는 방법이 있다. 쿠키를 이용할 경우에는 접속 정보가 사용자 컴퓨터에 저장되게 되어 보안의 문제점이 생길 수 있는 반면, 세션의 경우에는 접속 정보가 서버에 저장된다. 따라서 세션을 이용할 경우에는 쿠키가 가지는 보안의 취약점을 보안할 수 있다는 장점이 있다. 그러나 서로 다른 장단점이 존재하므로 서비스 상황에 적합한 방법을 선택하여 적절히 사용하는 것이 바람직하겠다.

```java
package jboard;
// servlet
import javax.servlet.http.HttpSession;
import javax.servlet.http.HttpServlet;
import javax.servlet.http.HttpServletRequest;
import javax.servlet.http.HttpServletResponse;
import javax.servlet.ServletException;
// IO
import java.io.IOException;
import java.io.PrintWriter;

public class Login extends HttpServlet {
    public void doGet(HttpServletRequest req, HttpServletResponse res)
                throws ServletException, IOException {
        doPost(req,res);
    }

    public void doPost(HttpServletRequest req, HttpServletResponse res)
                throws ServletException, IOException {

        //응답형식 설정
        res.setContentType("text/html;charset=euc-kr");
```

```
        //출력 버퍼 생성
        PrintWriter out = res.getWriter();

        // session 얻음
        HttpSession session = req.getSession();
        // session이 존재하면 클래스 Main을 호출
        if(session.getAttribute("Login_Acc")!=null) {
            res.sendRedirect("Main");
        }
        else { // session이 존재하지 않는 경우 클래스 Login 재실행
            out.println("<HTML>");
            out.println("<head>");
            out.println("    <meta http-equiv=\"Content-Type\" content=\"text/html;
                        charset=euc-kr\">");
            out.println("    <title>Login 화면</title>");
            out.println("</head>");
            out.println("<body>");
            out.println("    <form method=\"post\" action=\"Logchk\">");
            out.println("        <table border=\"1\">");
            out.println("            <tr>");
            out.println("                <td>아이디:</td>");
            out.println("                <td><input type=\"text\"name=\"id\"/></td>");
            out.println("            </tr>");
            out.println("            <tr>");
            out.println("                <td>비밀번호:</td/>");
            out.println("                <td><input type=\"password\" name=\"pw\"/></td>");
            out.println("            </tr>");
            out.println("            <tr>");
            out.println("                <td colspan=\"2\" align=\"right\"><input type=\"submit\"
                        name=\"login\" value=\"로그인\">");
            out.println("            </tr>");
            out.println("        </table>");
            out.println("    </form>");
            out.println("<a href=\"J_Member\">회원가입</a>");
            out.println("</body>");
            out.println("</HTML>");
        }
    }
}
```

[그림 11-21] Login.java 소스 코드

▶ Add_Member.java

JBoard를 사용하기 위해서는 우선 먼저 회원 가입 절차를 통해 사용자 아이디, 비밀번호, 이름, 사용자 유형(권한) 등의 사용자 정보를 등록하여 사용자 계정을 생성해야 한다. 회원 가입은 [그림 11-21]에

있는 JBoard의 첫 화면인 서블릿 Login 페이지에서 하이퍼링크로 연결하여(<a href=\"J_Member\">회원가입</a>) 호출할 수 있도록 하였다. 링크를 클릭하면 서블릿 J_Member가 호출되게 된다. 서블릿 J_Member는 회원 정보를 입력할 수 있는 화면을 표시한 후 회원 정보를 입력받게 된다. 사용자가 시스템에서 요구한 회원 정보를 모두 입력한 후 회원가입 버튼을 누르면 서블릿 J_Member 페이지에서 서블릿 Add_Member 페이지로 이동하게 된다.

Add_Member는 사용자가 입력한 정보를 얻어 이들 데이터를 검증한 후, 만약 모든 데이터가 정상적으로 입력되지 않은 경우에는 적절한 오류 메시지를 보여주고 해당 데이터를 다시 입력하도록 한다. 모든 데이터가 정상적으로 입력된 경우에는 user_info 테이블에 사용자 아이디, 비밀번호, 권한 정보를 저장하고 사용자 유형이 교사인 경우에는 teacher_info 테이블에, 학생인 경우에는 student_info 테이블에 사용자 정보를 삽입한 후 서블릿 Login으로 돌아가게 된다. 사용자는 생성한 사용자 아이디와 비밀번호를 이용하여 시스템에 로그인하여 시스템을 이용하면 된다.

사용자가 입력한 데이터가 한글인 경우에는 한글로 인코딩해 주어야 한다. 서블릿의 기본 문자 세트는 한글이 아니기 때문에 깨어짐 현상이 발생할 수 있기 때문이다. 서블릿의 파라미터 값을 iso-8859-1의 문자 세트 형식으로 읽어와 이를 euc-kr 형식의 String 값으로 변환하여 사용하면 한글 깨짐을 방지할 수 있다.

```
package jboard;

import javax.servlet.http.HttpSession;
import javax.servlet.http.HttpServlet;
import javax.servlet.http.HttpServletRequest;
import javax.servlet.http.HttpServletResponse;
import javax.servlet.ServletException;
import java.io.IOException;
import java.io.PrintWriter;

public class Add_Member extends HttpServlet {
    public void doGet(HttpServletRequest req, HttpServletResponse res)
                throws ServletException, IOException{
        doPost(req, res);
    }

    public void doPost(HttpServletRequest req, HttpServletResponse res)
            throws ServletException, IOException {
        res.setContentType("text/html;charset=euc-kr");
```

```
PrintWriter out = res.getWriter();
out.println("<HTML>");

// 사용자 정보 얻음
String id = new String(((String)req.getParameter("id")).getBytes("iso-8859-1"), "euc-kr");
String pw = new String(((String)req.getParameter("password")).getBytes("iso-8859-1"),
                        "euc-kr");
String pwChk = new String(((String)req.getParameter("password_ck"))
                            .getBytes("iso-8859-1"), "euc-kr");
String name = new String(((String)req.getParameter("name")).getBytes("iso-8859-1"),
                          "euc-kr");
String grant = new String(((String)req.getParameter("grant")).getBytes("iso-8859-1"),
                          "euc-kr");
String student_no = new String(((String)req.getParameter("student_no"))
                                  .getBytes("iso-8859-1"), "euc-kr");
String university_code = new String(((String)req.getParameter("major_code"))
                                      .getBytes("iso-8859-1"), "euc-kr");
String major_code = new String(((String)req.getParameter("major_code"))
                                  .getBytes("iso-8859-1"), "euc-kr");

School sch = null;
u.DBConnection("info", "root", "test123");
u.DBAutoCommit(false);

// null check
if (id.length()==0 || pw.length()==0 || pwChk.length()==0 || name.length()==0
   || grant.length()==0 || student_no.length()==0) {
   out.println("<head>");
   out.println("<META HTTP-EQUIV=\"Refresh\" content=\"1;URL=J_Member\"/>");
   out.println("</head>");
   out.println("<body>");
   out.println("입력란을 모두 입력해주세요.");
   out.println("</body>");
   out.println("</HTML>");
   return;
}
// id check (사용자 아이디 체크)
if (u.setUserId(id,grant)==0) {
   out.println("<head>");
   out.println("<META HTTP-EQUIV=\"Refresh\" content=\"1;URL=J_Member\"/>");
   out.println("</head>");
   out.println("<body>");
   out.println("중복된 아이디가 있습니다.");
   out.println("</body>");
   out.println("</HTML>");
   return;
}
// password check(비밀번호 체크)
```

```
        if (!pw.equals(pwChk)) {
            out.println("<head>");
            out.println("<META HTTP-EQUIV=₩"Refresh₩" content=₩"1;URL=J_Member₩"/>");
            out.println("</head>");
            out.println("<body>");
            out.println("같은 비밀번호를 입력해주세요.");
            out.println("</body>");
            out.println("</HTML>");
            return;
        }
        u.setPassword(id,pw);
        u.setGrant(id,grant);
        u.setMyName(id,name);
        sch = u.getSchoolName(Integer.parseInt(university_code),Integer.parseInt(major_code));
        u.setMySchool(id,sch);
        if (grant.equals("student")) {
            u.setStudentNo(id,Integer.parseInt(student_no));
        }
        u.DBCommit();
        out.println("<head>");
        out.println("<META HTTP-EQUIV=₩"Refresh₩" content=₩"1;URL=Login₩"/>");
        out.println("</head>");
        out.println("<body>");
        out.println("회원가입이 완료되었습니다.");
        out.println("로그인 페이지로 넘어갑니다.");
        out.println("</body>");
        out.println("</HTML>");
    }
}
```

[그림 11-22] Add_Member.java 소스 코드

11.7 프로그램 실행을 위한 선행 작업

Jboard를 웹 서버에서 실행하기 위해서는 다음 절차에 따라 시스템 사용 환경을 구축해야 한다. 5장에서 설명한 자바 JDK, MySQL, MySQL JDBC 드라이버 및 8장에서 설명한 아파치 톰캣의 웹 서버가 설치되어 있다는 가정하에 설명한다.

1) 부록에 수록된 jboard 패키지 밑에 있는 모든 자바 프로그램을 웹 서버가 설치된 컴퓨터의 jboard 패키지 밑으로 생성한 후 컴파일한다. Jboard의 홈 디렉토리가 c 드라이브의 jdbc라 가정한다. 즉 소스 코드가 c:\jdbc\jboard*.java에 설치되어 있다고 가정할 때 명령어 프롬프트 창에서 다음과 같이 실행하면 된다.

```
c:cd ₩jdbc
c:₩jdbc>javac jboard₩*.java
```

2) JBoard는 MySQL의 root의 비밀번호가 "test123"으로 되어 있다는 가정하에 프로그램되어 있다. 따라서 MySQL의 root 비밀번호를 test123으로 지정하도록 한다. 만약 다른 비밀번호로 변경을 원할 경우에는 프로그램에 하드 코드되어 있는 비밀번호를 모두 변경한 비밀번호로 수정한 후 *.java를 재컴파일하도록 한다.

3) 그 다음은 JBoard에 필요한 데이터베이스와 테이블들을 생성해 주도록 한다. JBoard의 실행을 위해 선행되어야 할 데이터베이스 관련 작업은 다음과 같다.

- Jboard에서 기본적으로 필요한 info와 code 데이터베이스 생성
- info 데이터베이스에 필요한 user_info, university_info, teacher_info, student_info, course, lecture 테이블 생성
- code 데이터베이스에 필요한 university, college, major, subject 코드 테이블 생성
- 코드 테이블에 필요한 대학, 단과대학, 학과, 과목 코드 정보를 해당 코드 테이블에 삽입

데이터베이스 info와 code는 [그림 11-23]과 같이 MySQL의 커맨드 라인 명령어를 이용해 생성해준다. 나머지 데이터베이스에 필요한 테이블들과 코드 테이블에 필요한 정보는 [그림 11-27]에 있는 CreateJboardDatabases.java 프로그램을 이용하여 생성할 수 있도록 하였다. 따라서 이에 대한 클래스를 [그림 11-24]와 같이 실행하여 JBoard 실행에 필요한 데이터베이스 환경을 구축하도록 한다.

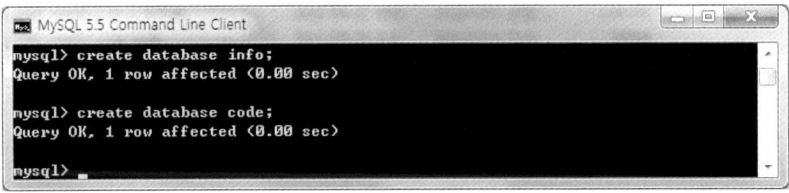

[그림 11-23] MySQL 커맨드 라인 명령어에서 info와 code 데이터베이스 생성

[그림 11-24] 테이블 생성 및 코드 테이블에 코드 정보 삽입 프로그램 실행

4) 그 다음은 클래스 파일들을 아파치 톰캣 서버에서 실행하기 위해 아파치 설치 폴더의 위치로 복사해 준다. 8장에서와 같이 톰캣을 c:\apache-tomcat-7.0.27에 설치하였다고 가정할 경우 "c:\jdbc\jboard*.class" 파일을 "c:\apache-tomcat-7.0.27\webapps\ROOT\WEB-INF\classes\jboard\" 폴더로 복사한다. 또는 [그림 11-25]와 같이 자바 컴파일의 -d 옵션을 사용하여 클래스 파일 생성 디렉토리를 지정한 후 컴파일한다. 그러면 -d 옵션 다음에 지정한 폴더 밑에 클래스 파일들이 생성되게 된다.

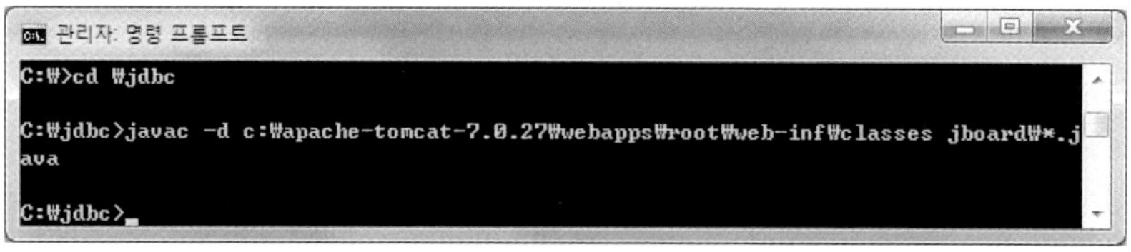

[그림 11-25] JBoard 클래스들이 아파치 톰캣 위치에 생성되도록 컴파일

5) 마지막으로 아파치 톰캣 서버에서 서블릿 응용 프로그램 실행을 위해 8장에서 설명한 바와 같이 자바 클래스 파일을 서블릿 컨테이너에 등록시키고 관련 URL을 매핑해 주어야 한다. 이를 위해 [그림 11-26]에 있는 내용을 "c:\apache-tomcat-7.0.27\webapps\ROOT\WEB-INF"에 존재하는 "web.xml" 파일의 <web-app></web-app>의 태그 사이에 추가하도록 한다. 서블릿 클래스를 등록할 때 JBoard 클래스 파일들이 jboard 패키지에 존재하므로 "패키지명.클래스명" 형식으로 등록해 주어야 한다. 또한 블릿 접근 주소 지정 시에 주소 앞에 '/'(즉 /servlet/) 입력을 잊지 않도록 한다. "web.xml" 파일의 편집이 완료되면 아파치 톰캣 서버 주소 창에서 JBoard를 실행할 준비가 완료된 것이다.

```
<web-app>
...
<!-- JBoard classe -->
  <servlet>
          <servlet-name>Login</servlet-name>
          <servlet-class>jboard.Login</servlet-class>
  </servlet>
  <servlet-mapping>
          <servlet-name>Login</servlet-name>
          <url-pattern>/servlet/Login</url-pattern>
  </servlet-mapping>
  <servlet>
          <servlet-name>Add_Member</servlet-name>
          <servlet-class>jboard.Add_Member</servlet-class>
  </servlet>
  <servlet-mapping>
          <servlet-name>Add_Member</servlet-name>
          <url-pattern>/servlet/Add_Member</url-pattern>
  </servlet-mapping>
  <servlet>
          <servlet-name>Course_List</servlet-name>
          <servlet-class>jboard.Course_List</servlet-class>
  </servlet>
  <servlet-mapping>
          <servlet-name>Course_List</servlet-name>
          <url-pattern>/servlet/Course_List</url-pattern>
  </servlet-mapping>
  <servlet>
          <servlet-name>Course_Result</servlet-name>
          <servlet-class>jboard.Course_Result</servlet-class>
  </servlet>
  <servlet-mapping>
    <servlet-name>Course_Result</servlet-name>
          <url-pattern>/servlet/Course_Result</url-pattern>
  </servlet-mapping>
  <servlet>
          <servlet-name>DBConnection</servlet-name>
          <servlet-class>jboard.DBConnection</servlet-class>
  </servlet>
  <servlet-mapping>
          <servlet-name>DBConnection</servlet-name>
          <url-pattern>/servlet/DBConnection</url-pattern>
  </servlet-mapping>
  <servlet>
          <servlet-name>Edit_Course</servlet-name>
          <servlet-class>jboard.Edit_Course</servlet-class>
  </servlet>
```

```
<servlet-mapping>
        <servlet-name>Edit_Course</servlet-name>
        <url-pattern>/servlet/Edit_Course</url-pattern>
</servlet-mapping>
<servlet>
        <servlet-name>Edit_Lecture</servlet-name>
        <servlet-class>jboard.Edit_Lecture</servlet-class>
</servlet>
<servlet-mapping>
        <servlet-name>Edit_Lecture</servlet-name>
        <url-pattern>/servlet/Edit_Lecture</url-pattern>
</servlet-mapping>
<servlet>
        <servlet-name>Edit_Management</servlet-name>
        <servlet-class>jboard.Edit_Management</servlet-class>
</servlet>
<servlet-mapping>
        <servlet-name>Edit_Management</servlet-name>
        <url-pattern>/servlet/Edit_Management</url-pattern>
</servlet-mapping>
<servlet>
        <servlet-name>Edit_Result</servlet-name>
        <servlet-class>jboard.Edit_Result</servlet-class>
</servlet>
<servlet-mapping>
        <servlet-name>Edit_Result</servlet-name>
        <url-pattern>/servlet/Edit_Result</url-pattern>
</servlet-mapping>
<servlet>
        <servlet-name>Lecture_List</servlet-name>
        <servlet-class>jboard.Lecture_List</servlet-class>
</servlet>
<servlet-mapping>
        <servlet-name>Lecture_List</servlet-name>
        <url-pattern>/servlet/Lecture_List</url-pattern>
</servlet-mapping>
<servlet>
        <servlet-name>Logchk</servlet-name>
        <servlet-class>jboard.Logchk</servlet-class>
</servlet>
<servlet-mapping>
        <servlet-name>Logchk</servlet-name>
        <url-pattern>/servlet/Logchk</url-pattern>
</servlet-mapping>
<servlet>
        <servlet-name>Main</servlet-name>
        <servlet-class>jboard.Main</servlet-class>
```

```xml
</servlet>
<servlet-mapping>
        <servlet-name>Main</servlet-name>
        <url-pattern>/servlet/Main</url-pattern>
</servlet-mapping>
<servlet>
        <servlet-name>Management</servlet-name>
        <servlet-class>jboard.Management</servlet-class>
</servlet>
<servlet-mapping>
        <servlet-name>Management</servlet-name>
        <url-pattern>/servlet/Management</url-pattern>
</servlet-mapping>
<servlet>
        <servlet-name>Manager</servlet-name>
        <servlet-class>jboard.Manager</servlet-class>
</servlet>
<servlet-mapping>
        <servlet-name>Manager</servlet-name>
        <url-pattern>/servlet/Manager</url-pattern>
</servlet-mapping>
<servlet>
        <servlet-name>J_Member</servlet-name>
        <servlet-class>jboard.J_Member</servlet-class>
</servlet>
<servlet-mapping>
        <servlet-name>J_Member</servlet-name>
        <url-pattern>/servlet/J_Member</url-pattern>
</servlet-mapping>
<servlet>
        <servlet-name>Record</servlet-name>
        <servlet-class>jboard.Record</servlet-class>
</servlet>
<servlet-mapping>
        <servlet-name>Record</servlet-name>
        <url-pattern>/servlet/Record</url-pattern>
</servlet-mapping>
<servlet>
        <servlet-name>School</servlet-name>
        <servlet-class>jboard.School</servlet-class>
</servlet>
<servlet-mapping>
        <servlet-name>School</servlet-name>
        <url-pattern>/servlet/School</url-pattern>
</servlet-mapping>
<servlet>
        <servlet-name>Student</servlet-name>
```

```xml
        <servlet-class>jboard.Student</servlet-class>
</servlet>
<servlet-mapping>
        <servlet-name>Student</servlet-name>
        <url-pattern>/servlet/Student</url-pattern>
</servlet-mapping>
<servlet>
        <servlet-name>Subject</servlet-name>
        <servlet-class>jboard.Subject</servlet-class>
</servlet>
<servlet-mapping>
        <servlet-name>Subject</servlet-name>
        <url-pattern>/servlet/Subject</url-pattern>
</servlet-mapping>
<servlet>
        <servlet-name>Teacher</servlet-name>
        <servlet-class>jboard.Teacher</servlet-class>
</servlet>
<servlet-mapping>
        <servlet-name>Teacher</servlet-name>
        <url-pattern>/servlet/Teacher</url-pattern>
</servlet-mapping>
<servlet>
        <servlet-name>User</servlet-name>
        <servlet-class>jboard.User</servlet-class>
</servlet>
<servlet-mapping>
        <servlet-name>User</servlet-name>
        <url-pattern>/servlet/User</url-pattern>
</servlet-mapping>
<servlet>
        <servlet-name>Verify_Course</servlet-name>
        <servlet-class>jboard.Verify_Course</servlet-class>
</servlet>
<servlet-mapping>
        <servlet-name>Verify_Course</servlet-name>
        <url-pattern>/servlet/Verify_Course</url-pattern>
</servlet-mapping>
<servlet>
        <servlet-name>Verify_Lecture</servlet-name>
        <servlet-class>jboard.Verify_Lecture</servlet-class>
</servlet>
<servlet-mapping>
        <servlet-name>Verify_Lecture</servlet-name>
        <url-pattern>/servlet/Verify_Lecture</url-pattern>
</servlet-mapping>
<servlet>
```

```
        <servlet-name>Verify_Result</servlet-name>
        <servlet-class>jboard.Verify_Result</servlet-class>
    </servlet>
    <servlet-mapping>
        <servlet-name>Verify_Result</servlet-name>
        <url-pattern>/servlet/Verify_Result</url-pattern>
    </servlet-mapping>
<!-- JBoard classe end -->
</web-app>
```

[그림 11-26] 자바 클래스 파일의 서블릿 컨테이너 등록 및 URL 매핑

```java
package jboard;
import java.sql.*;

// JBoard의 info와 code 데이터베이스에 필요한 테이블 생성
public class CreateJboardDatabases {
    public static void main(String args[]) {
        Connection con = null;
        Statement stmt = null;
        String url = "jdbc:mysql://127.0.0.1:3306/";
        String user = "root";
        String passwd = "test123";

        // 드라이버 로딩
        try {
            Class.forName("com.mysql.jdbc.Driver");
        } catch(java.lang.ClassNotFoundException e1) {
            System.err.println("ClassNotFoundException: ");
            System.err.println("드라이버 로딩 오류: " + e1.getMessage());
            return;
        }

        // info 데이터베이스에 필요한 테이블 생성
        try {
            con = DriverManager.getConnection(url+"info", user, passwd);
            stmt = con.createStatement();
            CreateInfoTables infoTables = new CreateInfoTables(con, stmt);
            infoTables.createUserInfoTable();
            infoTables.createUniversityInfoTable();
            infoTables.createTeacherInfoTable();
            infoTables.createStudentInfoTable();
            infoTables.createLectureTable();
            infoTables.createCourseTable();
            infoTables.insertAdminInfo();
        } catch(SQLException e) {
```

```
            System.err.println("info 데이터베이스 접속 오류: " + e.getMessage());
        } finally {
            try {
                if (stmt != null) stmt.close();
                if (con != null) con.close();
            } catch (Exception e) {}
        }

        // code 데이터베이스의 코드 테이블 생성 및 코드 테이블에 테스트를 위한 코드 정보 삽입
        try {
            con = DriverManager.getConnection(url+"code", user, passwd);
            stmt = con.createStatement();
            CreateCodeTables codeTables = new CreateCodeTables(con, stmt);
            codeTables.createUniversityCodeTable();
            codeTables.createCollegeCodeTable();
            codeTables.createMajorCodeTable();
            codeTables.createSubjectCodeTable();

            codeTables.insertUniversityCodes();
            codeTables.insertCollegeCodes();
            codeTables.insertMajorCodes();
            codeTables.insertSubjectCodes();
        } catch(SQLException e) {
            System.err.println("code 데이터베이스 접속 오류: " + e.getMessage());
        } finally {
            try {
                if (stmt != null) stmt.close();
                if (con != null) con.close();
            } catch (Exception e) {}
        }
    }
}
```

[그림 11-27] CreateJboardDababases.java 소스 코드

```
package jboard;
import java.sql.*;

// info 데이터베이스에 필요한 테이블 생성 클래스
public class CreateInfoTables {
    private Connection con = null;
    private Statement stmt = null;

    public CreateInfoTables(Connection con, Statement stmt) {
        this.con = con;
        this.stmt = stmt;
```

```
            System.err.println("info 데이터베이스 테이블 생성 시작 ===============");
      }


      // info 데이터베이스에 user_info 테이블 생성
      public void createUserInfoTable() {
         String createString = "CREATE TABLE IF NOT EXISTS user_info " +
               "(userID varchar(30) NOT NULL, " +
               "password varchar(30) DEFAULT NULL, " +
               "authorized char(7) DEFAULT 'student', " +
               "PRIMARY KEY (userID), " +
               "KEY id (userID))";
         try {
            stmt.executeUpdate(createString);
            System.out.println("user_info 테이블이 정상적으로 생성되었습니다!!!");
            stmt.close();
         } catch(SQLException e) {
            System.err.println("user_info 테이블 생성 오류: " + e.getMessage());
         }
      }


      // info 데이터베이스에 university_info 테이블 생성
      public void createUniversityInfoTable() {
         String createString = "CREATE TABLE IF NOT EXISTS university_info " +
               "(university_code int(11) NOT NULL AUTO_INCREMENT PRIMARY KEY) " +
               "AUTO_INCREMENT=3 ROW_FORMAT=COMPACT";
         try {
            stmt.executeUpdate(createString);
            System.out.println("university_info 테이블이 정상적으로 생성되었습니다!!!");
            stmt.close();
         } catch(SQLException e) {
            System.err.println("university_info 테이블 생성 오류: " + e.getMessage());
         }
      }


      // info 데이터베이스에 teacher_info 테이블 생성
      public void createTeacherInfoTable() {
         String createString = "CREATE TABLE IF NOT EXISTS teacher_info " +
               "(userID varchar(30) NOT NULL, " +
               "name varchar(30) DEFAULT NULL, " +
               "university_code int(11) DEFAULT NULL, " +
               "college_code int(11) DEFAULT NULL, " +
               "major_code int(11) DEFAULT NULL, " +
               "PRIMARY KEY (userID), " +
               "KEY t_id (userID) USING BTREE, " +
               "KEY T_university_code (university_code), " +
               "KEY T_college_code (college_code), " +
               "KEY T_major_code (major_code), " +
```

```
                "CONSTRAINT T_university_code FOREIGN KEY (university_code) " +
                "REFERENCES university_info (university_code) ON DELETE " +
                "CASCADE ON UPDATE CASCADE, " +
                "CONSTRAINT t_id FOREIGN KEY (userID) " +
                "REFERENCES user_info (userID) ON DELETE " +
                "CASCADE ON UPDATE CASCADE)";
        try {
            stmt.executeUpdate(createString);
            System.out.println("teacher_info 테이블이 정상적으로 생성되었습니다!!!");
            stmt.close();
        } catch(SQLException e) {
            System.err.println("teacher_info 테이블 생성 오류: " + e.getMessage());
        }
    }

    // info 데이터베이스에 student_info 테이블 생성
    public void createStudentInfoTable() {
        String createString = "CREATE TABLE IF NOT EXISTS student_info " +
                "(userID varchar(30) NOT NULL, " +
                "name varchar(30) DEFAULT NULL, " +
                "student_no int(11) DEFAULT NULL, " +
                "university_code int(11) DEFAULT NULL, " +
                "college_code int(11) DEFAULT NULL, " +
                "major_code int(11) DEFAULT NULL, " +
                "PRIMARY KEY (userID), " +
                "KEY s_id (userID) USING BTREE, " +
                "KEY ST_university_code (university_code), " +
                "KEY ST_college_code (college_code), " +
                "KEY ST_major_code (major_code), " +
                "CONSTRAINT ST_university_code FOREIGN KEY (university_code) " +
                "REFERENCES university_info (university_code) ON DELETE " +
                "CASCADE ON UPDATE CASCADE, " +
                "CONSTRAINT s_id FOREIGN KEY (userID) " +
                "REFERENCES user_info (userID) ON DELETE " +
                "CASCADE ON UPDATE CASCADE)";
        try {
            stmt.executeUpdate(createString);
            System.out.println("student_info 테이블이 정상적으로 생성되었습니다!!!");
            stmt.close();
        } catch(SQLException e) {
            System.err.println("student_info 테이블 생성 오류: " + e.getMessage());
        }
    }

    // info 데이터베이스에 lecture 테이블 생성
    public void createLectureTable() {
        String createString = "CREATE TABLE IF NOT EXISTS lecture " +
```

```
            "(no int(11) NOT NULL AUTO_INCREMENT, " +
            "userId varchar(30) DEFAULT NULL, " +
            "university_code int(11) DEFAULT NULL, " +
            "college_code int(11) DEFAULT NULL, " +
            "major_code int(11) DEFAULT NULL, " +
            "subject_code int(11) DEFAULT NULL, " +
            "year int(11) DEFAULT NULL, " +
            "PRIMARY KEY (no), " +
            "KEY L_userID (userId), " +
            "KEY L_subject_code (subject_code), " +
            "CONSTRAINT L_userID FOREIGN KEY (userId) " +
            "REFERENCES teacher_info (userID) ON DELETE " +
            "CASCADE ON UPDATE CASCADE) " +
            "AUTO_INCREMENT=2";
    try {
        stmt.executeUpdate(createString);
        System.out.println("lecture 테이블이 정상적으로 생성되었습니다!!!");
        stmt.close();
    } catch(SQLException e) {
        System.err.println("lecture 테이블 생성 오류: " + e.getMessage());
    }
}

// info 데이터베이스에 course 테이블 생성
public void createCourseTable() {
    String createString = "CREATE TABLE IF NOT EXISTS course " +
            "(no int(11) NOT NULL AUTO_INCREMENT, " +
            "userId varchar(30) DEFAULT NULL, " +
            "university_code int(11) DEFAULT NULL, " +
            "college_code int(11) DEFAULT NULL, " +
            "major_code int(11) DEFAULT NULL, " +
            "subject_code int(11) DEFAULT NULL, " +
            "year int(11) DEFAULT NULL, " +
            "PRIMARY KEY (no), " +
            "KEY C_userID (userId), " +
            "KEY C_subject_code (subject_code), " +
            "CONSTRAINT C_userID FOREIGN KEY (userId) " +
            "REFERENCES student_info (userID) ON DELETE " +
            "CASCADE ON UPDATE CASCADE) " +
            "AUTO_INCREMENT=7";
    try {
        stmt.executeUpdate(createString);
        System.out.println("course 테이블이 정상적으로 생성되었습니다!!!");
        stmt.close();
    } catch(SQLException e) {
        System.err.println("course 테이블 생성 오류: " + e.getMessage());
    }
```

```
        }

    public void insertAdminInfo() {
        String insertString1 = "INSERT INTO user_info VALUES ('admin', 'admin', 'teacher')";
        String insertString2 = "INSERT INTO teacher_info VALUES " +
                "('admin', '관리자', null, null, null)";
        try {
            stmt.executeUpdate(insertString1);
            System.out.println("테스트를 위한 관리자가 id 정보가 user_info 테이블에 삽입됨!!!");
            stmt.executeUpdate(insertString2);
            System.out.println("테스트를 위한 관리자가 id 정보가 teacher_info 테이블에 삽입됨!!!");
            stmt.close();
        } catch(SQLException e) {
            System.err.println("user_info, teacher_info 레코드 삽입 오류: " + e.getMessage());
        }
    }
}
```

[그림 11-28] CreateInfoTables.java 소스 코드

```
package jboard;
import java.sql.*;

// code 데이터베이스에 필요한 테이블 생성 클래스
public class CreateCodeTables {
    private Connection con = null;
    private Statement stmt = null;

    public CreateCodeTables(Connection con, Statement stmt) {
        this.con = con;
        this.stmt = stmt;
        System.err.println("code 데이터베이스 테이블 생성 시작 =============");
    }

    // code 데이터베이스에 university code 테이블 생성
    public void createUniversityCodeTable() {
        String createString = "CREATE TABLE IF NOT EXISTS university " +
                "(university_code int(11) NOT NULL AUTO_INCREMENT PRIMARY KEY, " +
                "university_name varchar(30) NOT NULL)";
        try {
            stmt.executeUpdate(createString);
            System.out.println("university 코드 테이블이 정상적으로 생성되었습니다!!!");
            stmt.close();
        } catch(SQLException e) {
            System.err.println("university 코드 테이블 생성 오류: " + e.getMessage());
        }
```

```
    }

    // code 데이터베이스에 college code 테이블 생성
    public void createCollegeCodeTable() {
        String createString = "CREATE TABLE IF NOT EXISTS college " +
                "(college_code int(11) NOT NULL AUTO_INCREMENT PRIMARY KEY, " +
                "college_name varchar(30) NOT NULL) " +
                "ROW_FORMAT=COMPACT";
        try {
            stmt.executeUpdate(createString);
            System.out.println("college 코드 테이블이 정상적으로 생성되었습니다!!!");
            stmt.close();
        } catch(SQLException e) {
            System.err.println("college 코드 테이블 생성 오류: " + e.getMessage());
        }
    }

    // code 데이터베이스에 major code 테이블 생성
    public void createMajorCodeTable() {
        String createString = "CREATE TABLE IF NOT EXISTS major " +
                "(major_code int(11) NOT NULL AUTO_INCREMENT PRIMARY KEY, " +
                "major_name varchar(30) NOT NULL) " +
                "ROW_FORMAT=COMPACT";
        try {
            stmt.executeUpdate(createString);
            System.out.println("major 코드 테이블이 정상적으로 생성되었습니다!!!");
            stmt.close();
        } catch(SQLException e) {
            System.err.println("major 코드 테이블 생성 오류: " + e.getMessage());
        }
    }

    // code 데이터베이스에 subject code 테이블 생성
    public void createSubjectCodeTable() {
        String createString = "CREATE TABLE IF NOT EXISTS subject " +
                "(subject_code int(11) NOT NULL AUTO_INCREMENT PRIMARY KEY, " +
                "subject_name varchar(30) NOT NULL) " +
                "ROW_FORMAT=COMPACT";
        try {
            stmt.executeUpdate(createString);
            System.out.println("subject 코드 테이블이 정상적으로 생성되었습니다!!!");
            stmt.close();
        } catch(SQLException e) {
            System.err.println("subject 코드 테이블 생성 오류: " + e.getMessage());
        }
    }
```

```
public void insertUniversityCodes() {
    String insertString = "INSERT INTO university (university_name) VALUES (?)";
    String [] unis = {"경북대학교", "대구가톨릭대학교", "영남대학교",
                      "대구대학교", "계명대학교"};

    try {
        PreparedStatement pstmt = con.prepareStatement(insertString);
        for (int i = 0; i < unis.length; i++) {
            pstmt.setString(1, unis[i]);
            pstmt.executeUpdate();
        }
        System.out.println("university 코드 테이블에 테스트를 위한 코드 삽입 완료!!!");
        pstmt.close();
    } catch(SQLException e) {
        System.err.println("university code 레코드 삽입 오류: " + e.getMessage());
    }
}

public void insertCollegeCodes() {
    String insertString = "INSERT INTO college (college_name) VALUES (?)";
    String [] colleges = {"사범대학", "문과대학", "공과대학", "자연대학",
                          "음악대학", "미술대학", "의과대학"};

    try {
        PreparedStatement pstmt = con.prepareStatement(insertString);
        for (int i = 0; i < colleges.length; i++) {
            pstmt.setString(1, colleges[i]);
            pstmt.executeUpdate();
        }
        System.out.println("college 코드 테이블에 테스트를 위한 코드 삽입 완료!!!");
        pstmt.close();
    } catch(SQLException e) {
        System.err.println("major code 레코드 삽입 오류: " + e.getMessage());
    }
}

public void insertMajorCodes() {
    String insertString = "INSERT INTO major (major_name) VALUES (?)";
    String [] majors = {"컴퓨터교육과", "국어교육과", "수학교육과", "화학과",
                        "피아노과", "간호학과", "조소과"};

    try {
        PreparedStatement pstmt = con.prepareStatement(insertString);
        for (int i = 0; i < majors.length; i++) {
            pstmt.setString(1, majors[i]);
            pstmt.executeUpdate();
        }
```

```
                System.out.println("major 코드 테이블에 테스트를 위한 코드 삽입 완료!!!");
                pstmt.close();
        } catch(SQLException e) {
                System.err.println("major code 레코드 삽입 오류: " + e.getMessage());
        }
    }

    public void insertSubjectCodes() {
        String insertString = "INSERT INTO subject (subject_name) VALUES (?)";
        String [] subjects = {"컴퓨터프로그래밍", "문학사", "이산수학", "영문법",
                              "생명공학개론", "화공학개론", "음악개론"};

        try {
            PreparedStatement pstmt = con.prepareStatement(insertString);
            for (int i = 0; i < subjects.length; i++) {
                pstmt.setString(1, subjects[i]);
                pstmt.executeUpdate();
            }
            System.out.println("subject 코드 테이블에 테스트를 위한 코드 삽입 완료!!!");
            pstmt.close();
        } catch(SQLException e) {
            System.err.println("subject code 레코드 삽입 오류: " + e.getMessage());
        }
    }
}
```

[그림 11-29] CreateCodeTables.java 소스 코드

11.8 프로그램 실행 및 사용 예제

11.7절에서와 같이 JBoard를 실행할 선행 작업이 완료되면 아파치 톰캣 서버를 실행 시킨 후 웹 서버 주소창에서 JBoard를 실행할 수 있다. 본 절에서는 웹 서버에서 JBoard를 실행한 실제 웹 페이지 화면을 바탕으로 시스템 사용에 대해 간략히 설명하도록 한다.

▶ JBoard 시작(로그인 화면)

웹 서버를 실행시킨 후 웹 서버 주소창에서 "http://localhost:8080/servlet/Login"을 입력하면 [그림 11-30]과 같은 JBoard의 첫 화면인 로그인 화면이 나타나게 된다. 신규 사용자인 경우는 "회원가입" 링크를 클릭하여 사용자 계정을 생성한 후 JBoard를 이용하면 되고, 사용자 계정이 존재하는 경우에는 사용자 아이디와 비밀번호를 입력한 후 로그인 버튼을 누르면 된다.

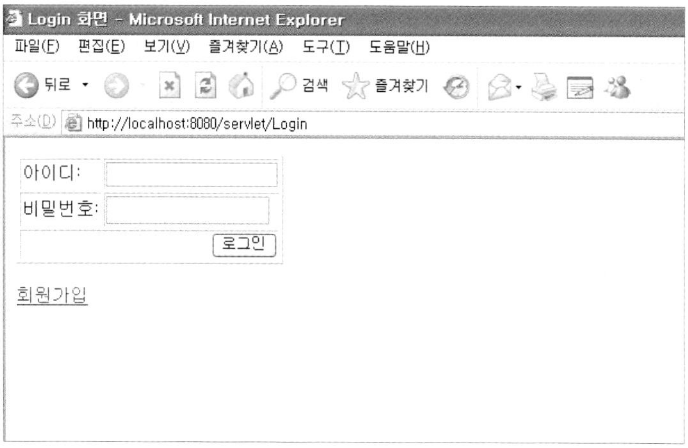

[그림 11-30] 로그인 화면

▶ 회원 가입 화면

[그림 11-30]에서 "회원가입" 링크를 클릭하면 [그림 11-31]의 왼쪽 화면이 나타나면서 회원 가입을 할 수 있는 상태가 된다. 우선 먼저 소속 대학, 단과대학 및 학과를 선택해야 한다. 소속 대학, 단과대학 및 학과를 선택하고 나면 [그림 11-31]의 오른쪽 화면과 같이 "회원가입" 버튼이 활성화된다. 이때 화면에 표시된 모든 정보를 정상적으로 입력한 후 "회원가입" 버튼을 누르면 회원으로 가입되게 된다.

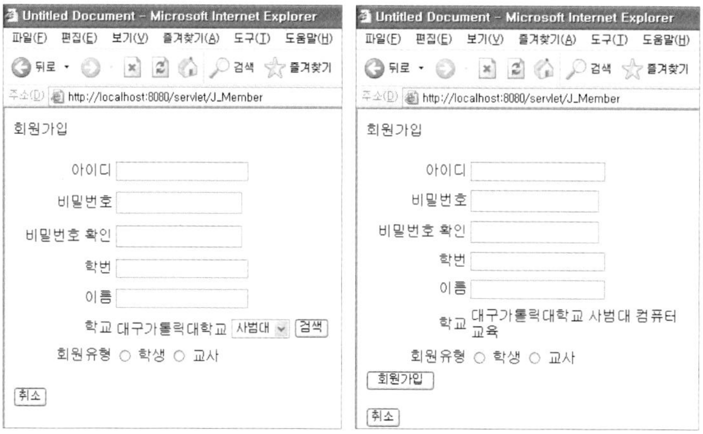

[그림 11-31] 회원 가입 화면

▶ 권한별 메인 화면

사용자 아이디와 비밀번호의 검증 단계를 거쳐 검증이 성공한 경우에는 사용자 권한에 맞는 화면이 [그림 11-32]와 같이 나타나게 된다. 교수인 경우에는 왼쪽, 학생인 경우에는 오른쪽 화면과 같은 권한별 메인 화면이 나타나게 되는 것이다.

[교수]   [학생]

[그림 11-32] 권한별 메인 화면

▶ 대학, 단과대학, 학과, 과목 관리 화면

앞에서 언급하였듯이 교수가 관리자의 기능까지 수행할 수 있도록 시스템이 구현되어 있으며, 이는 교수 메인 화면의 "관리메뉴" 항목을 선택하면 된다. [그림 11-33]과 [그림 11-34]는 대학교를 검색하여 검색한 대학 중에 하나를 선택하여 대학을 추가하고, 추가한 대학교에 단과대학을 추가한 후, 추가한 단과대학에 학과를 추가하여, 해당 학과에 과목을 종속적으로 등록하는 과정을 나타낸 것이다. 대학, 단과대학, 학과, 과목 등을 추가할 때는 검색하여 선택한 후 추가 버튼을 이용해 등록할 수 있도록 되어 있다.

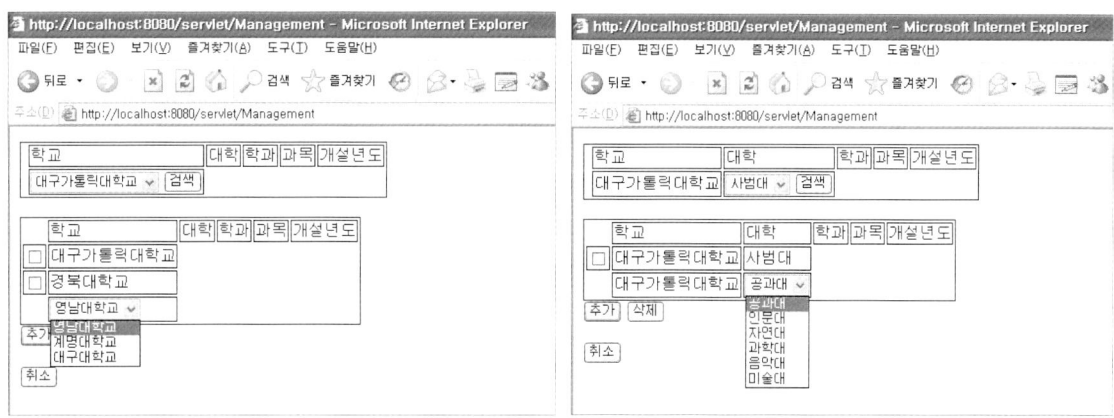

[그림 11-33] 학교 및 단과대학 추가 등록 화면

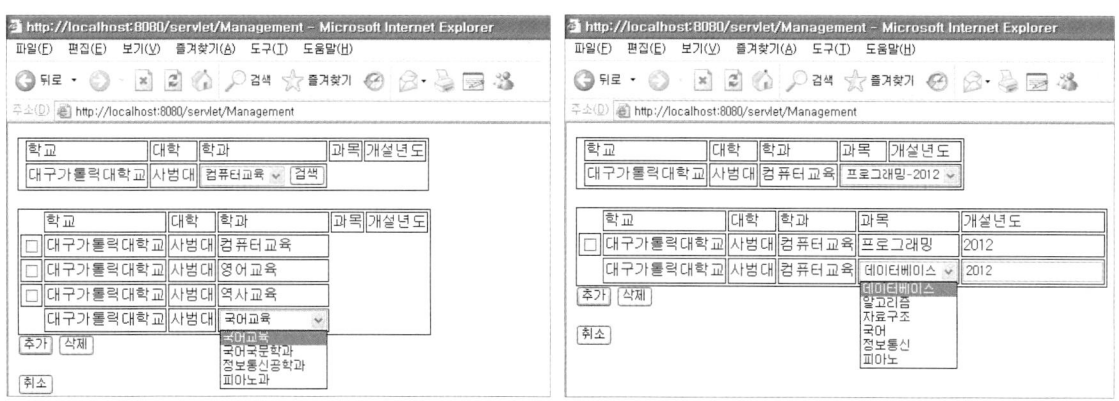

[그림 11-34] 학과 및 과목 추가 등록 화면

▶ 강의 개설 화면

교수는 [그림 11-32]의 교수 메인 화면에서 "강의개설" 항목을 선택하여 강의를 개설할 수 있다. 강의 개설은 "관리메뉴" 항목에서 등록한 과목에 대해서만 가능하다. [그림 11-35]는 강의 개설 과정을 보인 화면이며, 화면의 하단에 있는 메뉴에서 학교, 단과대학, 학과, 과목, 개설연도 순으로 검색하여 선택하면 화면 상단에 있는 메뉴에 선택한 내용이 추가되면서 강의가 개설되게 된다. 다른 교수에 의해 이미 개설된 과목은 과목 검색 목록에서 제외된다.

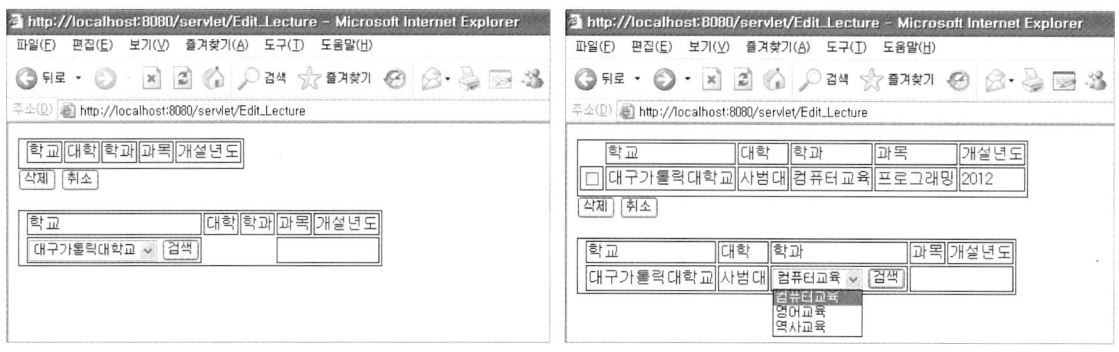

[그림 11-35] 강의 개설 화면

▶ 성적 관리 화면

교수는 자신이 개설한 과목의 성적을 관리할 수 있으며, [그림 11-36]은 성적 관리 화면의 예를 보인 것이다. 만약 선택한 과목에 수강생이 존재하지 않는 경우는 수강생이 없다는 메시지가 나타나게 된다.

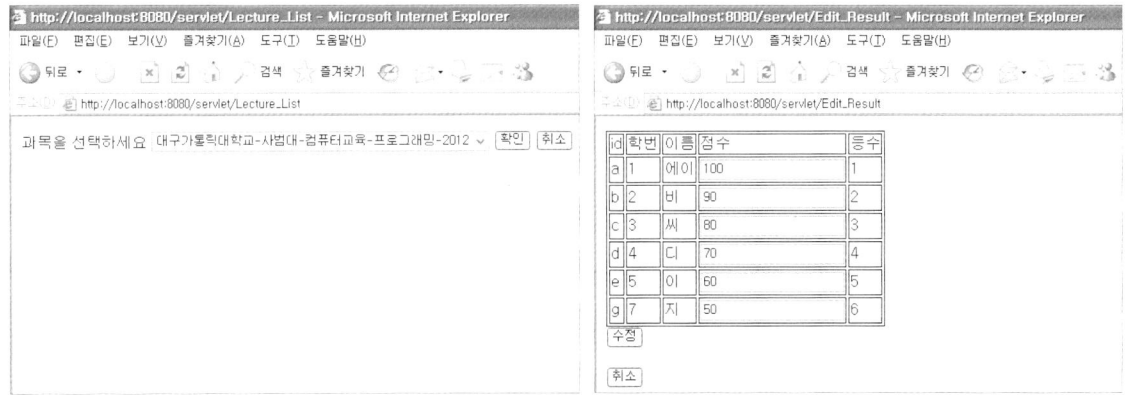

[그림 11-36] 성적 관리 화면

▶ 수강 신청 화면

학생은 [그림 11-32]의 오른쪽 화면에 있는 학생 메인 화면에서 "수강 신청" 항목을 선택하여 개설된 과목에 대해 수강 신청을 할 수 있다. 수강 신청 과목 선택 시에 교수가 개설한 과목만 보이며, 자신이 이미 수강 신청한 과목은 보이지 않게 된다.

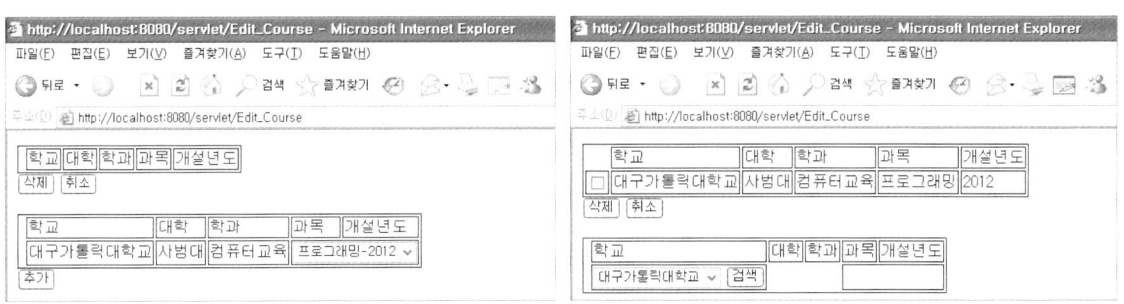

[그림 11-37] 수강 신청 화면

▶ 성적 확인 화면

학생은 수강 신청한 과목의 성적을 확인할 수 있으며, [그림 11-38]은 성적 확인 화면의 예를 보인 것이다. 선택한 과목의 성적이 입력되지 않은 경우에는 아직 성적이 입력되지 않았다는 메시지를 보여주게 된다. 교수가 성적을 입력한 경우에는 [그림 11-38]의 오른쪽 화면과 같이 수강한 모든 학생들의 점수와 함께 자신의 점수, 석차를 보여주게 된다. 다른 학생의 성적 이외의 개인 정보는 개인 정보 보호 차원에서 ******로 출력하였다.

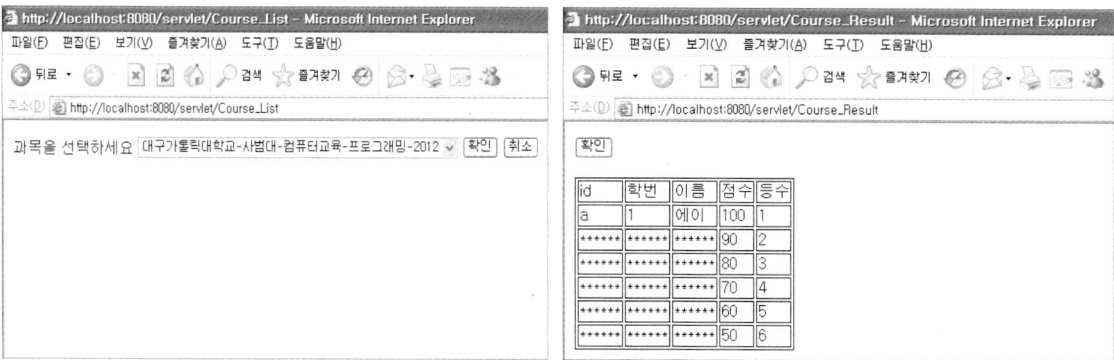

[그림 11-38] 성적 확인 화면

PART 4

JDBC API

12장 JDBC API의 기본 구성

12.1 JDBC API란

 JDBC(Java DataBase Connectivity) API는 SQL을 이용해 자바 프로그래밍 언어로 데이터베이스 응용 프로그래밍을 작성할 수 있도록 지원하는 표준 자바 응용 프로그래밍 인터페이스로, 자바 JDK의 패키지 중의 하나로 포함되어 배포되고 있다. 이들 패키지는 "java.sql"와 "javax.sql"으로 자바 언어를 사용하여 데이터 소스, 일반적으로 관계형 데이터베이스에 저장된 데이터를 액세스하고 처리하는 기능을 수행할 수 있는 인터페이스, 클래스 등을 제공한다. 이들 패키지에 포함되어 있는 기능들 중의 일부는 DBMS 제조사에서 제공하는 JDBC 드라이버에서 지원되지 않을 수도 있다. 따라서 해당 DBMS의 JDBC 드라이버에서 지원하는 기능들을 확인한 후 응용 프로그램을 개발하여야 한다.

12.2 JDBC API의 기본 인터페이스와 클래스

 JDK 1.6버전의 JDBC 4.0 java.sql 패키지에 포함되어 있는 인터페이스, 클래스 및 예외 클래스들은 다음과 같으며, 그들 사이의 구조는 [그림 12-1]과 같다. 이들 각각에 대해서는 다음 장에서 좀 더 자세히 설명하도록 한다.

- JDBC Interfaces

  Array

  Blob

  CallableStatement

  Clob

  Connection

  DatabaseMetaData

  Driver

  NClob

  ParameterMetaData

  Prepared Statement

  Ref

ResultSet

ResultSetMetaData

RowId

Savepoint

SQLData

SQLInput

SQLOutput

SQLXML

Statement

Struct

Wrapper

- JDBC Classes

  Date

  DriverManager

  DriverProertyInfo

  SQLPermission

  Time

  Timestamp

  Types

- Enums

  ClientInfoStatus

  RowIdLifetime

- Exceptions

  BatchUpdateException

  DataTruncation

  SQLClientInfoException

  SQLDataException

SQLException

SQLFeatureNotSupportException,

SQLIntefrityConstraintViolationException

SQLInvalidAuthorizationSpecExceptio,

SQLNonTransientConnectionException

SQLNotTransientException, SQLRecoverableException

SQLSyntaxErrorException, SQLTimeoutException

SQLTransactionRollbackException, SQLTransientConnectionException

SQLTransientException, SQLWarning

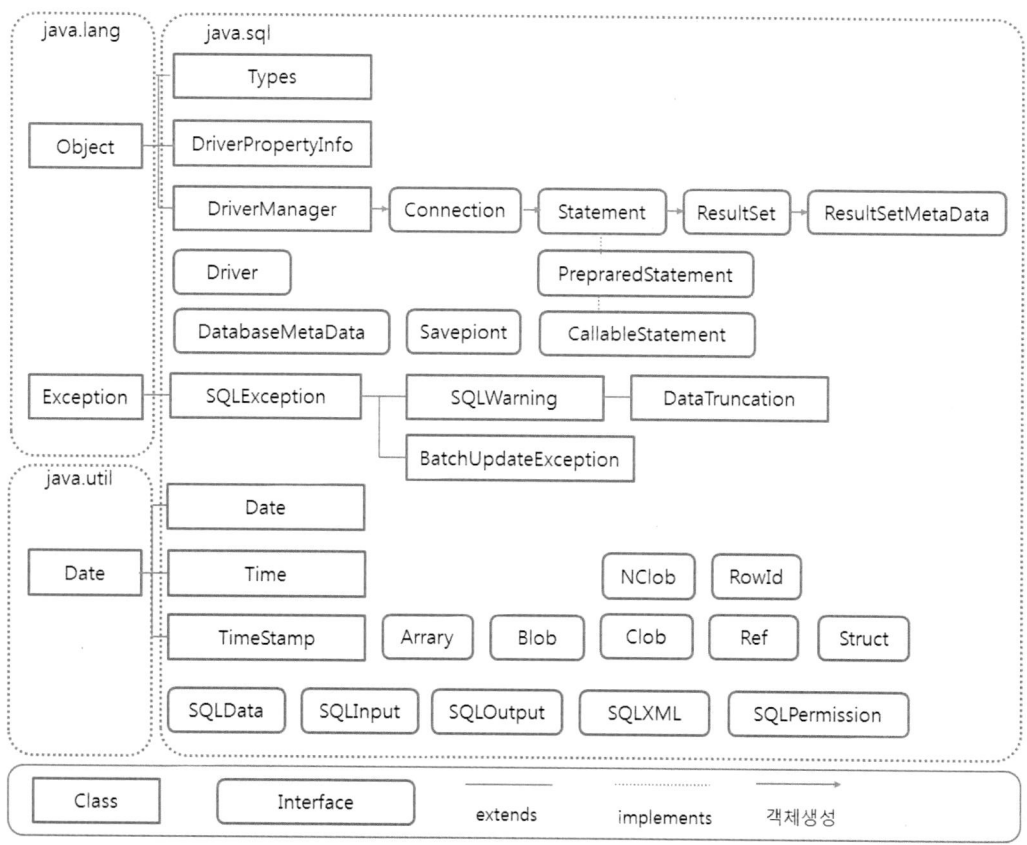

[그림 12-1] java.sql 패키지 구조

13장 JDBC API의 클래스와 메소드 설명

13.1 인터페이스

13.1.1 Array

▶ 인터페이스의 개요

SQL ARRAY 타입의 데이터를 자바의 배열(array)이나 ResultSet 객체로 가져오기 위한 인터페이스이다.

▶ 메소드의 개요

```
void free()
Array 객체와 이에 관련된 리소스를 해제한다.

Object getArray()
SQL ARRAY 값을 자바 프로그래밍 언어의 배열로 반환한다.

Object getArray(long index, int count)
명시된 index로부터 시작하여 count에서 지정한 연속된 SQL 배열 원소의 개수만큼 SQL ARRAY 값의 원소들을 자바 프
로그래밍 언어의 배열로 반환한다. 자바 배열과는 달리 SQL 배열의 인덱스는 1부터 시작한다.

Object getArray(long index, int count, Map <String, Class <?>> map)
SQL 타입 이름을 포함하는 객체와 자바 클래스와의 매핑을 통해 명시된 index로부터 시작하여 count에서 지정한 연
속된 SQL 배열 원소의 개수만큼 SQL ARRAY 원소들을 자바 프로그래밍 언어의 배열로 반환한다.

Object getArray(Map <String, Class <?>> map)
Array 객체에 의해 지정된 SQL ARRAY의 값을 객체로 반환한다.

int getBaseType()
Array 객체에 의해 지정된 배열 원소의 JDBC 타입 코드를 리턴한다. JDBC 타입 코드는 java.sql.Types에 정의되어
있다.₩

String getBaseTypeName()
Array 객체에 의해 지정된 배열 원소의 JDBC 타입 이름을 반환한다.

ResultSet getResultSet()
Array 객체에 의해 지정된 SQL ARRAY 값의 원소들을 ResultSet 객체로 반환한다.

ResultSet getResultSet(long index, int count)
명시된 index로부터 시작하여 count에서 지정한 연속된 SQL 배열 원소의 개수만큼 SQL ARRAY 값의 원소들을
ResultSet 객체로 반환한다.

ResultSet getResultSet(long index, int count, Map <String, Class <?>> map)
```

SQL 타입 이름을 포함하는 객체와 자바 클래스와의 매핑을 통해 명시된 index로부터 시작하여 count에서 지정한 연속된 SQL 배열 원소의 개수만큼 SQL ARRAY 값의 원소들을 ResultSet 객체로 반환한다.

ResultSet getResultSet(Map <String, Class <?>> map)
Array 객체에 의해 지정된 SQL ARRAY 값의 원소들을 ResultSet 객체로 반환한다.
이 Array 객체에 의해 지정된 SQL ARRAY치의 요소를 포함한 결과 세트를 가져온다.

13.1.2 Blob

▶ 인터페이스의 개요

SQL BLOB(Binary Large Object) 타입의 데이터를 자바의 Blob, byte[], OutputStream 객체로 가져오기 위한 인터페이스이다.

▶ 메소드의 개요

void free()
Blob 객체와 이에 관련된 리소스를 해제한다.

InputStream getBinaryStream()
Blob 인스턴스에 지정된 BLOB 값을 InputStream 객체로 반환한다.

InputStream getBinaryStream(long pos, long length)
Blob 값의 일부를 InputStream 객체로 반환한다(pos 위치부터 length 길이까지).

byte[] getBytes(long pos, int length)
Blob 객체가 가리키는 BLOB 데이터의 전체 또는 일부를 byte[] 형태로 반환한다(pos 위치부터 가져올 byte length까지).

long length()
Blob 객체에 지정된 BLOB 값의 바이트의 수를 반환한다.

long position(Blob pattern, long start)
Blob 객체에 지정된 BLOB 값에서 주어진 Blob 형태의 패턴이 나타난 시작위치를 반환한다. 검색은 start 위치부터 시작한다.

long position(byte[] pattern, long start)
Blob 객체에 지정된 BLOB 값에서 주어진 byte[] 형태의 패턴이 나타난 시작위치를 반환한다. 검색은 start 위치부터 시작한다.

OutputStream setBinaryStream(long pos)
Blob 객체가 가리키는 SQL BLOB 자료형의 값을(pos 위치부터) outputStream 객체로 반환한다.
예) String query = "SELECT image from images";
     PreparedStatement pstmt = con.prepareStatement(query);
     ResultSet result = pstmt.executeQuery();

```
    result.next();
    Blob blob = result.getBlob(1);
    OutputStream outputStream = blob.setBinaryStream(1L);
```

int setBytes(long pos, byte[] bytes)
Blob 객체가 가리키는 BLOB(pos 위치부터)을 주어진 byte[] 배열 값으로 저장하고, 저장된 바이트수를 반환한다.

int setBytes(long pos, byte[] bytes, int offset, int len)
Blob 객체가 가리키는 BLOB(pos 위치부터)을 주어진 byte[] 배열의 모두 또는 일부 값으로 저장하고, 저장된 바이트 수를 반환한다.

* pos: BLOB 객체에서 저장이 시작되는 위치(첫 위치는 1부터 시작한다)
* bytes: BLOB 객체로 저장될 byte[] 배열
* offset: byte배열에서 저장에 사용될 시작 위치
* len: byte배열에서 저장되는 byte 길이

void truncate(long len)
Blob 객체가 가리키는 BLOB 값을 len byte 길이로 줄인다.

13.1.3 CallableStatement

▶ 인터페이스의 개요

SQL에 저장된 프로시저를 호출하기 위한 인터페이스이다.

▶ 메소드의 개요

Array getArray(int parameterIndex)
Array getArray(String parameterName)
parameterIndex(또는 parameterName)가 가리키는 JDBC ARRAY 파라미터 값을, 자바 프로그래밍 언어의 Array 객체로 반환한다.

BigDecimal getBigDecimal(int parameterIndex)
BigDecimal getBigDecimal(String parameterName)
parameterIndex(또는 parameterName)가 가리키는 JDBC NUMERIC 파라미터의 값을, java.math.BigDecimal 객체로 반환한다.

BigDecimal getBigDecimal(int parameterIndex, int scale) - 사용중지(deprecated).
getBigDecimal(int parameterIndex) 또는 getBigDecimal(String parameterName)을 사용한다.

Blob getBlob(int parameterIndex)
Blob getBlob(String parameterName)
parameterIndex(또는 parameterName)가 가리키는 JDBC BLOB 파라미터 값을, 자바 프로그래밍 언어의 Blob 객체로 반환한다.

boolean getBoolean(int parameterIndex)
boolean getBoolean(String parameterName)
parameterIndex(또는 parameterName)가 가리키는 JDBC BIT 또는 BOOLEAN 파라미터 값을, 자바 프로그래밍 언어의 boolean으로 반환한다.

byte getByte(int parameterIndex)
byte getByte(String parameterName)
parameterIndex(또는 parameterName)가 가리키는 JDBC TINYINT 파라미터 값을, 자바 프로그래밍 언어의 byte로 반환한다.

byte[] getBytes(int parameterIndex)
byte[] getBytes(String parameterName)
parameterIndex(또는 parameterName)가 가리키는 JDBC BINARY 또는 VARBINARY 파라미터 값을, 자바 프로그래밍 언어의 byte[] 배열 값으로 반환한다.

Reader getCharacterStream(int parameterIndex)
Reader getCharacterStream(String parameterName)
parameterIndex(또는 parameterName)가 가리키는 지정된 파라미터의 값을 자바 프로그래밍 언어의 java.io.Reader 객체로 반환한다.

Clob getClob(int parameterIndex)
Clob getClob(String parameterName)
parameterIndex(또는 parameterName)가 가리키는 JDBC CLOB 파라미터의 값을 자바 프로그래밍 언어의 java.sql.Clob 객체로 반환한다.

Date getDate(int parameterIndex)
Date getDate(String parameterName)
parameterIndex(또는 parameterName)가 가리키는 JDBC DATE 파라미터의 값을 java.sql.Date 객체로 반환한다.

Date getDate(int parameterIndex, Calendar cal)
Date getDate(String parameterName, Calendar cal)
parameterIndex(또는 parameterName)가 가리키는 JDBC DATE 파라미터의 값을 주어진 Calendar 객체를 사용하여 data를 생성하고, java.sql.Date 객체로 반환한다.

double getDouble(int parameterIndex)
double getDouble(String parameterName)
parameterIndex(또는 parameterName)가 가리키는 JDBC DOUBLE 파라미터의 값을 자바 프로그래밍 언어의 double로 반환한다.

float getFloat(int parameterIndex)
float getFloat(String parameterName)
parameterIndex(또는 parameterName)가 가리키는 JDBC FLOAT 파라미터의 값을 자바 프로그래밍 언어의 float로 반환한다.

int getInt(int parameterIndex)
int getInt(String parameterName)
parameterIndex(또는 parameterName)가 가리키는 JDBC INTEGER 파라미터의 값을 자바 프로그래밍 언어의 int로 반환한다.

long getLong(int parameterIndex)
long getLong(String parameterName)

parameterIndex(또는 parameterName)가 가리키는 JDBC BIGINT 파라미터의 값을 자바 프로그래밍 언어의 long으로 반환한다.

Reader getNCharacterStream(int parameterIndex)
Reader getNCharacterStream(String parameterName)

parameterIndex(또는 parameterName)가 가리키는 지정된 파라미터의 값을 자바 프로그래밍 언어의 java.io.Reader 객체로 반환한다.

NClob getNClob(int parameterIndex)
NClob getNClob(String parameterName)

parameterIndex(또는 parameterName)가 가리키는 JDBC NCLOB 파라미터의 값을 자바 프로그래밍 언어의 java.sql.NClob 객체로 반환한다.

String getNString(int parameterIndex)
String getNString(String parameterName)

parameterIndex(또는 parameterName)가 가리키는 지정된 NCHAR, NVARCHAR 또는 LONGNVARCHAR 파라미터의 값을 자바 프로그래밍 언어의 String으로 반환한다.

Object getObject(int parameterIndex)
Object getObject(String parameterName)

parameterIndex(또는 parameterName)가 가리키는 지정된 파라미터의 값을 자바 프로그래밍 언어의 Object로 반환한다.

Object getObject(int parameterIndex, Map <String ,Class <? >> map)
Object getObject(String parameterName, Map <String ,Class <? >> map)

OUT 파라미터 parameterName의 값을 나타내는 객체를 반환하고, map을 사용해 매개변수 값의 사용자 정의 매핑(SQL 자료형과 자바 클래스의 매핑)을 한다.

Ref getRef(int parameterIndex)
Ref getRef(String parameterName)

parameterIndex(또는 parameterName)가 가리키는 JDBC REF(<structured-type>) 파라미터의 값을, 자바 프로그래밍 언어의 Ref 객체로 반환한다.

RowId getRowId(int parameterIndex)
RowId getRowId(String parameterName)

parameterIndex(또는 parameterName)가 가리키는 JDBC ROWID 파라미터의 값을 java.sql.RowId 객체로 반환한다.

short getShort(int parameterIndex)
short getShort(String parameterName)

parameterIndex(또는 parameterName)가 가리키는 JDBC SMALLINT 파라미터의 값을 자바 프로그래밍 언어의 short로 반환한다.

SQLXML getSQLXML(int parameterIndex)
SQLXML getSQLXML(String parameterName)

parameterIndex(또는 parameterName)가 가리키는 SQL XML 파라미터의 값을 자바 프로그래밍 언어의 java.sql.SQLXML 객체로 반환한다.

String getString(int parameterIndex)
String getString(String parameterName)
parameterIndex(또는 parameterName)가 가리키는 JDBC의 CHAR, VARCHAR, 또는 LONGVARCHAR 파라미터의 값을 자바 프로그래밍 언어의 String으로 반환한다.

Time getTime(int parameterIndex)
Time getTime(String parameterName)
parameterIndex(또는 parameterName)가 가리키는 JDBC TIME 파라미터의 값을 java.sql.Time 객체로 반환한다.

Time getTime(int parameterIndex, Calendar cal)
Time getTime(String parameterName, Calendar cal)
parameterIndex(또는 parameterName)가 가리키는 JDBC TIME 파라미터의 값을 주어진 Calandar 객체를 사용하여 time을 생성하고, java.sql.Time 객체로 반환한다.

Timestamp getTimestamp(int parameterIndex)
Timestamp getTimestamp(String parameterName)
parameterIndex(또는 parameterName)가 가리키는 JDBC TIMESTAMP 파라미터의 값을 java.sql.Timestamp 객체로 반환한다.

Timestamp getTimestamp(int parameterIndex, Calendar cal)
Timestamp getTimestamp(String parameterName, Calendar cal)
parameterIndex(또는 parameterName)가 가리키는 JDBC TIMESTAMP 파라미터의 값을 주어진 Calendar 객체를 사용하여 Timestamp객체를 생성하고, java.sql.Timestamp 객체로 반환한다.

URL getURL(int parameterIndex)
URL getURL(String parameterName)
parameterIndex(또는 parameterName)가 가리키는 JDBC DATALINK 파라미터의 값을 java.net.URL 객체로 반환한다.

void registerOutParameter(int parameterIndex, int sqlType)
void registerOutParameter(String parameterName, int sqlType)
parameterIndex(또는 parameterName)가 가리키는 지정된 OUT 파라미터를 JDBC sqlType형으로 등록한다.
* 모든 OUT 파라미터는 지정된 절차가 수행되기 전에 등록되어 있어야 한다.

void registerOutParameter(int parameterIndex, int sqlType, int scale)
void registerOutParameter(String parameterName, int sqlType, int scale)
parameterIndex(또는 parameterName)가 가리키는 지정된 OUT 파라미터를 JDBC sqlType형으로 등록한다(파라미터가 JDBC NUMERIC 또는 DECIMAL형인 경우, 사용 가능).
* 모든 OUT 파라미터는 지정된 절차가 수행되기 전에 등록되어 있어야 한다.

void registerOutParameter(int parameterIndex, int sqlType, String typeName)
void registerOutParameter(String parameterName, int sqlType, String typeName)
parameterIndex(또는 parameterName)가 가리키는 지정된 OUT 파라미터를 JDBC sqlType형으로 등록한다(파라미터가 user-named (STRUCT, DISTINCT, JAVA_OBJECT 그리고 named 배열형) 또는 REEF인 경우, 사용 가능).
* 모든 OUT 파라미터는 지정된 절차가 수행되기 전에 등록되어 있어야 한다.

void setAsciiStream(String parameterName, InputStream x)
지정된 파라미터를 InputStream으로 설정한다.

void setAsciiStream(String parameterName, InputStream x, int length)
지정된 파라미터를 length 바이트의 InputStream으로 설정한다.

void setAsciiStream(String parameterName, InputStream x, long length)
지정된 파라미터를 length 바이트의 InputStream으로 설정한다.

void setBigDecimal(String parameterName, BigDecimal x)
지정된 파라미터를 java.math.BigDecimal 값으로 설정한다.

void setBinaryStream(String parameterName, InputStream x)
지정된 파라미터를 InputStream으로 설정한다.

void setBinaryStream(String parameterName, InputStream x, int length)
지정된 파라미터를 length 바이트의 InputStream으로 설정한다.

void setBinaryStream(String parameterName, InputStream x, long length)
지정된 파라미터를 length 바이트의 InputStream으로 설정한다.

void setBlob(String parameterName, Blob x)
지정된 파라미터를 java.sql.Blob 객체로 설정한다.

void setBlob(String parameterName, InputStream inputStream)
지정된 파라미터를 InputStream 객체로 설정한다.

void setBlob(String parameterName, InputStream inputStream, long length)
지정된 파라미터를 length만큼의 문자수를 가지는 InputStream으로 설정한다.

void setBoolean(String parameterName, boolean x)
지정된 파라미터를 자바 boolean 값으로 설정한다.

void setByte(String parameterName, byte x)
지정된 파라미터를 자바 byte 값으로 설정한다.

void setBytes(String parameterName, byte[] x)
지정된 파라미터를 자바 byte[] 배열 값으로 설정한다.

void setCharacterStream(String parameterName, Reader reader)
지정된 파라미터를 주어진 Reader 객체로 설정한다.

void setCharacterStream(String parameterName, Reader reader, int length)
지정된 파라미터를 length만큼의 문자수를 가지는 Reader 객체로 설정한다.

void setCharacterStream(String parameterName, Reader reader, long length)
지정된 파라미터를 length만큼의 문자수를 가지는 Reader 객체로 설정한다.

void setClob(String parameterName, Clob x)
지정된 파라미터를 주어진 java.sql.Clob 객체로 설정한다.

void setClob(String parameterName, Reader reader)
지정된 파라미터를 주어진 Reader 객체로 설정한다.

void setClob(String parameterName, Reader reader, long length)
지정된 파라미터를 length만큼의 문자수를 가지는 Reader 객체로 설정한다.

void setDate(String parameterName, Date x)
지정된 파라미터를 애플리케이션을 실행하고 있는 가상 머신의 디폴트의 타임 존을 사용해 java.sql.Date 값으로 설정한다.

void setDate(String parameterName, Date x, Calendar cal)
지정된 파라미터를 Calendar 객체를 사용하여 java.sql.Date 값으로 설정한다.

void setDouble(String parameterName, double x)
지정된 파라미터를 자바 double 값으로 설정한다.

void setFloat(String parameterName, float x)
지정된 파라미터를 자바 float 값으로 설정한다.

void setInt(String parameterName, int x)
지정된 파라미터를 자바 int 값으로 설정한다.

void setLong(String parameterName, long x)
지정된 파라미터를 자바 long 값으로 설정한다.

void setNCharacterStream(String parameterName, Reader value)
지정된 파라미터를 Reader 객체로 설정한다.

void setNCharacterStream(String parameterName, Reader value, long length)
지정된 파라미터를 length만큼 문자수를 가지는 Reader 객체로 설정한다.

void setNClob(String parameterName, NClob value)
지정된 파라미터를 java.sql.NClob 객체로 설정한다.

void setNClob(String parameterName, Reader reader)
지정된 파라미터를 Reader 객체로 설정한다.

void setNClob(String parameterName, Reader reader, long length)
지정된 파라미터를 length만큼의 문자수를 가지는 Reader 객체로 설정한다.

void setNString(String parameterName, String value)
지정된 파라미터를 String 객체로 설정한다.

void setNull(String parameterName, int sqlType)
지정된 파라미터를 SQL NULL로 설정한다.

void setNull(String parameterName, int sqlType, String typeName)
지정된 파라미터를 SQL NULL로 설정한다(파라미터가 user-named(STRUCT, DISTINCT, JAVA_OBJECT 그리고 named 배열형) 또는 REF인 경우, 사용 가능).

```
void setObject(String parameterName, Object x)
지정된 파라미터의 값을 주어진 Object로 설정한다.

void setObject(String parameterName, Object x, int targetSqlType)
지정된 파라미터의 값을 주어진 Object로 설정한다.

void setObject(String parameterName, Object x, int targetSqlType, int scale)
지정된 파라미터의 값을 주어진 Object로 설정한다.

void setRowId(String parameterName, RowId x)
지정된 파라미터를 java.sql.RowId 객체로 설정한다.

void setShort(String parameterName, short x)
지정된 파라미터를 Java의 short 값으로 설정한다.

void setSQLXML(String parameterName, SQLXML xmlObject)
지정된 파라미터를 java.sql.SQLXML 객체로 설정한다.

void setString(String parameterName, String x)
지정된 파라미터를 자바 String 값으로 설정한다.

void setTime(String parameterName, Time x)
지정된 파라미터를 java.sql.Time 값으로 설정한다.

void setTime(String parameterName, Time x, Calendar cal)
지정된 파라미터를 Calendar 객체를 이용하여 java.sql.Time 값으로 설정한다.

void setTimestamp(String parameterName, Timestamp x)
지정된 파라미터를 java.sql.Timestamp 값으로 설정한다.

void setTimestamp(String parameterName, Timestamp x, Calendar cal)
지정된 파라미터를 Calendar 객체를 이용하여 java.sql.Timestamp 값으로 설정한다.

void setURL(String parameterName, URL val)
지정된 파라미터를 java.net.URL 객체로 설정한다.

boolean wasNull()
getter 메소드를 호출한 후 사용가능하며, 마지막으로 읽은 OUT 파라미터 값이 SQL NULL인 경우 true 값을 반환한다
(그렇지 않으면 false).
```

13.1.4 Clob

▶ 인터페이스의 개요

SQL CLOB(Character Large Object) 타입의 데이터와 매핑하여 사용되는 인터페이스이다.

▶ 메소드의 개요

void free()
Clob 객체와 이에 관련된 리소스를 해제한다.

InputStream getAsciiStream()
Clob 객체에 지정된 CLOB 값을 ascii stream으로 반환한다.

Reader getCharacterStream()
Clob 객체에 지정된 CLOB 값을 java.io.Reader 객체(또는 문자의 스트림)로 반환한다.

Reader getCharacterStream(long pos, long length)
Clob의 일부분(pos부터 length 길이까지)을 포함하는 Reader 객체를 반환한다.

String getSubString(long pos, int length)
Clob의 일부분(pos부터 length 길이까지)을 포함하는 CLOB 값의 substring 복사 값을 반환한다.

long length()
Clob 객체에 지정된 CLOB 값의 문자수를 반환한다.

long position(Clob searchstr, long start)
Clob 객체 searchstr가 Clob 객체에 나타난 문자위치를 반환한다.

long position(String searchstr, long start)
substring searchstr가 Clob 객체에 나타난 문자위치를 반환한다.

OutputStream setAsciiStream(long pos)
Clob 객체가 가리키는 CLOB 값에 ASCII 문자열로 저장할 스트림(OutputStream 형태)을 반환한다.

Writer setCharacterStream(long pos)
Clob 객체가 가리키는 CLOB 값에 Unicode 문자열로 저장할 스트림(Writer 형태)을 반환한다.

int setString(long pos, String str)
Clob 객체가 가리키는 CLOB의 pos에 자바 String을 저장하고, 저장된 문자수를 반환한다.

int setString(long pos, String str, int offset, int len)
Clob 객체가 가리키는 CLOB의 pos에 자바 String을 저장하고, 저장된 문자수를 반환한다(str의 offset부터 시작해서 len 길이만큼).

void truncate(long len)
Clob가 지정하는 CLOB 값을 len 문자 길이로 줄인다.

13.1.5 Connection

▶ 인터페이스의 개요

DBMS와 통신할 수 있는 메소드들을 모아놓은 인터페이스이다.

▶ 필드의 개요

---

static int TRANSACTION_NONE
지원되지 않는 트랜잭션(transaction)임을 나타나는 상수이다.

static int TRANSACTION_READ_COMMITTED
dirty read는 금지되고, non-repeatable read와 phantom read는 발생할 수 있는 것을 나타내는 상수이다.

static int TRANSACTION_READ_UNCOMMITTED
dirty read, non-repeatable read와 phantom read가 발생할 수 있는 것을 나타내는 상수이다.

static int TRANSACTION_REPEATABLE_READ
dirty read와 non-repeatable read는 금지되고, phantom read는 발생할 수 있는 것을 나타내는 상수이다.

static int TRANSACTION_SERIALIZABLE
dirty read, non-repeatable read와 phantom read가 모두 금지되는 것을 나타내는 상수이다.

* dirty read: 한 트랜잭션에 의해서 값이 변경되고 Commit가 수행되기 전에, 다른 트랜잭션에 의해서 값이 읽혀지게 되는 경우
* non-repeatable read: 반복할 수 없는 읽기로, (1) 하나의 트랜잭션이 값을 읽어오고, (2) 다른 트랜잭션이 값을 변경하고 Commit하고, (3) 다시 읽어 오기를 하게 되면 처음에 조회한 값과 다른 값을 읽어 올 수 있는 경우
* phantom read: 트랜잭션이 같은 조건으로 여러 번 읽기를 하는 경우, 중간에 삽입된 값을 볼 수 있는 경우

▶ 메소드의 개요

---

void clearWarnings()
해당 Connection 객체에 보고된 모든 경고(warnings)를 삭제한다.

void close()
자동으로 클로즈될 때까지 기다리는 것이 아니라, 즉시 객체의 데이터베이스와 JDBC 자원을 해제한다.

void commit()
이전 commit이나 rollback 수행 이후의 모든 변경사항을 실행(commit)하고, 현재 Connection 객체의 데이터베이스 lock을 모두 해제한다.

Array createArrayOf(String typeName, Object [] elements)
Array 객체를 생성하는 팩토리 메소드이다.

Blob createBlob()
Blob 인터페이스를 구현하는 객체를 생성한다.

Clob createClob()
Clob 인터페이스를 구현하는 객체를 생성한다.

NClob createNClob()
NClob 인터페이스를 구현하는 객체를 생성한다.

SQLXML createSQLXML()
SQLXML 인터페이스를 구현하는 객체를 생성한다.

Statement createStatement()
SQL문을 데이터베이스에 보내기 위한 Statement 객체를 생성한다.

Statement createStatement(int resultSetType, int resultSetConcurrency)
주어진 type과 concurrency로 ResultSet 객체를 만들기 위해 Statement 객체를 생성한다.

Statement createStatement(int resultSetType, int resultSetConcurrency, int resultSetHoldability)
주어진 유형(type)과 동시성(concurrency), holdability로 ResultSet 객체를 만들기 위해 Statement 객체를 생성한다.

Struct createStruct(String typeName, Object [] attributes)
Struct 객체를 생성하는 팩토리 메소드이다.

boolean getAutoCommit()
Connection 객체의 현재 자동실행모드(auto-commit mode)에 대한 값을 가져온다.

String getCatalog()
Connection 객체의 현재 카탈로그 이름을 가져온다.

Properties getClientInfo()
드라이버가 지원하는 클라이언트 정보 속성(client info property, 이름이나 값 등)을 가져온다.

String getClientInfo(String name)
주어진 이름을 가리키는 클라이언트 정보 속성 값을 반환한다. 해당 클라이언트 정보 속성 값이 설정되지 않았거나 기본 값이 없거나, 또는 해당하는 이름을 찾을 수 없을 경우, null 값을 반환한다.

int getHoldability()
Connection 객체를 사용해서 만든 ResultSet 객체의 현재 보관유지(holdability) 상태 값을 가져온다.

* holdability는 아래 값 중 하나를 가진다.
ResultSet.HOLD_CURSORS_OVER_COMMIT
ResultSet.CLOSE_CURSORS_AT_COMMIT

DatabaseMetaData getMetaData()
Connection 객체가 가리키는 데이터베이스의 메타데이터를 포함하는 DatabaseMetaData 객체를 반환한다.

int getTransactionIsolation()
Connection 객체의 현재 트랜잭션 차단 레벨(isolation level) 값을 가져온다.

* transaction isolation은 아래 값 중 하나를 가진다.
Connection.TRANSACTION_READ_UNCOMMITTED
Connection.TRANSACTION_READ_COMMITTED
Connection.TRANSACTION_REPEATABLE_READ
Connection.TRANSACTION_SERIALIZABLE
Connection.TRANSACTION_NONE

Map <String ,Class <? >>getTypeMap()
Connection 객체와 연관된 Map 객체를 가져온다.

SQLWarning getWarnings()
해당 Connection 객체 호출에 의해 보고된 최초의 경고를 가져온다. 해당 경고들은 모두 연결되어 있어, 만약 여러 개의 경고가 있다면 SQLWarning.getNextWarning() 메소드를 이용하여 다음 경고를 읽어올 수 있다.

boolean isClosed()
해당 Connection 객체가 닫혀져 있는지에 대하여, Close되었으면 true를 Open 상태이면 false를 반환한다.

boolean isReadOnly()
해당 Connection 객체가 읽기전용(read-only)모드 인지에 대하여, read-only면 true를 아니면 false를 반환한다.

boolean isValid(int timeout)
해당 connection이 아직 닫히지 않고 유효한 상태이면 true를 반환한다.

String nativeSQL(String sql)
주어진 sql문을 시스템의 SQL문으로 변환한다.

CallableStatement prepareCall(String sql)
저장 프로시저를 호출하기 위한 CallableStatement 객체를 생성한다.

CallableStatement prepareCall(String sql, int resultSetType, int resultSetConcurrency)
CallableStatement prepareCall(String sql, int resultSetType,
int resultSetConcurrency, int resultSetHoldability)
주어진 파라미터 값으로 CallableStatement 객체를 생성한다.

* sql: DB로 보내질 SQL statement(String Object)
* resultSetType: ResultSet의 type
- TYPE_FORWARD_ONLY
- TYPE_SCROLL_INSENSITIVE
- TYPE_SCROLL_SENSITIVE
* resultSetConcurrency: ResultSet의 concurrency
- CONCUR_READ_ONLY
- CONCUR_UPDATABLE
* resultSetHoldability: ResultSet의 holdability
- HOLD_CURSORS_OVER_COMMIT
- CLOSE_CURSORS_AT_COMMIT

PreparedStatement prepareStatement(String sql)
SQL문을 데이터베이스로 보내기 위한 PreparedStatement 객체를 생성한다.

PreparedStatement prepareStatement(String sql, int autoGeneratedKeys)
자동 생성키(auto-generated key)를 얻을 수 있는 PreparedStatement 객체를 생성한다.

PreparedStatement prepareStatement(String sql, int[] columnIndexes)
columnIndexes가 가리키는 자동 생성키(auto-generated key)를 반환하는PreparedStatement 객체를 생성한다.

PreparedStatement prepareStatement(String sql, int resultSetType, int resultSetConcurrency)

PreparedStatement prepareStatement(String sql, int resultSetType, int resultSetConcurrency,
int resultSetHoldability)
주어진 파라미터 값으로 PreparedStatement 객체를 생성한다.

PreparedStatement prepareStatement(String sql, String [] columnNames)
columnNames가 가리키는 자동 생성키(auto-generated key)를 반환하는PreparedStatement 객체를 생성한다.

void releaseSavepoint(Savepoint savepoint)
현재 트랜잭션(transaction)에서 지정된 Savepoint와 이후의 Savepoint 객체를 삭제한다.

void rollback()
현재 트랜잭션(transaction)으로 인한 모든 변경을 되돌리고, 현재 Connection 객체의 데이터베이스 lock을 모두 해
제한다.

void rollback(Savepoint savepoint)
주어진 Savepoint가 설정된 이후의 모든 변경을 되돌린다.

void setAutoCommit(boolean autoCommit)
주어진 autoCommit 값으로 해당 커넥션의 자동실행(auto-commit) 모드를 설정한다. autoCommit가 true인 경우에는
해당 모드를 활성화하고, false인 경우에는 비활성화한다.

void setCatalog(String catalog)
주어진 catalog 이름으로 해당 connection의 카탈로그 이름을 설정한다.

void setClientInfo(Properties properties)
주어진 값으로 해당 connection의 클라이언트 정보 속성을 설정한다.

void setClientInfo(String name, String value)
해당 이름(name)의 클라이언트 정보 속성을 주어진 값(value)으로 설정한다.

void setHoldability(int holdability)
주어진 값으로 ResultSet의 holdability를 변경한다.

void setReadOnly(boolean readOnly)
해당 connection을 읽기전용(read-only)모드로 설정하거나, 해제한다(true인 경우 read-only모드로, false인 경우
해제한다).

Savepoint setSavepoint()
현재 트랜잭션에서 이름이 지정되지 않은 Savepoint를 생성하고 해당 객체를 반환한다.

Savepoint setSavepoint(String name)
현재 트랜잭션에서 주어진 이름(name)으로 Savepoint를 생성하고 해당 객체를 반환한다.

void setTransactionIsolation(int level)
주어진 값으로 해당 Connection의 트랜잭션 차단(isolation) 레벨을 변경한다.

void setTypeMap(Map <String ,Class <? >> map)
해당 Connection 객체의 type map으로 주어진 TypeMap 객체를 실행한다.
* map: Connection 객체의 기본 type map을 대체하기 위한 java.util.Map 객체

13.1.6 DatabaseMetaData

▶ 인터페이스의 개요

데이터베이스에 대한 메타 정보를 얻을 수 있는 인터페이스이다.

▶필드의 개요

```
static short attributeNoNulls
NULL 값이 허용되지 않을 수 있음을 나타낸다.

static short attributeNullable
NULL 값이 반드시 허용되는 것을 나타낸다.

static short attributeNullableUnknown
NULL 값의 허용 여부가 알려져 있지 않음을 나타낸다.

static int bestRowNotPseudo
best row identifier가 pseudo column이 아님을 나타낸다.

static int bestRowPseudo
best row identifier가 pseudo column임을 나타낸다.

static int bestRowSession
best row identifier의 범위는 현재 session 동안임을 나타낸다.

static int bestRowTemporary
best row identifier의 범위는 매우 임시적(해당 row가 사용되는 동안만)임을 나타낸다.

static int bestRowTransaction
best row identifier의 범위는 현재 transaction 동안임을 나타낸다.

static int bestRowUnknown
best row identifier가 pseudo column 여부가 알려져 있지 않음을 나타낸다.

static int columnNoNulls
열(column)이 NULL 값을 허용하지 않을 수 있음을 나타낸다.

static int columnNullable
열이 반드시 NULL 값을 허용하는 것을 나타낸다.

static int columnNullableUnknown
열이 NULL 값을 허용 여부가 알려져 있지 않음을 나타낸다.

static int functionColumnIn
파라미터 또는 열이 IN 파라미터인 것을 나타낸다.
```

static int functionColumnInOut
파라미터 또는 열이 INOUT 파라미터인 것을 나타낸다.

static int functionColumnOut
파라미터 또는 열이 OUT 파라미터인 것을 나타낸다.

static int functionColumnResult
파라미터 또는 열이 결과의 열인 것을 나타낸다.

static int functionColumnUnknown
파라미터 또는 열의 형태가 알려져 있지 않음을 나타낸다.

static int functionNoNulls
NULL 값이 허용되지 않는 것을 나타낸다.

static int functionNoTable
함수가 테이블을 반환하지 않는 것을 나타낸다.

static int functionNullable
NULL 값이 허용되는 것을 나타낸다.

static int functionNullableUnknown
NULL 값의 허용 여부가 알려져 있지 않음을 나타낸다.

static int functionResultUnknown
함수가 결과 또는 테이블을 반환할지 여부가 알려져 있지 않음을 나타낸다.

static int functionReturn
파라미터 또는 열이 반환 값인 것을 나타낸다.

static int functionReturnsTable
함수가 테이블을 반환하는 것을 나타낸다.

static int importedKeyCascade
열의 UPDATE_RULE에 따라, 주키(primary key)가 갱신되고, 외부 키(foreign key, imported key)가 그에 맞게 변경되는 때를 나타낸다.

static int importedKeyInitiallyDeferred
지연 가능성을 나타낸다.

static int importedKeyInitiallyImmediate
지연 가능성을 나타낸다.

static int importedKeyNoAction
열의 UPDATE_RULE 및 DELETE_RULE에 따라, 주키(primary key)가 들어왔다면, 갱신되거나 삭제될 수 없음을 나타낸다.

static int importedKeyNotDeferrable
지연 가능성을 나타낸다.

static int importedKeyRestrict
열의 UPDATE_RULE에 따라, 주키(primary key)가 다른 테이블에 외부 키(foreign key)로 사용되는 경우, 갱신될 수 없음을 나타낸다.

static int importedKeySetDefault
열의 UPDATE_RULE 및 DELETE_RULE에 따라, 주키가 갱신 또는 삭제되었을 경우, 외부 키(임포트 된 키)가 기본 값으로 변경되는 것을 나타낸다.

static int importedKeySetNull
열의 UPDATE_RULE 및 DELETE_RULE에 따라, 주키가 갱신 또는 삭제되었을 경우, 외부 키(임포트 된 키)가 NULL로 변경되는 것을 나타낸다.

static int procedureColumnIn
열이 IN 파라미터를 저장하고 있음을 나타낸다.

static int procedureColumnInOut
열이 INOUT 파라미터를 저장하고 있음을 나타낸다.

static int procedureColumnOut
열이 OUT 파라미터를 저장하고 있음을 나타낸다.

static int procedureColumnResult
열이 결과를 저장하고 있음을 나타낸다.

static int procedureColumnReturn
열이 반환 값을 저장하고 있음을 나타낸다.

static int procedureColumnUnknown
열의 타입이 알려져 있지 않음을 나타낸다.

static int procedureNoNulls
NULL 값이 허용되지 않는 것을 나타낸다.

static int procedureNoResult
프로시저가 결과를 반환하지 않는 것을 나타낸다.

static int procedureNullable
NULL 값이 허용되는 것을 나타낸다.

static int procedureNullableUnknown
NULL 값의 허용 여부가 알려져 있지 않음을 나타낸다.

static int procedureResultUnknown
프로시저가 결과를 반환할지 여부가 알려져 있지 않음을 나타낸다.

static int procedureReturnsResult
프로시저가 결과를 반환하는 것을 나타낸다.

static int sqlStateSQL
SQLException.getSQLState 메소드의 반환 값이 SQLSTATE인지를 나타낸다.

static int sqlStateSQL99
SQLException.getSQLState 메소드의 반환 값이 SQL99 SQLSTATE인지의 여부를 나타낸다.

static int sqlStateXOpen
SQLException.getSQLState 메소드의 반환 값이 X/Open SQL CLI SQLSTATE인지를 나타낸다.

static short tableIndexClustered
해당 테이블 인덱스가 clustered index인 것을 나타낸다.

static short tableIndexHashed
해당 테이블 인덱스가 hashed index인 것을 나타낸다.

static short tableIndexOther
해당 테이블 인덱스가 clustered index, hashed index 또는 테이블 통계정보도 아닌 어떤 다른 것을 나타낸다.

static short tableIndexStatistic
해당 열이 테이블 인덱스로 반환되는 테이블 통계정보를 포함하는 것을 나타낸다.

static int typeNoNulls
데이터 타입으로 NULL 값이 허용되지 않는 것을 나타낸다.

static int typeNullable
데이터 타입으로 NULL 값이 허용되는 것을 나타낸다.

static int typeNullableUnknown
데이터 타입으로 NULL 값의 허용 여부가 알려져 있지 않음을 나타낸다.

static int typePredBasic
LIKE를 사용하지 않는 WHERE 검색의 경우에만 사용가능한 데이터 타입인 것을 나타낸다.

static int typePredChar
LIKE를 사용하는 WHERE 검색의 경우에만 사용가능한 데이터 타입인 것을 나타낸다.

static int typePredNone
WHERE 검색이 지원되어 있지 않는 데이터 타입인 것을 나타낸다.

static int typeSearchable
모든 WHERE 검색이 해당 데이터 타입에 근거할 수 있음을 나타낸다.

static int versionColumnNotPseudo
해당 version column이 pseudo column이 아닌 것을 나타낸다.

static int versionColumnPseudo
해당 version column이 pseudo column인 것을 나타낸다.

static int versionColumnUnknown
해당 version column이 pseudo column 여부가 알려져 있지 않음을 나타낸다.

▶ 메소드의 개요

boolean allProceduresAreCallable()
현재 사용자가 getProcedures 메소드에 의해 반환된 모드 프로시저를 호출할 수 있는지에 대한 여부가 반환된다. 그렇다면 true, 그렇지 않다면 false를 반환한다.

boolean allTablesAreSelectable()
현재 사용자가 SELECT문의 getTables 메소드에 의해 반환되는 모든 테이블을 사용할 수 있을지에 대한 여부가 반환된다. 그렇다면 true, 그렇지 않다면 false를 반환한다.

boolean autoCommitFailureClosesAllResultSets()
autoCommit가 true로 SQLException이 발생한 경우, 모든 오픈된 ResultSet이 닫히는지 여부를 반환한다.

boolean dataDefinitionCausesTransactionCommit()
트랜잭션 중에 데이터 정의 구문이 실행(commit)을 하도록 하는지의 여부가 반환된다.

boolean dataDefinitionIgnoredInTransactions()
트랜잭션 중에 데이터 정의 구문이 무시되는지 여부가 반환된다.

boolean deletesAreDetected(int type)
ResultSet.rowDeleted 메소드에 의해 행이 삭제되는 것을 감지할 수 있는지 여부를 반환한다.

boolean doesMaxRowSizeIncludeBlobs()
getMaxRowSize 메소드의 반환 값이 SQL의 LONGVARCHAR 및 LONGVARBINARY를 포함하는지 여부를 반환한다.

ResultSet getAttributes(String catalog, String schemaPattern,
String typeNamePattern, String attributeNamePattern)

주어진 파라미터와 일치하는 사용자정의형태(user-defined type: UDT) 속성(attribute)을 가져온다.

* catalog: 카탈로그 이름, DB의 카탈로그 이름과 일치해야 함
* schemaPattern: 스키마 이름 패턴, DB의 스키마 이름과 일치해야 함
* typeNamePattern: 타입 이름 패턴, DB의 타입 이름과 일치해야 함
* attributenamePattern: attribute 이름 패턴, DB의 attribute 이름과 일치해야 함

ResultSet getBestRowIdentifier(String catalog, String schema, String table,
int scope, boolean nullable)
행을 식별하는 최적인 열 세트에 관한 기술을 가져온다.

ResultSet getCatalogs()
해당 데이터베이스에서 유효한 카탈로그 이름을 가져온다.

String getCatalogSeparator()
데이터베이스에서 카탈로그와 테이블 이름을 구분하는 식별자로 사용되는 String을 가져온다.

String getCatalogTerm()
데이터베이스 벤더(공급업체)에서 카탈로그를 지칭하는 용어를 가져온다.

ResultSet getClientInfoProperties()
드라이버가 지원하는 클라이언트 정보 속성 리스트를 가져온다.

ResultSet getColumnPrivileges(String catalog, String schema, String table, String columnNamePattern)
테이블 열의 접근권한(access right)에 관한 정보를 가져온다.

ResultSet getColumns(String catalog, String schemaPattern, String tableNamePattern, String columnNamePattern)
특정 카탈로그에서 사용 가능한 테이블열의 정보를 가져온다.

Connection getConnection ()
해당 메타데이터 객체를 생성한 connection을 가져온다.

ResultSet getCrossReference(String parentCatalog, String parentSchema, String parentTable, String foreignCatalog, String foreignSchema, String foreignTable)
부모 테이블(같은 또는 다른 테이블이 될 수 있는)의 UNIQUE 제약 조건을 나타내는 칼럼이나 주키를 참조하는 주어진 외래키 테이블의 외래키 칼럼에 대한 설명(description)을 가져온다.

int getDatabaseMajorVersion()
기본 데이터베이스의 메이저 버전 번호를 가져온다.

int getDatabaseMinorVersion()
기본 데이터베이스의 마이너 버전 번호를 가져온다.

String getDatabaseProductName()
데이터베이스 제품 이름을 가져온다.

String getDatabaseProductVersion()
데이터베이스 제품의 버전 번호를 가져온다.

int getDefaultTransactionIsolation()
데이터베이스의 기본 트랜잭션 차단 레벨(transaction isolation level)을 가져온다.

int getDriverMajorVersion()
JDBC 드라이버의 메이저 버전 번호를 가져온다.

int getDriverMinorVersion()
JDBC 드라이버의 마이너 버전 번호를 가져온다.

String getDriverName()
JDBC 드라이버의 이름을 가져온다.

String getDriverVersion()
JDBC 드라이버의 버전 번호를 String으로 가져온다.

ResultSet getExportedKeys(String catalog, String schema, String table)
주어진 테이블의 primary key 열을 참조하는 foreign key 열에 관한 정보를 가져온다.

String getExtraNameCharacters()
unquoted 식별 이름으로 사용될 수 있는 모든 특수문자를 가져온다(a-z, A-Z, 0-9 그리고 _ 이외).

ResultSet getFunctionColumns(String catalog, String schemaPattern,
String functionNamePattern, String columnNamePattern)
카탈로그 시스템 또는 사용자 함수 파라미터 그리고 반환 type에 대한 정보를 가져온다.

ResultSet getFunctions(String catalog, String schemaPattern, String functionNamePattern)
해당 카탈로그에서 사용 가능한 시스템과 사용자 함수에 관한 정보를 가져온다.

String getIdentifierQuoteString()
SQL 식별자를 인용하기 위해 사용된 string을 가져온다.

ResultSet getImportedKeys(String catalog, String schema, String table)
주어진 테이블의 foreign key 열에 참조되는 primary key 열에 대한 정보를 가져온다.

ResultSet getIndexInfo(String catalog, String schema, String table, boolean unique, boolean approximate)
주어진 테이블의 인덱스와 통계 정보를 가져온다.

int getJDBCMajorVersion()
드라이버의 JDBC 메이저 버전 번호를 가져온다.

int getJDBCMinorVersion()
드라이버의 JDBC 마이너 버전 번호를 가져온다.

int getMaxBinaryLiteralLength()
데이터베이스가 허용하는 inline binary 문자의 최대 가능한 16진수 문자수를 가져온다.

int getMaxCatalogNameLength()
데이터베이스가 허용하는 카탈로그 이름의 최대 가능한 문자수를 가져온다.

int getMaxCharLiteralLength()
데이터베이스가 허용하는 문자(character literal)의 최대 가능한 문자수를 가져온다.

int getMaxColumnNameLength()
데이터베이스가 허용하는 column 이름의 최대 가능한 문자수를 가져온다.

int getMaxColumnsInGroupBy()
데이터베이스가 허용하는 GROUP BY clause의 최대 열수를 가져온다.

int getMaxColumnsInIndex()
데이터베이스가 허용하는 인덱스의 최대 열수를 가져온다.

int getMaxColumnsInOrderBy()
데이터베이스가 허용하는 ORDER BY clause의 최대 열수를 가져온다.

int getMaxColumnsInSelect()
데이터베이스가 허용하는 SELECT 리스트의 최대 열수를 가져온다.

int getMaxColumnsInTable()
데이터베이스가 하나의 테이블에서 허용하는 최대 열수를 가져온다.

int getMaxConnections()
데이터베이스에서 가능한 최대 동시접속 수를 가져온다.

int getMaxCursorNameLength()
데이터베이스가 허용하는 커서 이름의 최대 문자수를 가져온다.

int getMaxIndexLength()
데이터베이스가 허용하는 index의 최대 byte 수를 가져온다.

int getMaxProcedureNameLength()
데이터베이스가 허용하는 프로시저 이름의 최대 문자수를 가져온다.

int getMaxRowSize()
데이터베이스가 허용하는 한 행(row) 최대 byte 수를 가져온다.

int getMaxSchemaNameLength()
데이터베이스가 허용하는 스키마 이름의 최대 문자수를 가져온다.

int getMaxStatementLength()
데이터베이스가 허용하는 SQL문의 최대 문자수를 가져온다.

int getMaxStatements()
동시에 Open 될 수 있는 액티브 SQL문의 최대 수를 가져온다.

int getMaxTableNameLength()
데이터베이스가 허용하는 테이블 이름의 최대 문자수를 가져온다.

int getMaxTablesInSelect()
데이터베이스가 허용하는 SELECT문의 최대 테이블 수를 가져온다.

int getMaxUserNameLength()
데이터베이스가 허용하는 사용자 이름의 최대 문자수를 가져온다.

String getNumericFunctions()
해당 데이터베이스에서 사용 가능한 수학 함수 리스트(, 로 구분된)를 가져온다.

ResultSet getPrimaryKeys(String catalog, String schema, String table)
해당 테이블의 primary key 열들의 정보를 가져온다.

ResultSet getProcedureColumns(String catalog, String schemaPattern,
String procedureNamePattern, String columnNamePattern)
주어진 카탈로그의 저장된 프로시저 파라미터와 결과 열에 대한 정보를 가져온다.

ResultSet getProcedures(String catalog, String schemaPattern,
String procedureNamePattern)
주어진 카탈로그에서 사용 가능한 저장된 프로시저의 정보를 가져온다.

String getProcedureTerm()
데이터베이스 벤더에서 procedure를 지칭하는 용어를 가져온다.

int getResultSetHoldability()
ResultSet 객체에 대한 기본 holdability 값을 가져온다.

RowIdLifetime getRowIdLifetime()
SQL ROWID type이 지원되는지, 지원된다면 RowId 객체의 수명(lifetime)은 어떻게 되는지를 반환한다.

* 반환 값(RowIdLifetime)은 다음과 같은 값과 관계를 가진다.
ROWID_UNSUPPORTED < ROWID_VALID_OTHER < ROWID_VALID_TRANSACTION
< ROWID_VALID_SESSION < ROWID_VALID_FOREVER

ResultSet getSchemas()
데이터베이스에서 사용 가능한 스키마(schema) 이름을 가져온다.

ResultSet getSchemas(String catalog, String schemaPattern)
데이터베이스에서 사용 가능한 스키마 이름을 가져온다.

String getSchemaTerm()
데이터베이스 벤더에서 스키마를 지칭하는 용어를 가져온다.

String getSearchStringEscape()
와일드카드 문자열에서 벗어날 수 있는 string을 가져온다.
* '_' 어떠한 한 개의 문자, '%' 0 또는 여러 개의 문자로 이루어진 어떠한 문자열

String getSQLKeywords()
SQL:2003 keyword가 아닌 모든 키워드 리스트를(, 로 구분하여) 가져온다.

int getSQLStateType()
SQLException.getSQLState로 반환되는 SQLSTATE의 값이 X/Open SQL CLI인지, 아니면 SQL:2003인지를 나타낸다.

String getStringFunctions()
해당 데이터베이스에서 사용 가능한 스트링 함수 리스트를(, 로 구분하여) 가져온다.

ResultSet getSuperTables(String catalog, String schemaPattern, String tableNamePattern)
특정 schema에 정의된 테이블 계층 정보를 가져온다.

ResultSet getSuperTypes(String catalog, String schemaPattern, String typeNamePattern)
특정 스키마에 정의된 사용자 정의 타입(user-defined type) 계층 정보를 가져온다.

String getSystemFunctions()
해당 데이터베이스에서 사용 가능한 시스템 함수 리스트를(, 로 구분하여) 가져온다.

ResultSet getTablePrivileges(String catalog, String schemaPattern, String tableNamePattern)
카탈로그에서 사용 가능한 각 테이블의 접근권한 정보를 가져온다.

ResultSet getTables(String catalog, String schemaPattern, String tableNamePattern, String [] types)
주어진 카탈로그에서 사용 가능한 테이블 정보를 가져온다.

ResultSet getTableTypes()
해당 데이터베이스에서 사용 가능한 테이블 타입을 가져온다.

String getTimeDateFunctions()
해당 데이터베이스에서 사용 가능한 시간과 날짜 함수 리스트를(, 로 구분하여) 가져온다.

ResultSet getTypeInfo()
해당 데이터베이스가 지원하는 모든 데이터 타입 정보를 가져온다.

ResultSet getUDTs(String catalog, String schemaPattern, String typeNamePattern, int[] types)
특정 스키마에 정의된 사용자 정의 타입(user-defined type, UDT) 정보를 가져온다.

String getURL()
해당 DBMS의 URL을 가져온다.

String getUserName()
해당 데이터베이스에 알려진 사용자 이름을 가져온다.

ResultSet getVersionColumns(String catalog, String schema, String table)
행의 임의의 값이 변경되었을 경우, 자동적으로 갱신되는 테이블의 열의 정보를 가져온다.

boolean insertsAreDetected(int type)
ResultSet.rowInserted 호출로 행 삽입이 감지되는지 여부를 반환한다. 감지되면 true, 그렇지 않으면 false를 반환한다.

boolean isCatalogAtStart()
완전한 테이블 이름의 처음에 카탈로그가 나타나는지를 반환한다.

boolean isReadOnly()
데이터베이스가 읽기전용(read-only) 모드인지를 반환한다.

boolean locatorsUpdateCopy()
LOB 업데이트가 LOB 카피에 수행했는지, LOB에 직접 수행했는지 여부를 반환한다. 복사한 경우 true, LOB에 직접 한 경우 false를 반환한다.

boolean nullPlusNonNullIsNull()
NULL 값과 non-NULL 값 사이를 NULL로 하는지를 반환한다.

boolean nullsAreSortedAtEnd()
정렬 순서에 관계없이 NULL 값이 끝에 정렬되는지 여부를 반환한다.

boolean nullsAreSortedAtStart()
정렬 순서에 관계없이 NULL 값이 앞에 정렬되는지 여부를 반환한다.

boolean nullsAreSortedHigh()
NULL 값이 상위에 정렬되는지 여부를 반환한다.

boolean nullsAreSortedLow()
NULL 값이 하위에 정렬되는지 여부를 반환한다.

boolean othersDeletesAreVisible(int type)
다른 데서 삭제한 내용이 보이는지 여부를 반환한다. 보이면 true, 그렇지 않으면 false를 반환한다.

boolean othersInsertsAreVisible(int type)
다른 데서 삽입한 내용이 보이는지 여부를 반환한다.

boolean othersUpdatesAreVisible(int type)
다른 데서 갱신한 내용이 보이는지 여부를 반환한다.

boolean ownDeletesAreVisible(int type)
reseult set 자신이 삭제한 내용이 보이는지 여부를 반환한다.

boolean ownInsertsAreVisible(int type)
reseult set 자신이 삽입한 내용이 보이는지 여부를 반환한다.

boolean ownUpdatesAreVisible(int type)
reseult set 자신이 갱신한 내용이 보이는지 여부를 반환한다.

boolean storesLowerCaseIdentifiers()
대소문자가 혼용된 unquoted SQL문을 (대소문자가 무관한 경우) 소문자로 저장하는 것의 여부를 반환한다.

boolean storesLowerCaseQuotedIdentifiers()
대소문자가 혼용된 quoted SQL문을 (대소문자가 무관한 경우) 소문자로 저장하는 것의 여부를 반환한다.

boolean storesMixedCaseIdentifiers()
대소문자가 혼용된 unquoted SQL문을 (대소문자가 무관한 경우) 대소문자로 저장하는 것의 여부를 반환한다.

boolean storesMixedCaseQuotedIdentifiers()
대소문자가 혼용된 quoted SQL문을 (대소문자가 무관한 경우) 대소문자로 저장하는 것의 여부를 반환한다.

boolean storesUpperCaseIdentifiers()
대소문자가 혼용된 unquoted SQL문을 (대소문자가 무관한 경우) 대문자로 저장하는 것의 여부를 반환한다.

boolean storesUpperCaseQuotedIdentifiers()
대소문자가 혼용된 quoted SQL문을 (대소문자가 무관한 경우) 대문자로 저장하는 것의 여부를 반환한다.

boolean supportsAlterTableWithAddColumn()
추가 열이 있는 ALTER TABLE을 지원하는지 여부를 반환한다.

boolean supportsAlterTableWithDropColumn()
드롭 열이 있는 ALTER TABLE을 지원하는지 여부를 반환한다.

boolean supportsANSI92EntryLevelSQL()
ANSI92 entry level SQL 문법이 지원되는지를 반환한다.

boolean supportsANSI92FullSQL()
ANSI92 full SQL 문법이 지원되는지를 반환한다.

boolean supportsANSI92IntermediateSQL()
ANSI92 intermediate SQL 문법이 지원되는지를 반환한다.

boolean supportsBatchUpdates()
배치 업데이트가 지원되는지를 반환한다.

boolean supportsCatalogsInDataManipulation()
데이터 조작문(data manipulate statement)에 카탈로그 이름을 사용할 수 있는지의 여부를 반환한다.

boolean supportsCatalogsInIndexDefinitions()
인덱스 정의문(index definition statement)에 카탈로그 이름을 사용할 수 있는지의 여부를 반환한다.

boolean supportsCatalogsInPrivilegeDefinitions()
특권 정의문(privilege definition statement)에 카탈로그 이름을 사용할 수 있는지의 여부를 반환한다.

boolean supportsCatalogsInProcedureCalls()
프로시저 호출문(procedure call statement)에 카탈로그 이름을 사용할 수 있는지의 여부를 반환한다.

boolean supportsCatalogsInTableDefinitions()
테이블 정의문(table definition statement)에 카탈로그 이름을 사용할 수 있는지의 여부를 반환한다.

boolean supportsColumnAliasing()
column aliasing(열의 별명 짓기)가 지원되는지 여부를 반환한다.

boolean supportsConvert()
JDBC type을 또 다른 type으로 변환하는 JDBC 스칼라 함수 CONVERT가 지원되는지 여부를 반환한다.

boolean supportsConvert(int fromType, int toType)
JDBC type이 fromType에서 toTypye으로 변환하는 JDBC 스칼라 함수 CONVERT가 지원되는지 여부를 반환한다.

boolean supportsCoreSQLGrammar()
ODBC Core SQL 문법이 지원되는지 여부를 반환한다.

boolean supportsCorrelatedSubqueries()
연관 서브 질의가 지원되는지 여부를 반환한다.

boolean supportsDataDefinitionAndDataManipulationTransactions()
한 트랜잭션(transaction)에서 데이터 정의문과 데이터 조작문이 모두 지원되는지 여부를 반환한다.

boolean supportsDataManipulationTransactionsOnly()
한 트랜잭션(transaction)에서 데이터 조작문만 지원되는지 여부를 반환한다.

boolean supportsDifferentTableCorrelationNames()
테이블 상호관계명이 지원되는 경우, 테이블 이름과 다른 이름으로 제한되는지의 여부를 반환한다.

boolean supportsExpressionsInOrderBy()
ORDER BY를 지원하는지 여부를 반환한다.

boolean supportsExtendedSQLGrammar()
ODBC Extended SQL 문법이 지원되는지 여부를 반환한다.

boolean supportsFullOuterJoins()
완전 중첩 외부 조인이 지원되는지 여부를 반환한다.

boolean supportsGetGeneratedKeys()
SQL문이 실행된 후, 자동 생성키를 얻을 수 있는지 여부를 반환한다.

boolean supportsGroupBy()
GROUP BY 절이 지원되는지 여부를 반환한다.

boolean supportsGroupByBeyondSelect()
SELECT문의 모든 열이 GROUP BY 절에 포함된다고 하는 조건으로, GROUP BY 절에서 SELECT문에 없는 열의 사용이 지원되는지 여부를 반환한다.

boolean supportsGroupByUnrelated()
GROUP BY 절에서 SELECT 문에 없는 열의 사용이 지원되는지 여부를 반환한다.

boolean supportsIntegrityEnhancementFacility()
SQL Integrity Enhancement Facility가 지원되는지 여부를 반환한다.

boolean supportsLikeEscapeClause()
LIKE 이스케이프절 지정이 지원되는지 여부를 반환한다.

boolean supportsLimitedOuterJoins()
제한된 외부 조인을 지원하는지 여부를 반환한다.

boolean supportsMinimumSQLGrammar()
ODBC Minimum SQL 문법이 지원되는지 여부를 반환한다.

boolean supportsMixedCaseIdentifiers()
대소문자가 혼용된 unquoted SQL문을 (대소문자가 상관이 있는 경우) 대소문자로 저장하는 것의 여부를 반환한다.

boolean supportsMixedCaseQuotedIdentifiers()
대소문자가 혼용된 quoted SQL문을 (대소문자가 상관이 있는 경우) 대소문자로 저장하는 것의 여부를 반환한다.

boolean supportsMultipleOpenResults()
CallableStatement 객체로부터 동시에 반환된 복수의 ResultSet 객체를 가지는 것이 가능한지 여부를 반환한다.

boolean supportsMultipleResultSets()
execute 메소드의 단일 호출로 복수의 ResultSet 객체를 가지는 것이 가능한지 여부를 반환한다.

boolean supportsMultipleTransactions()
동시에 복수개의 트랜잭션(transaction)을 (다른 접속으로) 오픈할 수 있는지 여부를 반환한다.

boolean supportsNamedParameters()
callable statement로 named parameter가 지원되는지 여부를 반환한다.

boolean supportsNonNullableColumns()
열을 non-nullable로 정의될 수 있는지 여부를 반환한다.

boolean supportsOpenCursorsAcrossCommit()
commit 수행 간에 커서가 오픈된 채로 유지할 수 있는지 여부를 반환한다.

boolean supportsOpenCursorsAcrossRollback()
rollback 수행 간에 커서가 오픈된 채로 유지할 수 있는지 여부를 반환한다.

boolean supportsOpenStatementsAcrossCommit()
commit 수행 간에 statement를 오픈된 채로 유지할 수 있는지 여부를 반환한다.

boolean supportsOpenStatementsAcrossRollback()
rollback 수행 간에 statement를 오픈된 채로 유지할 수 있는지 여부를 반환한다.

boolean supportsOrderByUnrelated()
ORDER BY 절에서 SELECT문에 없는 열의 사용이 지원되는지 여부를 반환한다.

boolean supportsOuterJoins()
어떤 형태의 외부 조인이 지원되는지 여부를 반환한다.

boolean supportsPositionedDelete()
위치 지정된 DELETE 문이 지원되는지 여부를 반환한다.

boolean supportsPositionedUpdate()
위치 지정된 UPDATE문이 지원되는지 여부를 반환한다.

boolean supportsResultSetConcurrency(int type, int concurrency)
주어진 result set 타입과 조합하여 concurrency 타입을 지원하는지 여부를 반환한다.

boolean supportsResultSetHoldability(int holdability)
해당 데이터베이스가 주어진 holdability를 지원하는지 여부를 반환한다.

boolean supportsResultSetType(int type)
해당 데이터베이스가 주어진 result set 타입을 지원하는지 여부를 반환한다.

boolean supportsSavepoints()
savepoint를 지원하는지 여부를 반환한다.

boolean supportsSchemasInDataManipulation()
데이터 조작문으로 schema명을 사용할 수 있는지 여부를 반환한다.

boolean supportsSchemasInIndexDefinitions()
인덱스 정의문으로 schema명을 사용할 수 있는지 여부를 반환한다.

boolean supportsSchemasInPrivilegeDefinitions()
권한 정의문으로 schema명을 사용할 수 있는지 여부를 반환한다.

boolean supportsSchemasInProcedureCalls()
프로시저 호출문으로 schema명을 사용할 수 있는지 여부를 반환한다.

boolean supportsSchemasInTableDefinitions()
테이블 정의문으로 schema명을 사용할 수 있는지 여부를 반환한다.

boolean supportsSelectForUpdate()
SELECT FOR UPDATE 문이 지원되는지 여부를 반환한다.

boolean supportsStatementPooling()
Statement pooling이 지원되는지 여부를 반환한다.

boolean supportsStoredFunctionsUsingCallSyntax()
저장 프로시저 escape syntax를 사용하여 사용자 정의 또는 벤처 함수를 호출할 수 있는지 여부를 반환한다.

boolean supportsStoredProcedures()
저장 프로시저 escape syntax를 사용하는 저장 프로시저를 호출할 수 있는지 여부를 반환한다.

boolean supportsSubqueriesInComparisons()
비교 표현에서 서브쿼리가 지원되는지 여부를 반환한다.

boolean supportsSubqueriesInExists()
EXISTS 표현에서 서브쿼리가 지원되는지 여부를 반환한다.

boolean supportsSubqueriesInIns()
IN 표현에서 서브쿼리가 지원되는지 여부를 반환한다.

boolean supportsSubqueriesInQuantifieds()
한정된 표현에서 서브쿼리가 지원되는지 여부를 반환한다.

boolean supportsTableCorrelationNames()
테이블 상호 관계명이 지원되는지 여부를 반환한다.

boolean supportsTransactionIsolationLevel(int level)
해당 데이터베이스가 주어진 트랜잭션 차단(transaction isolation) 레벨을 지원하는지 여부를 반환한다.

boolean supportsTransactions()
해당 데이터베이스가 트랜잭션을 지원하는지 여부를 반환한다.

boolean supportsUnion()
해당 데이터베이스가 SQL UNION을 지원하는지 여부를 반환한다.

boolean supportsUnionAll()
해당 데이터베이스가 SQL UNION ALL을 지원하는지 여부를 반환한다.

boolean updatesAreDetected(int type)
ResultSet.rowUpdated 메소드 호출로 visible 행 갱신이 감지될 수 있는지 여부를 반환한다.

```
boolean usesLocalFilePerTable()
```
각 테이블에 파일을 사용하는지 여부를 반환한다.

```
boolean usesLocalFiles()
```
로컬 파일에 테이블을 저장하는지 여부를 반환한다.

13.1.7 Driver

▶ 인터페이스의 개요

모든 드라이버 클래스가 구현해야 하는 인터페이스이다.

▶ 메소드의 개요

```
boolean acceptsURL(String url)
```
주어진 URL로 데이터베이스에 접속할 수 있는지 여부를 반환한다.

```
Connection connect(String url, Properties info)
```
주어진 URL로 데이터베이스 접속을 시도한다.

```
int getMajorVersion()
```
드라이버의 메이저 버전 번호를 가져온다.

```
int getMinorVersion()
```
드라이버의 마이너 버전 번호를 가져온다.

```
DriverPropertyInfo [] getPropertyInfo(String url, Properties info)
```
해당 드라이버의 가능한 프로퍼티 정보를 가져온다.

```
boolean jdbcCompliant()
```
해당 드라이버가 진짜 JDBC CompliantTM 드라이버인지 보고한다.

13.1.8 NClob

▶ 인터페이스의 개요

SQL NCLOB(National Language Support Character Large Object) 타입과 매핑하여 사용되는 인터페이스이다. NClob 인터페이스는 Clob 인터페이스를 확장한 것으로, java.sql.Clob 인터페이스로부터 메소드를 상속받아 사용한다.

13.1.9 ParameterMetaData

▶ 인터페이스의 개요

파라미터에 대한 타입, 속성에 대한 정보를 얻는데 사용되는 인터페이스이다.

▶ 필드의 개요

```
static int parameterModeIn
파라미터 모드가 IN 상태를 가리키는 값이다.

static int parameterModeInOut
파라미터 모드가 INOUT 상태를 가리키는 값이다.

static int parameterModeOut
파라미터 모드가 OUT 상태를 가리키는 값이다.

static int parameterModeUnknown
파라미터 모드가 알려져 있지 않는 상태를 가리키는 값이다.

static int parameterNoNulls
파라미터가 NULL 값을 허용하지 않는 것을 가리키는 값이다.

static int parameterNullable
파라미터가 NULL 값을 허용하는 것을 가리키는 값이다.

static int parameterNullableUnknown
파라미터의 NULL 값 허용 여부가 알려져 있지 않는 상태를 가리키는 값이다.
```

▶ 메소드의 개요

```
String getParameterClassName(int param)
PreparedStatement.setObject 메소드에 사용될 자바 클래스의 풀 네임을 가져온다.

int getParameterCount()
PreparedStatement의 파라미터의 수를 가져온다.

int getParameterMode(int param)
지정된 파라미터 모드를 가져온다.

int getParameterType(int param)
지정된 파라미터 SQL 형을 가져온다.

String getParameterTypeName(int param)
지정된 파라미터의 데이터베이스 고유 타입 이름을 가져온다.
```

```
int getPrecision(int param)
지정된 파라미터의 열 사이즈를 가져온다.

int getScale(int param)
지정된 파라미터의 소수점 이하 자리수를 가져온다.

int isNullable(int param)
지정된 파라미터의 null 값 허용 여부를 반환한다.

boolean isSigned(int param)
지정된 파라미터 값이 signed number로 가능한지 여부를 반환한다.
```

13.1.10 PreparedStatement

▶ 인터페이스의 개요

사전에 컴파일된 SQL문을 사용할 수 있는 인터페이스이다.

▶ 메소드의 개요

```
void addBatch()
PreparedStatement 객체의 batch 커맨드에 파라미터 세트를 추가한다.

void clearParameters()
즉시 현재 파라미터 값을 클리어한다.

boolean execute()
PreparedStatement 객체의, 모든 종류의 SQL문을 실행한다.

ResultSet executeQuery()
PreparedStatement 객체의 SQL 쿼리를 실행하고, 생성된 ResultSet 객체를 반환한다.

int executeUpdate()
PreparedStatement 객체의 INSERT, UPDATE, DELETE 같은 DML(Data Manipulation Language) SQL문을 실행한다.

ResultSetMetaData getMetaData()
PreparedStatement 실행으로 반환되는 ResultSet 객체의 열에 관한 정보를 가지는 ResultSetMetaData 객체를 가져
온다.

ParameterMetaData getParameterMetaData()
PreparedStatement 객체의 파라미터 수, 타입 및 속성을 가져온다.

void setArray(int parameterIndex, Array x)
해당하는 파라미터를 주어진 java.sql.Array 객체로 설정한다.
```

```
void setAsciiStream(int parameterIndex, InputStream x)
```
해당하는 파라미터를 주어진 input stream으로 설정한다.

```
void setAsciiStream(int parameterIndex, InputStream x, int length)
```
해당하는 파라미터를 특정 바이트 수를 가지는 주어진 input stream으로 설정한다.

```
void setAsciiStream(int parameterIndex, InputStream x, long length)
```
해당하는 파라미터를 특정 바이트 수를 가지는 주어진 input stream으로 설정한다.

```
void setBigDecimal(int parameterIndex, BigDecimal x)
```
해당하는 파라미터를 주어진 java.math.BigDecimal로 설정한다.

```
void setBinaryStream(int parameterIndex, InputStream x)
```
해당하는 파라미터를 주어진 input stream으로 설정한다.

```
void setBinaryStream(int parameterIndex, InputStream x, int length)
```
해당하는 파라미터를 특정 바이트 수를 가지는 주어진 input stream으로 설정한다.

```
void setBinaryStream(int parameterIndex, InputStream x, long length)
```
해당하는 파라미터를 특정 바이트 수를 가지는 주어진 input stream으로 설정한다.

```
void setBlob(int parameterIndex, Blob x)
```
해당하는 파라미터를 주어진 java.sql.Blob 객체로 설정한다.

```
void setBlob(int parameterIndex, InputStream inputStream)
```
해당하는 파라미터를 주어진 input stream으로 설정한다.

```
void setBlob(int parameterIndex, InputStream inputStream, long length)
```
해당하는 파라미터를 특정 바이트 수를 가지는 주어진 input stream으로 설정한다.

```
void setBoolean(int parameterIndex, boolean x)
```
해당하는 파라미터를 주어진 Java의 boolean 값으로 설정한다.

```
void setByte(int parameterIndex, byte x)
```
해당하는 파라미터를 주어진 Java의 byte 값으로 설정한다.

```
void setBytes(int parameterIndex, byte[] x)
```
해당하는 파라미터를 주어진 Java의 byte 배열 값으로 설정한다.

```
void setCharacterStream(int parameterIndex, Reader reader)
```
해당하는 파라미터를 주어진 Java의 Reader 객체로 설정한다.

```
void setCharacterStream(int parameterIndex, Reader reader, int length)
```
해당하는 파라미터를 특정 문자길이를 가지는 주어진 Reader 객체로 설정한다.

```
void setCharacterStream(int parameterIndex, Reader reader, long length)
```
해당하는 파라미터를 특정 문자길이를 가지는 주어진 Reader 객체로 설정한다.

void setClob(int parameterIndex, Clob x)
해당하는 파라미터를 주어진 java.sql.Clob 객체로 설정한다.

void setClob(int parameterIndex, Reader reader)
해당하는 파라미터를 주어진 Reader 객체로 설정한다.

void setClob(int parameterIndex, Reader reader, long length)
해당하는 파라미터를 특정 문자길이를 가지는 주어진 Reader 객체로 설정한다.

void setDate(int parameterIndex, Date x)
애플리케이션을 실행하고 있는 가상 머신의 기본 타임 존을 사용해, 해당하는 파라미터를 주어진 java.sql.Date 값으로 설정한다.

void setDate(int parameterIndex, Date x, Calendar cal)
해당하는 파라미터를 Calendar 객체를 사용해 주어진 java.sql.Date 값으로 설정한다.

void setDouble(int parameterIndex, double x)
해당하는 파라미터를 주어진 Java의 double 값으로 설정한다.

void setFloat(int parameterIndex, float x)
해당하는 파라미터를 주어진 Java의 float 값으로 설정한다.

void setInt(int parameterIndex, int x)
해당하는 파라미터를 주어진 Java의 int 값으로 설정한다.

void setLong(int parameterIndex, long x)
해당하는 파라미터를 주어진 Java의 long 값으로 설정한다.

void setNCharacterStream(int parameterIndex, Reader value)
해당하는 파라미터를 주어진 Reader 객체로 설정한다.

void setNCharacterStream(int parameterIndex, Reader value, long length)
해당하는 파라미터를 주어진 Reader 객체로 설정한다.

void setNClob(int parameterIndex, NClob value)
해당하는 파라미터를 주어진 java.sql.NClob 객체로 설정한다.

void setNClob(int parameterIndex, Reader reader)
해당하는 파라미터를 주어진 Reader 객체로 설정한다.

void setNClob(int parameterIndex, Reader reader, long length)
해당하는 파라미터를 특정 문자길이를 가지는 주어진 Reader 객체로 설정한다.

void setNString(int parameterIndex, String value)
해당하는 파라미터를 주어진 String 객체로 설정한다.

void setNull(int parameterIndex, int sqlType)
해당하는 파라미터를 SQL NULL로 설정한다.

```
void setNull(int parameterIndex, int sqlType, String typeName)
해당하는 파라미터를 SQL NULL로 설정한다.

void setObject(int parameterIndex, Object x)
해당하는 파라미터를 주어진 객체로 설정한다.

void setObject(int parameterIndex, Object x, int targetSqlType)
해당하는 파라미터를 주어진 객체로 설정한다.

void setObject(int parameterIndex, Object x, int targetSqlType, int scaleOrLength)
해당하는 파라미터를 주어진 객체로 설정한다.

void setRef(int parameterIndex, Ref x)
해당하는 파라미터를 주어진 REF(<structured-type>) 값으로 설정한다.

void setRowId(int parameterIndex, RowId x)
해당하는 파라미터를 주어진 java.sql.RowId 객체로 설정한다.

void setShort(int parameterIndex, short x)
해당하는 파라미터를 주어진 Java의 short 값으로 설정한다.

void setSQLXML(int parameterIndex, SQLXML xmlObject)
해당하는 파라미터를 주어진 java.sql.SQLXML 객체로 설정한다.

void setString(int parameterIndex, String x)
해당하는 파라미터를 주어진 Java의 String 값으로 설정한다.

void setTime(int parameterIndex, Time x)
해당하는 파라미터를 주어진 java.sql.Time 값으로 설정한다.

void setTime(int parameterIndex, Time x, Calendar cal)
해당하는 파라미터를 주어진 Calendar 객체를 사용해 java.sql.Time 값으로 설정한다.

void setTimestamp(int parameterIndex, Timestamp x)
해당하는 파라미터를 주어진 java.sql.Timestamp 값으로 설정한다.

void setTimestamp(int parameterIndex, Timestamp x, Calendar cal)
해당하는 파라미터를 주어진 Calendar 객체를 사용해 java.sql.Timestamp 값으로 설정한다.

void setUnicodeStream(int parameterIndex, InputStream x, int length)
더 이상 사용하지 않는다.

void setURL(int parameterIndex, URL x)
해당하는 파라미터를 주어진 java.net.URL 값으로 설정한다.
```

13.1.11 Ref

▶ 인터페이스의 개요

SQL REF과 매핑하여 사용되는 인터페이스이다.

▶ 메소드의 개요

```
String getBaseTypeName()
해당 Ref 객체가 참조하는 SQL structured type의 풀 SQL 이름을 가져온다.

Object getObject()
해당 Ref 객체에 의해 참조되는 SQL structured type instance를 가져온다.

Object getObject(Map <String ,Class <? >> map)
주어진 map을 사용하여 Java 타입으로 매핑하고 참조 객체를 반환한다.

void setObject(Object value)
해당 Ref 객체가 참조하는 structured type 값을 주어진 객체의 instance로 설정한다.
* value: SQL structured type instance를 나타내는 Object
```

13.1.12 ResultSet

▶ 인터페이스의 개요

데이터베이스의 결과 세트를 나타내는 데이터의 테이블에 관한 인터페이스이다. 일반적으로 데이터베이스 질의문을 통해 생성된다.

▶ 필드의 개요

```
static int CLOSE_CURSORS_AT_COMMIT
holdability를 가진 오픈된 ResutSet 객체가 현재 트랜잭션이 commit되었을 때 닫히는 것을 나타내는 값이다.

static int CONCUR_READ_ONLY
업데이트되지 않을 수 있는 ResultSet 객체에 대한 concurrency mode를 나타내는 값이다.

static int CONCUR_UPDATABLE
업데이트되는 ResultSet 객체에 대한 concurrency mode를 나타내는 값이다.

static int FETCH_FORWARD
결과 세트의 행이 순방향으로(앞에서부터 끝으로) 처리되는 것을 나타내는 값이다.
```

static int FETCH_REVERSE
결과 세트의 행이 역방향으로(끝에서부터 앞으로) 처리되는 것을 나타내는 값이다.

static int FETCH_UNKNOWN
결과 세트의 행이 처리되는 순서가 알려져 있지 않음을 나타내는 값이다.

static int HOLD_CURSORS_OVER_COMMIT
holdability를 가진 오픈된 ResultSet 객체가 현재 트랜잭션이 commit되었을 때 계속 오픈상태를 유지하는 것을 나타내는 값이다.

static int TYPE_FORWARD_ONLY
커서가 앞으로만 움직이는 ResultSet 객체의 타입을 나타내는 값이다.

static int TYPE_SCROLL_INSENSITIVE
일반적으로는 ResultSet 데이터 변경에 민감하지 않고 스크롤 가능한 ResultSet 객체의 형태를 나타내는 정수이다.

static int TYPE_SCROLL_SENSITIVE
일반적으로는 ResultSet 데이터 변경에 민감하고 스크롤 가능한 ResultSet 객체의 형태를 나타내는 정수이다.

▶ 메소드의 개요

boolean absolute(int row)
주어진 row 값으로 커서 위치를 이동시킨다.

void afterLast()
커서를 ResultSet 객체의 제일 끝, 마지막 행 다음으로 이동시킨다.

void beforeFirst()
커서를 ResultSet 객체의 제일 앞, 첫 행 이전으로 이동시킨다.

void cancelRowUpdates()
ResultSet 객체의 현재 행에 대한 업데이트를 취소한다.

void clearWarnings()
해당 ResultSet 객체에 보고된 모든 경고(warnings)를 삭제한다.

void close()
자동으로 클로즈될 때까지 기다리는 것이 아니라, 즉시 객체의 데이터베이스와 JDBC 자원을 해제한다.

void deleteRow()
ResultSet 객체와 기본 데이터베이스에서 현재 행을 삭제한다.

int findColumn(String columnLabel)
주어진 ReseultSet의 열라벨을 열인덱스와 매핑하여 해당 인덱스 번호를 반환한다.

boolean first()
커서를 ResultSet 객체가 참조하고 있는 첫 번째 행으로 이동시킨다. 첫 번째 행이 존재하면 true를 존재하지 않으면 false를 반환한다.

Array getArray(int columnIndex)
Array getArray(String columnLabel)
파라미터에 해당하는 column 값을 자바 프로그래밍 언어의 Array 객체로 가져온다.
* columnIndex: column의 index(테이블의 column의 순으로 1부터 순차적으로 적용)
* columnLabel: column의 label(SQL AS 절로 지정, 그렇지 않으면 column name)

InputStream getAsciiStream(int columnIndex)
InputStream getAsciiStream(String columnLabel)
파라미터에 해당하는 column 값을 ASCII 문자 스트림으로 가져온다.

BigDecimal getBigDecimal(int columnIndex)
BigDecimal getBigDecimal(String columnLabel)
파라미터에 해당하는 column 값을 java.math.BigDecimal로 가져온다.

BigDecimal getBigDecimal(int columnIndex, int scale)
BigDecimal getBigDecimal(String columnLabel, int scale)
사용중지(deprecated).

InputStream getBinaryStream(int columnIndex)
InputStream getBinaryStream(String columnLabel)
파라미터에 해당하는 column 값을 해석되지 않는 바이트로 가져온다.

Blob getBlob(int columnIndex)
Blob getBlob(String columnLabel)
파라미터에 해당하는 column 값을 자바 프로그래밍 언어의 Blob 객체로 가져온다.

boolean getBoolean(int columnIndex)
boolean getBoolean(String columnLabel)
파라미터에 해당하는 column 값을 자바 프로그래밍 언어의 boolean 값으로 가져온다.

byte getByte(int columnIndex)
byte getByte(String columnLabel)
파라미터에 해당하는 column 값을 자바 프로그래밍 언어의 byte 값으로 가져온다.

byte[] getBytes(int columnIndex)
byte[] getBytes(String columnLabel)
파라미터에 해당하는 column 값을 자바 프로그래밍 언어의 byte 배열 값으로 가져온다.

Reader getCharacterStream(int columnIndex)
Reader getCharacterStream(String columnLabel)
파라미터에 해당하는 column 값을 java.io.Reader 객체로 가져온다.

Clob getClob(int columnIndex)
Clob getClob(String columnLabel)
파라미터에 해당하는 column 값을 자바 프로그래밍 언어의 Clob 객체로 가져온다.

int getConcurrency()
ResultSet 객체의 concurrency mode 값을 가져온다.

String getCursorName()
ResultSet 객체에 사용되는 SQL 커서 이름을 가져온다.

Date getDate(int columnIndex)
Date getDate(String columnLabel)
파라미터에 해당하는 column 값을 자바 프로그래밍 언어의 java.sql.Date 객체로 가져온다.

Date getDate(int columnIndex, Calendar cal)
Date getDate(String columnLabel, Calendar cal)
파라미터에 해당하는 column 값을 자바 프로그래밍 언어의 java.sql.Date 객체로 가져온다.

double getDouble(int columnIndex)
double getDouble(String columnLabel)
파라미터에 해당하는 column 값을 자바 프로그래밍 언어의 double 값으로 가져온다.

int getFetchDirection()
해당 ResultSet 객체의 페치 방향을 가져온다.

int getFetchSize()
해당 ResultSet 객체의 페치 사이즈를 가져온다.

float getFloat(int columnIndex)
float getFloat(String columnLabel)
파라미터에 해당하는 column 값을 자바 프로그래밍 언어의 float 값으로 가져온다.

int getHoldability()
해당 ResultSet 객체의 holdability를 가져온다.

int getInt(int columnIndex)
int getInt(String columnLabel)
파라미터에 해당하는 column 값을 자바 프로그래밍 언어의 int 값으로 가져온다.

long getLong(int columnIndex)
long getLong(String columnLabel)
파라미터에 해당하는 column 값을 자바 프로그래밍 언어의 long 값으로 가져온다.

ResultSetMetaData getMetaData()
ResultSet 객체의 열에 대한 수, 타입 및 속성을 가져온다.

Reader getNCharacterStream(int columnIndex)
Reader getNCharacterStream(String columnLabel)
파라미터에 해당하는 column 값을 java.io.Reader 객체로 가져온다.

NClob getNClob(int columnIndex)
NClob getNClob(String columnLabel)
파라미터에 해당하는 column 값을 자바 프로그래밍 언어의 NClob 객체로 가져온다.

String getNString(int columnIndex)
String getNString(String columnLabel)
파라미터에 해당하는 column 값을 자바 프로그래밍 언어의 String으로 가져온다.

Object getObject(int columnIndex)
Object getObject(String columnLabel)
파라미터에 해당하는 column 값을 자바 프로그래밍 언어의 Object로 가져온다.

Object getObject(int columnIndex, Map <String ,Class <? >> map)
Object getObject(String columnLabel, Map <String ,Class <? >> map)
파라미터에 해당하는 column 값을 자바 프로그래밍 언어의 Object로 가져온다.

Ref getRef(int columnIndex)
Ref getRef(String columnLabel)
파라미터에 해당하는 column 값을 자바 프로그래밍 언어의 Ref 객체로 가져온다.

int getRow()
현재 행 번호를 가져온다.

RowId getRowId(int columnIndex)
RowId getRowId(String columnLabel)
파라미터에 해당하는 column 값을 자바 프로그래밍 언어의 java.sql.RowId 객체로 가져온다.

short getShort(int columnIndex)
short getShort(String columnLabel)
파라미터에 해당하는 column 값을 자바 프로그래밍 언어의 short로 가져온다.

SQLXML getSQLXML(int columnIndex)
SQLXML getSQLXML(String columnLabel)
파라미터에 해당하는 column 값을 자바 프로그래밍 언어의 java.sqlSQLXML 객체로 가져온다.

Statement getStatement()
해당 ResultSet 객체를 생성한 Statement 객체를 가져온다.

String getString(int columnIndex)
String getString(String columnLabel)
파라미터에 해당하는 column 값을 자바 프로그래밍 언어의 String으로 가져온다.

Time getTime(int columnIndex)
Time getTime(String columnLabel)
파라미터에 해당하는 column 값을 자바 프로그래밍 언어의 java.sql.Time 객체로 가져온다.

Time getTime(int columnIndex, Calendar cal)
Time getTime(String columnLabel, Calendar cal)
파라미터에 해당하는 column 값을 자바 프로그래밍 언어의 java.sql.Time 객체로 가져온다.

Timestamp getTimestamp(int columnIndex)
Timestamp getTimestamp(String columnLabel)
파라미터에 해당하는 column 값을 자바 프로그래밍 언어의 java.sql.Timestamp 객체로 가져온다.

```
Timestamp getTimestamp(int columnIndex, Calendar cal)
Timestamp getTimestamp(String columnLabel, Calendar cal)
```
파라미터에 해당하는 column 값을 자바 프로그래밍 언어의 java.sql.Timestamp 객체로 가져온다.

```
int getType()
```
해당 ResultSet 객체의 타입을 가져온다.

```
InputStream getUnicodeStream(int columnIndex)
InputStream getUnicodeStream(String columnLabel)
```
사용중지(deprecated). 대신 getCharacterStream를 사용

```
URL getURL(int columnIndex)
URL getURL(String columnLabel)
```
파라미터에 해당하는 column 값을 자바 프로그래밍 언어의 java.net.URL 객체로 가져온다.

```
SQLWarning getWarnings()
```
ResultSet 객체 호출로 보고된 제일 처음 경고를 가져온다.

```
void insertRow()
```
삽입행의 내용을, ResultSet 객체 및 데이터베이스로 삽입한다.

```
boolean isAfterLast()
```
커서가 마지막 행 다음을 참조하는지 여부를 반환한다.

```
boolean isBeforeFirst()
```
커서가 첫 번째 행 이전을 참조하는지 여부를 반환한다.

```
boolean isClosed()
```
ResultSet 객체가 닫혀졌는지 여부를 반환한다.

```
boolean isFirst()
```
커서가 ResultSet 객체의 첫 번째 행을 참조하고 있는지 여부를 반환한다. 첫 번째 행에 커서가 있으면 true를, 아니면 false를 반환한다.

```
boolean isLast()
```
커서가 ResultSet 객체의 마지막 행을 참조하고 있는지 여부를 반환한다.

```
boolean last()
```
커서를 ResultSet 객체가 참조하고 있는 마지막 행으로 이동시킨다.

```
void moveToCurrentRow()
```
커서를 기억되고 있는 위치(일반적으로 현재 행)로 이동시킨다.

```
void moveToInsertRow()
```
커서를 삽입 행으로 이동시킨다.

```
boolean next()
```
커서를 현재 위치에서 1행 다음으로 이동시킨다.

boolean previous()
커서를 현재 위치에서 1행 이전으로 이동시킨다.

void refreshRow()
현재 행을 데이터베이스 내의 최신 값으로 재수집한다.

boolean relative(int rows)
커서를 row 수만큼 이동시킨다. row가 양수인 경우 앞(forward)으로, 음수인 경우 뒤(backward)로 이동하고, 0인 경우는 이동하지 않는다. 예를 들어 relative(1)은 next()와 같으며, refative(-1)은 previous()를 수행하는 것과 같다.

boolean rowDeleted()
삭제된 행이 있는지 여부를 반환한다.

boolean rowInserted()
삽입된 행이 있는지 여부를 반환한다.

boolean rowUpdated()
갱신된 행이 있는지 여부를 반환한다.

void setFetchDirection(int direction)
ResultSet객체의 fetch 방향을 설정한다. 방향 값은 FETCH_FORWARD, FETCH_REVERSE, FETCH_UNKNOWN 중 하나의 값을 가진다.

void setFetchSize(int rows)
ResultSet 객체의 fetch 사이즈를 설정한다.

void updateArray(int columnIndex, Array x)
void updateArray(String columnLabel, Array x)
해당하는 열을 java.sql.Array 값으로 업데이트한다.

void updateAsciiStream(int columnIndex, InputStream x)
void updateAsciiStream(String columnLabel, InputStream x)
해당하는 열을 ASCII 스트림 값으로 업데이트한다.

void updateAsciiStream(int columnIndex, InputStream x, int length)
void updateAsciiStream(String columnLabel, InputStream x, int length)
void updateAsciiStream(int columnIndex, InputStream x, long length)
void updateAsciiStream(String columnLabel, InputStream x, long length)
해당하는 열을 특정 바이트 수를 가지는 ASCII 스트림 값으로 업데이트한다.

void updateBigDecimal(int columnIndex, BigDecimal x)
void updateBigDecimal(String columnLabel, BigDecimal x)
해당하는 열을 java.math.BigDecima 값으로 업데이트한다.

void updateBinaryStream(int columnIndex, InputStream x)
void updateBinaryStream(String columnLabel, InputStream x)
해당하는 열을 바이너리 스트림 값으로 업데이트한다.

```
void updateBinaryStream(int columnIndex, InputStream x, int length)
void updateBinaryStream(int columnIndex, InputStream x, long length)
void updateBinaryStream(String columnLabel, InputStream x, int length)
void updateBinaryStream(String columnLabel, InputStream x, long length)
```
해당하는 열을 특정 바이트 수를 가지는 바이너리 스트림 값으로 업데이트한다.

```
void updateBlob(int columnIndex, Blob x)
void updateBlob(String columnLabel, Blob x)
```
해당하는 열을 java.sql.Blob 값으로 업데이트한다.

```
void updateBlob(int columnIndex, InputStream inputStream)
void updateBlob(String columnLabel, InputStream inputStream)
```
해당하는 열을 주어진 input stream 값으로 업데이트한다.

```
void updateBlob(int columnIndex, InputStream inputStream, long length)
void updateBlob(String columnLabel, InputStream inputStream, long length)
```
해당하는 열을 특정 바이트 수를 가지는 input stream 값으로 업데이트한다.

```
void updateBoolean(int columnIndex, boolean x)
void updateBoolean(String columnLabel, boolean x)
```
해당하는 열을 boolean 값으로 업데이트한다.

```
void updateByte(int columnIndex, byte x)
void updateByte(String columnLabel, byte x)
```
해당하는 열을 byte 값으로 업데이트한다.

```
void updateBytes(int columnIndex, byte[] x)
void updateBytes(String columnLabel, byte[] x)
```
해당하는 열을 byte 배열 값으로 업데이트한다.

```
void updateCharacterStream(int columnIndex, Reader x)
void updateCharacterStream(String columnLabel, Reader reader)
```
해당하는 열을 문자 스트림 값으로 업데이트한다.

```
void updateCharacterStream(int columnIndex, Reader x, int length)
void updateCharacterStream(int columnIndex, Reader x, long length)
void updateCharacterStream(String columnLabel, Reader reader, int length)
void updateCharacterStream(String columnLabel, Reader reader, long length)
```
해당하는 열을 특정 바이트 수를 가지는 문자 스트림 값으로 업데이트한다.

```
void updateClob(int columnIndex, Clob x)
void updateClob(String columnLabel, Clob x)
```
해당하는 열을 java.sql.Clob 값으로 업데이트한다.

```
void updateClob(int columnIndex, Reader reader)
void updateClob(String columnLabel, Reader reader)
```
해당하는 열을 주어진 reader 객체를 사용해 업데이트한다.

```
void updateClob(int columnIndex, Reader reader, long length)
void updateClob(String columnLabel, Reader reader, long length)
```
해당하는 열을 특정 문자 길이를 가지는 reader 객체를 사용해 업데이트한다.

```
void updateDate(int columnIndex, Date x)
void updateDate(String columnLabel, Date x)
```
해당하는 열을 java.sql.Date 값으로 업데이트한다.

```
void updateDouble(int columnIndex, double x)
void updateDouble(String columnLabel, double x)
```
해당하는 열을 double 값으로 업데이트한다.

```
void updateFloat(int columnIndex, float x)
void updateFloat(String columnLabel, float x)
```
해당하는 열을 float 값으로 업데이트한다.

```
void updateInt(int columnIndex, int x)
void updateInt(String columnLabel, int x)
```
해당하는 열을 int 값으로 업데이트한다.

```
void updateLong(int columnIndex, long x)
void updateLong(String columnLabel, long x)
```
해당하는 열을 long 값으로 업데이트한다.

```
void updateNCharacterStream(int columnIndex, Reader x)
void updateNCharacterStream(String columnLabel, Reader reader)
```
해당하는 열을 문자 스트림 값으로 업데이트한다.

```
void updateNCharacterStream(int columnIndex, Reader x, long length)
void updateNCharacterStream(String columnLabel, Reader reader, long length)
```
해당하는 열을 특정 바이트 수를 가지는 문자 스트림 값으로 업데이트한다.

```
void updateNClob(int columnIndex, NClob nClob)
void updateNClob(String columnLabel, NClob nClob)
```
해당하는 열을 java.sql.NClob 값으로 업데이트한다.

```
void updateNClob(int columnIndex, Reader reader)
void updateNClob(String columnLabel, Reader reader)
```
해당하는 열을 주어진 Reader 객체를 사용하여 업데이트한다.

```
void updateNClob(int columnIndex, Reader reader, long length)
void updateNClob(String columnLabel, Reader reader, long length)
```
해당하는 열을 특정 문자 길이를 가지는 Reader 객체를 사용하여 업데이트한다.

```
void updateNString(int columnIndex, String nString)
void updateNString(String columnLabel, String nString)
```
해당하는 열을 String 값으로 업데이트한다.

```
void updateNull(int columnIndex)
void updateNull(String columnLabel)
해당하는 열을 NULL 값으로 업데이트한다.

void updateObject(int columnIndex, Object x)
void updateObject(String columnLabel, Object x)
해당하는 열을 Object 값으로 업데이트한다.

void updateObject(int columnIndex, Object x, int scaleOrLength)
void updateObject(String columnLabel, Object x, int scaleOrLength)
해당하는 열을 Object 값으로 업데이트한다.

void updateRef(int columnIndex, Ref x)
void updateRef(String columnLabel, Ref x)
해당하는 열을 java.sql.Ref 값으로 업데이트한다.

void updateRow()
ResultRef 객체의 현재 행에 관한 변경사항을 실제 데이터베이스에 업데이트한다.

void updateRowId(int columnIndex, RowId x)
void updateRowId(String columnLabel, RowId x)
해당하는 열을 RowId 값으로 업데이트한다.

void updateShort(int columnIndex, short x)
void updateShort(String columnLabel, short x)
해당하는 열을 short 값으로 업데이트한다.

void updateSQLXML(int columnIndex, SQLXML xmlObject)
void updateSQLXML(String columnLabel, SQLXML xmlObject)
해당하는 열을 java.sql.SQLXML 값으로 업데이트한다.

void updateString(int columnIndex, String x)
void updateString(String columnLabel, String x)
해당하는 열을 String 값으로 업데이트한다.

void updateTime(int columnIndex, Time x)
void updateTime(String columnLabel, Time x)
해당하는 열을 java.sql.Time 값으로 업데이트한다.

void updateTimestamp(int columnIndex, Timestamp x)
void updateTimestamp(String columnLabel, Timestamp x)
해당하는 열을 java.sql.Timestamp 값으로 업데이트한다.

boolean wasNull()
마지막으로 열을 읽은 값이 SQL NULL인지 여부를 반환한다.
get 메소드 중 하나를 호출한 뒤, wasNull 메소드를 호출하여 읽은 값이 SQL NULL인지를 파악한다.
```

13.1.13 ResultSetMetaData

▶ 인터페이스의 개요

ResultSet 객체의 메타데이터(수, 타입, 속성)를 얻을 수 있는 인터페이스이다.

▶ 필드의 개요

---

static int columnNoNulls
열이 NULL 값을 허용하지 않는 것을 나타내는 값이다.

static int columnNullable
열이 NULL 값을 허용하는 것을 나타내는 값이다.

static int columnNullableUnknown
열이 NULL 값을 허용하는지 여부가 알려져 있지 않는 것을 나타내는 값이다.

▶메소드의 개요

String getCatalogName(int column)
해당 열의 테이블의 카탈로그 이름을 가져온다.

String getColumnClassName(int column)
해당하는 자바 클래스의 이름을 가져온다.

int getColumnCount()
ResultSet 객체의 열수를 가져온다.

int getColumnDisplaySize(int column)
해당 열의 표현 가능한 최대 문자수를 가져온다.

String getColumnLabel(int column)
인쇄나 디스플레이용으로 표시되는 열의 이름을 가져온다.

String getColumnName(int column)
해당 열의 이름을 가져온다.

int getColumnType(int column)
해당 열의 SQL type을 가져온다.

String getColumnTypeName(int column)
해당 열의 데이터베이스 고유의 type 이름을 가져온다.

int getPrecision(int column)
해당 열의 지정된 열 사이즈를 가져온다.

```
int getScale(int column)
```
해당 열의 소수점 이하 자리수를 가져온다.

```
String getSchemaName(int column)
```
해당 열의 테이블 schema 이름을 가져온다.

```
String getTableName(int column)
```
해당 열의 테이블 이름을 가져온다.

```
boolean isAutoIncrement(int column)
```
해당 열이 자동으로 번호가 증가되는지 여부를 반환한다.

```
boolean isCaseSensitive(int column)
```
해당 열이 대문자 소문자가 구별되는지 여부를 반환한다.

```
boolean isCurrency(int column)
```
해당 열이 화폐단위가 있는지 여부를 반환한다.

```
boolean isDefinitelyWritable(int column)
```
해당 열에 쓰기가 반드시 성공하는지 여부를 반환한다.

```
int isNullable(int column)
```
해당 열에 NULL 값이 가능한지 여부를 반환한다.

```
boolean isReadOnly(int column)
```
해당 열이 읽기전용 모드로, 쓰기가 불가능한지 여부를 반환한다.

```
boolean isSearchable(int column)
```
해당 열을 where 절에 사용가능한지 여부를 반환한다.

```
boolean isSigned(int column)
```
해당 열의 값이 부호가 있는 숫자(signed number)인지 여부를 반환한다.

```
boolean isWritable(int column)
```
해당 열에 쓰기가 가능한지 여부를 반환한다.

13.1.14 RowId

▶ 인터페이스의 개요

자바 프로그래밍 언어 SQL ROWID로 매핑되는 인터페이스이다.

▶ 메소드의 개요

---

boolean equals(Object obj)
해당 RowId와 주어진 object를 비교하여, 같으면 true, 그렇지 않으면 false를 반환한다.

byte[] getBytes()
java.sql.RowId 객체가 가리키는 SQL ROWID의 값을 바이트 배열로 반환한다.

int hashCode()
해당 RowId 객체의 해시 코드 값을 반환한다.

String toString()
java.sql.RowId 객체가 가리키는 SQL ROWID의 값을 String으로 반환한다.

13.1.15 Savepoint

▶ 인터페이스의 개요

Connection.rollback 메소드에 의해 참조되는 현재 트랜잭션 내의 특정 포인트(세이브 포인트)를 나타내는 인터페이스이다.

▶ 메소드의 개요

---

int getSavepointId()
해당 Savepoint 객체가 나타내는 세이브 포인트의 ID를 가져온다.

String getSavepointName()
해당 Savepoint 객체가 나타내는 세이브 포인트의 이름을 가져온다.

13.1.16 SQLData

▶ 인터페이스의 개요

SQL 사용자 정의타입(user-defined type: UDT)을 자바 프로그래밍 언어의 클래스에 매핑하는 데 사용되는 인터페이스이다.

```
String getSQLTypeName()
해당 객체가 나타내는 SQL 사용자 정의 타입 이름을 가져온다.


void readSQL(SQLInput stream, String typeName)
해당 객체의 값을 주어진 stream으로부터 읽어온다.


void writeSQL(SQLOutput stream)
해당 객체의 값을 주어진 stream에 쓴다.
```

13.1.17 SQLInput

▶ 인터페이스의 개요

SQL distinct 타입 또는 SQL structured 타입의 값을 읽기 위한 스트림(input stream) 인터페이스이다.

▶ 메소드의 개요

```
Array readArray()
스트림의 SQL ARRAY 값을 읽어, 자바 프로그래밍 언어의 Array 객체로 반환한다.


InputStream readAsciiStream()
스트림의 다음 속성을 읽어, ASCII 문자의 스트림으로 반환한다.


BigDecimal readBigDecimal()
스트림의 다음 속성을 읽어, 자바 프로그래밍 언어의 java.math.BigDecimal 객체로 반환한다.


InputStream readBinaryStream()
스트림의 다음 속성을 읽어, 해석되지 않는 바이트 스트림으로 반환한다.


Blob readBlob()
스트림의 SQL BLOB 값을 읽어, 자바 프로그래밍 언어의 Blob 객체로 반환한다.


boolean readBoolean()
스트림의 다음 속성을 읽어, 자바 프로그래밍 언어의 boolean으로 반환한다.


byte readByte()
스트림의 다음 속성을 읽어, 자바 프로그래밍 언어의 byte로 반환한다.


byte[] readBytes()
스트림의 다음 속성을 읽어, 자바 프로그래밍 언어의 byte 배열로 반환한다.


Reader readCharacterStream()
스트림의 다음 속성을 읽어, Unicode 문자 스트림으로 반환한다.
```

Clob readClob()
스트림의 SQL CLOB 값을 읽어, 자바 프로그래밍 언어의 Clob 객체로 반환한다.

Date readDate()
스트림의 다음 속성을 읽어, java.sql.Date 객체로 반환한다.

double readDouble()
스트림의 다음 속성을 읽어, 자바 프로그래밍 언어의 double로 반환한다.

float readFloat()
스트림의 다음 속성을 읽어, 자바 프로그래밍 언어의 float로 반환한다.

int readInt()
스트림의 다음 속성을 읽어, 자바 프로그래밍 언어의 int로 반환한다.

long readLong()
스트림의 다음 속성을 읽어, 자바 프로그래밍 언어의 long으로 반환한다.

NClob readNClob()
스트림의 SQL NCLOB 값을 읽어, 자바 프로그래밍 언어의 NClob 객체로 반환한다.

String readNString()
스트림의 다음 속성을 읽어, 자바 프로그래밍 언어의 String으로 반환한다.

Object readObject()
스트림의 제일 앞에 있는 데이터를 읽어, 자바 프로그래밍 언어의 Object로 반환한다.

Ref readRef()
스트림의 SQL REF 값을 읽어, 자바 프로그래밍 언어의 Ref 객체로 반환한다.

RowId readRowId()
스트림의 SQL ROWID 값을 읽어, 자바 프로그래밍 언어의 RowId 객체로 반환한다.

short readShort()
스트림의 다음 속성을 읽어, 자바 프로그래밍 언어의 Short로 반환한다.

SQLXML readSQLXML()
스트림의 SQL XML 값을 읽어, 자바 프로그래밍 언어의 SQLXML 객체로 반환한다.

String readString()
스트림의 다음 속성을 읽어, 자바 프로그래밍 언어의 String으로 반환한다.

Time readTime()
스트림의 다음 속성을 읽어, java.sql.Time 객체로 반환한다.

Timestamp readTimestamp()
스트림의 다음 속성을 읽어, java.sql.Timestamp 객체로 반환한다.

URL readURL()
스트림의 SQL DATALINK 값을 읽어, 자바 프로그래밍 언어의 java.net.URL 객체로 반환한다.

boolean wasNull()
마지막으로 읽은 값이 SQL NULL인지 여부를 반환한다.

13.1.18 SQLOutput

▶ 인터페이스의 개요

사용자 정의형(user-defined type) 속성을 데이터베이스에 쓰기 위한 스트림(output stream) 인터페이스
이다.

▶ 메소드의 개요

void writeArray(Array x)
주어진 SQL ARRAY 값을 스트림에 쓴다.

void writeAsciiStream(InputStream x)
스트림의 다음 속성을 주어진 ASCII 문자 스트림으로 쓴다.

void writeBigDecimal(BigDecimal x)
스트림의 다음 속성을 주어진 java.math.BigDecimal 객체로 쓴다.

void writeBinaryStream(InputStream x)
스트림의 다음 속성을 주어진 해석되지 않는 바이트 스트림으로 쓴다.

void writeBlob(Blob x)
SQL BLOB 값을 스트림에 쓴다.

void writeBoolean(boolean x)
스트림의 다음 속성을 주어진 자바 boolean으로 쓴다.

void writeByte(byte x)
스트림의 다음 속성을 주어진 자바 byte로 쓴다.

void writeBytes(byte[] x)
스트림의 다음 속성을 주어진 자바 byte 배열로 쓴다.

void writeCharacterStream(Reader x)
스트림의 다음 속성을 주어진 Unicode 문자 스트림으로 쓴다.

void writeClob(Clob x)
SQL CLOB 값을 스트림에 쓴다.

void writeDate(Date x)
스트림의 다음 속성을 주어진 java.sql.Date 객체로 쓴다.

void writeDouble(double x)
스트림의 다음 속성을 주어진 자바 double로 쓴다.

void writeFloat(float x)
스트림의 다음 속성을 주어진 자바 float로 쓴다.

void writeInt(int x)
스트림의 다음 속성을 주어진 자바 int로 쓴다.

void writeLong(long x)
스트림의 다음 속성을 주어진 자바 long으로 쓴다.

void writeNClob(NClob x)
SQL NCLOB 값을 스트림에 쓴다.

void writeNString(String x)
스트림의 다음 속성을 주어진 자바 String으로 쓴다.

void writeObject(SQLData x)
주어진 SQLData 객체에 포함된 데이터를 스트림에 쓴다.
void writeRef(Ref x)
SQL REF 값을 스트림에 쓴다.

void writeRowId(RowId x)
SQL ROWID 값을 스트림에 쓴다.

void writeShort(short x)
스트림의 다음 속성을 주어진 자바 Short로 쓴다.

void writeSQLXML(SQLXML x)
SQL XML 값을 스트림에 쓴다.

void writeString(String x)
스트림의 다음 속성을 주어진 자바 String으로 쓴다.

void writeStruct(Struct x)
SQL structured type 값을 스트림에 쓴다.

void writeTime(Time x)
스트림의 다음 속성을 주어진 java.sql.Time 객체로 쓴다.

void writeTimestamp(Timestamp x)
스트림의 다음 속성을 주어진 java.sql.Timestamp 객체로 쓴다.

void writeURL(URL x)
SQL DATALINK 값을 스트림에 쓴다.

13.1.19 SQLXML

▶ 인터페이스의 개요

SQL XML 타입의 JavaTM 프로그래밍 언어에서의 매핑되는 인터페이스이다.

▶ 메소드의 개요

---

void free()
해당 객체를 클로즈하고 자원을 해제한다.

InputStream getBinaryStream()
SQLXML 인스턴스가 가리키는 XML 값을 스트림으로 반환한다.

Reader getCharacterStream()
SQLXML 인스턴스가 가리키는 XML 값을 java.io.Reader 객체로 반환한다.

<T extends Source > T getSource(Class <T> sourceClass)
SQLXML 인스턴스가 가리키는 XML 값을 읽기 위한 Source를 반환한다.

String getString()
SQLXML 인스턴스가 가리키는 XML 값을 나타내는 string을 반환한다.
OutputStream setBinaryStream()
SQLXML 인스턴스가 가리키는 XML에 값을 쓸 수 있는 stream을 반환한다.

Writer setCharacterStream()
SQLXML 인스턴스가 가리키는 XML에 값을 쓸 수 있는 stream을 반환한다.

<T extends Result > T setResult(Class <T> resultClass)
SQLXML 인스턴스가 가리키는 XML에 값을 쓰기 위한 Result를 반환한다.

void setString(String value)
SQLXML 인스턴스가 가리키는 XML 값을 주어진 string으로 쓴다.

13.1.20 Statement

▶ 인터페이스의 개요

SQL문을 실행하고, 해당 결과를 반환하는데 사용되는 인터페이스이다.

static int CLOSE_ALL_RESULTS
getMoreResults 호출 시, 오픈되어 있던 모든 ResultSet 객체가 닫혀져야 함을 나타내는 상수이다.

static int CLOSE_CURRENT_RESULT
getMoreResults 호출 시, 현재 ResultSet 객체가 닫혀져야 함을 나타내는 상수이다.

static int EXECUTE_FAILED
배치문 실행 시, 에러가 발생했음을 나타내는 상수이다.

static int KEEP_CURRENT_RESULT
getMoreResults 호출 시, 현재 ResultSet 객체가 닫히지 말아야 함을 나타내는 상수이다.

static int NO_GENERATED_KEYS
생성된 키가 검색을 위해 사용될 수 없음을 나타내는 상수이다.

static int RETURN_GENERATED_KEYS
생성된 키가 검색을 위해 사용될 수 있어야 함을 나타내는 상수이다.

static int SUCCESS_NO_INFO
일괄문(bach statement)이 성공적으로 실행되었으나, 영향을 받은 행수가 알 수 없음을 나타내는 상수이다.

▶ 메소드의 개요

void addBatch(String sql)
주어진 SQL 명령문을 해당 Statement 객체의 명령 리스트에 추가한다.
* 쌓여진 커맨드 리스트는 executeBatch() 메소드로 한꺼번에 실행된다.

void cancel()
해당 메소드를 호출하여 다른 스레드에서 실행되는 statement 객체를 취소한다(DBMS와 드라이버가 SQL문 수행이 취소되는 것을 지원하는 경우에).

void clearBatch()
해당 Statement 객체의 현재 가지고 있는 SQL 명령 리스트를 삭제한다.

void clearWarnings()
해당 Statement 객체에 보고된 모든 경고(warnings)를 삭제한다.

void close()
자동으로 클로즈될 때까지 기다리는 것이 아니라, 즉시 객체의 데이터베이스와 JDBC 자원을 해제한다.

boolean execute(String sql)
모든 SQL문에 사용 가능하며 주어진 SQL문을 실행한다. 결과가 ResultSet 객체인 경우 true를 업데이트 카운트 또는 결과가 없는 경우 false를 반환한다. 결과를 가져오기 위해서는 getResultSet 또는 getUpdateCount 메소드를 사용하며, getMoreResult를 이용하여 다음 결과로 이동이 가능하다.

boolean execute(String sql, int autoGeneratedKeys)
주어진 SQL문을 실행하고, Statement 객체에 의해 생성된 어떤 자동 생성키가 검색을 위해 사용될 수 있는지를 드라이버에 알려준다.

boolean execute(String sql, int[] columnIndexes)
주어진 SQL문을 실행하고, 주어진 배열에 칼럼 인덱스로 표시된 자동 생성키가 검색을 위해 사용되어야 하는지를 드라이버에 알려준다.

boolean execute(String sql, String [] columnNames)
주어진 SQL문을 실행하고, 주어진 배열에 칼럼명으로 표시된 자동 생성키가 검색을 위해 사용되어야 하는지를 드라이버에 알려준다.

int[] executeBatch()
명령 리스트를 실행한다. 성공적으로 수행된 경우, 각 명령문별로 업데이트된 행의 수를 배열로 반환한다. 결과 값은 다음과 같다.
- 0이거나 0보다 큰 숫자: 해당 명령문이 성공적으로 수행되었고, 실행된 명령으로 영향을 받은 업데이트된 행의 수를 의미한다.
- SUCCESS_NO_INFO: 해당 명령문은 성공적으로 수행되었으나, 영향을 받은 행의 수를 알 수 없는 경우를 의미한다.
- EXECUTE_FAILED: 명령문 실행이 실패했음을 의미한다.

ResultSet executeQuery(String sql)
검색(SELECT)문에 사용되며 주어진 SQL문을 실행하고, 생성된 데이터를 포함하고 있는 단일 ResultSet 객체를 반환한다.

int executeUpdate(String sql)
삽입(INSERT), 갱신(UPDATE), 삭제(DELETE) 등과 같은 갱신(update)문에 사용되며 주어진 SQL문을 실행하고 이에 대한 행의 개수를 반환한다.

int executeUpdate(String sql, int autoGeneratedKeys)
주어진 SQL문을 실행하고, Statement 객체에 의해 생성된 자동 생성키가 검색을 위해 사용될 수 있는지의 여부를 드라이버에 알려준다.

int executeUpdate(String sql, int[] columnIndexes)
주어진 SQL문을 실행하고, 주어진 배열에 칼럼 인덱스로 표시된 자동 생성키가 검색을 위해 사용되어야 하는지를 드라이버에 알려준다.

int executeUpdate(String sql, String [] columnNames)
주어진 SQL문을 실행하고, 주어진 배열에 칼럼명으로 표시된 자동 생성키가 검색을 위해 사용되어야 하는지를 드라이버에 알려준다.

Connection getConnection()
자신(해당 Statement 객체)을 생성한 Connection 객체를 반환한다.

int getFetchDirection()
Statement 수행으로 가져오는 결과의 기본 페치 방향(행을 읽어올 방향)을 가져온다.

int getFetchSize()
Statement 수행으로 가져오는 결과의 기본 페치 사이즈(행의 수)를 가져온다.

ResultSet getGeneratedKeys()
Statement 객체의 실행 결과로 만들어진 자동 생성키를 가져온다.

int getMaxFieldSize()
Statement 수행으로 가져오는 ResultSet 객체의 최대 필드 크기를 가져온다.

int getMaxRows()
Statement 수행으로 가져오는 ResultSet 객체가 포함할 수 있는 최대 행수를 가져온다.

boolean getMoreResults()
현재 ResultSet 객체는 자동으로 닫으면서, Statement 객체의 다음의 결과로 이동한다. 다음 결과가 ResultSet 객체이면 true를, 업데이트 카운트거나 더 이상 결과가 없는 경우 false를 반환한다.

boolean getMoreResults(int current)
현재 ResultSet 객체에 주어진 current를 수행하고, Statement 객체의 다음의 결과로 이동한다.

* current: ResultSet 객체에 수행해야 할 명령을 나타낸다.
CLOSE_CURRENT_RESULT
KEEP_CURRENT_RESULT
CLOSE_ALL_RESULTS

int getQueryTimeout()
Statement 객체가 실행될 때, 드라이버가 기다려 주는 시간을 가져온다. 초단위의 제한시간이 반환되며, 0인 경우 무한대이다.

ResultSet getResultSet()
현재 결과를 ResultSet 객체로 가져온다.

int getResultSetConcurrency()
ResultSet 객체의 Concurrency 값을 가져온다.

int getResultSetHoldability()
ResultSet 객체의 Holdability 값을 가져온다.

int getResultSetType()
ResultSet 객체의 타입 값을 가져온다.

int getUpdateCount()
업데이트 카운트를 가져온다.

SQLWarning getWarnings()
Statement 객체 호출로 보고된 경고를 가져온다. 제일 처음 SQLWarning 객체 또는 warning이 없는 경우 NULL 값을 반환한다.

boolean isClosed()
Statement 객체가 클로즈되었는지 여부를 반환한다.

```
boolean isPoolable()
Statement 객체가 폴링 가능한지 여부를 반환한다.

void setCursorName(String name)
주어진 String으로 SQL 커서 이름을 설정한다.

void setEscapeProcessing(boolean enable)
Escape 처리 값 On 또는 Off로 설정한다.

void setFetchDirection(int direction)
Statement 수행으로 가져오는 결과의 기본 페치 방향(행을 읽어올 방향)을 주어진 값으로 설정한다.

void setFetchSize(int rows)
Statement 수행으로 가져오는 결과의 기본 페치 사이즈(행의 수)를 주어진 값으로 설정한다.

void setMaxFieldSize(int max)
Statement 수행으로 가져오는 ResultSet 객체의 최대 필드 크기를 설정한다.

void setMaxRows(int max)
Statement 수행으로 가져오는 ResultSet 객체가 포함할 수 있는 최대 행수를 설정한다.

void setPoolable(boolean poolable)
Statement 객체의 폴링 여부를 설정한다.

void setQueryTimeout(int seconds)
Statement 객체가 실행될 때, 드라이버가 기다려 주는 초단위의 시간을 설정한다.
```

13.1.21 Struct

▶ 인터페이스의 개요

SQL structured 타입의 자바 프로그래밍 언어에서 매핑되는 인터페이스이다.

▶ 메소드의 개요

```
Object [] getAttributes()
Struct 객체가 가지는 속성들의 값을 가져온다.

Object [] getAttributes(Map <String ,Class <? >> map)
SQL 타입을 자바 클래스로 매핑하는 주어진 파라미터 값을 이용하여 Struct 객체가 가지는 속성들의 값을 가져온다.

String getSQLTypeName()
Struct 객체가 나타내는 SQL structured type 이름을 가져온다.
```

13.1.22 Wrapper

▶ 인터페이스의 개요

Wrapper는 JDBC 사용자가 포장된(wrapped) 자원의 인스턴스를 액세스할 수 있는 메커니즘을 제공하기 위한 인터페이스이며, JDBC 드라이버 구현에 의해 사용된다. 이 메커니즘은 공급업체 특정 리소스를 액세스하기 위하여 비표준적인 방법의 사용에 대한 필요성을 제거하는데 도움을 줄 수 있다.

▶ 메소드의 개요

```
boolean isWrapperFor(Class <? > iface)
```
주어진 인터페이스를 구현하거나 직간접적으로 객체를 wrapper한 경우 true를 반환한다.

```
<T> T unwrap(Class <T> iface)
```
비표준 메소드 또는 proxy에 의해 공개되지 않은 표준 메소드에 접근 가능하도록, 주어진 인터페이스를 구현하는 객체를 반환한다.

13.2 클래스

13.2.1 Date

▶ 클래스의 개요

java.util.Date를 상속받은 클래스, thin wrapper로 SQL DATE형과 매핑되는 클래스이다. * millisecond는 1970년 1월 1일 그리니치 표준시 00:00:00. 000로부터 경과시간을 나타낸 값이다.

▶ 생성자의 개요

```
Date(int year, int month, int day)
```
사용중지. 대신 Date(long date)를 사용

```
Date(long date)
```
주어진 millisecond 시간 값을 사용하여 Date 객체를 생성한다.

▶ 메소드의 개요

```
int getHours()
int getMinutes()
int getSeconds()
void setHours(int i)
void setMinutes(int i)
void setSeconds(int i)
사용중지(deprecated)

void setTime(long date)
주어진 millisecond 시간 값을 이용하여 Date 객체를 설정한다.

String toString()
Date 객체의 값을 스트링(yyyy-mm-dd 형태)으로 변환한다.

static Date valueOf(String s)
주어진 스트링(yyyy-mm-dd 형태) 값을 Date 객체로 변환한다.
```

13.2.2 DriverManager

▶ 클래스의 개요

JDBC 드라이버를 관리하는 클래스이다.

▶ 메소드의 개요

```
static void deregisterDriver(Driver driver)
DriverManager 리스트에서 주어진 드라이버를 삭제한다.

static Connection getConnection(String url)
주어진 데이터베이스 URL로 접속을 시도하고 해당 connection을 가져온다.
DriverManager는 등록된 JDBC 드라이버 중 적당한 것을 선택하여 접속을 시도한다.

static Connection getConnection(String url, Properties info)
주어진 데이터베이스 URL 정보로 접속을 시도하고 해당 connection을 가져온다.

static Connection getConnection(String url, String user, String password)
주어진 데이터베이스 URL, user, password로 접속을 시도하고 해당 connection을 가져온다.

static Driver getDriver(String url)
주어진 URL로 접속이 가능한 driver를 가져온다.

static Enumeration <Driver > getDrivers()
현재 로드된 모든 JDBC driver를 Enumeration 타입으로 가져온다.
```

```
static int getLoginTimeout()
데이터베이스에 로긴하는데 드라이버가 기다려 줄 수 있는 최대 시간(login timeout)을 가져온다.

static PrintStream getLogStream()
사용중지(deprecated).

static PrintWriter getLogWriter()
로그를 작성할 수 있는 PrintWriter 객체를 가져온다.

static void println(String message)
현재 JDBC 로그 스트림에 주어진 message를 출력한다.

static void registerDriver(Driver driver)
주어진 드라이버를 DriverManager에 등록한다.

static void setLoginTimeout(int seconds)
로긴 timeout 시간을 주어진 int 값으로 설정한다.

static void setLogStream(PrintStream out)
사용중지(deprecated)

static void setLogWriter(PrintWriter out)
로그 또는 트레이스를 할 수 있는 PrintWriter 객체를 설정한다.
```

13.2.3 DriverPropertyInfo

▶ 클래스의 개요

Connection을 만들기 위한 드라이버 속성 정보를 가지는 클래스이다.

▶ 필드의 개요

```
String [] choices
DriverPropertyInfo.value의 값이 일련의 값 중에서 선택 가능한 경우, 해당 선택 가능한 값의 배열을 나타낸다.

String description
속성에 관한 간단한 설명을 나타낸 값이다.

String name
속성의 이름을 나타낸 값이다.

boolean required
Driver.connect 중에 제공되어야 하는 정보인 경우를 나타내는 값이다.

String value
속성의 현재 값을 나타낸다.
```

▶ 생성자의 개요

DriverPropertyInfo(String name, String value)
주어진 이름과 값으로 DriverPropertyInfo 객체를 생성한다.

13.2.4 SQLPermission

▶ 클래스의 개요

애플릿으로 실행되고 있는 코드가 DriverManager.setLogWriter 메소드 또는 DriverManage.setLogStream 메소드(추천되지 않음)를 호출할 때, SecurityManager가 판별하기 위한 클래스이다.

▶ 생성자의 개요

SQLPermission(String name)
지정된 이름으로 새 SQLPermission 객체를 생성한다. 현재는 "setLog" 이름만 허용된다.

SQLPermission(String name, String actions)
지정된 이름을 가지는 새로운 SQLPermission 객체를 생성한다. 현재는 "setLog" 이름만 허용되며 action 은 현재 사용되지 않는 값으로 null이어야 한다.

13.2.5 Time

▶ 클래스의 개요

java.util.Date를 상속받은 클래스, thin wrapper로 SQL TIME형과 매핑되는 클래스이다.

▶ 생성자의 개요

Time(int hour, int minute, int second)
사용중지(deprecated). millisecond 값을 가지는 생성자를 사용

Time(long time)
millisecond 값을 이용하여 Time 객체를 생성한다.

PART 4 JDBC API   445

```
int getDate()
int getDay()
int getMonth()
int getYear()
void setDate(int i)
void setMonth(int i)
사용중지(deprecated).

void setTime(long time)
millisecond 값을 이용하여 Time 객체를 설정한다.

void setYear(int i)
사용중지(deprecated).

String toString()
Time 객체의 값을 스트링(hh:mm:ss 형태)으로 변환한다.

static Time valueOf(String s)
주어진 스트링(hh:mm:ss 형태) 값을 Time 객체로 변환한다.
```

13.2.6 Timestamp

▶ 클래스의 개요

java.util.Date를 상속받은 클래스, thin wrapper로 SQL TIMESTAMP형과 매핑되는 클래스이다(날짜와 시간을 합친 타입이다).

▶ 생성자의 개요

```
Timestamp(int year, int month, int date, int hour, int minute, int second, int nano)
사용중지(deprecated). millisecond 값을 가지는 생성자를 사용.

Timestamp(long time)
millisecond 값을 이용하여 Timestamp 객체를 생성한다.
```

▶ 메소드의 개요

```
boolean after(Timestamp ts)
해당 Timestamp 객체가 주어진 Timestamp 객체보다 이후인지 여부를 반환한다.
```

boolean before(Timestamp ts)
해당 Timestamp 객체가 주어진 Timestamp 객체보다 이전인지 여부를 반환한다.

int compareTo(Date o)
해당 Timestamp 객체를 주어진 Date(Timestamp 객체여야 함)와 비교한다.
해당 Timestamp 객체와 주어진 값을 비교하여 동일하면 0 값을, 해당 객체가 더 이전이면 음수를, 이후이면 양수를 반환한다.

int compareTo(Timestamp ts)
해당 Timestamp 객체를 주어진 Timestamp 객체와 비교한다.

boolean equals(Object ts)
해당 Timestamp 객체를 주어진 Date(Timestamp 객체여야 함)와 비교하여 동일한지 여부를 반환한다. 동일하면 true를 그렇지 않으면 false를 반환한다.

boolean equals(Timestamp ts)
해당 Timestamp 객체를 주어진 Timestamp 객체와 비교하여 동일한지 여부를 반환한다.

int getNanos()
해당 Timestamp 객체의 nanos 값을 가져온다.

long getTime()
해당 Timestamp 객체가 가리키는 1970년 1월 1일, 0시 0분 0초 GMT(그리니치 표준시)로부터의 millisecond 수를 가져온다.

void setNanos(int n)
Timestamp 객체 nanos 필드를 주어진 값으로 설정한다.

void setTime(long time)
Timestamp 객체의 시간을 millisecond 값으로 설정한다.

String toString()
Timestamp 객체의 값을 스트링(yyyy-mm-dd hh:mm:ss.fffffffff 형태)으로 변환한다. (fffffffff는 nanosecond를 나타낸다))

static Timestamp valueOf(String s)
주어진 스트링(yyyy-mm-dd hh:mm:ss.fffffffff 형태)) 값을 Timestamp 객체로 변환한다.

13.2.7 Types

▶ 클래스의 개요
JDBC형으로 불리는 generic SQL type을 식별하기 위해서 사용되는 상수를 정의하는 클래스이다.

▶ 필드의 개요

```
static int ARRAY
static int BIGINT
static int BINARY
static int BIT
static int BLOB
static int BOOLEAN
static int CHAR
static int CLOB
static int DATALINK
static int DATE
static int DECIMAL
static int DISTINCT
static int DOUBLE
static int FLOAT
static int INTEGER
static int JAVA_OBJECT
static int LONGNVARCHAR
static int LONGVARBINARY
static int LONGVARCHAR
static int NCHAR
static int NCLOB
static int NULL
static int NUMERIC
static int NVARCHAR
```
각 필드 이름이 나타내는 generic SQL type을 나타내는 값이다.

```
static int OTHER
```
데이터베이스 고유의 타입을 나타내는 값으로, getObject, setObject 메소드로 접근가능한 객체로 매핑된다.
```
static int REAL
static int REF
static int ROWID
static int SMALLINT
static int SQLXML
static int STRUCT
static int TIME
static int TIMESTAMP
static int TINYINT
static int VARBINARY
static int VARCHAR
```
각 필드 이름이 나타내는 generic SQL type을 나타내는 값이다.

13.3 열거형

13.3.1 ClientInfoStatus

▶ 개요

Connection.setClientInfo 호출로 프로퍼티를 설정할 수 없는 이유에 대한 열거이다.

▶ 열거형 상수의 개요

REASON_UNKNOWN
알 수 없는 이유로 클라이언트 정보 속성을 설정할 수 없음을 나타낸다.

REASON_UNKNOWN_PROPERTY
주어진 클라이언트 정보 프로퍼티명이 인식되지 않는 이름임을 나타낸다.

REASON_VALUE_INVALID
클라이언트 정보 프로퍼티로 지정된 값이 유효하지 않음을 나타낸다.

REASON_VALUE_TRUNCATED
클라이언트 정보 프로퍼티로 지정된 값이 너무 큰 값임을 나타낸다.

▶ 메소드의 개요

```
static ClientInfoStatus valueOf(String name)
```
주어진 이름에 해당하는 열거형 상수 값을 반환한다.
이름은 enum constant에 선언된 identifier와 정확히 일치해야 한다.

```
static ClientInfoStatus [] values()
```
열거형 상수를 포함하는 배열을 선언된 순서대로 정렬하여 반환한다.

13.3.2 RowIdLifetime

▶ 개요

RowId의 lifetime 값에 대한 열거이다.

▶ 열거형 상수의 개요

ROWID_UNSUPPORTED
ROWID 타입을 지원하지 않는 것을 나타낸다.

ROWID_VALID_FOREVER
RowId의 lifetime이 실질적으로 무한함을 나타낸다.

ROWID_VALID_OTHER
RowId의 lifetime은 아래 세 가지 값에도 해당하지 않는 뭔가 다른 것이다.
ROWID_VALID_TRANSACTION, ROWID_VALID_SESSION, ROWID_VALID_FOREVER

ROWID_VALID_SESSION
RowId의 lifetime이 해당 session 동안 유지됨을 나타낸다.

ROWID_VALID_TRANSACTION
RowId의 lifetime이 해당 transaction 동안 유지됨을 나타낸다.

▶ 메소드의 개요

---

static RowIdLifetime valueOf(String name)
주어진 이름에 해당하는 열거형 상수 값을 반환한다.
이름은 enum constant에 선언된 identifier와 정확히 일치해야 한다.

static RowIdLifetime [] values()
열거형 상수를 포함하는 배열을 선언된 순서대로 정렬하여 반환한다.

13.4 예외 클래스

여기에서는 몇 개의 예외 클래스에 대해서만 소개하였으며, 나머지는 JDBC API를 참조하기 바란다.

13.4.1 BatchUpdateException

▶ 클래스의 개요

batch update가 실행되는 도중에 발생할 수 있는 예외 클래스이다. 성공적으로 수행된 명령문의 update count를 제공한다.

▶ 생성자의 개요

BatchUpdateException()
BatchUpdateException 객체를 생성한다.

BatchUpdateException(int[] updateCounts)
BatchUpdateException(int[] updateCounts, Throwable cause)
BatchUpdateException(String reason, int[] updateCounts)
BatchUpdateException(String reason, int[] updateCounts, Throwable cause)
BatchUpdateException(String reason, String sqlState, int[] updateCounts)
BatchUpdateException(String reason, String sqlState, int[] updateCounts,
                     Throwable cause)
BatchUpdateException(String reason, String sqlState, int vendorCode,
                     int[] updateCounts)
BatchUpdateException(String reason, String sqlState, int vendorCode,
                     int[] updateCounts, Throwable cause)
BatchUpdateException(Throwable cause)
주어진 파라미터 값으로 초기화된 BatchUpdateException 객체를 생성한다.

* updatecounts: batch 각 명령문으로 update가 된 행의 수를 담은 배열
* cause: exception이 발생한 원인
* reason: exception에 대한 설명
* SQLstate: XOPEN or SQL:2003에 정의된 exception code
* venderCode: 데이터베이스 벤더에서 사용되는 exception code

▶ 메소드의 개요

int[] getUpdateCounts()
Exception이 발생하기 전까지 성공적으로 수행된 batch update의 각 명령문에 대한 update count 배열 값을 가져온다.

13.4.2 SQLDataException

▶ 클래스의 개요

허용되지 않는 변환, 0으로 나누기, 적절하지 않는 argument 등 다양한 데이터 에러에 관한 예외 클래스이다.

```
SQLDataException()
SQLDataException 객체를 생성한다.


SQLDataException(String reason)
SQLDataException(String reason, String sqlState)
SQLDataException(String reason, String sqlState, int vendorCode)
SQLDataException(String reason, String sqlState, int vendorCode, Throwable cause)
SQLDataException(String reason, String sqlState, Throwable cause)
SQLDataException(String reason, Throwable cause)
SQLDataException(Throwable cause)
주어진 파라미터 값으로 초기화된 SQLDataException 객체를 생성한다.


* cause: exception이 발생한 원인
* reason: exception에 대한 설명
* SQLstate: XOPEN or SQL:2003에 정의된 exception code
* venderCode: 데이터베이스 공급업체에서 사용되는 exception code
```

13.4.3 SQLException

▶ 클래스의 개요

데이터베이스 액세스 오류 또는 그 외의 오류에 관한 정보를 제공하는 예외 클래스이다.

▶ 생성자의 개요

```
SQLException()
SQLException 객체를 생성한다.


SQLException(String reason)
SQLException(String reason, String sqlState)
SQLException(String reason, String sqlState, int vendorCode)
SQLException(String reason, String sqlState, int vendorCode, Throwable cause)
SQLException(String reason, String sqlState, Throwable cause)
SQLException(String reason, Throwable cause)
SQLException(Throwable cause)
주어진 파라미터 값으로 SQLException 객체를 생성한다.


* cause: exception이 발생한 원인
* reason: exception에 대한 설명
* SQLstate: XOPEN or SQL:2003에 정의된 exception code
* venderCode: 데이터베이스 공급업체에서 사용되는 exception code
```

▶ 메소드의 개요

```
int getErrorCode()
```
해당 SQLException 객체의 공급업체가 지정한 exception code를 가져온다.

```
SQLException getNextException()
```
해당 SQLException 객체에 연결된(chained) 다음 SQLException 객체를 가져온다.

```
String getSQLState()
```
SQLException 객체의 SQLState를 가져온다.

```
Iterator <Throwable > iterator()
```
연결된 SQLException에 대한 iterator를 반환한다.

```
void setNextException(SQLException ex)
```
해당 객체가 연결된 리스트의 마지막에 SQLException 객체를 추가한다.

13.4.4 SQLSyntaxErrorException

▶ 클래스의 개요

실행 중인 질의가 SQL syntax 규칙을 위반한 경우에 관한 예외 클래스이다.

▶ 생성자의 개요

```
SQLSyntaxErrorException()
```
SQLSyntaxErrorException 객체를 생성한다.

```
SQLSyntaxErrorException(String reason)
SQLSyntaxErrorException(String reason, String sqlState)
SQLSyntaxErrorException(String reason, String sqlState, int vendorCode)
SQLSyntaxErrorException(String reason, String sqlState, int vendorCode,
Throwable cause)
SQLSyntaxErrorException(String reason, String sqlState, Throwable cause)
SQLSyntaxErrorException(String reason, Throwable cause)
SQLSyntaxErrorException(Throwable cause)
```
주어진 파라미터 값으로 SQLSyntaxErrorException 객체를 생성한다.

* cause: exception이 발생한 원인
* reason: exception에 대한 설명
* SQLstate: XOPEN or SQL:2003에 정의된 exception code
* venderCode: 데이터베이스 공급업체에서 사용되는 exception code

13.4.5 SQLWarning

▶ 클래스의 개요

데이터베이스 액세스 경고에 관한 정보를 제공하는 예외 클래스이다.

▶ 생성자의 개요

```
SQLWarning()
SQLWarning 객체를 생성한다.

SQLWarning(String reason)
SQLWarning(String reason, String sqlState)
SQLWarning(String reason, String sqlState, int vendorCode)
SQLWarning(String reason, String sqlState, int vendorCode, Throwable cause)
SQLWarning(String reason, String sqlState, Throwable cause)
SQLWarning(String reason, Throwable cause)
SQLWarning(Throwable cause)
주어진 파라미터 값으로 SQLWarning 객체를 생성한다.

* cause: exception이 발생한 원인
* reason: exception에 대한 설명
* SQLstate: XOPEN or SQL:2003에 정의된 exception code
* venderCode: 데이터베이스 공급업체에서 사용되는 exception code
```


▶ 메소드의 개요

```
Warning getNextWarning()
해당 SQLWarning 객체에 연결된(chained) 다음 SQLWarning 객체를 가져온다.

void setNextWarning(SQLWarning w)
해당 객체가 연결된(chained) 리스트의 마지막에 SQLWarning 객체를 추가한다.
```

부 록: 수강관리 시스템 소스 코드

  본 부록에는 "11장 수강관리 시스템"을 위해 구현된 소스 코드 중에서 본문에 포함되어 있지 않는 소스 코드를 수록하였다. 수강관리 시스템을 위한 프로그램 소스 코드는 다음과 같다. 소스프로그램은 가나다 순으로 정렬되어 있다.

1. 프로그램 리스트

- 데이터베이스 및 테이블 생성 관련 프로그램 리스트 (모두 본문에 포함되어 있음)
  CreateJboardDatabases.java
  CreateInfoTables.java
  CreateCodeTables.java

- 데이터베이스 처리를 위한 프로그램 리스트 (모두 본문에 포함되어 있음)
  DBConnection.java
  J_Subject.java
  Manager.java
  Record.java
  School.java
  Student.java
  Teacher.java
  User.java

- 웹 인터페이스를 위한 서블릿 프로그램 리스트 (일부만 본문에 포함되어 있음)
  (본문 포함)
  Add_Member.java
  Login.java

(본문 미포함)

Course_List.java

Course_Result.java

Edit_Course.java

Edit_Lecture.java

Edit_Management.java

Edit_Result.java

J_Member.java

Lecture_List.java

Logchk.java

Main.java

Management.java

Verify_Course.java

Verify_Lecture.java

Verity_Result.java

2. 프로그램 소스 코드

▶ Course_List.java

```
package jboard;
//servlet
import javax.servlet.http.HttpSession;
import javax.servlet.http.HttpServlet;
import javax.servlet.http.HttpServletRequest;
import javax.servlet.http.HttpServletResponse;
import javax.servlet.ServletException;
//IO
import java.io.IOException;
import java.io.PrintWriter;
public class Course_List extends HttpServlet{
    public void doGet(HttpServletRequest req, HttpServletResponse res)
        throws ServletException, IOException {
        doPost(req,res);
    }
```

```
public void doPost(HttpServletRequest req, HttpServletResponse res)
      throws ServletException, IOException {
   res.setContentType("text/html;charset=euc-kr");
   PrintWriter out = res.getWriter();
   HttpSession session = req.getSession();
   Student s = new Student();
   s.DBConnection("info","root","test123");

   if(session.getAttribute("Login_Acc")==null) {
      out.println("<haed>");
      out.println("<META HTTP-EQUIV=₩"Refresh₩" content=₩"1;URL=Login₩"/>");
      out.println("</head>");
      out.println("<body>");
      out.println("연결이 끊겼습니다.");
      out.println("</body>");
      return;
   }
   else {
      String id = (String)session.getAttribute("Login_Acc");
      String GRT = s.getGrant(id);
      String subject_Param = null;
      String subject_name = null;
      J_Subject[] sub = null;

      // 학생권한
      if(GRT.equals("student")) {
         sub = s.getMyCourse(id);
         out.println("<body>");
         out.println("<form method=₩"post₩" action=₩"Course_Result₩">");
         out.println("과목을 선택하세요");
         out.println("<select name=₩"subject₩">");
         for(int i=0;i<sub.length;i++){
            subject_Param = sub[i].getSchool().getUniversityCode()+"-"+
               sub[i].getSchool().getCollegeCode()+"-"+sub[i].getSchool().getMajorCode()+"-"+
               sub[i].getSubjectCode()+"-"+sub[i].getYear();
            subject_name = sub[i].getSchool().getUniversity()+"-"+
               sub[i].getSchool().getCollege()+"-"+sub[i].getSchool().getMajor()+"-"+
               sub[i].getSubjectName()+"-"+sub[i].getYear();
            out.println("<option value=₩"" +subject_Param+ "₩">" +subject_name+ "</option>");
         }
         out.println("</select>");
         out.println("<input type=₩"submit₩" name=₩"submit₩" value=₩"확인₩">");
         out.println("<input type=₩"submit₩" name=₩"cancel₩" value=₩"취소₩">");
         out.println("</form>");
         out.println("</body>");

      }
```

```
        else { // 잘못된 권한 및 접근
            out.println("<haed>");
            out.println("<META HTTP-EQUIV=₩"Refresh₩" content=₩"1;URL=Login₩"/>");
            out.println("</head>");
            out.println("<body>");
            out.println("권한이 잘못 되었습니다.");
            out.println("</body>");
        } // grant
    } // session
} // doPost
}
```

▶ Course_Result.java

```
package jboard;
//servlet
import javax.servlet.http.HttpSession;
import javax.servlet.http.HttpServlet;
import javax.servlet.http.HttpServletRequest;
import javax.servlet.http.HttpServletResponse;
import javax.servlet.ServletException;
//IO
import java.io.IOException;
import java.io.PrintWriter;
import java.util.StringTokenizer;

public class Course_Result extends HttpServlet {
    public void doGet(HttpServletRequest req, HttpServletResponse res)
                    throws ServletException, IOException {
        doPost(req,res);
    }

    public void doPost(HttpServletRequest req, HttpServletResponse res)
                    throws ServletException, IOException {
        HttpSession session = req.getSession();
        res.setContentType("text/html;charset=euc-kr");
        PrintWriter out = res.getWriter();
        Student s = new Student();
        s.DBConnection("info","root","test123");
        StringTokenizer st= null;
        if(session.getAttribute("Login_Acc") == null) {
            out.println("<haed>");
            out.println("<META HTTP-EQUIV=₩"Refresh₩" content=₩"1;URL=Login₩"/>");
            out.println("</head>");
            out.println("<body>");
            out.println("연결이 끊겼습니다.");
```

```
         out.println("</body>");
         return;
   }
   if(req.getParameter("submit")!=null) {
         String subject_Param = new String(req.getParameter("subject").getBytes("iso-8859-1"), "euc-kr");
         st = new StringTokenizer(subject_Param,"-");
         int university_code = Integer.parseInt(st.nextToken());
         int college_code = Integer.parseInt(st.nextToken());
         int major_code = Integer.parseInt(st.nextToken());
         int subject_code = Integer.parseInt(st.nextToken());
         int year = Integer.parseInt(st.nextToken());

         // DB
         int num = 1;
         String id = (String)session.getAttribute("Login_Acc");
         String GRT = s.getGrant(id);
         Record[] rec = s.getMyResult(id,university_code,major_code,subject_code,year);

         // submit
         if(GRT.equals("student")) {
            out.println("<body>");
            out.println("<table bordercolor=\"black\" border=1>");
            out.println("<tr>");
            out.println("<td>id</td>");
            out.println("<td>학번</td>");
            out.println("<td>이름</td>");
            out.println("<td>점수</td>");
            out.println("<td>등수</td>");
            out.println("</tr>");

            if(s.getVerifyCount(university_code,major_code,subject_code,year)==0) {
               out.println("<tr>");
               out.println("<td colspan = 5>아직 성적이 입력되지 않았습니다.</td>");
               out.println("</tr>");
            }
            else {
               for(int i =0;i<rec.length;i++) {
                  out.println("<tr>");
                  out.println("<td>"+ rec[i].getUserId() +"</td>");
                  out.println("<td>"+ rec[i].getStudentNo() +"</td>");
                  out.println("<td>"+ rec[i].getName() +"</td>");
                  out.println("<td>"+ rec[i].getRecord() +"</td>");
                  out.println("<td>"+ rec[i].getRank() +"</td>");
                  out.println("</tr>");
               }
            }
         }
```

```
                out.println("<form method=₩"post₩" action=₩"Course_List₩">");
                out.println("<input type=₩"submit₩" name=₩"submit₩" value=₩"확인₩">");
                out.println("</form>");
                out.println("</body>");
        }
        else if(req.getParameter("cancel")!=null) {
            out.println("<haed>");
            out.println("<META HTTP-EQUIV=₩"Refresh₩" content=₩"0;URL=Main₩"/>");
            out.println("</head>");
            out.println("<body>");
            out.println("</body>");
        }
        else {
            //잘못된 권한
            out.println("<haed>");
            out.println("<META HTTP-EQUIV=₩"Refresh₩" content=₩"1;URL=Login₩"/>");
            out.println("</head>");
            out.println("<body>");
            out.println("권한이 잘못 되었습니다.");
            out.println("</body>");
        }
    }
}
```

▶ Edit_Course.java

```
package jboard;
//servlet
import javax.servlet.http.HttpSession;
import javax.servlet.http.HttpServlet;
import javax.servlet.http.HttpServletRequest;
import javax.servlet.http.HttpServletResponse;
import javax.servlet.ServletException;
//IO
import java.io.IOException;
import java.io.PrintWriter;
import java.util.Calendar;

public class Edit_Course extends HttpServlet {
    public void doGet(HttpServletRequest req, HttpServletResponse res)
                throws ServletException, IOException {
        doPost(req,res);
    }

    public void doPost(HttpServletRequest req, HttpServletResponse res)
                throws ServletException, IOException {
```

```
res.setContentType("text/html;charset=euc-kr");
PrintWriter out = res.getWriter();
HttpSession session = req.getSession(true);
Student s = new Student();
s.DBConnection("info","root","test123");

if(session.getAttribute("Login_Acc")==null) {
    out.println("<haed>");
    out.println("<META HTTP-EQUIV=₩"Refresh₩" content=₩"1;URL=Login₩"/>");
    out.println("</head>");
    out.println("<body>");
    out.println("연결이 끊겼습니다.");
    out.println("</body>");
    return;

}
else {
    String id = (String)session.getAttribute("Login_Acc");
    String GRT = s.getGrant(id);
    J_Subject[] sub = null;
    School[] sch = null;

    if(GRT.equals("student")) { //학생권한
        String subject_Param = null;
        Calendar year = Calendar.getInstance();
        out.println("<body>");
        out.println("<form method=₩"post₩" action=₩"Verify_Course₩">");
        out.println("<table border = 1 bordercolor = ₩"black₩">");
        out.println("<tr>");
        out.println("<td></td><td>학교</td><td>대학</td><td>학과</td><td>과목</td><td>개설년도
</td>");
        out.println("</tr>");
        sub = s.getMyCourse(id);
        int num = sub.length;

        for(int i = 0;i<num;i++) {
            subject_Param = sub[i].getSchool().getUniversityCode()+"-"+
                sub[i].getSchool().getCollegeCode()+"-"+sub[i].getSchool().getMajorCode()+
                "-"+sub[i].getSubjectCode()+"-"+sub[i].getYear();
            out.println("<tr>");
            out.println("<td><input type=₩"checkbox₩" name=₩"subject₩" value=₩""+
                subject_Param+"₩"/></td>");
            out.println("<td>"+sub[i].getSchool().getUniversity()+"</td>");
            out.println("<td>"+sub[i].getSchool().getCollege()+"</td>");
            out.println("<td>"+sub[i].getSchool().getMajor()+"</td>");
            out.println("<td>"+sub[i].getSubjectName()+"</td>");
            out.println("<td>"+sub[i].getYear()+"</td>");
```

```
                out.println("</tr>");
            }
            out.println("</table>");
            out.println("<input type=\"submit\" name=\"delete\" value=\"삭제\">");
            out.println("<input type=\"submit\" name=\"cancel\" value=\"취소\">");
            out.println("</form>");

            String action = "Edit_Course";
            if(req.getParameter("major")!=null) {
                action = "Verify_Course";
            }
            out.println("<form method=\"post\" action=\""+action+"\">");
            out.println("<table border = 1 bordercolor = \"black\">");
            out.println("<tr>");
            out.println("<td></td><td>학교</td><td>대학</td><td>학과</td><td>과목</td><td>개설년도
</td>");

            out.println("</tr>");
            out.println("<tr>");
            out.println("<td></td>");
            out.println("<td>");

            // 대학
            if(req.getParameter("university")==null && req.getParameter("college")==null &&
                req.getParameter("major")==null) {
                sch = s.getUniversity();
                out.println("   <select name=\"university\">");
                num = sch.length;
                for(int i=0;i<num;i++){
                    out.println("   <option value=\"" + sch[i].getUniversityCode() +"\">" +
                        sch[i].getUniversity() + "</option>" );
                }
                out.println("   </select>");
                out.println("<input type=\"submit\" name=\"submit\" id=\"submit\" value=\"검색\" />");
            }
            else if(req.getParameter("university")!=null) {
                int university_code = Integer.parseInt(req.getParameter("university"));
                out.println("<input type=\"hidden\" name=\"university\" id=
                    \"submit\" value=\""+university_code+"\" />");
                out.println(s.getUniversityName(university_code));
            }
            out.println("</td>");
            out.println("<td>");

            // 단대
            if(req.getParameter("university")!=null && req.getParameter("college")==null &&
                req.getParameter("major")==null) {
                int university_code = Integer.parseInt(req.getParameter("university"));
```

```java
            sch = s.getCollege(university_code);
            out.println("    <select name=\college\">");
            num = sch.length;
            for(int i=0;i<num;i++){
                out.println("    <option value=\"" + sch[i].getCollegeCode() +"\">" +
                    sch[i].getCollege() + "</option>" );
            }
            out.println("    </select>");
            out.println("<input type=\"submit\" name=\"submit\" id=\"submit\" value=\"검색\" />");
        }
        else if(req.getParameter("college")!=null) {
            int college_code = Integer.parseInt(req.getParameter("college"));
            out.println("<input type=\"hidden\" name=\"college\" id=
                \"submit\" value=\""+college_code+"\" />");
            out.println(s.getCollegeName(college_code));
        }
        out.println("</td>");
        out.println("<td>");

        // 전공
        if(req.getParameter("university")!=null && req.getParameter("college")!=null &&
                req.getParameter("major")==null) {
            int university_code = Integer.parseInt(req.getParameter("university"));
            int college_code = Integer.parseInt(req.getParameter("college"));
            sch = s.getMajor(university_code,college_code);
            out.println("    <select name=\"major\">");
            num = sch.length;
            for(int i=0;i<num;i++){
                out.println("    <option value=\"" + sch[i].getMajorCode() +"\">" +
                    sch[i].getMajor() + "</option>" );
            }
            out.println("    </select>");
            out.println("<input type=\"submit\" name=\"submit\" id=\"submit\" value=\"검색\" />");
        }
        else if(req.getParameter("major")!=null) {
            int major_code = Integer.parseInt(req.getParameter("major"));
            out.println("<input type=\"hidden\" name=\"major\" id=
                \"submit\" value=\""+major_code+"\" />");
            out.println(s.getMajorName(major_code));
        }
        out.println("</td>");
        out.println("<td colspan = 2>");

        // 과목
        if(req.getParameter("university")!=null && req.getParameter("college")!=null &&
                req.getParameter("major")!=null) {
            int university_code = Integer.parseInt(req.getParameter("university"));
```

```
            int major_code = Integer.parseInt(req.getParameter("major"));
            sub = s.getCourse(id,university_code, major_code,year.get(Calendar.YEAR));
            out.println("    <select name=\"subject\">");
            num = sub.length;
            for(int i=0;i<num;i++) {
               out.println("    <option value=\"" + sub[i].getSubjectCode() +"\">" +
                   sub[i].getSubjectName() + "-"+sub[i].getYear()+"</option>" );
            }
            out.println("    </select>");
          }
          out.println("<input type=\"hidden\" name=
              \"year\" value=\""+year.get(Calendar.YEAR)+"\">");
          out.println("</td>");
          out.println("</tr>");
          out.println("</table>");
          if(action.equals("Verify_Course")) {
            out.println("<input type=\"submit\" name=\"add\" value=\"추가\">");
          }
          out.println("</form>");
          out.println("</body>");
        }
        else { // 그외 잘못된 권한 및 접근
          out.println("<haed>");
          out.println("<META HTTP-EQUIV=\"Refresh\" content=\"1;URL=Login\"/>");
          out.println("</head>");
          out.println("<body>");
          out.println("권한이 잘못 되었습니다.");
          out.println("</body>");
        } //grant
      } //session
    }
}
```

▶ Edit_Lecture.java

```
package jboard;
//servlet
import javax.servlet.http.HttpSession;
import javax.servlet.http.HttpServlet;
import javax.servlet.http.HttpServletRequest;
import javax.servlet.http.HttpServletResponse;
import javax.servlet.ServletException;
//IO
import java.io.IOException;
import java.io.PrintWriter;
import java.util.Calendar;
```

```
public class Edit_Lecture extends HttpServlet {
    public void doGet(HttpServletRequest req, HttpServletResponse res)
                throws ServletException, IOException {
        doPost(req,res);
    }
    public void doPost(HttpServletRequest req, HttpServletResponse res)
                    throws ServletException, IOException {
        res.setContentType("text/html;charset=euc-kr");
        PrintWriter out = res.getWriter();
        HttpSession session = req.getSession(false);
        Teacher t = new Teacher();
        t.DBConnection("info","root","test123");

        if(session.getAttribute("Login_Acc")==null) {
            out.println("<haed>");
            out.println("<META HTTP-EQUIV=₩"Refresh₩" content=₩"1;URL=Login₩"/>");
            out.println("</head>");
            out.println("<body>");
            out.println("연결이 끊겼습니다.");
            out.println("</body>");
            return;
        }
        else {
            String id = (String)session.getAttribute("Login_Acc");
            String GRT = t.getGrant(id);
            School[] sch = null;
            J_Subject[] sub = null;

            // 교사권한
            if(GRT.equals("teacher")) {
                Calendar year = Calendar.getInstance();
                String subject_Param = null;
                out.println("<body>");
                out.println("<form method=₩"post₩" action=₩"Verify_Lecture₩">");
                out.println("<table border = 1 bordercolor = ₩"black₩">");
                out.println("<tr>");
                out.println("<td></td><td>학교</td><td>대학</td><td>학과</td><td>과목</td><td>개설년도</td>");
                out.println("</tr>");
                sub = t.getMyLecture(id);
                int num = sub.length;
                for(int i = 0;i<num;i++) {
                    subject_Param = sub[i].getSchool().getUniversityCode()+"-"+
                        sub[i].getSchool().getCollegeCode()+"-"+sub[i].getSchool().getMajorCode()+"-"+
                        sub[i].getSubjectCode()+"-"+sub[i].getYear();
                    out.println("<tr>");
                    out.println("<td><input type=₩"checkbox₩" name=₩"subject₩" value=₩""+
```

```java
                           subject_Param+"￦"/></td>");
                 out.println("<td>"+sub[i].getSchool().getUniversity()+"</td>");
                 out.println("<td>"+sub[i].getSchool().getCollege()+"</td>");
                 out.println("<td>"+sub[i].getSchool().getMajor()+"</td>");
                 out.println("<td>"+sub[i].getSubjectName()+"</td>");
                 out.println("<td>"+sub[i].getYear()+"</td>");
                 out.println("</tr>");
            }
            out.println("<tr>");
            out.println("</table>");
            out.println("<input type=￦"submit￦" name=￦"delete￦" value=￦"삭제￦">");
            out.println("<input type=￦"submit￦" name=￦"cancel￦" value=￦"취소￦">");
            out.println("</form>");

            String action = "Edit_Lecture";
            if(req.getParameter("major")!=null) {
                action = "Verify_Lecture";
            }
            out.println("<form method=￦"post￦" action=￦""+action+"￦">");
            out.println("<table border = 1 bordercolor = ￦"black￦">");
            out.println("<tr>");
            out.println("<td></td><td>학교</td><td>대학</td><td>학과</td><td>과목</td><td>개설년도
</td>");
            out.println("</tr>");
            out.println("<tr>");
            out.println("<td></td>");
            out.println("<td>");

            // 대학
            if(req.getParameter("university")==null && req.getParameter("college")==null &&
                    req.getParameter("major")==null) {
                sch = t.getUniversity();
                out.println("    <select name=￦"university￦">");
                num = sch.length;
                for(int i=0;i<num;i++) {
                    out.println("    <option value=￦""+ sch[i].getUniversityCode() +"￦">" +
                        sch[i].getUniversity() + "</option>" );
                }
                out.println("    </select>");
                out.println("<input type=￦"submit￦" name=￦"submit￦" id=￦"submit￦" value=￦"검색￦" />");
            }
            else if(req.getParameter("university")!=null) {
                int university_code = Integer.parseInt(req.getParameter("university"));
                out.println("<input type=￦"hidden￦" name=￦"university￦" id=
                    ￦"submit￦" value=￦""+university_code+"￦" />");
                out.println(t.getUniversityName(university_code));
            }
```

```java
out.println("</td>");
out.println("<td>");

// 단대
if(req.getParameter("university")!=null && req.getParameter("college")==null &&
        req.getParameter("major")==null) {
    sch = t.getCollege(Integer.parseInt(req.getParameter("university")));
    out.println("    <select name=\"college\">");
    num = sch.length;
    for(int i=0;i<num;i++) {
        out.println("    <option value=\"" + sch[i].getCollegeCode() +"\">" +
            sch[i].getCollege() + "</option>" );
    }
    out.println("    </select>");
    out.println("<input type=\"submit\" name=\"submit\" id=\"submit\" value=\"검색\" />");
}
else if(req.getParameter("college")!=null) {
    int college_code = Integer.parseInt(req.getParameter("college"));
    out.println("<input type=\"hidden\" name=\"college\" id=
        \"submit\" value=\""+college_code+"\" />");
    out.println(t.getCollegeName(college_code));
}
out.println("</td>");
out.println("<td>");

// 전공
if(req.getParameter("university")!=null && req.getParameter("college")!=null &&
        req.getParameter("major")==null) {
    sch = t.getMajor(Integer.parseInt(req.getParameter("university")),
        Integer.parseInt(req.getParameter("college")));
    out.println("    <select name=\"major\">");
    num = sch.length;
    for(int i=0;i<num;i++){
        out.println("    <option value=\"" + sch[i].getMajorCode() +"\">" +
            sch[i].getMajor() + "</option>" );
    }
    out.println("    </select>");
    out.println("<input type=\"submit\" name=\"submit\" id=\"submit\" value=\"검색\" />");
}
else if(req.getParameter("major")!=null) {
    int major_code = Integer.parseInt(req.getParameter("major"));
    out.println("<input type=\"hidden\" name=\"major\" id=
        \"submit\" value=\""+major_code+"\" />");
    out.println(t.getMajorName(major_code));
}
out.println("</td>");
out.println("<td colspan = 2>");
```

```
                   // 과목
              if(req.getParameter("university")!=null && req.getParameter("college")!=null &&
                   req.getParameter("major")!=null) {
                 int university_code = Integer.parseInt(req.getParameter("university"));
                 int major_code = Integer.parseInt(req.getParameter("major"));
                 sub = t.getLecture(university_code,major_code,year.get(Calendar.YEAR));
                 out.println("    <select name=\"subject\">");
                 num = sub.length;
                 for(int i=0;i<num;i++) {
                    out.println("    <option value=\"" + sub[i].getSubjectCode() +"\">" +
                       sub[i].getSubjectName() + "-"+sub[i].getYear()+"</option>" );
                 }
                 out.println("    </select>");
              }
              out.println("<input type=\"hidden\" name=\"year\" value=\""+
                 year.get(Calendar.YEAR)+"\">");
              out.println("</td>");
              out.println("</tr>");
              out.println("</table>");
              if(action.equals("Verify_Lecture")) {
                 out.println("<input type=\"submit\" name=\"add\" value=\"추가\">");
              }
              out.println("</form>");
              out.println("</body>");
           }
           else { // 그외 잘못된 권한 및 접근
              out.println("<haed>");
              out.println("<META HTTP-EQUIV=\"Refresh\" content=\"1;URL=Login\"/>");
              out.println("</head>");
              out.println("<body>");
              out.println("권한이 잘못 되었습니다.");
              out.println("</body>");
           } //grant
        } //session
     } //doPost
}
```

▶ Edit_Management.java

```
package jboard;
//servlet
import javax.servlet.http.HttpSession;
import javax.servlet.http.HttpServlet;
import javax.servlet.http.HttpServletRequest;
import javax.servlet.http.HttpServletResponse;
import javax.servlet.ServletException;
```

```
//IO
import java.io.IOException;
import java.io.PrintWriter;
import java.util.StringTokenizer;

public class Edit_Management extends HttpServlet{
    public void doGet(HttpServletRequest req, HttpServletResponse res)
                throws ServletException, IOException {
        doPost(req,res);
    }

    public void doPost(HttpServletRequest req, HttpServletResponse res)
                throws ServletException, IOException {
        res.setContentType("text/html;charset=euc-kr");
        PrintWriter out = res.getWriter();
        HttpSession session = req.getSession();
        Manager m = new Manager();
        m.DBConnection("info","root","test123");

        if(session.getAttribute("Login_Acc")==null) {
            //not login
            out.println("<haed>");
            out.println("<META HTTP-EQUIV=₩"Refresh₩" content=₩"1;URL=Login₩"/>");
            out.println("</head>");
            out.println("<body>");
            out.println("연결이 끊겼습니다.");
            out.println("</body>");
            return;
        }
        else {
            String id = (String)session.getAttribute("Login_Acc");
            String GRT = m.getGrant(id);
            School[] sch = null;
            J_Subject[] sub = null;
            int num = 0;
            if(GRT == null) {
                return;
            }

            //교사권한
            if(GRT.equals("teacher")) {
                if(req.getParameter("add")!=null) {
                    if(req.getParameter("subject_name")!=null) {
                        int university_code = Integer.parseInt(req.getParameter("university_code"));
                        int subject_name = Integer.parseInt(req.getParameter("subject_name"));
                        int year = Integer.parseInt(req.getParameter("year"));
                        int major_code = Integer.parseInt(req.getParameter("major_code"));
```

```java
                m.addSubject(university_code,major_code,subject_name,year);
            }
            else if(req.getParameter("major_name")!=null) {
                int university_code = Integer.parseInt(req.getParameter("university_code"));
                int major_name = Integer.parseInt(req.getParameter("major_name"));
                int college_code = Integer.parseInt(req.getParameter("college_code"));
                m.addMajor(university_code,college_code,major_name);
            }
            else if(req.getParameter("college_name")!=null) {
                int university_code = Integer.parseInt(req.getParameter("university_code"));
                int college_name = Integer.parseInt(req.getParameter("college_name"));
                m.addCollege(university_code,college_name);
            }
            else if(req.getParameter("university_name")!=null) {
                int university_name = Integer.parseInt(req.getParameter("university_name"));
                m.addUniversity(university_name);
            }
            out.println("<haed>");
            out.println("<META HTTP-EQUIV=\"Refresh\" content=\"1;URL=Management\"/>");
            out.println("</head>");
            out.println("<body>");
            out.println("추가되었습니다.");
            out.println("</body>");
        }
        else if(req.getParameter("delete")!=null) {
            int cnt = 0;
            if(req.getParameter("subject_code")!=null) {
                int university_code = Integer.parseInt(req.getParameter("university_code"));
                int major_code = Integer.parseInt(req.getParameter("major_code"));
                String[] st_subject = req.getParameterValues("subject_code");
                StringTokenizer st;
                int subject_code;
                int year;

                cnt = st_subject.length;
                for(int i=0;i<cnt;i++) {
                    st = new StringTokenizer(st_subject[i],"-");
                    subject_code = Integer.parseInt(st.nextToken());
                    year = Integer.parseInt(st.nextToken());
                    m.delSubject(university_code,major_code,subject_code,year);
                    //out.println(year[i] + i);
                }
            }
            else if(req.getParameter("major_code")!=null) {
                int university_code = Integer.parseInt(req.getParameter("university_code"));
                int college_code = Integer.parseInt(req.getParameter("college_code"));
                String[] major_code = req.getParameterValues("major_code");
```

```
                    cnt = major_code.length;
                    for(int i=0;i<cnt;i++) {
                        m.delMajor(university_code,college_code,Integer.parseInt(major_code[i]));
                    }
                }
                else if(req.getParameter("college_code")!=null) {
                    int university_code = Integer.parseInt(req.getParameter("university_code"));
                    String[] college_code = req.getParameterValues("college_code");
                    cnt = college_code.length;
                    for(int i=0;i<cnt;i++) {
                        m.delCollege(university_code,Integer.parseInt(college_code[i]));
                    }
                }
                else if(req.getParameter("university_code")!=null) {
                    String[] university_code = req.getParameterValues("university_code");
                    cnt = university_code.length;
                    for(int i=0;i<cnt;i++) {
                        m.delUniversity(Integer.parseInt(university_code[i]));
                    }
                }
                out.println("<haed>");
                out.println("<META HTTP-EQUIV=₩"Refresh₩" content=₩"1;URL=Management₩"/>");
                out.println("</head>");
                out.println("<body>");
                out.println(cnt+"개의 데이터가 삭제되었습니다.");
                out.println("</body>");
            } // delete
        } // teacher
    } // session
  } // doPost
}
```

▶ Edit_Result.java

```
package jboard;
//servlet
import javax.servlet.http.HttpSession;
import javax.servlet.http.HttpServlet;
import javax.servlet.http.HttpServletRequest;
import javax.servlet.http.HttpServletResponse;
import javax.servlet.ServletException;
//IO
import java.io.IOException;
import java.io.PrintWriter;
import java.util.StringTokenizer;
```

```
public class Edit_Result extends HttpServlet{
    public void doGet(HttpServletRequest req, HttpServletResponse res)
                throws ServletException, IOException {
        doPost(req,res);
    }

    public void doPost(HttpServletRequest req, HttpServletResponse res)
                throws ServletException, IOException {
        HttpSession session = req.getSession();
        res.setContentType("text/html;charset=euc-kr");
        PrintWriter out = res.getWriter();
        Teacher t = new Teacher();
        t.DBConnection("info","root","test123");
        StringTokenizer st = null;

        if(session.getAttribute("Login_Acc") == null) {
            out.println("<haed>");
            out.println("<META HTTP-EQUIV=\"Refresh\" content=\"1;URL=Login\"/>");
            out.println("</head>");
            out.println("<body>");
            out.println("연결이 끊겼습니다.");
            out.println("</body>");
            return;
        }

        if(req.getParameter("submit")!=null) {
            String subject_Param = new String(req.getParameter("subject").getBytes("iso-8859-1"), "euc-kr");
            st = new StringTokenizer(subject_Param,"-");
            int university_code = Integer.parseInt(st.nextToken());
            int college_code = Integer.parseInt(st.nextToken());
            int major_code = Integer.parseInt(st.nextToken());
            int subject_code = Integer.parseInt(st.nextToken());
            int year = Integer.parseInt(st.nextToken());

            // DB
            int num = 1;
            String id = (String)session.getAttribute("Login_Acc");
            String GRT = t.getGrant(id);
            Record[] rec = null;
            String values = "";
            String type = "";

            // submit
            if(GRT.equals("teacher")) {
                out.println("<body>");
                out.println("<form method=\"post\" action=\"Verify_Result\">");
                out.println("<table bordercolor=\"black\" border=1>");
```

```
out.println("<tr>");
out.println("<td>id</td>");
out.println("<td>학번</td>");
out.println("<td>이름</td>");
out.println("<td>점수</td>");
out.println("<td>등수</td>");
out.println("</tr>");

rec = t.getResult(university_code,major_code,subject_code,year);
if(t.getVerifyCount(university_code,major_code,subject_code,year)==0) {
    if(rec.length == 0){
        out.println("<tr><td colspan = 5>수강학생이 없습니다.</td></tr>");
    }
    else {
        for(int i =0;i<rec.length;i++) {
            out.println("<tr>");
            out.println("<td><input type=\"hidden\" name=\"userid\" value=\""+
                rec[i].getUserId() +"\">"+ rec[i].getUserId() +"</td>");
            out.println("<td>"+ rec[i].getStudentNo() +"</td>");
            out.println("<td>"+ rec[i].getName() +"</td>");
            out.println("<td><input type=\"text\" name=
            \"result\" value=\"0\"></td>");
            out.println("<td> </td>");
            out.println("</tr>");
        }
        values = "입력";
        type = "insert";
    }
}
else {
    for(int i =0;i<rec.length;i++) {
        out.println("<tr>");
        out.println("<td><input type=\"hidden\" name=\"userid\" value=\""+
            rec[i].getUserId() +"\">"+ rec[i].getUserId() +"</td>");
        out.println("<td>"+ rec[i].getStudentNo() +"</td>");
        out.println("<td>"+ rec[i].getName() +"</td>");
        out.println("<td><input type=\"text\" name=
            \"result\" value=\""+rec[i].getRecord()+"\"></td>");
        out.println("<td>"+rec[i].getRank()+"</td>");
        out.println("</tr>");
    }
    values = "수정";
    type = "verify";
}
out.println("</table>");
if(values != "") {
    out.println("<input type=\"submit\" name=\""+type+
```

```
                   "₩" value=₩""+values+"₩">");
          }
          out.println("<td><input type=₩"hidden₩" name=₩"subject₩" value=₩""+
           subject_Param +"₩">");
          out.println("</form>");
          out.println("<form method=₩"post₩" action=₩"Lecture_List₩">");
          out.println("<input type=₩"submit₩" name=₩"submit₩" value=₩"취소₩">");
          out.println("</form>");
          out.println("</body>");
       }
    }
    else if(req.getParameter("cancel")!=null) {
       out.println("<haed>");
       out.println("<META HTTP-EQUIV=₩"Refresh₩" content=₩"0;URL=Main₩"/>");
       out.println("</head>");
       out.println("<body>");
       out.println("</body>");
    }
    else {
       //잘못된 권한
       out.println("<haed>");
       out.println("<META HTTP-EQUIV=₩"Refresh₩" content=₩"1;URL=Login₩"/>");
       out.println("</head>");
       out.println("<body>");
       out.println("권한이 잘못 되었습니다.");
       out.println("</body>");
    }
  }
}
```

▶ J_Member.java

```
package jboard;
import javax.servlet.http.HttpServlet;
import javax.servlet.http.HttpServletRequest;
import javax.servlet.http.HttpServletResponse;
import javax.servlet.ServletException;
import java.io.IOException;
import java.io.PrintWriter;

public class J_Member extends HttpServlet{
   public void doGet(HttpServletRequest req, HttpServletResponse res)
             throws ServletException, IOException {
      doPost(req,res);
   }
```

```
public void doPost(HttpServletRequest req, HttpServletResponse res)
            throws ServletException, IOException {
    res.setContentType("text/html;charset=euc-kr");
    PrintWriter out = res.getWriter(); //출력 버퍼 생성
    School sch[] = null;
    User u = new User();
    u.DBConnection("info","root","test123");
    String action = "J_Member";
    if(req.getParameter("major")!=null) {
        action = "Add_Member";
    }

    out.println("<!DOCTYPE html PUBLIC \"-//W3C//DTD XHTML 1.0 Transitional//EN
       \" \"http://www.w3.org/TR/xhtml1/DTD/xhtml1-transitional.dtd\">");
    out.println("<html xmlns=\"http://www.w3.org/1999/xhtml\">");
    out.println("<head>");
    out.println("<meta http-equiv=\"Content-Type\" content=\"text/html; charset=utf-8\" />");
    out.println("<title>Untitled Document</title>");
    out.println("</head>");
    out.println("");
    out.println("<body>");
    out.println("회원가입");
    out.println("<form id=\"form1\" name=\"form1\" method=\"post
       \" action=\""+action+"\">");
    out.println("<table width=\"366\" height=\"236\" border=\"0\">");
    out.println("  <tr>");
    out.println("    <td width=\"111\" align=\"right\" valign=\"middle\" >아이디</td>");
    out.println("    <td width=\"245\"><label for=\"id\"></label>");
    out.println("      <input type=\"text\" name=\"id\" id=\"id\"/></td>");
    out.println("  </tr>");
    out.println("  <tr>");
    out.println("    <td align=\"right\" valign=\"middle\" >비밀번호</td>");
    out.println("    <td><label for=\"password\"></label>");
    out.println("      <input type=\"password\" name=\"password\" id=\"password\" /></td>");
    out.println("  </tr>");
    out.println("  <tr>");
    out.println("    <td align=\"right\" valign=\"middle\" >비밀번호 확인</td>");
    out.println("    <td><label for=\"password_ck\"></label>");
    out.println("      <input type=\"password\" name=\"password_ck\" id=\"password_ck\" /></td>");
    out.println("  </tr>");
    out.println("  <tr>");
    out.println("    <td align=\"right\" valign=\"middle\" >학번</td>");
    out.println("    <td><label for=\"name\"></label>");
    out.println("      <input type=\"text\" name=\"student_no\" id=\"student_no\" /></td>");
    out.println("  </tr>");
    out.println("  <tr>");
    out.println("    <td align=\"right\" valign=\"middle\" >이름</td>");
```

```java
out.println("    <td><label for=₩"name₩"></label>");
out.println("        <input type=₩"text₩" name=₩"name₩" id=₩"name₩" /></td>");
out.println("  </tr>");
out.println("  <tr>");
out.println("    <td align=₩"right₩" valign=₩"middle₩" >학교</td>");
out.println("    <td><label for=₩"name₩"></label>");

if(req.getParameter("university")==null && req.getParameter("college")==null &&
      req.getParameter("major")==null) {
   sch = u.getUniversity();
   out.println("   <select name=₩"university₩">");
   int num = sch.length;
   for(int i=0;i<num;i++){
      out.println("   <option value=₩"" + sch[i].getUniversityCode() +"₩">" +
         sch[i].getUniversity() + "</option>" );
   }
   out.println("   </select>");
   out.println("<input type=₩"submit₩" name=₩"submit₩" id=₩"submit₩" value=
      ₩"검색₩" />");
}
else if(req.getParameter("university")!=null){
   int university_code = Integer.parseInt(req.getParameter("university"));
   sch = u.getCollege(university_code);
   out.println("<input type=₩"hidden₩" name=₩"university₩" value=
      ₩""+sch[0].getUniversityCode()+"₩">"+sch[0].getUniversity());
}

if(req.getParameter("university")!=null && req.getParameter("college")==null &&
      req.getParameter("major")==null) {
   out.println("   <select name=₩"college₩">");
   int num = sch.length;
   for(int i=0;i<num;i++) {
      out.println("   <option value=₩"" + sch[i].getCollegeCode() +"₩">" +
      sch[i].getCollege() + "</option>" );
   }
   out.println("   </select>");
   out.println("<input type=₩"submit₩" name=₩"submit₩" id=₩"submit₩" value=₩"검색₩" />");

}
else if(req.getParameter("college")!=null) {
   int university_code = Integer.parseInt(req.getParameter("university"));
   int college_code = Integer.parseInt(req.getParameter("college"));
   sch = u.getMajor(university_code,college_code);
   out.println("<input type=₩"hidden₩" name=
      ₩"college₩" value=₩""+sch[0].getCollegeCode()+"₩">"+sch[0].getCollege());
}
```

```java
        if(req.getParameter("university")!=null && req.getParameter("college")!=null &&
            req.getParameter("major")==null) {
            out.println("    <select name=\"major\">");
            int num = sch.length;
            for(int i=0;i<num;i++) {
                out.println("    <option value=\"" + sch[i].getMajorCode() +"\">"
                    + sch[i].getMajor() + "</option>" );
            }
            out.println("    </select>");
            out.println("<input type=\"submit\" name=\"submit\" id=\"submit\" value=\"선택\" />");
        }
        else if(req.getParameter("major")!=null){
            int major_code = Integer.parseInt(req.getParameter("major"));
            School obj = u.getSchoolName(sch[0].getUniversityCode(),major_code);
            out.println("<input type=\"hidden\" name=\"major_code\" id=
                \"submit\" value=\""+major_code+"\" />"+obj.getMajor());
        }

        out.println("    </td>");
        out.println("  </tr>");
        out.println("  <tr>");
        out.println("    <td align=\"right\" valign=\"middle\" >회원유형</td>");
        out.println("    <td>");
        out.println("        <input type=\"radio\" name=\"grant\" value=\"student\"> 학생");
        out.println("        <input type=\"radio\" name=\"grant\" value=\"teacher\"> 교사");
        out.println("    </td>");
        out.println("  </tr>");
        out.println("</table>");
        if(action.equals("Add_Member")) {
            out.println("<input type=\"submit\" name=\"submit\" id=\"submit\" value=\"회원가입\" />");
        }

        out.println("</form>");
        out.println("<form method=\"post\" action=\"Login\">");
        out.println("<input type=\"submit\" name=\"cancel\" id=\"cancel\" value=\"취소\" />");
        out.println("</form>");
        out.println("</body>");
        out.println("</html>");
    }
}
```

```
package jboard;
//servlet
import javax.servlet.http.HttpSession;
import javax.servlet.http.HttpServlet;
import javax.servlet.http.HttpServletRequest;
import javax.servlet.http.HttpServletResponse;
import javax.servlet.ServletException;
//IO
import java.io.IOException;
import java.io.PrintWriter;

public class Lecture_List extends HttpServlet{
    public void doGet(HttpServletRequest req, HttpServletResponse res)
                throws ServletException, IOException {
        doPost(req,res);
    }

    public void doPost(HttpServletRequest req, HttpServletResponse res)
                throws ServletException, IOException {
        res.setContentType("text/html;charset=euc-kr");
        PrintWriter out = res.getWriter();
        HttpSession session = req.getSession();
        Teacher t = new Teacher();
        t.DBConnection("info","root","test123");

        if(session.getAttribute("Login_Acc")==null) {
            out.println("<haed>");
            out.println("<META HTTP-EQUIV=\"Refresh\" content=\"1;URL=Login\"/>");
            out.println("</head>");
            out.println("<body>");
            out.println("연결이 끊겼습니다.");
            out.println("</body>");
            return;
        }
        else {
            String id = (String)session.getAttribute("Login_Acc");
            String GRT = t.getGrant(id);
            J_Subject[] sub = null;

            // 교사권한
            if(GRT.equals("teacher")) {
                sub = t.getMyLecture(id);
                String subject_Param = null;
                String subject_name = null;
                out.println("<body>");
                out.println("<form method=\"post\" action=\"Edit_Result\">");
```

```
            out.println("과목을 선택하세요");
            out.println("<select name=₩"subject₩">");
            for(int i=0;i<sub.length;i++) {
                subject_Param = sub[i].getSchool().getUniversityCode()+"-"+
                    sub[i].getSchool().getCollegeCode()+"-"+sub[i].getSchool().getMajorCode()+
                    "-"+sub[i].getSubjectCode()+"-"+sub[i].getYear();
                subject_name = sub[i].getSchool().getUniversity()+"-"+
                    sub[i].getSchool().getCollege()+"-"+sub[i].getSchool().getMajor()+
                    "-"+sub[i].getSubjectName()+"-"+sub[i].getYear();
                out.println("<option value=₩"" + subject_Param+ "₩">" + subject_name+
                    "</option>");
            }
            out.println("</select>");
            out.println("<input type=₩"submit₩" name=₩"submit₩" value=₩"확인₩">");
            out.println("<input type=₩"submit₩" name=₩"cancel₩" value=₩"취소₩">");
            out.println("</form>");
            out.println("</body>");
        }
        else { // 그외 잘못된 권한 및 접근
            out.println("<haed>");
            out.println("<META HTTP-EQUIV=₩"Refresh₩" content=₩"1;URL=Login₩"/>");
            out.println("</head>");
            out.println("<body>");
            out.println("권한이 잘못 되었습니다.");
            out.println("</body>");
        } //grant
    } //session
} //dopost
}
```

▶ Logchk.java

```
package jboard;
//servlet
import javax.servlet.http.HttpSession;
import javax.servlet.http.HttpServlet;
import javax.servlet.http.HttpServletRequest;
import javax.servlet.http.HttpServletResponse;
import javax.servlet.ServletException;
//IO
import java.io.IOException;
import java.io.PrintWriter;

public class Logchk extends HttpServlet{
    public void doGet(HttpServletRequest req, HttpServletResponse res)
                throws ServletException, IOException {
```

```java
        doPost(req,res);
}

public void doPost(HttpServletRequest req, HttpServletResponse res)
            throws ServletException, IOException {
    res.setContentType("text/html;charset=euc-kr");//응답형식 설정
    PrintWriter out = res.getWriter();//출력버퍼 설정
    HttpSession session;

    if(req.getParameter("login") != null) {
        // login 버턴 클릭
        // Page Param
        String id = req.getParameter("id");
        String pw = req.getParameter("pw");
        User u = new User();
        u.DBConnection("info","root","test123");

        if(id.length()==0) {
            //id null chk
            out.println("<haed>");
            out.println("<META HTTP-EQUIV=₩"Refresh₩" content=₩"1;URL=Login₩"/>");
             out.println("</head>");
            out.println("<body>");
            out.println("아이디를 입력하세요.");
            out.println("</body>");
            return;
        }

        if(pw.length()==0) {
            //pw null chk
            out.println("<haed>");
            out.println("<META HTTP-EQUIV=₩"Refresh₩" content=₩"1;URL=Login₩"/>");
             out.println("</head>");
            out.println("<body>");
            out.println("비밀번호를 입력하세요.");
            out.println("</body>");
            return;
        }

        // id 체크
        if(u.UserIdChk(id)==1) {
            // id가 존재하면 password 체크
            if(pw.equals(u.getPassword(id))) {
                // password가 옳바른 경우
                // set session
                session = req.getSession(true);
                session.setAttribute("Login_Acc",id);
```

```
            out.println("<haed>");
            out.println("<META HTTP-EQUIV=₩"Refresh₩" content=₩"0;URL=Main₩"/>");
             out.println("</head>");
            return;
        }
        else {
            // password가 틀린 경우
            out.println("<haed>");
            out.println("<META HTTP-EQUIV=₩"Refresh₩" content=₩"1;URL=Login₩"/>");
            out.println("</head>");
            out.println("<body>");
            out.println("비밀번호가 틀립니다.");
            out.println("</body>");
            return;
        }
    }
    else {
        // id가 존재하지 않는 경우
        out.println("<haed>");
        out.println("<META HTTP-EQUIV=₩"Refresh₩" content=₩"1;URL=Login₩"/>");
        out.println("</head>");
        out.println("<body>");
        out.println("존재하지 않는 아이디입니다.");
        out.println("</body>");
        return;
    }
}
else if(req.getParameter("logout") != null) { // logout 버튼을 클릭한 경우
    // session delete
    session = req.getSession();
    session.invalidate();
    out.println("<haed>");
    out.println("<META HTTP-EQUIV=₩"Refresh₩" content=₩"1;URL=Login₩"/>");
    out.println("</head>");
    out.println("<body>");
    out.println("안녕하가세요.");
    out.println("</body>");
    return;
}
else {    // 기타 오류
    out.println("<haed>");
    out.println("<META HTTP-EQUIV=₩"Refresh₩" content=₩"1;URL=Login₩"/>");
    out.println("</head>");
    out.println("<body>");
    out.println("비정상적인 접근입니다.");
    out.println("</body>");
    return;
```

```
        }
    }
}
```

▶ Main.java

```
package jboard;
//servlet
import javax.servlet.http.HttpSession;
import javax.servlet.http.HttpServlet;
import javax.servlet.http.HttpServletRequest;
import javax.servlet.http.HttpServletResponse;
import javax.servlet.ServletException;
//IO
import java.io.IOException;
import java.io.PrintWriter;

public class Main extends HttpServlet{
    public void doGet(HttpServletRequest req, HttpServletResponse res)
                throws ServletException, IOException {
        doPost(req,res);
    }

    public void doPost(HttpServletRequest req, HttpServletResponse res)
                throws ServletException, IOException {
        res.setContentType("text/html;charset=euc-kr");
        PrintWriter out = res.getWriter();
        HttpSession session = req.getSession();
        User u = new User();
        u.DBConnection("info","root","test123");

        if(session.getAttribute("Login_Acc")==null) {
            // login이 되지 않은 경우
            out.println("<haed>");
            out.println("<META HTTP-EQUIV=₩"Refresh₩" content=₩"1;URL=Login₩"/>");
            out.println("</head>");
            out.println("<body>");
            out.println("연결이 끊겼습니다.");
            out.println("</body>");
            return;
        }
        else {
            String id = (String)session.getAttribute("Login_Acc");
            String GRT = u.getGrant(id);
            if(GRT == null) {
                return;
```

```java
        }
        //교사권한
        if(GRT.equals("teacher")){
            // 이름 확인
            out.println(u.getMyName(id)+"님");
            out.println("        로그인이 되었습니다.");

            // 권한별 메뉴 표시
            out.println("    <form method=\"post\" action=\"Management\">");
            out.println("<input type=\"submit\" name=\"submit\"  value=\"관리메뉴\">");
            out.println("    </form>");
            out.println("    <form method=\"post\" action=\"Edit_Lecture\">");
            out.println("<input type=\"submit\" name=\"submit\"  value=\"강의 개설\">");
            out.println("    </form>");
            out.println("    <form method=\"post\" action=\"Lecture_List\">");
            out.println("<input type=\"submit\" name=\"submit\"  value=\"성적 관리\">");
            out.println("    </form>");
        }
        else if(GRT.equals("student")) { //학생권한
            // 이름 확인
            out.println(u.getMyName(id)+"님");
            out.println("        로그인이 되었습니다.");
            out.println("    <form method=\"post\" action=\"Edit_Course\">");
            out.println("<input type=\"submit\" name=\"submit\"  value=\"수강 신청\">");
            out.println("    </form>");
            out.println("    <form method=\"post\" action=\"Course_List\">");
            out.println("<input type=\"submit\" name=\"submit\"  value=\"성적 확인\">");
            out.println("    </form>");
        }
        else { // 그외 잘못된 권한 및 접근
            out.println("<haed>");
            out.println("<META HTTP-EQUIV=\"Refresh\" content=\"1:URL=Login\"/>");
            out.println("</head>");
            out.println("<body>");
            out.println("권한이 잘못 되었습니다.");
            out.println("</body>");
            return;
        }
        // 공통메뉴 표시
        out.println("    <form method=\"post\" action=\"Logchk\">");
        out.println("        <input type=\"submit\" name=\"logout\"  value=\"로그아웃\">");
        out.println("    </form>");
    }
  }
}
```

▶ Management.java

```java
package jboard;
//servlet
import javax.servlet.http.HttpSession;
import javax.servlet.http.HttpServlet;
import javax.servlet.http.HttpServletRequest;
import javax.servlet.http.HttpServletResponse;
import javax.servlet.ServletException;
//IO
import java.io.IOException;
import java.io.PrintWriter;
import java.util.Calendar;

public class Management extends HttpServlet{
    public void doGet(HttpServletRequest req, HttpServletResponse res)
                throws ServletException, IOException {
        doPost(req,res);
    }

    public void doPost(HttpServletRequest req, HttpServletResponse res)
                throws ServletException, IOException {
        res.setContentType("text/html;charset=euc-kr");
        PrintWriter out = res.getWriter();
        HttpSession session = req.getSession();
        Manager m = new Manager();
        m.DBConnection("info","root","test123");

        if(session.getAttribute("Login_Acc")==null) {
            // login이 되지 않은 경우
            out.println("<haed>");
            out.println("<META HTTP-EQUIV=₩"Refresh₩" content=₩"1;URL=Login₩"/>");
            out.println("</head>");
            out.println("<body>");
            out.println("연결이 끊겼습니다.");
            out.println("</body>");
            return;
        }
        else {
            String id = (String)session.getAttribute("Login_Acc");
            String GRT = m.getGrant(id);
            Calendar year = Calendar.getInstance();
            School[] sch = null;
            J_Subject[] sub = null;
            int num = 0;
            if(GRT == null) {
                return;
            }
```

```java
        //교사권한
        if(GRT.equals("teacher")) {
            out.println("<form method=\"post\" action=\"Management\">");
            out.println("<table border = 1 bordercolor = \"black\">");
            out.println("<tr>");
            out.println("<td></td><td>학교</td><td>대학</td><td>학과</td><td>과목</td><td>개설년도
</td>");
            out.println("</tr>");
            out.println("<tr>");
            out.println("<td></td>");
            out.println("<td>");

            // 대학
            if(req.getParameter("university")==null && req.getParameter("college")==null &&
                req.getParameter("major")==null) {
                sch = m.getUniversity();
                out.println("    <select name=\"university\">");
                num = sch.length;
                for(int i=0;i<num;i++) {
                    out.println("    <option value=\"" + sch[i].getUniversityCode() +"\">" +
                        sch[i].getUniversity() + "</option>" );
                }
                out.println("    </select>");
                out.println("<input type=\"submit\" name=\"submit\" id=\"submit\" value=\"검색\" />");
            }
            else if(req.getParameter("university")!=null) {
                int university_code = Integer.parseInt(req.getParameter("university"));
                out.println("<input type=\"hidden\" name=\"university\" id=
                    \"submit\" value=\""+university_code+"\" />");
                out.println(m.getUniversityName(university_code));
            }
            out.println("</td>");
            out.println("<td>");

            // 단대
            if(req.getParameter("university")!=null && req.getParameter("college")==null &&
                req.getParameter("major")==null) {
                sch = m.getCollege(Integer.parseInt(req.getParameter("university")));
                out.println("    <select name=\"college\">");
                num = sch.length;
                for(int i=0;i<num;i++) {
                    out.println("    <option value=\"" + sch[i].getCollegeCode() +"\">" +
                        sch[i].getCollege() + "</option>" );
                }
                out.println("    </select>");
                out.println("<input type=\"submit\" name=\"submit\" id=\"submit\" value=\"검색\" />");
            }
```

```java
            else if(req.getParameter("college")!=null) {
                int college_code = Integer.parseInt(req.getParameter("college"));
                out.println("<input type=\"hidden\" name=\"college\" id=
                    \"submit\" value=\""+college_code+"\" />");
                out.println(m.getCollegeName(college_code));
            }
            out.println("</td>");
            out.println("<td>");

            // 전공
            if(req.getParameter("university")!=null && req.getParameter("college")!=null &&
                    req.getParameter("major")==null) {
                sch = m.getMajor(Integer.parseInt(req.getParameter("university")),
                    Integer.parseInt(req.getParameter("college")));
                out.println("    <select name=\"major\">");
                num = sch.length;
                for(int i=0;i<num;i++) {
                    out.println("    <option value=\"" + sch[i].getMajorCode() +"\">" +
                        sch[i].getMajor() + "</option>" );
                }
                out.println("    </select>");
                out.println("<input type=\"submit\" name=\"submit\" id=\"submit\" value=\"검색\" />");
            }
            else if(req.getParameter("major")!=null) {
                int major_code = Integer.parseInt(req.getParameter("major"));
                out.println("<input type=\"hidden\" name=\"major\" id=
                    \"submit\" value=\""+major_code+"\" />");
                out.println(m.getMajorName(major_code));
            }
            out.println("</td>");
            out.println("<td colspan = 2>");

            // 과목
            if(req.getParameter("university")!=null && req.getParameter("college")!=null &&
                    req.getParameter("major")!=null) {
                int major_code = Integer.parseInt(req.getParameter("major"));
                sub = m.getSubject(Integer.parseInt(req.getParameter("university")),major_code);
                out.println("    <select name=\"subject\">");
                num = sub.length;
                for(int i=0;i<num;i++) {
                    out.println("    <option value=\"" + sub[i].getSubjectCode() +"\">" +
                        sub[i].getSubjectName() + "-"+sub[i].getYear()+"</option>" );
                }
                out.println("    </select>");
            }
            out.println("</td>");
            out.println("</tr>");
```

```
            out.println("</table>");
            out.println("</form>");

            // 추가 삭제
            out.println("<form method=₩"post₩" action=₩"Edit_Management₩">");
            out.println("<table border = 1 bordercolor = ₩"black₩">");
            out.println("<tr>");
            out.println("<td></td><td>학교</td><td>대학</td><td>학과</td><td>과목</td><td>개설년도
</td>");
            out.println("</tr>");

            // 대학
            if(req.getParameter("university")==null && req.getParameter("college")==null &&
                req.getParameter("major")==null) {
              sch = m.getUniversity();
              num = sch.length;
              for(int i = 0; i<num;i++) {
                out.println("<tr>");
                out.println("<td><input type=₩"checkbox₩" name=
                    ₩"university_code₩" value=₩""+sch[i].getUniversityCode()+₩"/></td>");
                out.println("<td>" + sch[i].getUniversity() + "</td>" );
                out.println("<td colspan = 4></td>");
                out.println("</tr>");
              }
              out.println("<tr>");
              out.println("<td></td>");
              out.println("<td>");
              out.println("    <select name=₩"university_name₩">");
              sch = m.M_getUniversity();
              num = sch.length;
              for(int i=0;i<num;i++) {
                out.println("    <option value=₩"" + sch[i].getUniversityCode() +₩"">" +
                    sch[i].getUniversity()+"</option>" );
              }
              out.println("    </select>");
              out.println("</td>");
              out.println("<td colspan = 4></td>");
              out.println("</tr>");

            }

            // 단대
            if(req.getParameter("university")!=null && req.getParameter("college")==null &&
                req.getParameter("major")==null) {
              sch = m.getCollege(Integer.parseInt(req.getParameter("university")));
              num = sch.length;
              for(int i = 0; i<num;i++) {
```

```
        out.println("<tr>");
        out.println("<td><input type=\"checkbox\" name=
            \"college_code\" value=\""+sch[i].getCollegeCode()+"\"/></td>");
        out.println("<td>" + sch[i].getUniversity() + "</td>" );
        out.println("<td>" + sch[i].getCollege() + "</td>");
        out.println("<td colspan = 3></td>");
        out.println("</tr>");
    }
    out.println("<tr>");
    out.println("<td></td>");
    out.println("<td><input type=\"hidden\" name=\"university_code\" value=\""+
        Integer.parseInt(req.getParameter("university"))+"\" />" +
        m.UniversityCodeTable.get(Integer.parseInt(req.getParameter("university"))) +
        "</td>" );
    out.println("<td>");
    out.println("    <select name=\"college_name\">");
    sch = m.M_getCollege(Integer.parseInt(req.getParameter("university")));
    num = sch.length;
    for(int i=0;i<num;i++) {
        out.println("    <option value=\"" + sch[i].getCollegeCode() +"\">" +
            sch[i].getCollege()+"</option>" );
    }
    out.println("    </select>");
    out.println("</td>");
    out.println("<td colspan = 3></td>");
    out.println("</tr>");
}

// 전공
if(req.getParameter("university")!=null && req.getParameter("college")!=null &&
        req.getParameter("major")==null) {
    sch = m.getMajor(Integer.parseInt(req.getParameter("university")),
        Integer.parseInt(req.getParameter("college")));
    num = sch.length;
    for(int i = 0; i<num;i++) {
        out.println("<tr>");
        out.println("<td><input type=\"checkbox\" name=
            \"major_code\" value=\""+sch[i].getMajorCode()+"\"/></td>");
        out.println("<td>" + sch[i].getUniversity() + "</td>" );
        out.println("<td>" + sch[i].getCollege() + "</td>");
        out.println("<td>" + sch[i].getMajor() + "</td>");
        out.println("<td colspan = 2></td>");
        out.println("</tr>");
    }
    out.println("<tr>");
    out.println("<td></td>");
    out.println("<td><input type=\"hidden\" name=\"university_code\" value=\""+
```

```
            Integer.parseInt(req.getParameter("university"))+"₩"/>" +
            m.UniversityCodeTable.get(Integer.parseInt(req.getParameter("university"))) +
            "</td>" );
        out.println("<td><input type=₩"hidden₩" name=₩"college_code₩" value=₩""+
            Integer.parseInt(req.getParameter("college"))+"₩"/>" +
            m.CollegeCodeTable.get(Integer.parseInt(req.getParameter("college"))) + "</td>");
        out.println("<td>");
        out.println("    <select name=₩"major_name₩">");
        sch = m.M_getMajor(Integer.parseInt(req.getParameter("university")),
            Integer.parseInt(req.getParameter("college")));
        num = sch.length;
        for(int i=0;i<num;i++) {
            out.println("    <option value=₩"" + sch[i].getMajorCode() +"₩">" +
                sch[i].getMajor()+"</option>" );
        }
        out.println("    </select>");
        out.println("</td>");
        out.println("<td colspan = 2></td>");
        out.println("</tr>");
    }

    // 과목
    if(req.getParameter("university")!=null && req.getParameter("college")!=null &&
        req.getParameter("major")!=null) {
        sub = m.getSubject(Integer.parseInt(req.getParameter("university")),
            Integer.parseInt(req.getParameter("major")));
        num = sub.length;
        for(int i = 0; i<num;i++) {
            out.println("<tr>");
            out.println("<td><input type=₩"checkbox₩" name=₩"subject_code₩" value=
            ₩""+sub[i].getSubjectCode()+"-"+sub[i].getYear()+"₩"/></td>");
            out.println("<td>" + sub[i].getSchool().getUniversity() + "</td>" );
            out.println("<td>" + sub[i].getSchool().getCollege() + "</td>");
            out.println("<td>" + sub[i].getSchool().getMajor() + "</td>");
            out.println("<td>" + sub[i].getSubjectName()+ "</td>");
            out.println("<td>" + sub[i].getYear()+ "</td>");
            out.println("</tr>");
        }
        out.println("<tr>");
        out.println("<td></td>");
        out.println("<td><input type=₩"hidden₩" name=₩"university_code₩" value=₩""+
            Integer.parseInt(req.getParameter("university"))+"₩"/>" +
            m.UniversityCodeTable.get(Integer.parseInt(req.getParameter("university"))) +
            "</td>" );
        out.println("<td><input type=₩"hidden₩" name=₩"college_code₩" value=₩""+
            Integer.parseInt(req.getParameter("college"))+"₩"/>" +
            m.CollegeCodeTable.get(Integer.parseInt(req.getParameter("college"))) + "</td>");
```

```
                out.println("<td><input type=₩"hidden₩" name=₩"major_code₩" value=₩""+
                    Integer.parseInt(req.getParameter("major"))+"₩"/>" +
                    m.MajorCodeTable.get(Integer.parseInt(req.getParameter("major"))) + "</td>");
                out.println("<td>");
                out.println("    <select name=₩"subject_name₩">");
                sub = m.M_getSubject(Integer.parseInt(req.getParameter("university")),
                    Integer.parseInt(req.getParameter("major")),year.get(Calendar.YEAR));
                num = sub.length;
                for(int i=0;i<num;i++) {
                    out.println("    <option value=₩"" + sub[i].getSubjectCode() +"₩">" +
                        sub[i].getSubjectName()+"</option>" );
                }
                out.println("    </select>");
                out.println("</td>");
                out.println("<td><input type=₩"text₩" name=₩"year₩" value=₩"" +
                    year.get(Calendar.YEAR) + "₩" /></td>");
                out.println("</tr>");
            }
            out.println("</table>");
            out.println("    <input type=₩"submit₩" name=₩"add₩"   value=₩"추가₩">");
            out.println("    <input type=₩"submit₩" name=₩"delete₩"   value=₩"삭제₩">");
            out.println("</form>");

            out.println("  <form method=₩"post₩" action=₩"Main₩">");
            out.println("    <input type=₩"submit₩" name=₩"submit₩"   value=₩"취소₩">");
            out.println("  </form>");
            } // teacher
        } // login
    } //doPost
}
```

▶ Verify_Course.java

```
package jboard;
//servlet
import javax.servlet.http.HttpSession;
import javax.servlet.http.HttpServlet;
import javax.servlet.http.HttpServletRequest;
import javax.servlet.http.HttpServletResponse;
import javax.servlet.ServletException;
//IO
import java.io.IOException;
import java.io.PrintWriter;
import java.util.StringTokenizer;

public class Verify_Course extends HttpServlet{
```

```
public void doGet(HttpServletRequest req, HttpServletResponse res)
            throws ServletException, IOException {
    doPost(req,res);
}

public void doPost(HttpServletRequest req, HttpServletResponse res)
            throws ServletException, IOException {
    res.setContentType("text/html;charset=euc-kr");
    PrintWriter out = res.getWriter();
    HttpSession session = req.getSession(true);
    Student s = new Student();
    s.DBConnection("info","root","test123");
    String id = (String)session.getAttribute("Login_Acc");
    String GRT = s.getGrant(id);

    if(session.getAttribute("Login_Acc")==null) {
        out.println("<haed>");
        out.println("<META HTTP-EQUIV=\"Refresh\" content=\"1;URL=Login\"/>");
        out.println("</head>");
        out.println("<body>");
        out.println("연결이 끊겼습니다.");
        out.println("</body>");
        return;
    }
    else {
        if(req.getParameter("cancel")!=null) {
            out.println("<haed>");
            out.println("<META HTTP-EQUIV=\"Refresh\" content=\"0;URL=Main\"/>");
            out.println("</head>");
            out.println("<body>");
            out.println("</body>");
            return;
        }
        if(GRT.equals("student")) {
            if(req.getParameter("add")!=null){
                //과목추가
                int university_code = Integer.parseInt(req.getParameter("university"));
                int college_code = Integer.parseInt(req.getParameter("college"));
                int major_code = Integer.parseInt(req.getParameter("major"));
                int subject_code = Integer.parseInt(req.getParameter("subject"));
                int year = Integer.parseInt(req.getParameter("year"));
                s.setMyCourse(id,university_code,college_code,major_code,subject_code,year);
                out.println("<haed>");
                out.println("<META HTTP-EQUIV=\"Refresh\" content=\"1;URL=Edit_Course\"/>");
                out.println("</head>");
                out.println("<body>");
                out.println("과목이 추가되었습니다..");
```

```
            out.println("</body>");
            return;
        }
        else if(req.getParameter("delete")!=null) {
            //과목삭제
            String[] subject_Param = req.getParameterValues("subject");
            StringTokenizer st =null;
            int university_code=0;
            int college_code=0;
            int major_code=0;
            int subject_code=0;
            int year=0;
            if(subject_Param == null) {
                out.println("<haed>");
                out.println("<META HTTP-EQUIV=₩"Refresh₩" content=₩"1;URL=Edit_Course₩"/>");
                out.println("</head>");
                out.println("<body>");
                out.println("삭제할 과목을 선택해주십시오.");
                out.println("</body>");
                return;
            }
            else {
                out.println("<haed>");
                out.println("<META HTTP-EQUIV=₩"Refresh₩" content=₩"1;URL=Edit_Course₩"/>");
                out.println("</head>");
                out.println("<body>");
                for(int i=0;i<subject_Param.length;i++) {
                    st = new StringTokenizer(subject_Param[i],"-");
                    university_code = Integer.parseInt(st.nextToken());
                    college_code = Integer.parseInt(st.nextToken());
                    major_code = Integer.parseInt(st.nextToken());
                    subject_code = Integer.parseInt(st.nextToken());
                    year = Integer.parseInt(st.nextToken());
                    s.delMyCourse(id,university_code,college_code,major_code,subject_code,year);
                    //out.println(s.getSubjectName(subject_code[i]).getSubjectName());
                }
                out.println("과목이 삭제되었습니다.");
                out.println("</body>");
            }
        }
        else {
            // 잘못된 접근
            // rs.close();
            // pstmt.close();
            out.println("<haed>");
            out.println("<META HTTP-EQUIV=₩"Refresh₩" content=₩"1;URL=Edit_Course₩"/>");
            out.println("</head>");
```

```
                out.println("<body>");
                out.println("올바른 경로로 접근해주세요.");
                out.println("</body>");
                return;
            }
        } // student
    } // session
  } // doPost
}
```

▶ Verify_Lecture.java

```
package jboard;
//servlet
import javax.servlet.http.HttpSession;
import javax.servlet.http.HttpServlet;
import javax.servlet.http.HttpServletRequest;
import javax.servlet.http.HttpServletResponse;
import javax.servlet.ServletException;
//IO
import java.io.IOException;
import java.io.PrintWriter;
import java.util.StringTokenizer;

public class Verify_Lecture extends HttpServlet{
    public void doGet(HttpServletRequest req, HttpServletResponse res)
                throws ServletException, IOException {
        doPost(req,res);
    }

    public void doPost(HttpServletRequest req, HttpServletResponse res)
                throws ServletException, IOException {
        res.setContentType("text/html;charset=euc-kr");
        PrintWriter out = res.getWriter();
        HttpSession session = req.getSession(true);
        Teacher t = new Teacher();
        t.DBConnection("info","root","test123");
        String id = (String)session.getAttribute("Login_Acc");
        String GRT = t.getGrant(id);

        if(session.getAttribute("Login_Acc")==null) {
            out.println("<haed>");
            out.println("<META HTTP-EQUIV=\"Refresh\" content=\"1;URL=Login\"/>");
            out.println("</head>");
            out.println("<body>");
            out.println("연결이 끊겼습니다.");
```

```
            out.println("</body>");
            return;
        }
        else {
            if(req.getParameter("cancel")!=null) {
                out.println("<haed>");
                out.println("<META HTTP-EQUIV=₩"Refresh₩" content=₩"0;URL=Main₩"/>");
                out.println("</head>");
                out.println("<body>");
                out.println("</body>");
                return;
            }
            if(GRT.equals("teacher")) {
                if(req.getParameter("add")!=null) {
                    // 과목추가
                    int university_code = Integer.parseInt(req.getParameter("university"));
                    int college_code = Integer.parseInt(req.getParameter("college"));
                    int major_code = Integer.parseInt(req.getParameter("major"));
                    int subject_code = Integer.parseInt(req.getParameter("subject"));
                    int year = Integer.parseInt(req.getParameter("year"));
                    t.setLecture(id,university_code,college_code,major_code,subject_code,year);
                    out.println("<haed>");
                    out.println("<META HTTP-EQUIV=₩"Refresh₩" content=₩"1;URL=Edit_Lecture₩"/>");
                    out.println("</head>");
                    out.println("<body>");
                    out.println("과목이 추가되었습니다..");
                    out.println("</body>");
                    return;
                }
                else if(req.getParameter("delete")!=null) {
                    // 과목삭제
                    String[] subject_Param = req.getParameterValues("subject");
                    StringTokenizer st = null;
                    int university_code = 0;
                    int college_code = 0;
                    int major_code=0;
                    int subject_code=0;
                    int year=0;

                    if(subject_Param == null) {
                        out.println("<haed>");
                        out.println("<META HTTP-EQUIV=₩"Refresh₩" content=₩"1;URL=Edit_Lecture₩"/>");
                        out.println("</head>");
                        out.println("<body>");
                        out.println("삭제할 과목을 선택해주십시오.");
                        out.println("</body>");
                        return;
```

```
                }
                else {
                    out.println("<haed>");
                    out.println("<META HTTP-EQUIV=₩"Refresh₩" content=₩"1;URL=Edit_Lecture₩"/>");
                    out.println("</head>");
                    out.println("<body>");
                    for(int i=0;i<subject_Param.length;i++) {
                        st = new StringTokenizer(subject_Param[i],"-");
                        university_code = Integer.parseInt(st.nextToken());
                        college_code = Integer.parseInt(st.nextToken());
                        major_code = Integer.parseInt(st.nextToken());
                        subject_code = Integer.parseInt(st.nextToken());
                        year = Integer.parseInt(st.nextToken());

                        t.delLecture(id,university_code,college_code,major_code,subject_code,year);
                    }
                    out.println("과목이 삭제되었습니다.");
                    out.println("</body>");
                }
            }
            else {
                // 잘못된 접근
                // rs.close();
                // pstmt.close();
                out.println("<haed>");
                out.println("<META HTTP-EQUIV=₩"Refresh₩" content=₩"1;URL=Main₩"/>");
                out.println("</head>");
                out.println("<body>");
                out.println("올바른 경로로 접근해주세요.");
                out.println("</body>");
                return;
            }
        } // teacher
    } // session
  } // doPost
}
```

▶ Verity_Result.java

```
package jboard;
//servlet
import javax.servlet.http.HttpSession;
import javax.servlet.http.HttpServlet;
import javax.servlet.http.HttpServletRequest;
import javax.servlet.http.HttpServletResponse;
import javax.servlet.ServletException;
```

```java
//IO
import java.io.IOException;
import java.io.PrintWriter;
import java.util.StringTokenizer;

public class Verify_Result extends HttpServlet{
    public void doGet(HttpServletRequest req, HttpServletResponse res)
                throws ServletException, IOException {
        doPost(req,res);
    }

    public void doPost(HttpServletRequest req, HttpServletResponse res)
                throws ServletException, IOException {
        HttpSession session = req.getSession();
        res.setContentType("text/html;charset=euc-kr");
        PrintWriter out = res.getWriter();
        Teacher t = new Teacher();
        t.DBConnection("info","root","test123");
        StringTokenizer st = null;

        if(session.getAttribute("Login_Acc") == null) {
            out.println("<haed>");
            out.println("<META HTTP-EQUIV=₩"Refresh₩" content=₩"1;URL=Login₩"/>");
            out.println("</head>");
            out.println("<body>");
            out.println("연결이 끊겼습니다.");
            out.println("</body>");
            return;
        }

        String[] A_result = req.getParameterValues("result");
        String[] A_id = req.getParameterValues("userid");
        String subject_Param = req.getParameter("subject");
        st = new StringTokenizer(subject_Param,"-");
        int university_code = Integer.parseInt(st.nextToken());
        int college_code = Integer.parseInt(st.nextToken());
        int major_code = Integer.parseInt(st.nextToken());
        int subject_code = Integer.parseInt(st.nextToken());
        int year = Integer.parseInt(st.nextToken());
        String userid = (String)session.getAttribute("Login_Acc");
        String GRT = t.getGrant(userid);

        if(req.getParameter("insert")!=null) {
            if(GRT.equals("teacher")) {
                for(int i=0;i<A_result.length;i++) {
                    t.setResult(A_id,university_code, major_code, subject_code,year,A_result);
                }
```

```
            out.println("<haed>");
            out.println("<META HTTP-EQUIV=₩"Refresh₩" content=₩"1;URL=Lecture_List₩"/>");
            out.println("</head>");
            out.println("<body>");
            out.println("성적이 입력되었습니다.");
            out.println("</body>");
        }
    }
    else if(req.getParameter("verify")!=null) {
        if(GRT.equals("teacher")) {
            for(int i=0;i<A_result.length;i++) {
                t.verifyResult(A_id,university_code, major_code, subject_code,year,A_result);
            }
            out.println("<haed>");
            out.println("<META HTTP-EQUIV=₩"Refresh₩" content=₩"1;URL=Lecture_List₩"/>");
            out.println("</head>");
            out.println("<body>");
            out.println("성적이 수정되었습니다.");
            out.println("</body>");
        }
    }
    else if(req.getParameter("cancel")!=null) {
        out.println("<haed>");
        out.println("<META HTTP-EQUIV=₩"Refresh₩" content=₩"0;URL=Main₩"/>");
        out.println("</head>");
        out.println("<body>");
        out.println("</body>");
    }
  }
}
```

찾아보기

용어 Index

김미혜 ——

 호주 뉴사우스웨일즈대학교 석·박사
 현) 대구가톨릭대학교 컴퓨터교육과(겸 IT공학부) 교수
 ● 주요 연구 분야: 정보관리 및 검색, 컴퓨터교육, 이-러닝, 디지털교과서
 ● 이메일: mihyekim@cu.ac.kr

데이터베이스 프로그래밍

초 판 인 쇄 | 2012년 8월 28일
초 판 발 행 | 2012년 8월 28일

지 은 이 | 김미혜
펴 낸 이 | 채종준
펴 낸 곳 | 한국학술정보㈜
주   소 | 경기도 파주시 문발동 파주출판문화정보산업단지 513-5
전   화 | 031) 908-3181(대표)
팩   스 | 031) 908-3189
홈 페 이 지 | http://ebook.kstudy.com
E - m a i l | 출판사업부 publish@kstudy.com
등   록 | 제일산-115호(2000. 6. 19)

ISBN   978-89-268-4012-2 93560 (Paper Book)
          978-89-268-4013-9 95560 (e-Book)

 한국학술정보(주)의 학술 분야 출판 브랜드입니다.